【実用版】
フィルム成形のプロセス技術

監修　金井　俊孝

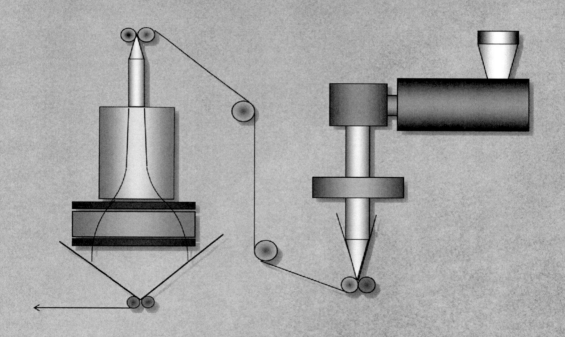

はじめに

KT Polymer
金井　俊孝

　本書は2016年に発刊した"フィルム成形のプロセス技術"を基に、重要と思われる一部の章を追加し、また高機能フィルムの最近の開発動向については最近の内容に修正し、かつフィルムの研究開発に従事している方々にも広く読んでいただけるように、AndTech社のご協力を得て、実用版として発刊した本である。

　プラスチックフィルムは2019年経済産業省生産動態統計では、プラスチック加工品全体の39％を占め、非常に大きな割合を占めている。その中でも、二軸延伸PP（BOPP）フィルムは包装フィルム用途を中心として、2013年の世界のBOPPの製造能力は1,152万トン、二軸延伸PET（BOPET）フィルムの製造能力は660万トン、二軸延伸フィルム全体では1,945万トンに達し、その後もこの分野の年間平均伸長率は約5％で順調に伸長している。

　しかしながら、プラスチックが全世界で広く使用されるようになり、その廃棄物が環境問題にまで影響しはじめ、プラスチックフィルムの減容化、リサイクル化や植物由来を原料した材料の採用、海洋での自然崩壊も求められるようになってきている。

　最近の二軸延伸フィルムの開発において、ポリオレフィンではBOPPフィルムの生産速度600m/minの超高速化や、環境対応で減容化が求められる中、未延伸PEフィルムに比較して30％ほどの減容化が期待される二軸延伸PE（BOPE）フィルムの開発が活発化している。

　一方で、大気汚染の観点からガソリン車からxEVへの移行が進行しており、この数年で使用される部材も約10倍の急速な伸びが期待されている。例えば、Liイオン電池用の微多孔構造を有する二軸延伸HDPEセパレーター、そのLiイオン電池パッケージに使用される二軸延伸PA6（BOPA6）フィルム、また絶縁破壊電圧が高く、片面がクレーター構造を有し、高容量・軽量化で2.5～3.0μmの超薄膜BOPPコンデンサーフィルムの需要の伸びが期待されている。

　ディスプレイ分野では、薄肉化、軽量化、高精細を特徴とする有機ELが液晶に比較し今後の大きな伸びが期待されており、スマホではフレキシブルで折り畳み可能な超ハイバリアフィルムや基板などの開発が活発になっている。

　最近ではコロナウィルス感染拡大で、情報端末による教育やテレワーク、WEB会議などIT端

末によるコミュニケーションの重要性が高まり、また自動運転化に向けた高速・大容量、低遅延化、接続数の増加に役立つ5Gの普及の期待も益々高まり、誘電特性の優れた基板材料の開発も活発化している。

　包装分野では食品包装から医薬品包装に至るまで、膨大な量の包装フィルム・容器が使用され、日常生活する上で、フィルムはなくてはならない存在になっているが、一方で賞味期限切れにより大量の食品が廃棄されている。そのため、ハイバリア包装材料による食品の長期寿命化は、スーパーやコンビニなどで要望が高く、膨大な食品ロスの低減に繋がる。賞味期限を長く伸ばせ、無駄を減少でき、食品、弁当、飲料分野など各種包装や容器への展開が期待できる。多層化、リサイクル化の観点からハイバリアの機能を有したEVOH層を有する共押出多層二軸延伸フィルムも期待される。この分野ではハイバリア、脱酸素、多層構造、リサイクルなど、さらなる技術革新が必要である。

　このような環境下において、フィルム成形に要求される技術は益々高度なものになっている。そのため、フィルム成形における成形性（成形安定性、成形時の破断）の評価、フィルムの厚み精度、フィルム製品の物性予測、光学フィルム分野では光学均一性やボーイング現象などの予測が重要になってきている。さらに、試験機などの少量評価した結果が大型機での成形挙動、延伸性やフィルム物性を推測するための予測解析技術の構築が望まれている。

　また、樹脂のグレード開発する立場からは、樹脂デザインが成形性やフィルム物性にどのような影響を与えるかをモデル的に予測し、かつ成形中の高次構造形成が観察可能になれば、樹脂開発の迅速化が図れ、有効な手段となる。

　そこで、このような観点から差別化したフィルム製品を製造するには、高度な技術の総合力、つまり設計技術、基盤技術、素材の合成技術、超精密加工技術と成形・設計CAE技術を磨き上げていく必要である。素材、複合化技術、精密加工技術、微細転写技術や二次加工技術が確立されて初めて我々が良く見る製品に仕上げられているが、これらの技術はもともと日本が得意とする技術であり、技術立国として日本が生き残るには今後もリードしていく必要がある。

　高度な製品を生み出すために部材の製造技術が必須であるが、その加工現場はまだまだ泥臭い経験に頼った世界が多いが、高分子加工の考え方の基本をしっかり把握しておけば、材料の性質、物性の発現やいろいろな不良現象の理解と対策、そして高分子材料の特性に合った加工条件を見出し、優れた品質を有する製品を生み出すことができる。そういった意味で、この分野のレオロジーの基礎知識、成形加工、高次構造、物性を結びつける理論的な理解が必要である。

　そこで、本書はフィルム成形の成形技術を中心に、この分野を専門にしている方々にフィルムの基礎技術を修得できるように、押出機、ダイ、Tダイキャスト法、インフレーション法、二軸延伸法であるテンター法およびチューブラー法、さらに二次加工、添加剤や物性を考える上で重要な高次構造の解析に関する内容について、この分野の一線でご活躍の方々に執筆をお願いした。フィルム成形の基本的な考え方と実際の製品を製造するための成形技術・材料の両方を理解することにより、さらに興味と理解が深まると思っているので、これらの観点から本書を活用してもらえたら、幸いである。

執筆者紹介

1章

金 井 俊 孝　KT Polymer代表　工学博士（元出光興産株式会社　主幹研究員）

2章

田 村 幸 夫　株式会社日本製鋼所　広島製作所　樹脂加工機械部
　　　　　　技術アドバイザー

板 持 雄 介　株式会社日本製鋼所　広島製作所　樹脂加工機械部

3章

酒 井 忠 基　静岡大学　客員教授　工学博士（機械工学）・技術士（化学）

4章

辰 巳 昌 典　(現)株式会社プラスチック工学研究所　取締役　技術開発部長
　　　　　　（総務部長兼務）

5章

富 山 秀 樹　(現)株式会社日本製鋼所　広島製作所　技術開発部　担当部長
　　　　　　（広島大学大学院　客員教授を兼任）　博士（工学）

6章

谷 藤 眞一郎　株式会社HASL　代表取締役社長　博士（工学）

7章

金 井 俊 孝　KT Polymer代表　工学博士（元出光興産株式会社　主幹研究員）

8章
金 井 俊 孝　KT Polymer代表　工学博士（元出光興産株式会社　主幹研究員）

9章
Dr. J. Breil　　　元Bruckner社　研究開発部長
翻　訳
金 井 俊 孝　KT Polymer代表　工学博士（元出光興産株式会社　主幹研究員）
渡 辺 陵 司　株式会社AndTech　技術コンサルタント

10章
髙 重 真 男　元出光ユニテック株式会社　工学博士
金 井 俊 孝　KT Polymer代表　工学博士（元出光興産株式会社　主幹研究員）

11章
金 井 俊 孝　KT Polymer代表　工学博士（元出光興産株式会社　主幹研究員）

12章
伊 藤 浩 志　（現）山形大学 大学院　有機材料システム研究科　教授　工学博士

13章
松 本 宏 一　松本技術士事務所　代表　技術士（経営工学）

14章
田 中 義 勝　元出光ユニテック株式会社　取締役　商品開発センター所長

15章

金 井 俊 孝　KT Polymer代表　工学博士（元出光興産株式会社　主幹研究員）

監修：金井俊孝

第1章　高分子加工の概要とレオロジー　001
　―序　論―　002
　1　高分子加工とは　002
　2　重合からプラスチック製品までの必要な解析技術　004
　3　高分子溶融体の流動性　006
　　3.1　剪断流動の構成方程式　007
　4　成形性とは　009
　5　剪断流動性の評価法　010
　　（1）　メルトインデックス（MI）　010
　　（2）　キャピラリーレオメーター　010
　　（3）　コーン＆プレートレオメーター　014
　　（4）　樹脂性状とレオロジーの関係　021
　　（5）　ダイスウェル　024
　　（6）　スパイラルフロー　026
　6　伸長流動特性　026
　　6.1　伸長粘度　026
　　6.2　溶融張力　029
　7　剪断粘度および伸長粘度の関係　030
　　7.1　ニュートン流体（線形粘性流体）　030
　　（1）　剪断流動　031
　　（2）　一軸伸長流動　032
　　（3）　二軸伸長流動　033

第2章　単軸押出機およびスクリュ設計　035
　はじめに　036
　1．フィルム・シート成形で使用される押出機　036
　2．単軸押出機の構造　037
　3．押出機の機能と特性　038

  3.1 第1のポンプ：固体輸送 041
    3.1.1 Darnell & Mol の理論 042
    3.1.2 Chan. I. Chung の理論 045
  3.2 第2のポンプ：可塑化溶融 051
  3.3 第3のポンプ：計量・昇圧 053
  3.4 スケールアップ 056
 4. 各種単軸押出機の構造と機能 058
  4.1 フルフライトスクリュでの樹脂の溶融形態 060
  4.2 バリヤ型スクリュの溶融形態 063
  4.3 バリヤ型スクリュ設計上の留意点 065
  4.4 バリヤ型スクリュの開発事例 066
  4.5 非円形シリンダ（HMシリンダ）を持つ押出機の溶融形態 068
 5. 単軸押出機に必要とされる副機能 069
  5.1 樹脂温度の均一性 069
  5.2 押出安定性圧力 069
    5.2.1 巻き付き現象 070
    5.2.2 ベント押出機における押出変動 073
  5.3 混練・分散性 075
  5.4 気泡発生の防止 075
  5.5 樹脂劣化防止 075
  5.6 摩耗防止、摩耗性向上 077
    5.6.1 ブレークアップ現象によるスクリュとシリンダ間でのかじり現象 077
    5.6.2 オイルホワール現象（スクリュの振り回り）によるスクリュとシリンダ間の摩耗現象 077
    5.6.3 無機質などの充塡原料による土砂摩耗 078
 6. 押出機下流の装置に関する注意事項 078
  6.1 フィルタ、スクリーンチェンジャでの注意事項 078
  6.2 接続管設計上の注意事項 080

第3章　高機能フィルム・シート用二軸スクリュ押出機　083
 はじめに 084
 1. 押出成形に用いられる二軸スクリュ押出機の種類 084
 2. 二軸スクリュ押出機の性能向上 085
 3. 二軸スクリュ押出機におけるプラスチックの混練・分散機構 086
 4. 二軸スクリュ押出機の混練・分散に対する調整方法 089
 5. 二軸スクリュ押出機に対する押出特性の理論的な算出 089

6.	フィルム・シート押出成形時のトラブルと押出機のスクリュ構造	**091**
7.	ギアポンプの使用と押出特性との関連	**096**
8.	ベント部の構造	**097**
9.	二軸スクリュ押出機のスケールアップの概念	**097**
	おわりに	**099**

第4章　二軸押出機＆ダイス ……………………………………………… 103

- はじめに　**104**
- 1　二軸押出機　**104**
  - 1.1　押出機の歴史　**104**
- 2　二軸押出機における混練技術　**105**
- 3　分配と分散　**105**
- 4　一括投入と逐次投入　**107**
- 5　二軸押出機の基本用途　**108**
- 6　超臨界流体を利用したコンパウンド事例　**111**
  - 6.1　超臨界流体（Super Critical Fluid、SCF）　**111**
  - 6.2　超臨界流体利用技術概要　**112**
  - 6.3　ステレオコンプレックスポリ乳酸（sc-PLA）　**112**
  - 6.4　カーボンナノチューブコンポジット技術　**115**
  - 6.5　CAEにおけるミキシングセクションの三次元流動解析　**117**
- 7　ダイス　**119**
  - 7.1　概要　**119**
  - 7.2　多層押出における溶融樹脂の粘度差における問題点　**122**
  - 7.3　流路断面形状における構成変化（2次流れの発生）　**123**
  - 7.4　層表面及び層界面におけるメルトフラクチャー　**123**
  - 7.5　金型加工精度と温度ムラによる製品厚み精度への影響　**124**
  - 7.6　ダイ下流装置による影響　**125**
  - 7.7　ドローレゾナンスによるMD方向の厚み精度不良　**127**
  - 7.8　Tダイ内流動解析　**128**
- 8　二軸押出機を利用したフイルム・シート成形技術　**129**

第5章　高機能フィルム・シート製造装置の最新技術と二軸延伸成形技術、セパレータ成形技術 ……………………………………………… 131

- はじめに　**132**
- 1．Tダイ　**132**
- 2．冷却装置　**133**

  3. 二軸延伸装置 *134*
  4. 延伸用オーブン *136*
  5. 巻取機 *138*
  6. プロセス例　～リチウムイオン電池用セパレータフィルム～ *139*

第6章　フィルム成形用押出装置の解析理論とその応用展開 …………………… *145*

 はじめに *146*
 1. 解析理論 *146*
  1.1 Hele-Shaw流れの定式化 *146*
  1.2 フィルム肉厚最適化解析法 *156*
 2. フィルム成形用押出装置の数値シミュレーション *159*
  2.1 3Dシミュレーションの限界 *159*
  2.2 コートハンガーダイ *160*
   2.2.1 解析モデル作成法 *160*
   2.2.2 材料物性設定法 *163*
   2.2.3 コートハンガーダイ内樹脂流動解析 *163*
   2.2.4 コートハンガーダイ最適化解析 *164*
  2.3 スパイラルマンドレルダイ *165*
   2.3.1 解析モデル作成法 *165*
   2.3.2 スパイラルマンドレルダイ内樹脂流動解析 *166*
   2.3.3 トレーサ粒子運動解析を利用したウェルド評価法 *168*
  2.4 多層ダイ *169*
   2.4.1 多層押出解析の技術的問題点 *169*
   2.4.2 多層マルチマニフォールドダイ *171*
   2.4.3 多層フィードブロックダイ *176*
 おわりに *179*

第7章　Tダイキャスト成形 ………………………………………………………… *181*

 はじめに *182*
 1 ポリマーの性質と成形性 *182*
 2 Tダイキャストの変形理論 *185*
  (1) 歪み速度と応力 *185*
  (2) 力のバランス及びエネルギーバランス *187*
  (3) 粘度式 *187*
  (4) 理論と実験 *187*
 3 成形性の評価法 *190*

　　　　(1)　成形安定性と樹脂特性　　**192**
　　　　(2)　成形安定性と成形条件　　**192**
　　　　(3)　成形中の破断現象　　**194**
　　　　(4)　ネックイン　　**196**
　　4　冷却　　**201**
　　　4.1　シャークスキンおよびメルトフラクチャーにより引き起こされる
　　　　　　表面荒れ　　**204**
　　5　フィルムの物性　　**207**
　　　5.1　成形条件の影響　　**207**
　　　5.2　樹脂特性の影響　　**208**
　　　　(1)　キャストフィルム　　**208**
　　　　(2)　フィルムの衝撃強度　　**209**
　　　　(3)　ヒートシール温度　　**211**
　　　　(4)　フィルムの開口性・ブロッキング性とスリップ性　　**214**
　　　　(5)　透明性　　**214**
　　　　(6)　成形性と樹脂デザイン　　**215**
　　　　(7)　フィルム物性のまとめ　　**215**
　　6　スケールアップ　　**216**
　　7　おわりに　　**218**

第8章　インフレーションフィルム成形法　　**221**

　はじめに　　**222**
　1　樹脂のレオロジー特性　　**222**
　　　　(1)　剪断粘度　　**222**
　　　　(2)　伸長粘度　　**223**
　2　インフレーション成形の冷却　　**227**
　3　インフレーション成形の理論　　**230**
　　　　(1)　歪み速度と応力　　**231**
　　　　(2)　力のバランスおよびエネルギーバランス　　**233**
　　　　(3)　粘度式　　**233**
　　　　(4)　理論と実際　　**234**
　4　インフレーション成形の大型化　　**240**
　5　フィルム物性　　**245**
　　　　(1)　成形条件とフィルム物性　　**245**
　　　　(2)　PE樹脂のフィルム物性　　**248**
　6　インフレーション成形の成形性　　**251**

(1)　成形安定性　**251**
　　　(2)　延伸切れ　**253**
　7　ダイス　　**254**
　　　(1)　単層ダイス　**254**
　　　(2)　多層ダイス　**260**
おわりに　**261**

第9章　二軸延伸フィルム技術 …………………………………… **263**
　はじめに　**264**
　1　二軸延伸フィルムライン　**265**
　　1.1　逐次二軸延伸フィルムライン　**265**
　　　1.1.1　押出　**267**
　　　1.1.2　キャスティング装置　**270**
　　　1.1.3　縦延伸装置（MDO）　**272**
　　　1.1.4　横延伸装置（TDO）　**273**
　　　1.1.5　引取設備　**276**
　　1.2　同時二軸延伸ライン　**278**
　2　プロセス制御　**283**
　3　二軸延伸フィルムの開発環境　**287**
　4　二軸延伸フィルムの市場　**290**

第10章　チューブラー延伸技術 …………………………………… **295**
　はじめに　**296**
　1　チューブラー延伸システム　**297**
　2　チューブラー延伸システムの理論解析　**298**
　　2.1　理論解析　加熱・冷却　**298**
　3　変形挙動の解析　**301**
　　3.1　ポリオレフィン樹脂の変形挙動の解析　**301**
　4　フィルム特性　**304**
　5　チューブラー延伸とテンター二軸延伸試験機との比較　**305**
　　5.1　バブル変形挙動と延伸応力　**305**
　　5.2　LLDPEにおけるチューブラー延伸とテンター二軸延伸の物性比較　**308**
　6　ポリオレフィンのための樹脂設計　**309**
　　6.1　ポリエチレン　**310**
　　6.2　ポリプロピレン　**312**
　7　ポリアミド6樹脂の変形挙動並びにフィルム厚み精度　**312**

	7.1	ポリアミド6樹脂のバブル変形挙動と延伸応力の解析	312
	7.2	フィルム厚み精度（支配要因解析）	317
8		高付加価値商品開発への応用展開〈特殊応用技術〉	320
9		スケールアップ理論解析	323
10		異なる延伸プロセスでの性能比較評価	326
		まとめ	330

第11章　延伸性評価技術 ……………………………………………… 333

はじめに　334
1　一軸延伸による延伸性評価　334
2　テーブルテンター試験機による延伸性評価　338
3　高次構造同時計測可能な二軸延伸試験機による延伸性評価　346

第12章　高次構造解析 ………………………………………………… 355

はじめに　356
1.　光学的異方性の概念　356
　1.1　リターデーション（位相差）および複屈折の評価　356
2.　赤外（Infrared；IR）吸収分光法による分子配向　359
3.　ラマン分光法による分子配向評価　363
4.　広角X線回折や密度による結晶化度評価　365
　4.1　X線回折法　365
　4.2　密度法　368
　4.3　熱分析　369
おわりに　369

第13章　ラミネート加工方法の種類と各部でのポイントおよびトラブル対策 ………………………………………………………………… 373

はじめに　374
1.　各種ラミネート加工方法の種類と加工工程　374
　1.1　サーマルラミネーション（thermal lamination）　374
　1.2　ホットメルトラミネーション（hot melt lamination）　374
　1.3　ノンソルベントラミネーション（non-solvent lamination）　374
　1.4　ウエットラミネーション（wet lamination）　375
　1.5　ドライラミネーション（dry lamination）　375
　1.6　押出コーティング・ラミネーション（extrusion coating lamination）　376
　1.7　共押出コーティング・ラミネーション

　　　　　（co-extrusion coating lamination） 376
　2. 各種ラミネート加工方法の各部での加工上の主なポイント 378
　3. 各種ラミネート加工方法の主な塗工方法 378
　4. 印刷・ラミネート製品の巻芯シワの原因と対策 379
　　4.1 巻取部のスタートで考えるべき基本的対策 380
　　4.2 巻取部での最適巻取設定条件の求め方（巻取条件8要因） 383
　　4.3 巻取スタート時の巻取張力とタッチロール圧の最適条件の設定 385
　　4.4 印刷原反のシワ不良対策の一例 387
　　　4.4.1 LLDPEフィルムの印刷製品のスリット加工での巻芯シワの低減 387
　　　4.4.2 印刷原反の弱巻き製品に、次工程（ラミネート）で巻締りシワの発生源になっているその対策 387
　5. ラミネート加工における接着の発生 388
　　5.1 濡れ 388
　　5.2 表面張力 389
　　5.3 アンカー・ファスナー効果 389
　　5.4 溶解度パラメーター（SP solubility parameter） 391
　　5.5 吸着と拡散 391
　6. ラミネート部の接着および剥離現象 393
　7. 各種ラミネート加工方法の主なトラブルと対策 393
　おわりに 396

第14章　添加剤　397

はじめに 398
1. 中和剤 398
　1.1 金属セッケン 398
　1.2 DHT-4A（ハイドロタルサイト類） 400
　1.3 その他の中和剤 400
　1.4 DHT-4Aによる厚み精度の向上 400
2. 酸化防止剤 401
　2.1 自動酸化反応 402
　2.2 酸化防止剤の種類 402
　　2.2.1 ヒンダードフェノール系酸化防止剤 402
　　2.2.2 リン系酸化防止剤 405
　　2.2.3 イオウ系酸化防止剤 406
　2.3 自動酸化反応と安定化 406
　2.4 添加剤処方事例 407

- 2.4.1 LLDPE用処方 ... 407
- 2.4.2 HDPE用処方 ... 408
- 2.4.3 PP用処方 ... 409
- 3. アンチブロッキング剤 ... 409
  - 3.1 アンチブロッキング剤の働きと種類 ... 409
  - 3.2 合成シリカの取り扱い注意 ... 411
- 3.3 合成ゼオライトの屈折率と透明性の関係 ... 413
- 4. スリップ剤 ... 413
  - 4.1 スリップ剤の種類と働き ... 413
  - 4.2 スリップ剤表面移行の考え方 ... 414
    - 4.2.1 2段階移行モデル ... 415
    - 4.2.2 添加剤のブリード実験 ... 416
    - 4.2.3 2段階移行モデルを用いたスリップ剤のブリート解析 ... 416
  - 4.3 ドライラミ後の滑り性低下原因と対策 ... 418
- 5. 帯電防止剤 ... 418
  - 5.1 帯電防止剤の働き ... 418
  - 5.2 帯電防止剤の種類 ... 419
  - 5.3 帯電防止性能への影響因子 ... 420
  - 5.4 帯電防止性能の測定方法 ... 421
- 6. 光安定剤（耐候剤） ... 422
  - 6.1 光安定剤の種類とその作用機構 ... 422
    - 6.1.1 紫外線遮断剤（UV Screener） ... 422
    - 6.1.2 紫外線吸収剤（UV Absorbers） ... 422
    - 6.1.3 消光剤（Quenchers） ... 423
- 6.1.4 HALS ... 423
- 6.2 フィルム用光安定剤 ... 424
- 7. 造核剤 ... 425
  - 7.1 造核剤の働きと作用機構 ... 425
  - 7.2 造核剤の種類と特徴 ... 425
    - 7.2.1 リン酸エステル金属塩類 ... 425
    - 7.2.2 ベンジリデンソルビトール類 ... 426
    - 7.2.3 カルボン酸金属塩類 ... 426
- 8. 加工助剤 ... 426
  - 8.1 12-ヒドロキシステアリン酸マグネシウム（EMS-6P） ... 426
  - 8.2 フッ素系ポリマー添加剤（DynamarTM PPA） ... 426

第15章　機能性フィルムの最近の技術動向と成形加工・評価技術 ……………… 429

- はじめに　430
- 1. 包装・容器の出荷動向およびフィルムの生産動向　431
- 2. 機能性包装用・医療用・IT用フィルム・シート　432
  - 2.1 包装用延伸フィルム　432
  - 2.2 バリアフィルム　435
  - 2.3 易裂性・バリアフィルム　436
  - 2.4 コート、蒸着　PVDCコート（K-コート）、PVAコート、防曇性（冷凍食品）　437
  - 2.5 チャック袋　易開封性、再利用　438
  - 2.6 医療用フィルム　438
  - 2.7 Liイオン電池用フィルムとコンデンサーフィルム　438
  - 2.8 IT・ディスプレイ用フィルム　442
    - 2.8.1 液晶ディスプレイと有機ELディスプレイ　442
    - 2.8.2 有機無機ハイブリッド超バリアフィルム　444
  - 2.9 太陽電池用フィルム・シート　447
    - 2.9.1 封止材　447
    - 2.9.2 太陽電池用バックシート　447
    - 2.9.3 有機薄膜太陽電池　449
  - 2.10 ウェアラブルデバイス用フィルム　450
  - 2.11 加飾フィルム　451
  - 2.12 高周波特性の優れたフレキシブルプリント基板（5G用FPC）　452
- 3. 機能性包装用プラスチックボトル・容器・缶　455
  - 3.1 ハイバリアPETボトル　455
  - 3.2 炭酸飲料用PETボトルの軽量化　456
  - 3.3 高透明PPシートおよび電子レンジ容器　456
  - 3.4 鮮度保持の醬油容器　457
  - 3.5 PVDC系高バリア容器　458
  - 3.6 金属缶代替プラスチック容器　458
- 4. フィルム成形技術および評価技術　459
  - 4.1 Tダイキャスト成形　459
  - 4.2 インフレーション成形　460
  - 4.3 二軸延伸機　460
  - 4.4 ラミネーション　463
  - 4.5 延伸評価技術　463
  - 4.6 CAE技術　468
  - 4.7 バリア性の評価技術　468

4.7 フィルム用材料 **469**
5. 今後の包装フィルム・容器 **473**
おわりに **474**

第1章

高分子加工の概要とレオロジー

KT Polymer　金井　俊孝

― 序　論 ―

　プラスチックは近年めざましく普及し、今やプラスチック製品は食品包材などをはじめとした日用品の包装材料・容器、家電・OA用外装材、建材・パイプ製品、農業・水産資材をはじめ、自動車などの内装材、外装材、コンデンサーやLiイオン電池などの工業部品、医療機器部品や、光学レンズ、光ディスク、液晶ディスプレイのような光学材料に至るまで広範囲な分野に利用されるに至り、生活する上で必要不可欠なものとなっている。このようなプラスチックの多様化に伴い、要求される特性は著しく複雑かつ多様化し、寸法精度、要求物性、製品外観などの品質が厳しく追求されるようになってきている。これらの品質は素材となる樹脂だけでなく、成形加工工程においても大きく影響される。

　プラスチックの加工工程は、まず押出機内で加熱、溶融、混練し、ダイあるいは金型内で賦型した後、冷却・固化する工程を経て製品となるため、樹脂や製品に合った成形加工条件の設定が製品を高品質化する上で重要となっている。成形加工工程で溶融し、賦型する段階で、高分子はよく言われているように、粘弾性の性質を示すため、この性質が成形加工する上で大きな影響を与える。例えば、剪断流動下では高剪断速度下において粘度の低下やダイ内でメルトフラクチャーやシャークスキン、ダイ出口におけるスウェル現象、射出成形における配向の記憶・緩和現象、ウェルドの発生など多くの特徴がある。そのため、粘弾性を示す度合により、プラスチック表面の膚あれの有無、プラスチック製品の配向・強度、さらには光学特性などに大きな差が生じる。このように成形加工特性は高分子の溶融状態における流動特性や溶融粘弾性の性質と密接な関連がある。

　このため、成形する加工温度における剪断・伸長速度領域で溶融体の流動性を知ることは重要である。この流動特性を評価する方法が剪断粘度、伸長粘度であり、溶融張力である。これらについては第1章で紹介する。また、成形加工プロセスでは、プラスチックを一旦溶融し、賦型し冷却する工程を経るため、押出機、ダイ、溶融時の賦形、延伸などの考え方が重要であるので、第2章以降で詳しく述べる。

1　高分子加工とは

　高分子は熱が加えられてある温度以上になると溶融するが、これを冷却すると固化する性質を持っている。この性質を利用し各種の成形法がある。例えば、射出成形、押出成形、ブロー成形、カレンダー成形などがある。

　高分子加工の一つである押出成形では、押出機内でペレット状あるいは粉末状の高分子に熱を加えて溶かして、均一な溶融状態とし、一定の押出量で溶融樹脂を押出し、ダイ内で希望する形に賦形し、冷却して固化させる。このように連続的に成形品を成形することができるので、一般的には断面形状の一定な長い成形品ができる。このままでは成形品の取扱いが不便であるため、引取後適当な長さに切断するか、あるいは巻き取る。

　一方、射出成形ではペレット状あるいは粉末状の高分子に熱と圧力をかけてこれを溶融し、

第1章 高分子加工の概要とレオロジー

適当な流動状態となった溶融樹脂を高い圧力のもとに、閉鎖した金型内に高速で流し込み、充分固化させて、希望する形の成形品を金型から離型することにより製品をつくることが可能である。このため、押出成形では連続に成形品を作るのに対し、射出成形は1つのサイクルの繰り返しによって、成形品を得る。

　高分子加工法の代表的な押出成形と射出成形の概略図を**図1.1**と**図1.2**に、またこれらの工程について**表1.1**に示す。

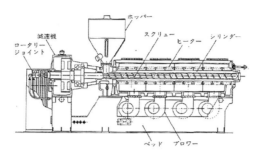

図1.1　押出成形機の概略図

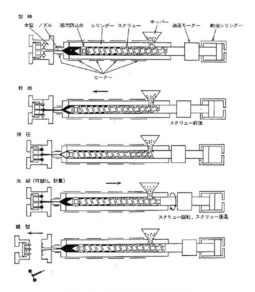

図1.2　射出成型の概略図

表1.1　押出成形・射出成形の工程

	溶融	賦形	変形・冷却・固化	製品と取り出し	
押出成形	押出機	ダイ	引取・冷却装置	引取機	巻取機
射出成形	射出機	金型	金型内冷却	離型・取出し	

押出成形で成形されるものには、フィルム、シート、繊維、モノフィラメント、ボトル、パイプ・チューブ、異形品、ワイヤー・ケーブル絶縁、ラミネート製品などがある。

射出成形品にはバケツ、コップ、イス、コンテナ、家電製品の外枠、バンパーなどの自動車部品など金型形状に対応した成形品などがある。

熱可塑性樹脂の代表的な加工法を**表1.2**に示す。熱硬化性樹脂の成形加工法もある。

表1.2 熱可塑性樹脂の成形加工法

分類	成形法	応用例	製品例
射出成形	射出成形 射出圧縮成形 射出化学発泡成形 マイクロセルラー発泡成形 射出―中空成形		バケツ、コンテナー、コップ類 バンパー、家電製品の外板材 光ディスク基板、光学部品、加飾 低発泡合成木材（テレビ、ステレオのハウジング） プリンターシャーシー、コネクター 薬瓶、哺乳瓶（ポリカーボネイト） PET二軸延伸ボトル
押出成形	インフレーションフィルム成形 Tダイフィルム成形 シート成形 ブロー成形 パイプ押出成形 異形押出成形 電線被覆 ラミネーション 押出発泡	シート―熱成形	ゴミ袋、レジ袋、米袋、肥料袋 農業用フィルム、食品包装 シート（ポリスチレン他） 食品トレイ、プリン・冷菓容器 中空容器、シャンプー瓶、タンク類 水道用パイプ、ガスパイプ カーテンレール、チャック袋 電線コード セロハンとの積層フィルム 食品トレイ、合成木材（スノコ）
熱成形	真空成形 圧空成形	真空―圧空成形	トレイ（弁当、果物類） OPSトレイ、冷蔵庫のインナーボックス
延伸成形	モノフィラメント、溶融紡糸 延伸フィルム 延伸テープ ネット	一軸、二軸延伸	ロープ、衣類、不織布（紙オムツ） OPPフィルム（食品・繊維包装） PET磁気テープ、シュリンクフィルム、コンデンサー 結束用ひも みかん用ネット
粉末成形	回転成形 焼結加工 溶射 流動浸漬	ライニング	水タンク、化学品容器 サインペンの芯 金属面へのコーティング パイプコーティング
注型	モノマーキャスティング ソルベントキャスティング 封入注形 スラッシュモールド	連続キャスティング	MMAシート（看板）、カーポート 極薄フィルム（コンデンサー用フィルム） 液晶部材フィルム（TAC、偏光フィルム） 金魚・貝・花等封入した土産品 塩化ビニール製玩具

2　重合からプラスチック製品までの必要な解析技術

プラスチックの成形加工の解析技術は、射出成形のCAE、押出機内の流動予測をはじめとし、この50年間でめざましい発展を遂げている。射出成形に関しては充填解析から保圧・冷却過程

の解析が可能となってきており、流動配向を含めた残留応力や収縮率、変形・ソリなど成形品の品質予測やガラス充塡系複合材料の繊維配向予測まで可能になりつつあり、実験との対応関係が検討され、実用段階にきている。

樹脂の研究として、実用物性が高く、成形性の良好な樹脂デザインはいかにあるべきかが常に要求されている。そのために、樹脂の一次構造とレオロジー特性（溶融粘弾性）、成形加工性の関係を把握し、製品の品質を予測することは非常に重要な意味を持っている。例えば、射出成形品の配向、表面外観や押出成形の成形安定性、ブロー成形のスウェルやドローダウン、偏肉精度、溶融紡糸の紡糸性、シート・フィルム成形のネッキング現象、フィルムや成形品の光学特性などを考えた場合、樹脂の溶融粘弾性が大きな支配因子となっている。そのため、緩和時間分布を考慮した粘弾性モデルを利用した成形加工解析は、樹脂デザインの改良や成形条件の最適化に重要な役割を果たすものと考える。

一方、定常剪断流動、流動停止後の応力緩和、線型粘弾性（貯蔵剛性率 G'、損失剛性率 G''）や伸長流動などの流動特性は一次構造因子（分子量、分子量分布、長鎖分岐、組成分布、超高分子量・低分子量成分）と密接な関係がある。そのために、両者の関係を結びつけておくことにより、成形加工性や製品の品質を向上させるための樹脂の改良開発（重合・触媒・プロセス）への指針に結びつけられる。

製品の物性を左右する因子はもちろん溶融時の粘弾性的な性質だけでなく、成形加工時の剪断・伸長履歴、加熱・冷却のかけ方などもあり、これらが品質の均一性や物性を支配する。また、結晶性樹脂においては、結晶化速度や結晶化度が品質を制御するため、これらの因子を含めた成形加工の解析技術が要求される。

また、高分子複合材料は自動車分野をはじめとする工業材料分野、家電分野、電子材料などの用途をはじめとして、材料の高機能化のために非常に広範囲に使用されている。樹脂やゴム、無機フィラー等の混合により単体では得られない物性発現が期待されるが、相溶化技術やレオロジー評価技術、二軸混練機の混練解析技術などによりモルフォロジーが制御され、物性が定量的に制御されることが可能になれば、材料開発が迅速化できる。複合材料の物性予測技術は理論的な検討が最近になって活発化してきているが、まだ経験的な手法によるところが多く、モルフォロジー制御技術や物性発現機構の解明が今後より一層検討する必要がある。

以上述べた技術の蓄積により、成形品の形状と目標物性が提示されたとき、その製品に適した材料と成形加工法を選定し、それに基づいてレオロジー特性や成形条件の設定、成形性が予測され、より正確な成形品の物性を自動推算することにより、高品質の製品が楽にかつ研究期間が短縮できることになる。現状の樹脂や成形法では品質上困難と予測された場合には、レオロジー特性よりさらに上流にさかのぼり、一次構造・樹脂改良（重合・触媒）へと検討を進め、また成形法の改良の検討を進める。図1.3のような重合から物性までの各因子間の関係を把握する基礎研究と材料や製品の物性データの蓄積、成形加工の解析技術、複合材料においてはモルフォロジー制御、物性発現のメカニズムの研究がそれぞれの分野で活発に研究されることが必要である。そのためには、今後、広範囲な技術蓄積が必要とされ、材料メーカー、成形加工・

機械メーカー、ユーザーの協力体制が望まれ、またデータの共有化が重要である。そして、この技術の体系化が、試行錯誤的な時間の浪費が激減し、高品質な製品が短期間で、低コストで製造可能となり、さらにより高度な材料、製品開発に取り組むことができる。

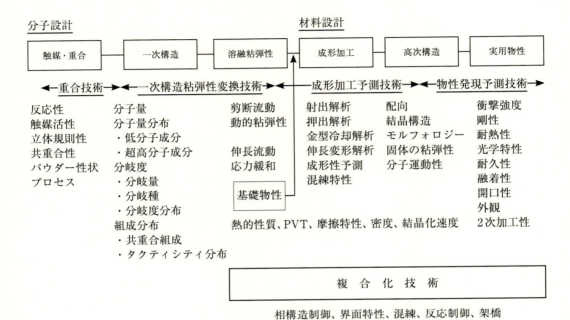

図1.3　高分子加工・物性研究の技術課題
〜重合から製品までの解析技術〜

3　高分子溶融体の流動性

　高分子加工工程では、賦型するため、熱をかけて流動状態にするが、高分子溶融体の流動特性を知るには剪断粘度と伸長粘度を測定するとわかる。図1.4に示したように、剪断粘度は壁面間を流れる時の流動抵抗の指標であり、伸長粘度は自由表面下での変形のしやすさの指標である。

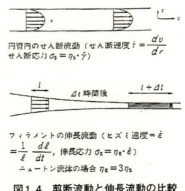

図1.4　剪断流動と伸長流動の比較

成形加工では、溶融した樹脂が押出機内、ダイ内および金型内で広い範囲の剪断速度領域下で流動するため、この成形領域での剪断粘度に支配される。また、成形は非等温で剪断速度も変化するため、剪断粘度の温度、剪断速度依存性を知る必要がある。押出成形ではダイを出た後、溶融状態から固体状態へ短時間の内に変化するが、この時、自由表面下で変形が行われるため、伸長粘度に支配される。

3.1 剪断流動の構成方程式

高分子の流動特性は一般的に非ニュートン性を示す。そして剪断速度と共に溶融粘性が低下する、いわゆる擬塑性を示す。図1.5に非ニュートン流動の剪断速度と粘度の関係を示す。

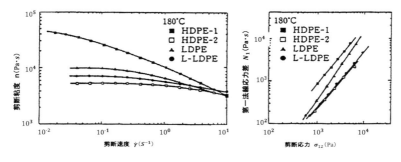

	MI	$\overline{M_w} \times 10^{-5}$	$\overline{M_w}/\overline{Mn}$	密度(g/Cm³)
HDPE-1	0.9	1.73	14.1	0.958
HDPE-2	2.8	1.17	3.4	0.960
LDPE	1.9	1.12	4.1	0.923
L-LDPE	2.1	0.84	3.4	0.919

図1.5　各種ポリエチレンの剪断流動特性

まず最も単純なニュートン流動における粘度は式(1.1)のニュートン粘度則が成り立ち、低分子・単一構造の物質（例えば水、マシンオイルなど）および高分子の低剪断側の流れに適用でき、古典流体力学的に取り扱うことができる。

$$\eta = \frac{\tau}{\dot{\gamma}} \tag{1.1}$$

ここで、ηは粘度、τは剪断応力、$\dot{\gamma}$は剪断速度である。

しかし、実際の高分子の成形加工では剪断速度範囲は10^1-10^3sec^{-1}であるが、射出成形の場合、ランナー系では10^3-10^5sec^{-1}、キャビティーのゲート部通過には10^4-10^6sec^{-1}、ゲート近傍を除くキャビティー内では10^2-10^3sec^{-1}、流動が停止するところには10^0sec^{-1}以下になる。また、成形時は温度が変化する。そのため、剪断速度および温度の幅広い領域をカバーする粘度式がいくつか提案されている。最も代表的なものはべき法則とアレニウス型の温度依存性で表される式(1.2)であるが、図1.6に示したように高剪断速度範囲でしか成り立たない。

$$\eta = A\dot{\gamma}^{n-1}\exp\left(\frac{T_a}{T}\right) \qquad (1.2)$$

ここで、A, n, T_a は材料定数、T は樹脂温度（°K）であり、n はべき法則の指数である。

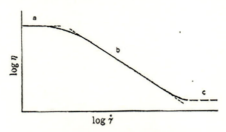

図1.6 剪断粘度と剪断速度の関係
第一ニュートン領域(a)、冪乗領域(b)および
第二ニュートン領域(c)、c の観測例は少ない。

一方、ニュートン領域からべき法則に従う領域までカバーする代表的な式[1]として

$$\eta = \frac{\eta_0}{1 + (\eta_0\dot{\gamma}/\tau^*)^{1-n}} \qquad (1.3)$$

がある。ここで、η_0 は

$$\eta_0 = B\,\exp\left(\frac{T_a}{T}\right)\exp(\beta P) \qquad (1.4)$$

あるいは

$$\eta_0 = D\,\exp\left\{-\frac{A_1(T-T^*)}{A_2+(T-T^*)}\right\} \qquad (1.5)$$

$$T^* = D_2 + D_3 P \qquad A_2 = A'_2 + D_3 P \qquad (1.6)$$

式 (1.5) は P = 0 のとき、WLF 式[2]そのものである。

式 (1.4) と式 (1.5)[3] は圧力項を含んでいる。式 (1.3) において、$\eta_0\dot{\gamma} \gg \tau^*$ ならば

$$\eta = B^n(\tau^*)^{1-n}\exp\left(\frac{nT_b}{T}\right)\exp(n\beta P)\,\dot{\gamma}^{n-1} \qquad (1.7)$$

となり、式 (1.2) と同様にべき法則に従う。また、広い温度範囲にわたって T_b および β は一定ではなく、温度が下がるにつれてこれらの値は高くなるので、射出成形のように温度が大きく変化する場合の数値解析には充分注意を払う必要がある。

その他に、多項式近似による粘度曲線の記述式 (1.8) があり、粘度 η_a と剪断速度 γ_a の粘度曲線をフィッティングすることにより、定数 A_0、A_1、A_2、A_3、A_4 を求め、近似することができる。この式は測定領域内では精度よく近似できるが、領域外では変動しやすいため、低剪断領域ではニュートン流体、高剪断では一定の傾きに規定することにより精度をあげることができる。

$$\log(\eta_a/a_T) = A_0 + A_1\log(a_T\dot{\gamma}_a) + A_2[\log(a_T\dot{\gamma}_a)]^2 \\
+ A_3[\log(a_T\dot{\gamma}_a)]^3 + A_4[\log(a_T\dot{\gamma}_a)]^4 \qquad (1.8)$$

ただし、$a_T = \exp\left[\dfrac{E}{R}\cdot\left(\dfrac{1}{T} - \dfrac{1}{T_0}\right)\right]$ \qquad (1.9)

4 成形性とは

　成形性とは、成形加工を行う上での加工のしやすさを意味し、成形性の良い樹脂とは、
⑴流動性に富み、⑵不良現象が出にくく、⑶成形安定性に優れ、⑷成形範囲も広い樹脂のことを言う。

　例えば、射出成形に関して言うならば、流動性に優れ、容易に末端まで樹脂が充填され、ジェッティングやフローマーク、ウェルドラインなどの不良現象も出にくく、ショット毎に品質のバラつきもなく、成形温度範囲も広くとれることである。押出成形では一般的に押出量の安定性に優れ、ダイを出たときのメルトフラクチャーなどの外観不良が出にくい。溶融紡糸やフィルム成形では、ドローレゾナンスなどの不安定性もなく、かつ成形時の溶融時破断現象もなく、連続成形安定性に優れ、押出量も常に一定に保たれている状態を成形性が良いと表現される。ブロー成形においては、パリソンのドローダウン特性に優れ、賦型時の肉厚精度も均一な肉厚分布が安定して得られる場合である。

　このように、成形性といっても、成形加工法によって多少意味するところが異なるが、最初に述べた4項目でまとめることができる。

　成形性で最も重要な項目は流動性であり、押出機やダイ、金型内での剪断時の溶融粘度を評価する測定法としてキャピラリーレオメーターやコーン＆プレート型粘弾性装置、射出成形時での金型内の樹脂の流動性の目安となるスパイラルフローなどがある。また、溶融紡糸やフィルム、ブロー成形などダイを出てから固化するまでの自由表面下での変形のしやすさを評価する方法として、伸長粘度やメルトテンションなどがある。また、ブロー成形のパリソンの肉厚分布や射出成形時でのジェッティング、フローマークに影響する因子としてダイ出口での樹脂の膨張度合を表すスウェルの評価がある。ウェルドラインやフィルム成形でのスパイラルマークなどは異なった溶融履歴を受けた樹脂が合流した後の光学・物性不均一性に対応するものであり、剪断時の流動特性のほかにポリマーの記憶現象とも関係があり、後者の記憶効果は長時間側の応力緩和の測定により評価できる。成形範囲が広いことは、流動性の温度依存性や剪断速度依存性と関係がある。つまり、成形性を評価するためには、次の項目を評価する必要がある。

表1.3 成形性と評価法

流動性	評価法	成形加工特性
剪断流動性	メルトインデックス キャピラリーレオメーター コーン＆プレートレオメーター スパイラルフロー	流動性、 押出特性（押出量、圧力、押出安定性） メルトフラクチャー 流動均一性
伸長流動性	伸長粘度 メルトテンション	紡糸・フィルム成形時の成形安定性、 ドローレゾナンス溶融延伸性、 ブロー成形・熱成形時のドローダウン特性＆偏肉押出、 押出発泡の発泡倍率
緩和現象	スウェル 応力緩和 緩和スペクトル	ブロー成形時のドローダウン性や肉厚分布 フローマーク、ジェッティング スパイラルマーク、ウェルドライン

5　剪断流動性の評価法[4〜11]

(1) メルトインデックス（MI）

熱可塑性樹脂の溶融時における流動性を表す尺度であり、最も簡単な指標である。一定温度および圧力でオリフィスから熱可塑性樹脂を押出し、押出された量を10分間当たりのグラム数に換算して表された数値である。MIの値が大きい樹脂ほど溶融時の流動性や加工性が良好である。

ポリプロピレンのMIは測定温度230℃、荷重2.16kgで、径2.095mm、長さ8mmのノズルからの10分間のポリマー流出量であり、ポリエチレンでは測定温度が190℃で行う。

(2) キャピラリーレオメーター

剪断流動性のうち、剪断粘度を測定する最も一般的な方法がキャピラリーレオメーターである。**図1.7**に測定装置の概略図を示した。リザーバー内に溶融樹脂を充填し、一定温度に達した後、所定の速度でプランジャーを降下させ、溶融樹脂を半径R、長さLのノズルから押出し、そのときに発生する圧力ΔPをプラジャー上部に取り付けたロードセルにより測定する。ノズルから押出された流量Qは降下速度から計算される。このとき、ノズル壁面における剪断応力τと剪断速度$\dot{\gamma}$は次式から計算される。

$$\tau_{w.a} = \frac{R \cdot \Delta P}{2L} \tag{1.10}$$

$$\dot{\gamma}_a = \frac{4Q}{\pi R^3} \tag{1.11}$$

見かけの$\dot{\gamma}_a$と$\tau_{w.a}$は、このようにして得られるが、ポリマーの粘弾性的性質により、ノズルの入口、出口効果があるため、L/Rが小さい場合には、補正が必要である。

Bagleyら[10]は剪断速度一定においてΔPとL/Rをプロットすると、**図1.8**のような直線となり、この直線が横軸と交わる点を$-n$とすると、補正後の剪断応力は次式となり、L/Rによらず一本の直線になることを示した。

第1章 高分子加工の概要とレオロジー

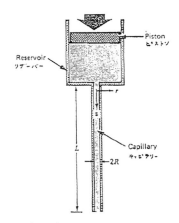

図1.7 キャピラリーレオメーターの概略図

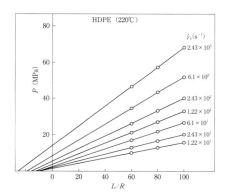

図1.8 HDPEのバーグレープロット△PとL/Rの関係

$$\tau_W = \frac{R \cdot \Delta P}{2(L + nR)} \tag{1.12}$$

ここで、円管内を流れる流量を考えてみよう。壁面でのスリップも考慮すると次式で示される。

$$Q = 2\pi \int_0^R r v_z dr = \pi R^2 v_{w.s} - \pi \int_0^R r^2 \left(\frac{\partial v_z}{\partial r}\right) dr \tag{1.13}$$

ただし、Rは円管半径、vは流速、$v_{w.s}$は壁面のスリップ速度である。

剪断応力に関する関係式

$$\tau = \frac{r \cdot \Delta P}{2L} = \left(\frac{r}{R}\right) \tau_W \tag{1.14}$$

式(1.13)と式(1.14)より

$$Q = \pi R^2 v_{w.s} - \frac{\pi R^3}{\tau_W^3} \int_0^{\tau_w} \tau^2 \left(\frac{dv_z}{dr}\right) d\tau \tag{1.15}$$

ダイ壁面でのスリップが無視できる場合には式(1.15)の両辺をτ_wで微分し、書き直すと剪断速度$\dot{\gamma}_w$について次式が得られる。

$$\dot{\gamma}_w = \frac{1}{\pi R^3}\left(3Q + \Delta P \frac{dQ}{d\Delta P}\right) = \frac{4Q}{\pi R^3}\left(\frac{3}{4} + \frac{1}{4}\frac{d\log\dot{\gamma}}{d\log\tau_w}\right) \tag{1.16}$$

この式をRabinowitsch補正[15]と言い、非ニュートン性の強い場合、この補正が必要である。

真の剪断粘度はBagley-Rabinowitsch補正した式(1.12)と式(1.16)を利用することで、計算することができる。

$$\eta = \frac{\tau_w}{\dot{\gamma}_w} \tag{1.17}$$

剪断速度に対する見かけの剪断粘度、剪断応力と補正した結果を比較した一例を**図1.9**に示した[6]。

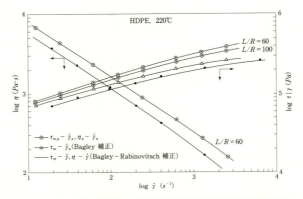

図1.9　HDPEの剪断粘度および剪断応力の剪断速度依存性

剪断流動特性は、押出機、ダイ、射出成形金型内での流動のしやすさを評価する上での基本データであり、各剪断速度、成形温度下での粘度や剪断応力を知ることにより、流動性が把握できる。剪断速度の増加に対して粘度の低下が大きい樹脂は非ニュートン性が強いといわれるが、非ニュートン性の強い樹脂は高剪断側での溶融粘度が小さいため、押出時の剪断発熱は抑えられ、押出機モーター負荷は小さくなる傾向にあり、メルトフラクチャーは起こしにくい。射出成形においても、高剪断側で粘度の低い樹脂は流動性が良好で低い充填圧力で末端まで樹脂が流れ易い。成形加工の剪断領域についての概略図を**図1.10**に示す。

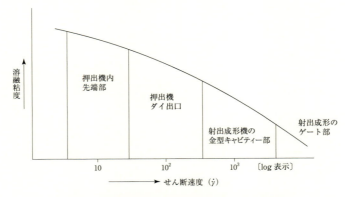

図1.10　成形加工の剪断領域についての概略図

第1章 高分子加工の概要とレオロジー

　高分子量ポリマーの存在や可塑剤の多く入ったPVC、添加剤の入った樹脂においてはスリップ現象が発生し、ダイ内の圧力降下や表面外観に影響を与える。ここで、壁面のスリップ速度$v_{w,s}$の算出の仕方を考えてみる[12]。

　円管内を流れる流量は、式 (1.13) で示され、式 (1.15) を$\dot{\gamma}_{w,s}$で書き直すと式 (1.18) となる。

$$\dot{\gamma}_{w,s} = \frac{4}{R} v_{w,s} - \frac{4}{\tau_w^3} \int_0^{\tau_w} \tau^2 \left(\frac{dv_z}{dr} \right) d\tau \tag{1.18}$$

　式 (1.18) の右辺の第2項はτ_wの関数であるので、$v_{w,s}$を算出するには、ノズル半径Rの異なるキャピラリーを用いて、$\dot{\gamma}_w$とτ_wの曲線を求め、スリップ現象があれば、曲線は重ならずRの用いた数だけ得られる (**図1.11**)。ここで、τ_w一定のときのそれぞれの$\dot{\gamma}_w$と$\frac{1}{R}$をプロットすると直線関係が得られるため、その傾きから$v_{w,s}$を求めることができる (**図1.12**)。

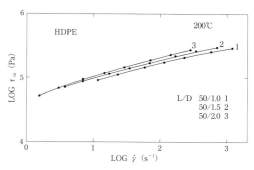

図1.11　スリップ速度算出図

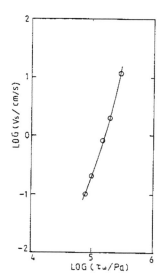

図1.12　HDPEの剪断応力と管壁面での
　　　　スリップ速度の関係

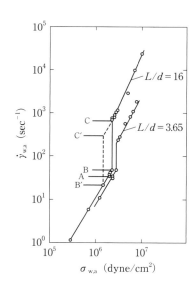

図1.13　メルトフラクチャーと$\dot{\gamma}_{w,a} - \tau_{w,a}$の関係

　ダイ出口での押出物の表面が不安定現象を示し、表面外観を悪くする現象をメルトフラクチャー

と言う。これは、樹脂がある剪断応力あるいは剪断速度となると押出物がメルトフラクチャー現象を示すため、通常押出成形においてはこの臨界応力以下で成形が行われる。

このようなメルトフラクチャー現象は上述した管壁のスリップ現象とも関係しており、HDPEの場合においてはスリップ速度$v_{w,s}$が急激に増大する領域からメルトフラクチャーが発生している。メルトフラクチャーの一種であるキャピラリー壁面と樹脂の間で、スリップによる押出物表面の細かい周期的な乱れ（シャークスキン現象）の発生領域では流量が大きく増大するため**図1.13**に示すように流動曲線に折れ曲がりの変化を示す[13]。

（3） コーン＆プレートレオメーター[6, 8, 9, 12]

キャピラリーレオメーターと共に剪断流動性を評価する方法として、コーン＆プレートレオメーターがある。一般にキャピラリーレオメーターは剪断速度領域が1から数百s^{-1}の間を測定するのに適しているが、コーン＆プレートタイプは剪断速度がもっと遅い$10^{-2}-10s^{-1}$の領域を測定することができる。両者を組み合わせると広範囲な剪断速度領域での流動特性を知ることができる。

このレオメーターの概略図を**図1.14**に示した。コーンとプレートとの間の角度αは小さく、α(rad) = $\sin\alpha$ = $\tan\alpha \ll 1$となるような角度αがとられており、一般には3-4°以下の角度が設定されている。

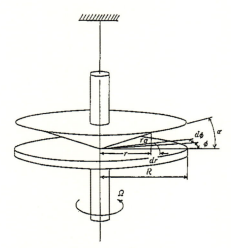

図1.14　コーン＆プレートレオメーター

試料がコーンとプレートの間のくさび状の隙間に入れられプレートを一定回転（n）させ、その時に試料を通してかかるコーン側のトルクM、全スラストFを測定することにより、粘度、第一法線応力差を測定することができる。

剪断速度は次式により算出される。

$$\dot{\gamma} = \frac{r \cdot 2\pi n}{r \tan\alpha} \fallingdotseq \frac{2\pi n}{\alpha} \tag{1.19}$$

したがって、コーンの角度（α）と回転数（n）が決まれば剪断速度が算出され、試料のどの位

置においても、一定の剪断速度が得られる。円板上でϕを方位角とすれば、rと$r+dr$およびϕと$\phi+d\phi$との間に囲まれる微少面積要素に発生するトルクdMは

$$dM = \eta \cdot \dot{\gamma} \cdot r \cdot (r\,d\phi)\,dr \tag{1.20}$$

となるから、円板上に働く全トルクMは

$$M = \int_0^R \int_0^{2\pi} \eta \dot{\gamma} r^2 dr\,d\phi = \frac{2}{3}\pi R^3 \eta \dot{\gamma} \tag{1.21}$$

となる。したがって、剪断応力τは次式となる。

$$\tau = \eta \dot{\gamma} = \frac{3M}{2\pi R^3} \tag{1.22}$$

粘度は

$$\eta = \frac{\tau}{\dot{\gamma}} = \frac{3M}{2\pi R^3}\frac{\alpha}{2\pi n} \tag{1.23}$$

で与えられる。低剪断側での測定は精度良く行えるが、剪断速度が速くなるとコーンとプレートの間にある試料の外周の自由表面に乱れを生じ、正しい測定が行えなくなる。

そこで低剪断側において、コーン＆プレート型を、高剪断側でキャピラリーレオメーターを用いて測定することにより広範囲な剪断速度下での剪断粘度が得られる。図1.15にその測定結果の一例を示す。

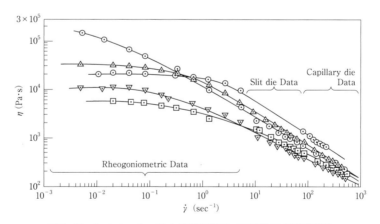

図1.15　レオメーターによる剪断速度－剪断粘度の測定結果

一方、弾性効果の指標となる第一法線応力差は次式で得られる[8]。

$$\tau_{11} - \tau_{22} = \frac{2F}{\pi R^2} \tag{1.24}$$

コーン＆プレートレオメーターは動的な粘弾性の測定も可能である。図1.16のプレートに角周波数ωの定常的な微小ずりの正弦ひずみ

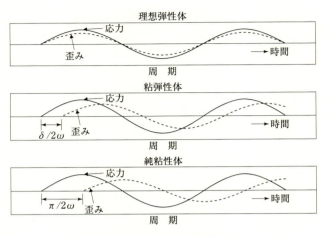

図1.16 応力と歪みの関係

$$\gamma^* = \gamma_0\ e^{i\omega t} \tag{1.25}$$

を与えると位相角δを伴った正弦応力τを生じる。

$$\tau^* = \tau_0\ e^{i(\omega t + \delta)} \tag{1.26}$$

また、ひずみ速度$\dot{\gamma}^* = i\omega\gamma_0 e^{i\omega t}$と表せる。ここで、複素弾性率$G^*(i\omega)$および複素粘性率$\eta^*(i\omega)$を$G^*(i\omega) = \dfrac{\tau^*}{\gamma^*}$および$\eta^*(i\omega) = \dfrac{\tau^*}{\dot{\gamma}^*}$で定義すれば

$$G^*(i\omega) = \frac{\tau^*}{\gamma^*} = G'(\omega) + iG''(\omega) = i\omega\eta^* = i\omega(\eta' - i\eta'') \tag{1.27}$$

となる関係が成り立つ。ここで$G'(\omega)$を貯蔵弾性率、$G''(\omega)$を損失弾性率、$\eta'(\omega)$を動的粘性と言う。

図1.14のコーンとプレートとの間に試料を満たした後、円板に角周波数ωの正弦ひずみを強制的に与え、コーンとプレートの振幅比P、位相差δを検出し、X-Yレコーダーを用いて、これをリサージュ図形に描かせて、以下のような手順で動的粘弾性に関する諸値を求める。p、δ、ηおよび試料の密度ρのあいだにMarkovitzの式が成立する[5,12,14]。

$$1 - \frac{1}{p}\cos\delta - \frac{i}{p}\sin\delta + \frac{i}{\eta^*}\left[(A_2 + B_1\rho)\omega - \frac{C_1}{\omega}\right] - \frac{i}{\eta^{*2}}\left[(A_2 + B_2\rho)\rho\omega^2 - C_2\rho\right] - \cdots = 0 \tag{1.28}$$

ここで、A_1、B_1、C_1、A_2、B_2、C_2は装置によってきまる定数で次式で表される。

$$A_1 = \frac{3I\alpha}{2\pi R^3},\ B_1 = 0,\ C_1 = \frac{kA_1}{I} \tag{1.29}$$

Iは振動部の慣性モーメント、kはトーションワイヤのねじれ定数である。

通常の装置では、$\omega < 10s^{-1}$の範囲でB_1を含む項および$\dfrac{1}{\eta^{*2}}$以下の項は無視できるので、式(1.29)から$G'(\omega)$、$G''(\omega)$、$\eta'(\omega)$は次式より算出できる。

$$G'(\omega) = \omega\eta''(\omega) = \frac{(A_1\omega^2 - C_1)y}{x^2 + y^2} \quad (1.30)$$

$$G''(\omega) = \omega\eta'(\omega) = \frac{(A_1\omega^2 - C_1)x}{x^2 + y^2} \quad (1.31)$$

$$x = \sin\frac{\delta}{p}, \quad y = 1 - (\cos\frac{\delta}{p}) \quad (1.32)$$

測定の原理については以上のようであるが、これより得られる$G'(\omega)$と$G''(\omega)$の意味するところを考えてみよう。

$G'(\omega)$と$G''(\omega)$をMaxwell Modelの場合に適用して考えてみる。高分子の粘弾性的性質を表す代表的なモデルにMaxwell Model 図（1.17）がある。1つのバネ（弾性率G）と1つのダッシュポット（粘度η）からなるMaxwell要素の場合、応力σー歪みεとの関係は

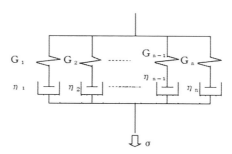

図1.17　一般化Maxwellモデル

$$\varepsilon = \varepsilon_G + \varepsilon_\eta \quad (1.33)$$

$$\frac{d\sigma}{dt} = G\frac{d\varepsilon_G}{dt} \quad (1.34)$$

$$\sigma = \eta\frac{d\varepsilon_\eta}{dt} \quad (1.35)$$

式（1.33）の両辺を時間で微分すると

$$\frac{d\varepsilon}{dt} = \frac{d\varepsilon_G}{dt} + \frac{d\varepsilon_\eta}{dt} \quad (1.36)$$

式（1.34），式（1.35）を代入すると

$$(1 + \lambda\frac{d}{dt})\sigma = \eta\frac{d\varepsilon}{dt} \quad (1.37)$$

となる。ここで、$\lambda\,(=\eta/G)$は緩和時間である。式（1.37）に対応する剪断流動場での式は次式で与えられる。

$$\tau + \lambda\frac{d\tau}{dt} = \eta\cdot\dot{\gamma} \quad (1.38)$$

式 (1.38) に式 (1.25) と式 (1.26) を代入する

$$\tau^* + \lambda i\omega\tau^* = \eta i\omega\dot{\gamma}^* \tag{1.39}$$

あるいは

$$G^*(i\omega) = \frac{\tau^*}{\gamma^*} = \eta\frac{i\omega}{(1+\lambda i\omega)} = G'(\omega) + iG''(\omega) \tag{1.40}$$

式 (1.40) より

$$G'(\omega) = G\lambda^2\omega^2/(1+\lambda^2\omega^2) \tag{1.41}$$

$$G''(\omega) = G\lambda\omega/(1+\lambda^2\omega^2) \tag{1.42}$$

ここで $\lambda = \eta/G$ で、G は弾性率であり、また $\eta'(\omega)$ および $\eta''(\omega)$ は式 (1.27) より、

$$\eta^*(i\omega) = \frac{\tau^*}{\gamma^*} = \frac{\eta}{(1+\lambda i\omega)} = \eta'(\omega) - i\eta''(\omega) \tag{1.43}$$

$$\eta'(\omega) = G\lambda/(1+\lambda^2\omega^2) \tag{1.44}$$

$$\eta''(\omega) = G\lambda^2\omega/(1+\lambda^2\omega^2) \tag{1.45}$$

一般的にはボルツマンの重畳原理を使い、多くの緩和時間を含む一般式で表される。

$$G'(\omega) = \Sigma (G_i\lambda_i^2\omega^2)/(1+\lambda_i^2\omega^2) \tag{1.46}$$

$$G''(\omega) = \Sigma (G_i\lambda_i\omega)/(1+\lambda_i^2\omega^2) \tag{1.47}$$

$$\eta'(\omega) = \Sigma (G_i\lambda_i)/(1+\lambda_i^2\omega^2) \tag{1.48}$$

$$\eta''(\omega) = \Sigma (G_i\lambda_i^2\omega)/(1+\lambda_i^2\omega^2) \tag{1.49}$$

したがって、G'、G'' は G_i 及び緩和スペクトル λ_i によって決まる。図1.18や図1.19[15]の G'、G'' 曲線から、これらの曲線にあう一連の緩和時間 $[\lambda_i]$ 及び弾性率 $[G_i]$ が求められる。なお、Rouseモデルの G'、G'' は低周波数域では、$G' \propto \omega^2$、$G'' \propto \omega$、高周波数域では $G' = G'' \propto \omega^{1/2}$ となるが、ポリマー融液で得られる G'、G'' の周波数依存性は図からもわかるようにこの関係に似た結果を示す。

第1章 高分子加工の概要とレオロジー

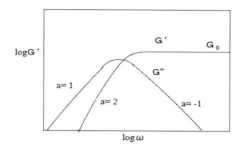

図1.18 単一モードの貯蔵弾性率、損失弾性率と角周波数の関係

短分散ポリスチレン試料の重量平均分子量、数平均分子量およびそれらの比

試料	重量平均分子量 M_w	数平均分子量 M_n	M_w/M_n
L18	581,000	550,000	1.06
L19	513,000	471,000	1.09
L 5	351,000	330,000	1.06
L22	275,000	257,000	1.07
L15	216,000	215,000	1.00
L27	167,000	199,000	0.94
L37	113,000	113,000	1.00
L16	58,700	62,200	0.84
L34	46,900	49,500	0.95
L14	28,900	38,300	1.02
L12	14,800	12,900	1.15
L 9	8,900	8,800	1.01

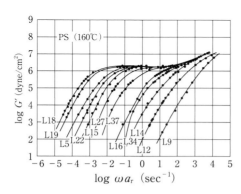

160℃における単分散ポリスチレンのG'の合成曲線（各試料の分子量は表を参照）

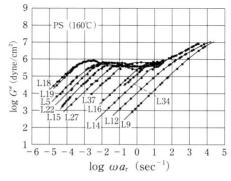

160℃における単分散ポリスチレンのG''の合成曲線（各試料の分子量は表を参照）

図1.19 単分散ポリスチレンのG'とG''の合成曲線

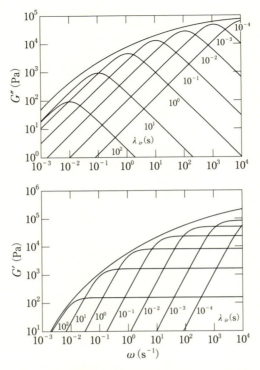

図1.20 低密度ポリエチレンLLDPE溶液の貯蔵弾性率と損失弾性率のスペクトル分解

図1.20[16)]は低密度ポリエチレン溶液の貯蔵弾性率と損失弾性率を示す。式(1.46)と(1.47)を利用し、最適化フィッティングにより、線形粘弾性スペクトルの定数を求めることができる。下の表に図1.20の場合の線形粘弾性スペクトルの定数の一例を示した[16)]。

表1.4 LLDPEの線形粘弾性スペクトルの定数の一例

i	1	2	3	4	5	6	7	8
λ_i(s)	10^3	10^2	10	10^0	10^{-1}	10^{-2}	10^{-3}	10^{-4}
η_i(Pa·s)	1.00×10^3	1.80×10^4	1.89×10^4	9.80×10^3	2.67×10^3	5.86×10^3	9.48×10^1	1.29×10^1

定常剪断流動性と動的粘弾性の相関性については、従来より広く検討されてきた。実験式としては、CoxとMertz[17)]により次の式が提案されている。

$$\eta(\gamma) = |\eta^*(\omega)| \quad \text{at} \quad \dot{\gamma} = \omega \tag{1.50}$$

また、時間－温度の換算則では温度依存性のシフトファクターa_T（アレニウス型は式(1.9)）と置くと第i番目要素の緩和時間λ_iが添字iにかかわらず、温度変化に際してa_T倍される。つまり、

$$\lambda_i(T)/\lambda_i(T_0) = a_T \tag{1.51}$$

式 (1.46)、式 (1.47) による任意の温度Tにおける弾性率$G_i(T)$および緩和時間$\lambda_i(T)$の表現を用いると、任意の温度Tにおける粘弾性関数式 (1.46)～式 (1.49) を基準温度のそれらと次式のように関係づけられる。

$$
\begin{aligned}
G'_T(\omega) &= \Sigma (G_i(T)\lambda_i(T)^2\omega^2)/(1+\lambda_i(T)^2\omega^2) \\
&= T\rho/T_0\rho_0 \Sigma (G_i(T_0)a_T^2\lambda_i(T_0)^2\omega^2)/(1+a_T^2\lambda_i(T_0)^2\omega^2) \\
&= G'_{T_0}(a_T\omega)T\rho/T_0\rho_0
\end{aligned}
\tag{1.52}
$$

$$
\begin{aligned}
G''_T(\omega) &= \Sigma (G_i(T)\lambda_i(T)\omega)/(1+\lambda_i(T)^2\omega^2) \\
&= T\rho/T_0\rho_0 \Sigma (G_i(T_0)a_T\lambda_i(T_0)\omega)/(1+a_T^2\lambda_i(T_0)^2\omega^2) \\
&= G''_{T_0}(a_T\omega)T\rho/T_0\rho_0
\end{aligned}
\tag{1.53}
$$

さらに、同様に

$$
\begin{aligned}
\eta'_T(\omega) &= \Sigma (G_i(T)\lambda_i(T))/(1+\lambda_i(T)^2\omega^2) \\
&= T\rho/T_0\rho_0 \Sigma (G_i(T_0)a_T\lambda_i(T_0))/(1+a_T^2\lambda_i(T_0)^2\omega^2) \\
&= a_T\eta'_{T_0}(a_T\omega)T\rho/T_0\rho_0
\end{aligned}
\tag{1.54}
$$

$$
\begin{aligned}
\eta''_T(\omega) &= \Sigma (G_i(T)\lambda_i(T)^2\omega)/(1+\lambda_i(T)^2\omega^2) \\
&= T\rho/T_0\rho_0 \Sigma (G_i(T_0)a_T^2\lambda_i(T_0)^2\omega)/(1+a_T^2\lambda_i(T_0)^2\omega^2) \\
&= a_T\eta''_{T_0}(a_T\omega)T\rho/T_0\rho_0
\end{aligned}
\tag{1.55}
$$

なお、弾性率G_iの温度および密度依存性は$G_i(T)/G_i(T_0) = T\rho/T_0\rho_0$の関係がある。

ただし、$T\rho/T_0\rho_0$の値は1に近い。そのため、上式の関係から時間（角速度ω）目盛が対数であれば、G'およびG''は粘弾性の関数を変えることなく、$\log a_T$だけ短時間（高角周波数）側へずらせば良いことになる。一方、粘度に関しては$\log a_T$分だけ短時間側（高周波数側）でかつ低粘度側にずらすことになる（図1.21）。

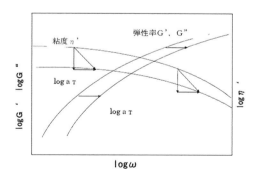

図1.21　弾性率および粘度の周波数温度の重ね合わせ

(4) 樹脂性状とレオロジーの関係

溶融高分子の分子量分布、分岐の異なる貯蔵弾性率G'の周波数依存性を図1.22に示した[18]。単分散高分子では、低周波数側で急激に立ち上がり、$G' = 10^6 \text{dyne/cm}^2 (10^5 \text{MP}_a)$付近で平坦になり、更に高周波数側で再び立ち上がる。低周波数側のG'の低い部分は分子鎖全体の運動の起こる流動領域であり、平坦部はからみ合い点間の部分鎖の運動（ゴム弾性に相当）を表し、更に

周波数の高い部分ではより小さな部分鎖又はセグメントの運動を反映して高いG′を示す。分子量が小さい間はからみ合いの効果が出ないので平坦部はないが、分子量の増大と共に平坦部は低周波側に伸び、架橋高分子では平坦部分がずっと低周波側に伸びて流動域が現れなくなる。

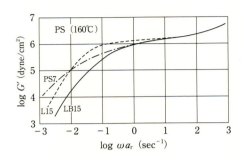

図1.22　160℃における単分散線状ポリスチレン (L15)、多分散線状ポリエチレン (PS7) および多分散星形ポリスチレン (LB15) のG′の合成曲線の比較

　長鎖分岐をもつ高分子は、同じ分子量の単分散線状高分子よりも平坦部のG′が小さく、領域の幅も狭くなる分子量分布をもつ高分子では平坦部のG′が全体に低くなると共に、周波数の低下に伴ってG′も徐々に低下する傾向を示し、分子量の分布に応じてからみ合いの緩和が徐々に現れることを示している。

　一般に広く用いられているフィルム用グレードのHDPEはPSに比較し、分子量分布が広く、平坦部が見られない。HDPEの中でも、分子量分布の狭いポリマーは低周波数側での溶融貯蔵弾性率G′が小さく、変形が加わった時の分子鎖の緩和が速い。そのため、射出成形においては、充填時に配向した分子鎖は固化するまでの間にランダムな状態に戻りやすくスキン層厚み（スキン層分率）が薄くなる。このため、スキン層分率と密接な関係のある引張＆曲げ弾性率は小さくなる。このことは、PPについても、同様なことが言える。また、通常のポリオレフィンにおいては、低周波数側の傾きと分子量分布に対応関係が見られ、傾きが小さいほど、つまりG′のω依存性の小さいほど分子量分布が広い。

　また、低周波数側でのG′は、分子鎖のからまり合いの評価にも有用であり、混練等により樹脂を均一にした材料においては、同一MIの樹脂に対して大きなG′を示す。同様に低周波数側でのG′の大きい樹脂はブロー成形でのドローダウン性も良好である。

　ゴム粒子充填系高分子材料のように、連続相中に他相の球形粒子が均一に分散した比較的単純な不均質材料においても、粒子が存在することによって新しい緩和時間が生じる。この緩和時間は連続相高分子のからみ合い緩和時間より長く、長時間領域での粘度や弾性率を成分高分子のそれらよりずっと高く評価する（**図1.23**）。

　簡単なパラメーターである代表緩和時間として、低周波数領域において式 (1.41)、(1.42) より、$\lambda = G'/(G''\omega)$ なる値を用いることにより、緩和時間λと高分子の弾性的性質やドローダウン性、配向、フィルム表面の凸凹や外部ヘイズなどと相関性がみられる。

混練状態の指標として、混練状態を強くすることにより、分子の絡まり合いが増加し、溶融弾性の値が増加する。例えば、図1.24に示すように、2種類のHDPEのパウダーとそれを混練・造粒したペレットおよび分子鎖が均一に絡まり合った均一混練品の3者の貯蔵弾性率G'は均一混練に近くなるに従って増加する。特に、低角周波数側で顕著である。

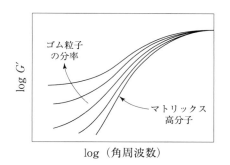

図1.23　ゴム粒子充てん系高分子溶融物の貯蔵弾性率G'

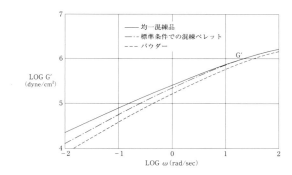

図1.24　HDPEの混練指標

分子量分布の広いPPは低剪断速度側の溶融弾性が大きい（図1.25）。これは変形が加わった時の分子の緩和時間が遅いことを意味する。このため、射出成形時、配向した分子鎖は元の状態、すなわちランダムな状態に戻りにくく、そのまま凍結されやすいためスキン層が形成されやすくなる。結果的にスキン層厚みが厚くなり、弾性率が大きくなる。

なお、分子量分布と溶融粘弾性の関係はTuminelloの方法によると、図1.26の関係があり、分子量分布と貯蔵弾性率に定量的な関係のあることがわかる。GPCの分子量分布では10^7以上の高分子量側は測定時に剪断により分子鎖が切れやすいため、低周波数側の溶融粘弾性測定の方が超高分子量側の影響を反映されやすい。

また、後述するレオロジー評価の一つである伸長粘度、特に時間に対して粘度が立ち上がるものは発泡成形での連泡が発生しにくく、成形法として良好である（図1.27）。

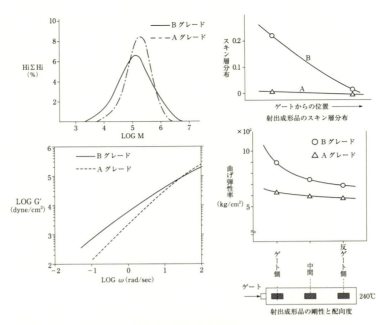

図1.25 分子量分布と流動特性・配向の関係

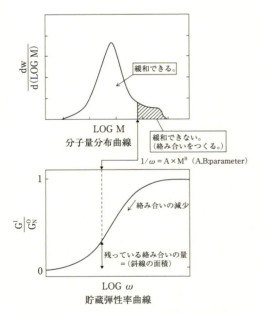

図1.26 分子量分布と貯蔵弾性率 G′ の関係

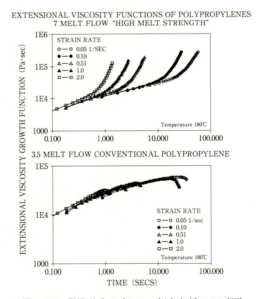

図1.27 発泡倍率の高い PP（上）と低い PP（下）

(5) ダイスウェル

ポリマーが粘弾性の特徴を有していることを示す現象として、ダイ出口付近で被押出物がノズルの径よりも膨らむ"スウェル"がある。ノズルの内径 d_0 と押出物の径 d_E の比をスウェル比

d_E/d_0と言い、剪断速度の増大に伴い大きくなる。この現象は、粘弾性流体が、管内での流れで弾性剪断ひずみを受け、出口領域でこのひずみが回復するために発生すると言われている。そのため、一般に高分子量成分の多いポリマーや高剪断応力下の条件ではスウェルが大きく、またノズルのL/Dが小さいほどリザーバーからキャピラリーへ入るときの流入効果が緩和されないため、スウェルは大きくなる[8]（図1.28）。

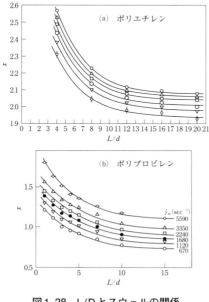

図1.28 L/Dとスウェルの関係

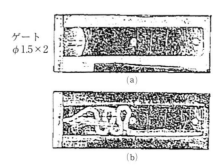

正常流動とジェッティング（ABS樹脂、キャビティ寸法：幅20×長さ100×厚さ3mm）

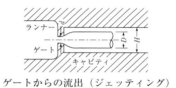

ゲートからの流出（ジェッティング）

図1.29 射出成形のジェッティング

スウェルの値は異形押出成形での形状保持の度合やブロー成形におけるパリソンの厚みとドローダウン性、射出成形時でのフローマークやジェッティング、フィルム、シート成形における表面外観、溶融紡糸などでは糸の細化過程や目ヤニ発生などの連続成形性に影響する。

射出成形で発生するジェッティングの場合、図1.29のようなサイドゲートでは、溶融樹脂のゲート位置の剪断速度、樹脂温度でのスウェル比$S(=D/d)$は$S \geq H/d$であればジェッティングが生じないし、同じ樹脂でジェッティングを生じさせないためには、ゲート寸法$d \geq H/S$で決めることができる[19]。

ブロー成形においても、パリソンの厚さや肉厚分布に大きく影響するため、この値を知っておくことは非常に重要である。つまり、ブロー成形において、トータルのスウェルはキャピラリースウェルと対応関係にあるが、2重円筒管のダイにおいての肉厚方向のスウェルと径方向のスウェルはダイス内のクリアランスの変化、径の変化で受けた樹脂の履歴に対応して、樹脂の持つ緩和時間により決定される。

また、緩和時間の長い成分があるほど、ダイス内で受けた履歴を記憶しており、上流側の影響まで記憶する。

測定は剪断流動性の測定時に、ノズルより押し出されたストランドを直接レーザーにより最

大値を測定するか、押出されたストランドを固化したものを一定温度でアニールした後、径を測定する方法があり、測定方法により絶対値は多少異なるため、樹脂間の比較を行う場合には、測定法を一定にした条件で比較する必要がある。

(6) スパイラルフロー

射出成形での樹脂の流動性を評価する方法としてスパイラルフローがある[4, 20]。図1.30に示したスパイラル形状をしたフローテスト金型に、一定の条件下で樹脂を充填した時に、樹脂が到達する長さをスパイラルフロー長さと呼ぶ。

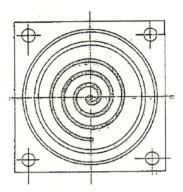

図1.30　スパイラルフローテスト金型

射出成形での樹脂の充填のしやすさは、剪断速度、圧力や温度など多くの因子に左右されるため、これらの因子が複合化したスパイラルフロー長さは、先に述べたキャピラリーレオメーター剪断流動性の評価方法より、射出成形の金型内の流動性を評価する意味で実際的な方法である。

スパイラルフロー長さは、シリンダー温度、射出圧に対しては依存性が大きいが金型温度に対する依存性は小さい。また、スパイラルフロー内の樹脂流速は数m/sec、剪断速度領域は10^3〜10^4 sec^{-1}のオーダーであり、この速度域でスパイラル長の大半が充填されている。そのため、MIの測定域より高剪断側にあるため、一般に同一MIでも分子量分布の広い樹脂のほうが高剪断側での流動性が良いため、スパイラル長さは長くなる。

6　伸長流動特性

6.1　伸長粘度[6, 9, 11, 21〜30]

溶融紡糸、フィルム成形、ブロー成形、熱成形などのダイを出た以降の自由表面下での変形のしやすさを評価する方法として、伸長粘度やメルトテンションがある。メルトテンションは古くから用いられてきたが、非等温下で溶融樹脂を変形させるのに要する張力であるのに対し、伸長粘度は一定の歪み速度で一定温度下での粘度を溶融樹脂の伸長変形下の粘度を表す。

一軸伸長粘度の基本的な原理は、次のようである。サンプルを一定間隔L_0に配置された直径Dのロール間にはさみ、ロールを一定回転数Nで回転させたときのサンプルを変形させるのに要した力F(t)を測定する。そのときのローラーの速度VはπNDとなる。サンプルの歪速度εは

$$\dot{\varepsilon} = \frac{1}{L}\frac{dL}{dt} = \frac{V}{L_0} \tag{1.56}$$

一定であり、そのときの一軸伸長粘度η_Eは次式で表される。

$$\eta_E = \frac{\sigma}{\dot{\varepsilon}} = \frac{F(t)}{S_0^{-\dot{\varepsilon}t}}\frac{L_0}{V} \tag{1.57}$$

ただし、S_0はサンプルの初期断面積である。

この伸長粘度測定原理に基づいた装置の概略図を図1.31に示した。サンプルの温度を一定に保つため、サンプルの密度にほぼ等しいシリコンオイルを使用し、測定温度にヒーターで加熱し、温度を均一に保つため攪拌する。張力はロールに取り付けた張力計LVDTにより測定される。なお、通常サンプルの長さは15-20cm、直径2-3mm程度が適当である。サンプルは小型押出機の先にダイを取り付け、一定の厚さのロッドを作成する。成形中に発生する残留応力を取り除くため、ロッドを一定温度に保持されたシリコンオイル内で一定時間浸しておく。

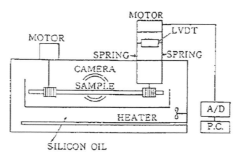

図1.31　伸長粘度測定装置の概略図
（横方向から見た図）

設定した歪速度は式（1.56）で求められるが、実際にはサンプルとローラー間ですべりが生じるため、装置の横方向の窓に取り付けたビデオカメラにより試料の直径の時間変化を常時記録することにより正しい歪速度の算出を行う。

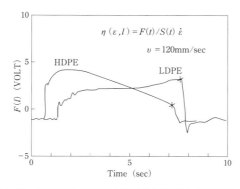

図1.32　HDPEとLDPEの伸長粘度測定時の張力データ

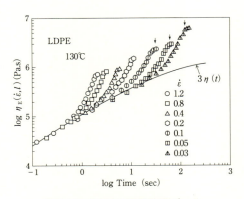

図1.33　LDPEの伸長粘度データ

図1.32にHDPE（MI0.05）とLDPE（MI0.3）の張力F(t)のデータ例を示したが、同じPEでも、長鎖分岐量や分子量分布の違いにより、大きく異なる[24]。**図1.33**にLDPE（MI0.3）の伸長粘度の測定結果を示した[6]。図中の3η(t)は、緩和スペクトルより計算した$\dot{\varepsilon} \to 0$における伸長粘度の予測曲線である。η(t)は低剪断速度下の剪断粘度の時間依存性曲線であり、次式により計算される。

$$\eta(t) = \int_{-\infty}^{\infty} H(\tau)\,\tau\,(1-e^{-t/\tau})\,d\ln\tau \tag{1.58}$$

ここで、τは緩和時間、Hは緩和スペクトルであり、先に述べた動的粘弾性G´、G˝から算出される。歪速度$\dot{\varepsilon}$が正しい値の時、短時間側で伸長粘度曲線は3η(t)の曲線にのるが、変形が進行するに従い、長鎖分岐を持ったものや高分子量成分（長時間緩和成分）を含むものは、3η(t)よりも粘度が立ち上がる傾向にあり、伸長変形に対して抵抗する。これは分子鎖の絡み合いの度合が伸長粘度に表れている。

図1.34は同程度のMI（0.03）および動的粘弾性を示すHDPEブロー用グレードの伸長粘度の比較であり、伸長粘度の立ち上がりの大きい（a）のほうがブロー成形におけるドローダウンが小さく偏肉精度が優れている。ブロー成形におけるパリソンの垂れ下がり（ドローダウン）はパリソンの自重による伸びであり、偏肉の原因になるため、一般にドローダウンの小さいほうが好まれる。また、押出発泡において（a）タイプの伸長粘度の立ち上がりが大きいと、偏肉部の粘度が大きくなるので、セルの厚さが均一になり、発泡倍率があがる。特に、発泡倍率が高い（伸長粘度の立ち上がる以降のひずみ）ほど発泡バブルの均一化が図れる。

一方、Tダイフィルム成形では(a)タイプのパターンは、高引取速度になると分子鎖間での絡まり合いが顕著になり、成形中の溶融破断が起こりやすくなる。伸長粘度は、短時間で高分子材料の長時間緩和の存在を知ることができる。

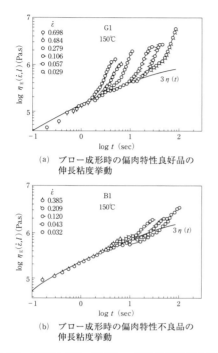

図1.34 HDPEブロー用グレードの伸長粘度の比較

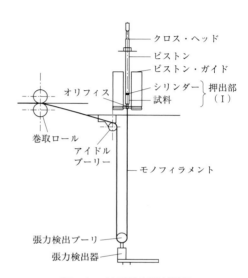

図1.35 溶融張力測定装置

6.2 溶融張力

溶融張力は伸長粘度と同様に、ダイを出た以降の成形性の指標として有用である。伸長粘度よりも簡便に測定ができるため、押出成形の成形性評価法として広く利用されている。インフレーションフィルム成形のように、溶融樹脂が延伸されながら成形される工程の加工性を評価する手法である。溶融張力は図1.35のように、一定速度でメルトインデクサから押し出されたストランドを一定の糸径まで延伸するために必要な張力であり、実際の成形温度にした試験温度で測定する。伸長粘度は一定温度、一定歪速度下で測定するが、溶融張力は非等温で、かつ歪速度も時間と共に変化する。一般に、この溶融張力が大きいとインフレーションフィルム成形でのバブル安定性が良く、ブロー成形におけるドローダウンは小さくなる。

一方、高速引き取り条件下のTダイキャスト成形、溶融紡糸のように1方向に大きく伸長する成形においては分子鎖の絡み合いが大きいと溶融時の破断が発生しやすくなる[23]。また、シート、キャストフィルム成形で製品となるフィルム幅がダイ出口幅より狭くなるネックイン現象があるが、このネックイン量も溶融張力と密接な関係がある。

図1.36に市販ポリエチレンのMIと溶融張力の関係を示す[22]。同一MIではLDPEは、L-LDPE

に比較し溶融張力は大きく、バブルの安定性は良い。同一MIで溶融張力が異なる原因は、溶融張力は非等温下での測定であり、かつ分子鎖どうしの絡まり合いに大きく依存するため、長鎖分岐をもち活性化エネルギーが大きく、歪み速度の増加に対して粘度上昇の大きい樹脂が溶融張力は大きくなる[31]。また、同一樹脂間、例えばPPのMIと溶融張力の関係も、溶融張力が大きいとブロー成形性や熱成形性が良好であり、発泡シート成形の連泡を抑え、コルゲートマークの発生を抑える傾向にあり、成形性評価の指標として使用されている。

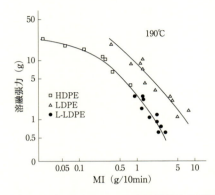

図1.36　ポリエチレンのMIと溶融張力の関係

7　剪断粘度および伸長粘度の関係

剪断粘度および伸長粘度を記述する構成方程式について以下に述べる[32]。

剪断変形は1.3で述べた粘度式によりかなり正確に記述されるが、自由表面下での伸長変形においては分子鎖が一方向に引き伸ばされるため、粘性の変化は剪断粘性ほど単純ではない。最も単純なニュートン流体を仮定した場合、一軸伸長粘度η_Eは、剪断粘度ηの3倍、二軸伸長粘度η_Bは6倍になる。

以下に、ニュートン流体や粘弾性流体を仮定した場合の高分子の流動性を表現する構成方程式を述べる。

1.7.1　ニュートン流体（線形粘性流体）

ニュートン流体では、剪断応力σと剪断速度$\dot{\gamma}$が比例し、粘度ηが一定となる。

$$\sigma = \eta\dot{\gamma} \tag{1.59}$$

この式を三次元化すると、線形粘性流体の構成方程式が得られる。

$$\sigma = -p\mathbf{I} + 2\eta\mathbf{D} \tag{1.60}$$

ここで、σは応力テンソル、$\mathbf{I}$は単位テンソル、$\mathbf{D}$はひずみ速度テンソルである。pは流体力学的圧力であり、$-p\mathbf{I}$は等方応力（圧力）項を表す。**図1.37**のような直交座標系X_1、X_2、X_3を考え、式(1.60)を成分で表せば次のようになる式(1.61)。

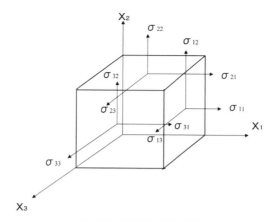

図1.37　座標系と応力成分

$$\begin{pmatrix} \sigma_{11} & \sigma_{12} & \sigma_{13} \\ \sigma_{21} & \sigma_{22} & \sigma_{23} \\ \sigma_{31} & \sigma_{32} & \sigma_{33} \end{pmatrix} = -p \begin{pmatrix} 1 & 0 & 0 \\ 0 & 1 & 0 \\ 0 & 0 & 1 \end{pmatrix} + 2\eta \begin{pmatrix} d_{11} & d_{12} & d_{13} \\ d_{21} & d_{22} & d_{23} \\ d_{31} & d_{32} & d_{33} \end{pmatrix} \quad (1.61)$$

σ_{ij}はX_i軸に垂直な面に働くj方向の応力であり、$\sigma_{ij} = \sigma_{ji}$の関係がある。ひずみ速度テンソル$D$は、速度勾配テンソル$L$（その$ij$成分$L_{ij}$は$L_{ij} = \partial v_i/\partial x_j$）を用いて次式で定義される。

$$D = \frac{1}{2}(L + L^T)、\quad d_{ij} = \frac{1}{2}\left(\frac{\partial v_i}{\partial x_j} + \frac{\partial v_j}{\partial x_i}\right) \quad (1.62)$$

ここで、L^Tの右肩の添字Tは転置（行と列の入替え）を意味する。

1) 剪断流動

剪断速度$\dot{\gamma}$の単純剪断流動を考える。流動方向を1、速度勾配の方向を2として、

$$v_1 = \dot{\gamma} x_2、\quad v_2 = 0、\quad v_3 = 0 \quad (1.63)$$

と表せるから、Dは式（1.62）より、

$$D = \frac{1}{2}\begin{pmatrix} 0 & \dot{\gamma} & 0 \\ \dot{\gamma} & 0 & 0 \\ 0 & 0 & 0 \end{pmatrix} \quad (1.64)$$

となる。また、応力は式（1.61）より次のようになる。

剪断応力　　　　　$\sigma = \sigma_{21} = \sigma_{12} = \eta\dot{\gamma}$ (1.65)
第一法線応力差　　$N_1 = \sigma_{11} - \sigma_{22} = (-p + 2\eta\dot{\varepsilon}_{11}) - (-p + 2\eta\dot{\varepsilon}_{22}) = 0$ (1.66)
第二法線応力差　　$N_2 = \sigma_{22} - \sigma_{33} = (-p + 2\eta\dot{\varepsilon}_{22}) - (-p + 2\eta\dot{\varepsilon}_{33}) = 0$ (1.67)

ニュートン流体では、$N_1 = N_2 = 0$となり、法線応力を予測できない。

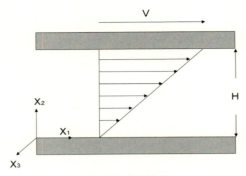

図1.38　剪断流動

2） 一軸伸長流動[32]

ひずみ速度$\dot{\varepsilon}$の一軸伸長流動（単純伸長流動）を考える。伸長方向を1として、

$$v_1 = \dot{\varepsilon} x_1、\quad v_2 = -\frac{1}{2}\dot{\varepsilon} x_2、\quad v_3 = -\frac{1}{2}\dot{\varepsilon} x_3 \tag{1.68}$$

と表されるから、$\mathbf{D}$は

$$\mathbf{D} = \frac{1}{2}\begin{pmatrix} 2\dot{\varepsilon} & 0 & 0 \\ 0 & -\dot{\varepsilon} & 0 \\ 0 & 0 & -\dot{\varepsilon} \end{pmatrix} \tag{1.69}$$

となる。伸長応力σ_Eと伸長粘度η_Eの関係は次のようにして求まる。1の方向のみに張力をかけ、2および3の方向は自由表面に接しているから、

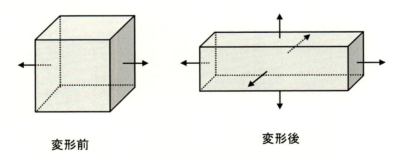

変形前　　　　　　　　変形後

図1.39　伸長変形

$$\sigma_{22} = \sigma_{33} = -p - \eta\dot{\varepsilon} = 0 \tag{1.70}$$

これより、$p = -\eta\dot{\varepsilon}$, 応力は次のようになる。

伸長応力　　$\sigma_E = \sigma_{11} = -p + 2\eta\dot{\varepsilon} = 3\eta\dot{\varepsilon}$ （1.71）

これより、次のTroutonの関係式が得られる。

伸長粘度　　$\eta_E = \dfrac{\sigma_E}{\dot{\varepsilon}} = 3\eta$ (1.72)

すなわち、一軸伸長粘度η_Eは剪断粘度ηの3倍となる。なお、式（1.72）において、伸長応力の定義を$\sigma_E = \sigma_{11} - \sigma_{22}$とすることもある。

3）二軸伸長流動

ひずみ速度$\dot{\varepsilon}_B$の等二軸伸長流動を考える。伸長方向を1と2として、

$$v_1 = \dot{\varepsilon}_B x_1、v_2 = \dot{\varepsilon}_B x_2、v_3 = -2\dot{\varepsilon}_B x_3$$ (1.73)

と表せるから、$\mathbf{D}$は、

$$\mathbf{D} = \dfrac{1}{2}\begin{pmatrix} 2\dot{\varepsilon}_B & 0 & 0 \\ 0 & 2\dot{\varepsilon}_B & 0 \\ 0 & 0 & -4\dot{\varepsilon}_B \end{pmatrix}$$ (1.74)

となる。3の方向は自由であるから、

$$\sigma_{33} = -p - 4\eta\dot{\varepsilon}_B = 0$$ (1.75)

これより、$p = -4\eta\dot{\varepsilon}_B$、応力と粘度は次のようになる。

二軸伸長応力　　$\sigma_B = \sigma_{11} = \sigma_{22} = -p + 2\eta\dot{\varepsilon}_B = 6\eta\dot{\varepsilon}_B$ (1.76)

二軸伸長粘度　　$\eta_B = \dfrac{\sigma_B}{\dot{\varepsilon}_B} = 6\eta$ (1.77)

すなわち、二軸伸長粘度η_Bは、剪断粘度ηの6倍になる。

フィルムの成形加工に関係の深いレオロジーの基礎的な内容に関して、記載してきたが、さらに粘弾性の構成方程式などについて詳しく知りたい場合には、別の図書をご参照願いたい[32〜36]。

参考文献

1）M. M. Cross, Rheol. Acta., 18, 609 (1979)
2）M. L. Williams, R. F. Landel, J. D. Ferry, J. Am. Chem. Soc., 77, 3701 (1955)
3）K. K. Wang, C. A. Hieber, Interdiscip. Issues
4）白松豊太郎：高分子工学の基礎と応用、P57、丸善株式会社（1968）
5）升田利史郎：新実験学講座第19巻、高分子化学Ⅱ（稲垣博編）、丸善（1978）
6）久米和男、篠原正之：成形加工、1(4)、355(1989)

7) J. M. Mckelvey　伊藤勝彦訳：高分子加工工学、現代工学社（1976）
8) C. D. Han：Rheology in Polymer Processing, Academic Press（1976）
9) Tadmor, Gogos：Principles of PolymerProcessing, John Wiley & Sons, New York（1979）
10) E. B. Bagley, J. Appl. Phys., 28, 624（1957）
11) B. Rabinowitsch：Z. Phys. Chem., A 145, 1（1929）
12) 中根平之助：高分子実験学第9巻「力学的性質Ⅰ」小野木重治、河合弘迪、和田八三久編、共立出版（1982）
13) J. P. Tordella, J. Appl. Polym. Sci., 1, 215（1963）
14) H. Markovitz：J.Appl. Phys., 23, 1070（1952）
15) S. Onogi, T. Masuda, K. Kitagawa：Macromolecules, 3, 109（1970）
16) H. M. Laun：Rheol. Acta, 17, 1（1978）
17) W. P. Cox, E. H. Merz：J. Polym. Sci., 28, 619（1958）
18) T. Masuda, Y. Ohta, S. Onogi,：Macromolecules, 4, 763（1971）
19) 高橋秀郎、松岡孝明：高分子加工、40、（4）190（1991）
20) プラスチック加工技術便覧、p164、日刊工業新聞社、（1970）
21) 村上健吉　監修：押出成形、p94、プラスチックエージ社（1983）
22) 金井俊孝：プラスチックスエージ、31、（8）、113（1985）
23) 金井俊孝：プラスチックスエージ、32、（10）、168（1986）
24) 篠原正之：日本レオロジー学会誌、19、118（1991）
25) J. Meissner：J. Rheol. Acta, 8, 781（1969）
26) J. Meissner：J. Rheol. Acta, 10, 230（1971）
27) J. Meissner：J. Trans. Soc. Rheol, 16, 405（1972）
28) 高橋雅興、升田利史郎、小野木重治：日本レオロジー学会誌、11、131（1983）
29) 小山清人、石塚修：日本レオロジー学会誌、13、93（1985）
30) W. Minoshima, J. L. White, J. E. Spruiell：Polym. Eng. Sci., 20, 1166（1980）
31) 金井俊孝：プラスチックス、37、（2）、48（1986）
32) 日本レオロジー学会編：講座・レオロジー、高分子刊行会（1993）
33) 高分子・複合材料の成形加工、監修　船津和守　信山社サアイテック　第1章（1992）
34) Dynamics of Polymeric Liquids, Volume 1 Fluid Mechanics; R. Byron Bird, Robert C. Armstrong, Ole Hassager, John Wiley and Sons, Inc.（1987）
35) Rheology in Polymer Processing, Chang Dae Han, Academic Press（1976）
36) レオロジー、富田幸雄、コロナ社（1977）

第2章

単軸押出機およびスクリュ設計

株式会社日本製鋼所
田村幸夫、板持雄介

はじめに

　本章ではフィルム・シート成形ラインの最上流に位置し、品質に重要な影響を与える装置であり、熱可塑性樹脂の原料である固相樹脂を可塑化(固相樹脂をダイから押出し、成形できるように流動化させること)後、昇圧し定量的に均質な溶融樹脂として送り出す機能を持つ押出機の中で、最も古くから使用されている1本のスクリュを持つ単軸押出機について、構造、機能、理論およびスクリュ選定上の技術的ポイントについて述べる。

1. フィルム・シート成形で使用される押出機

　フィルム・シート成形に使用される主な押出機として古くから、単軸押出機が使用されてきたが、ここ数年は、従来ポリマアロイなどの製造で活躍してきた同方向回転噛み合い二軸押出機が使用され始めている。
　表1に単軸押出機と二軸押出機の特徴を比較し示した。

表1　単軸押出機と二軸押出機の特徴

	特徴	注意点
単軸押出機	・押出安定性 ・高先端圧(Max：約40MPa) ・タンデム式による高能力化と低温押出化 ・装置内は高圧、主に樹脂充満状態で運転 ・主にシリンダ内面の剪断発熱で溶融	・原料乾燥(気泡・異物対策) ・ブレークアップ(可塑化不良) ・液体、粉体状の添加剤混合は難しい ・スクリュ形状設計で特性が決まる(運転条件での調整範囲は狭い)
二軸押出機	・複合材料の混練 ・スクリュエレメント、供給量調整で混練性の調節可能 ・ベント孔必須、原料乾燥工程不要 ・かさ密度の小さい破砕品の高混合も可能 ・装置内は低圧、樹脂未充満部あり	・ギアポンプ装着が必須(昇圧、安定押出化) ・押出機先端圧は約5MPa以下 ・定量フィーダによる原料供給 ・空気(酸素)に弱い樹脂は窒素置換等劣化対策が必要

　単軸押出機は構造が簡単で操作も容易であり、装置価格も比較的安価なので、広く成形機用押出機として使用されている。すなわち、単軸押出機は、二軸押出機で飢餓供給のため必要となる定量フィーダや、気泡の発生を防止するためのベント孔、計量・昇圧のためのギヤポンプが不要で、装置構成がシンプルであり、運転操作項目も少ない。
　これに対して二軸押出機は、高吐出が要求されるBOPPフィルム用途や原料乾燥工程をなくしたPET用押出機、また無機フィラ、多種樹脂、液体を含む各種添加剤の混合、あるいはかさ密度の小さいフィルム、シート破砕物を多量に直接混合する押出機としての採用が増えてきている。ただし、二軸押出機を採用する場合、単軸押出機に比較して空気に触れる機会が多く、樹脂の酸化劣化、炭化物生成の懸念がある場合は、劣化防止対策に十分注意を払う必要がある。

第2章 単軸押出機およびスクリュ設計

成形用押出装置の検討にあたっては、まずは単軸押出機で検討し、それで機能的不足がある場合に二軸押出機を検討するのが基本的手順ではないかと考える。

2．単軸押出機の構造

1860年代からゴムの押出用[1]として開発された押出機は、1935年Troester社によってプラスチック用押出機が製作[2]されて以来、現在でもプラスチック成形用に数多く採用されている。単軸押出機の基本的構造は単純であり、シリンダ及びその加熱帯、シリンダの中に挿入されたスクリュ、原料樹脂を投入するホッパ、スクリュ駆動源であるモータ、減速機より構成される。

単軸押出機の構造、フルフライトスクリュでの溶融形態を図1に示す。詳細は後述することとし、ここでは図1に基づき概要を説明する。

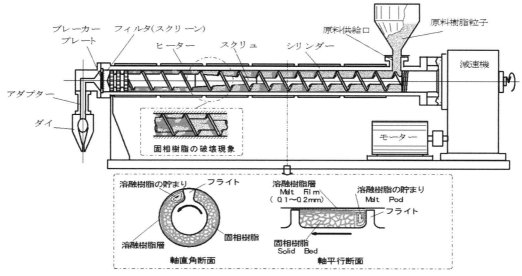

図1　単軸押出機の構造と基本的溶融形態

ホッパより供給された粒子状樹脂は、スクリュの回転に伴い、シリンダ壁面の摩擦力（実際にはスクリュ壁面の摩擦力も影響）により少しずつ加圧されながらスクリュ先端へと進む。ヒータにより加熱されたシリンダ温度が樹脂の融点付近となる箇所に達すると、シリンダ壁面で溶融を開始し、溶融した樹脂はスクリュフライトにかきとられメルトプールと呼ばれる溶融樹脂のたまりを形成する。この辺りでは、スクリュ温度も樹脂の融点付近となり、スクリュ壁面の樹脂も溶融してくる。固相樹脂粒子はソリッドベッドと呼ばれる塊となり、加圧、加熱されながら粒子間の空隙を減少しながらスクリュ溝が次第に浅くなる圧縮部に到達する。圧縮部後半では、固相樹脂粒子の塊であるソリッドベッドは連続性を保てなくなり、引きちぎられ、溶融樹脂が固相樹脂塊に入り込む固相樹脂の破壊現象（ソリッドベッドのブレークアップ現象）が発生する。

なお、図1に示す基本構成に加え、用途によっては、先端部に吐出安定性強化、昇圧能力の補

助的役割のギヤポンプの設置や、シリンダの途中にガス成分を除去するためのベント孔を設けこの部分を真空引きするもの、またホッパ部にかさ密度の低い材料を押し込むための強制フィーダや飢餓状態で原料を安定供給するための定量フィーダや押出物への気泡混入を防止するため真空ホッパ、さらには原料乾燥装置を設置する場合もある。なお、ホッパ下部に相当するシリンダ部分は原料樹脂の溶着を防止するため水冷する場合が一般的である。

　シリンダ材料は通常は窒化鋼が採用されるが、無機フィラ入り樹脂やフッ素系樹脂用などの押出機では耐摩耗・耐腐食性の合金鋼が採用される場合がある。スクリュ材としては、SCM材にクロムメッキをしたものが一般的であるが、原料によっては耐摩耗・耐腐食性合金鋼を採用する場合やフライト頂部にステライトやモリブデンを溶射する事例もある。

3. 押出機の機能と特性

　与えられた原料特性に対して、目的とする可塑化品質を得るための手段として使用される押出機の機能、それを満足させるための装置構成、スクリュ形状、運転条件を整理し図2に示した。

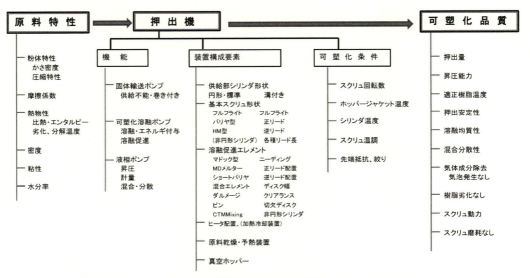

図2　可塑化品質とそれに影響する要因

　先に述べたように押出機の構造は比較的単純であるが、樹脂原料の種類は多様であり、原料粒子の形態、摩擦特性、融点などの熱物性、粘度、含有水分・ガス成分が異なっており、また押出機に対して、生産性を決める押出量、吐出圧力のみならず、吐出安定性、適正樹脂温度、溶融均質度、混合分散性、気泡なし、劣化物吐出なしなど多くの品質を同時に満たすことが求められる。

　なお、押出機は円筒の中で、長いスクリュが高速で回転するため、スクリュとシリンダが金属接触しスクリュ、シリンダの摩耗が生じ、これが生産性を阻害する重大要因となる場合があり、このスクリュ摩耗防止も押出機設計者に課せられる責務となっている。

第2章 単軸押出機およびスクリュ設計

　与えられる原料に対して、目標とする可塑化品質を得るために、前述の定量フィーダ、真空ホッパ、ギヤポンプなどの付属設備の設置や最も重要な構成要素であるスクリュの基本形状、各種溶融促進・混合エレメントの工夫や供給部シリンダ形状の改善が図られている。これら装置構成要素の工夫とともに、シリンダ温度設定、先端圧力などの適切な運転条件の設定も良品質、高生産量を得るための必要条件であることは言うまでもない。

　この単軸押出機の機能、特性を3つの連結したポンプとして以下に説明する。

　要求される各可塑化品質は次の3つのポンプの特性が絡み合って達成される。現在単軸押出機スクリュで主流となっているバリヤ型スクリュを例にとりこれら3つのポンプ機能を図3に示した。

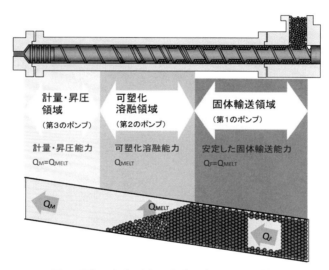

図3　固相、溶融、液相3連ポンプとスクリュ特性

① 　固相樹脂輸送部（固体輸送ポンプ）
② 　可塑化溶融部（溶融ポンプ）
③ 　計量昇圧部（液体輸送ポンプ）

　言い換えれば、押出機は①原料供給、固体輸送ポンプ、②溶融・溶融促進ポンプ、③液体輸送・混合ポンプの3つのポンプがシリーズに連結された機能を持っており、それらポンプの特性により、押出物の品質、すなわち可塑化品質が決定づけられる。従って、スクリュはこれら3種類のポンプ（機能）をシリーズに継ぎ、そのポンプ間でバランスのとれたものとして設計されている。

　実際には図4に示すように固相樹脂は溶融しながら輸送されるなど、スクリュ各部で2つのポンプ機能が重なり合う部分が存在している。

　実際の押出機から押し出される可塑化品質は、このスクリュ特性に加え、スクリュの後に設置されるフィルタ、アダプタ、ダイの抵抗、流動状態によっても大きく影響を受けることがあり、これについては後節で述べることとする。押出量特性だけについて考えると、押出機の特性は、

ポンプ特性と配管抵抗、ファン特性とダクトの抵抗との関係と同じく、スクリュの特性と下流側のフィルタ、アダプタ、ダイの抵抗によって決定される（**図5**参照）。

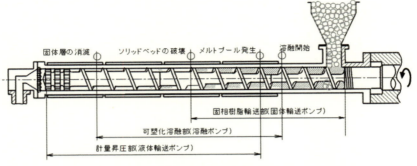

図4　重なり合う3連ポンプ機能

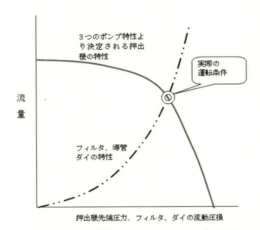

図5　押出機の特性およびフィルタ、ダイ特性

　これらポンプの中で、①の原料供給、固体輸送ポンプの輸送能力が不足する場合、溶融能力、液体輸送ポンプの能力は十分であっても、押出量が不足したり、スクリュ内樹脂圧力が上昇せず気泡が発生したり、吐出変動を起こすことになる。②の溶融・溶融促進ポンプ能力が不足する場合は、他の吐出・昇圧ポンプ能力に余裕があっても、押出量が抑制されたり、溶融不十分な状態で樹脂が押し出されたりすることになる。③の液体輸送・混合ポンプの能力が他のポンプに比較して小さい場合、押出量を抑制することとなり、樹脂温度の上昇を招く。逆にこの液体輸送ポンプの吐出能力が過度に大きすぎる場合は溶融部終了部分でスクリュ内に樹脂が未充満になり、吐出変動や、スクリュ内で樹脂劣化を生ずることもある。

　次に、これら各々のポンプの理論について述べるが、関連の図書、論文[3〜7]が数多く発表されているので詳細はこれら論文を参照していただくこととし、本紙ではそのポイントのみ記述することとする。

3.1 第1のポンプ：固体輸送

外部から供給された固相樹脂を下流側へ安定した固体輸送能力Q_Fで送り出す領域である。なお固体輸送についてDarnel & Mol[8]が固体摩擦に基づく理論を、Chan. I. Chung[9]がスクリュ、シリンダ接触面に薄い溶融フィルム層があるモデルでの理論を発表している（図6参照）。

Darnel & Molの固体摩擦による輸送理論は、シリンダ、スクリュに接する部分の樹脂の温度が樹脂の流動開始温度（結晶性樹脂では融点）以下の場合に適用できると考えられるが、樹脂がスクリュ先端へと進み、シリンダ、スクリュの温度が、樹脂の流動開始温度以上となるとChan. I. Chungの理論を適用すべきと考えられる。

図6　ソリッドベッドに働く摩擦力発生機構

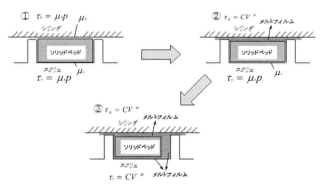

図7　固相樹脂輸送モデルの変化
スクリュ基部から順に①、②、③のモデルに変化していく

筆者らが口径90mmの押出機を用いたPP、LLDPE、LDPEを標準的シリンダ温度設定で押出試験を行い、冷却固化し抜き出した樹脂の観察や、シリンダ、スクリュ温度勾配の測定データから推察すると、スクリュ基部から約3〜4D、ホッパ下流側から2〜3Dでシリンダ壁面に溶融樹脂層が生成し、その点から約2D下流側の5〜6D目でスクリュ側にも溶融樹脂層が生成するようである。

単軸スクリュにおけるフィード部の輸送特性を解析する場合、シリンダ温度及びスクリュ温度、を考慮し使用するモデルを選択する必要がある。図7にフィード部において、固相樹脂層（ソリッ

ドベッド）周囲に作用する摩擦剪断力を、スクリュ基部側からスクリュ先端側に順に示した。
(1) スクリュ基部から3〜4Dの区間：シリンダ温度、スクリュ温度＜樹脂の溶融点Tm（非晶性樹脂では流動開始温度）

固相樹脂と金属面には固体摩擦力が働き、これにより樹脂は輸送される。この部分の輸送量や圧力分布を与える特性式は、シリンダ側面、スクリュ側ともDarnell & Molのモデルが適用できる。

(2) スクリュ基部から3〜4Dから5〜6Dの区間：スクリュ温度＜樹脂の溶融点Tm≦シリンダ温度

この区間では、シリンダ表面は樹脂の溶融に達しているが、スクリュ表面はまだ溶融温度に達していない。スクリュ側にはメルトフィルムが形成されず、樹脂と金属面の固体摩擦によって力を受けるため、いわばDarnell & MolとChan. I. Chungの混成モデルとして取り扱うべき区間である。

(3) スクリュ基部から5〜6D以上、ソリッドベッドが消失するまでの区間：樹脂の溶融点Tm≦シリンダ温度、スクリュ温度

この区間では、シリンダ及びスクリュの両サイドにはメルトフィルムが存在し、溶融した樹脂は押しフライト側に集まってメルトプールを形成している。このとき、樹脂と金属間は固体摩擦の代りに粘性剪断力が働き、樹脂を輸送する。この部分の解析にはChanにより提唱された理論を適用すべきである。

以下に固体輸送解析の基礎理論として、スクリュ、シリンダ壁面ともに固体摩擦力が作用するDarnell & Molの理論、スクリュ、シリンダ壁面ともに粘性剪断力が作用するChan. I. Chungの理論を簡単に紹介する。

3.1.1 Darnell & Molの理論

シリンダ表面、及びスクリュ表面が共に溶融温度に達していない場合、スクリュ側、シリンダ側とも固体摩擦力が作用するモデルを用いて、この部分の圧力分布を求める。

スクリュ溝を図8に示すように平面上に展開し、dz部分の固相樹脂に働く力の釣り合い、トルクの釣り合いを考える。この部分の固相樹脂はスクリュに対してはz方向に移動するが、シリンダ（バレル）に対してはスクリュ軸直角面に対してφの角度をなす方向に進むとする。この進み角度φは、図9に示すソリッドベッドに関する速度ベクトル図より、スクリュの形状、押出量及び回転数の関数として式(1)で求めることができる。

$$\frac{Q}{N} = \rho_b \frac{\pi^2 DH(D-H)\tan\phi \cdot \tan\theta_b}{\tan\phi + \tan\theta_b}\left(1 - \frac{e}{\pi(D-H)\sin\theta_a}\right) \qquad (1)$$

ここで Q：押出量　　N：スクリュ回転数　　ρ_b：ソリッドベッドのかさ密度
　　　　D：スクリュ外径　　H：スクリュ溝深さ　　θ_b：スクリュフライト頂部リード角
　　　　θ_a：スクリュフライト中間部（フライト頂部と溝底の中間）のリード角
　　　　φ：ソリッドベッドの進み角度（円周方向に対する角度）　　e：フライト直角幅

ソリッドベッドの進み角θを求めるためには、溝方向微小長さΔzのソリッドベッド各側面

第2章 単軸押出機およびスクリュ設計

に働く力を考えることが必要である。それらの力は下記の通りあらわされる。

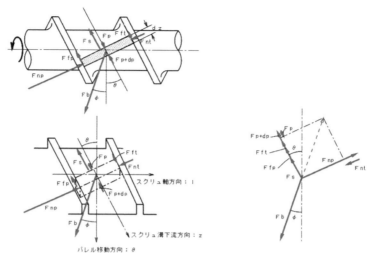

図8　固相樹脂輸送モデル（作用する力、力のベクトル）

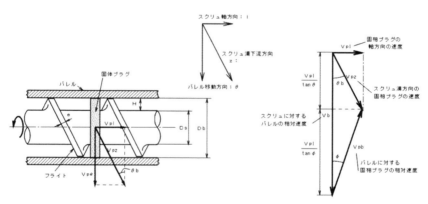

図9　固相樹脂輸送モデル（形状、速度ベクトル）

(1) 樹脂とシリンダ表面の摩擦力 F_b

$$F_b = \mu_b k p W_b \Delta z_b \tag{2}$$

(2) 樹脂内の圧力により要素に働く力 F_p

$$F_p = H W_a \Delta p \tag{3}$$

(3) 樹脂とフライト押し側面の摩擦力 F_{fp}

$$F_{fp} = \mu_s k p H \Delta z_a + \mu_s d F_n = \mu_s (k p H \Delta z_a + d F_n) \tag{4}$$

(4) 樹脂とフライト引き側面の摩擦力 F_{ft}

$$F_{ft} = \mu_s k p H \Delta z_a \tag{5}$$

(5) 樹脂とスクリュ溝底面の摩擦力 F_s

$$F_s = \mu_s k p W_s \Delta z_s \tag{6}$$

(6) フライトから要素に働く力 F_n

　F_n は上記力の反力

　　ここで、μ：摩擦係数　　　p：スクリュ溝方向に働く固相樹脂の圧力
　　　　　k：スクリュ溝直角方向に働く固相樹脂の圧力を決める側圧係数

　すなわち、スクリュ溝直角方向に働く固相樹脂圧力はkpで表される。

　　　　　　　W：スクリュ溝直角幅　　H：スクリュ溝深さ　　Δz：スクリュ溝方向長さ

　　添え字はs：スクリュ溝底　　b：シリンダ壁面＝フライト頂部
　　　　　　　a：フライト中央部　　n：フライト直角方向

を示す。

　ソリッドベッドの進み角度 ϕ は、上記のソリッドベッドに働く各々の力のバランスより（F_n を消去することができ）算出できる。実際にはスクリュ軸方向の力と円周方向のトルクバランスから下式が算出される。

$$\cos\phi = K\sin\phi + \frac{\mu_s}{\mu_b}C(K\sin\theta_s + C\cos\theta_s) + \frac{\mu_s}{\mu_b}\frac{2H}{t - e/\cos\theta_b}(KC\tan\theta_s + E^2)$$
$$+ \frac{HE}{k\Delta L\mu_b}\sin\theta_a(E\cos\theta_a + K\sin\theta_b)\ln\left(\frac{p_2}{p_1}\right) \tag{7}$$

ここで、ΔL：スクリュ軸方向長さ

$$K = \frac{E(\tan\theta_a + \mu_s)}{1 - \mu_s\tan\theta_a} \qquad E = \frac{D-H}{D} \qquad C = \frac{D-2H}{D} \tag{8}, (9), (10)$$

また、p_1, p_2 はスクリュ微少区間ΔL間の入口、出口の固相樹脂の圧力である。

　スクリュ1回転あたりの押出量を決めるソリッドベッドの進み角 ϕ はスクリュの回転数に無関係であり、シリンダ側の摩擦係数（摩擦力）が大きく、スクリュ側の摩擦係数（摩擦力）が小さいほど、またスクリュ圧力勾配 p_2/p_1 が小さいほど大きくなる。このことは図8に示す力の釣合から容易に理解できる。

　ここで

$$A = \left(\frac{\cos\phi - K\sin\phi + \frac{\mu_s}{\mu_b}C(K\sin\theta_s + C\cos\theta_s) + \frac{\mu_s}{\mu_b}\frac{2h}{t - e/\cos\theta_b}(KC\tan\theta_s + E^2)}{\frac{HE}{kL\mu_b}\sin\theta_a(E\cos\theta_a + K\sin\theta_b)} \right) \tag{11}$$

とおき(7)式を書き換えると

$$p_2 = p_1 \exp(A\Delta L) \tag{12}$$

式(12)より、スクリュ長手方向にスクリュ形状、摩擦係数が同一と仮定すると、固相樹脂の圧力は、スクリュ長手方向に指数的に上昇することを示している。

3.1.2 Chan. I. Chungの理論

シリンダ表面、及びスクリュ表面が共に溶融温度に達し、シリンダやスクリュ壁面にはメルトフィルムが存在し、固相樹脂の輸送は粘性剪断力によるとした理論展開がChan. I. Chungによって発表[9]されている。固相樹脂の輸送角 ϕ と押出量Qの関係は、Darnell & Molの理論と同様式(1)で表される。

粘性剪断力による本モデルでは、微小ソリッドベッド（固相樹脂塊）の各面に作用する力は下式で表される。

(1) 樹脂とシリンダ表面の粘性剪断力 F_b

$$F_b = \tau_b X \Delta z_b \tag{13}$$

(2) 樹脂内の圧力により要素に働く力 F_{fp}

$$F_{fp} = HX\Delta p \tag{14}$$

(3) 樹脂とフライト引き側面の粘性剪断力 F_{ft}

$$F_4 = \tau_{ft} h \Delta z_a \tag{15}$$

(4) 樹脂とフライト押し側面の粘性剪断力 F_{fp}

$$F_{fp} = \tau_{fp} h \Delta z_a \tag{16}$$

(5) 樹脂とスクリュ溝底面の粘性剪断力 F_s

$$F_s = \tau_s X \Delta z_s \tag{17}$$

(6) フライトから垂直に要素に働く力 F_n

　F_n は上記力の反力

ここで、τ：固相樹脂塊（ソリッドベッド）に作用する粘性剪断力
　　　　Δz：微小ソリッドベッドの溝長手方向の長さ
　　　　X：ソリッドベッドのフライト直角方向の幅
　　　　Δp：微小ソリッドベッドにかかる溝方向の圧力差

添え字は、前述のとおりで、ソリッドベッドの進み速度 ϕ は、Darnel & Molの理論同様、微小ソリッドベッドに作用する上記力のスクリュ軸方向のバランス、周方向のトルクバランスより算出される下式で求められる。

$$\frac{\Delta p}{\Delta z} = \frac{C_1}{H} \cdot \tau_b \cdot (C_1 \cos\phi \cdot \cos\theta - \sin\phi \cdot \sin\theta) - \frac{C_2}{H} \cdot \tau_s \cdot (\sin^2\theta + C_2 \cos^2\theta) - \frac{1}{X}(\tau_{fp} + \tau_{ft}) \quad (18)$$

ここで、$C_1 = \dfrac{\Delta z_b}{\Delta z_a} = \dfrac{D}{D-H} \qquad C_2 = \dfrac{\Delta z_s}{\Delta z_a} = \dfrac{D-2H}{D-H}$ \hfill (19)、(20)

また、式(13)〜(18)に含まれる τ_b, τ_s, τ_{fp}, τ_{ft} は Chan. I. Chung の提唱した粘性剪断応力 $\tau = CV^\alpha$ であり樹脂加圧力には無関係で、滑り速度 V の関数となる。

$$\tau_b = C_b \cdot V_{sb}^{\alpha_b} = C_b \left\{ \frac{\sin\theta}{\sin(\theta+\varphi)} \cdot V_s \right\}^{\alpha_b} \quad (21)$$

$$\tau_s = C_s \cdot V_{sz,s}^{\alpha_s} = C_s \left\{ \frac{C_2}{C_1} \frac{\sin\phi}{\sin(\theta+\varphi)} \cdot V_s \right\}^{\alpha_s} \quad (22)$$

$$\tau_{ft} = C_s \cdot V_{sz}^{\alpha_s} = C_s \left\{ \frac{1}{C_1} \frac{\sin\phi}{\sin(\theta+\varphi)} \cdot V_s \right\}^{\alpha_s} \quad (23)$$

なお、ソリッドベッドとフライト押側の間にはメルトプールがあるが、スタート時を除いてかなりメルト厚が厚いこと、メルト自身もスクリュ下流側に流れること等からして剪断応力 τ_{fp} は小さいとして無視した。

$$\tau_{fp} = 0 \quad (24)$$

ここで、C, α：粘性剪断力を表す物性定数である。添え字 b はシリンダ接触面、s はスクリュ接触面、ft はフライト引き側面を表す。また、V_s はスクリュ外周の回転速度、V_{sb} はシリンダに対するソリッドプラグの速度、$V_{sz,s}$ はスクリュに対するソリッドプラグのスクリュ側での相対速度、V_{sz} はソリッドプラグの溝方向平均速度をそれぞれ表す。

また、式(18)において

① 他の変数を一定に保ち、スクリュ回転速度の増大やシリンダ温度を下げることにより τ_b を増大すると $(C_1 \cos\phi \cos\theta - \sin\phi \sin\theta)$ は小さくならねばならない。このことはソリッドベッド（ソリッドプラグ）の進み角 ϕ は増大する、すなわち、固相樹脂輸送能力は増すこととなる。

② τ_s の増大、すなわちスクリュ側の粘着力が強いような場合、$(C_1 \cos\phi \cos\theta - \sin\phi \sin\theta)$ は大きくならねばならない。このことはソリッドベッド（ソリッドプラグ）の進み角 ϕ は減少することとなり、固相樹脂輸送能力は減少する。

③ $\Delta p/\Delta z$ の増大、すなわちスクリュ先端側の圧力の増大は、$(C_1 \cos\phi \cos\theta - \sin\phi \sin\theta)$ は大きくなる。すなわち、進み角 ϕ を減少させ押出し能力は低下する。

式(18)に式(21)〜(24)を代入して整理すると下式になる。

$$\frac{\Delta p}{\Delta z} = \frac{C_1}{H} \cdot C_b \left[\frac{\sin\theta}{\sin(\theta+\varphi)} \cdot V_s \right]^{\alpha_b} (C_1 \cos\phi \cdot \cos\theta - \sin\phi \cdot \sin\theta) \\ - C_s \left[\frac{\sin\theta}{\sin(\theta+\varphi)} \cdot V_s \right]^{\alpha_s} \cdot \left[\frac{C_2}{H} \cdot \left(\frac{C_2}{C_1} \right)^{\alpha_s} \cdot \left(\sin^2\theta + C_2 \cdot \cos^2\theta + \frac{1}{X} \cdot \left(\frac{1}{C_1} \right)^{\alpha_s} \right) \right] \quad (25)$$

本式の特別な場合としてシリンダ温度とスクリュ温度が等温度とし、スクリュの溝深さはスクリュの外径に比較して小さいと仮定すると、次式が成立する。

$$C_b = C_s = C, \quad \alpha_b = \alpha_s = \alpha, \quad C_1 = C_2 = 1 \tag{26}$$

$$\frac{\Delta p}{\Delta z} = CV^\alpha \left\{ \left[\frac{1}{\sin(\theta+\phi)} \right]^\alpha \cdot \left[\frac{1}{X}(\sin\theta)^\alpha \cdot \cos(\theta+\phi) - (\sin\phi)^\alpha \cdot \left(\frac{1}{H} + \frac{1}{X} \right) \right] \right\} \tag{27}$$

本式(27)によると、Δp/Δzを一定とすればソリッドヘッドの進み角θはスクリュ周速度の関数として表わされる。実際のスクリュ押し出し時に経験するような、スクリュ回転速度の増大と共に固相樹脂圧力が増大する特性はDarnel & Molの固体摩擦の理論では説明できないが、このChan. I. Changの粘性剪断力の理論を適用すると理解できる。Δp/Δzを一定と仮定した時、ソリッドベッドの進み角θはC、α、Vsとともに増大する。

以上、固体摩擦力モデル、粘性剪断力モデルによる微小要素の固体輸送理論の概要を述べたが、実際のスクリュでは、スクリュ長手方向にシリンダ、スクリュ温度も変化しており、摩擦、せん断を受けるすべり面では摩擦、せん断による発熱も生じ、スクリュ先端に進むにつれてソリッドの温度も変化し、かさ密度も変化する非常に複雑な現象である。

筆者らは、図10に示す試験装置で、実際に押出機に使用される粒子状ペレット原料を用い、周速度や固相樹脂に加える圧力を変え実際のスクリュの運転条件により近い条件で摩擦力測定の試験を実施しており、その一部を紹介する。

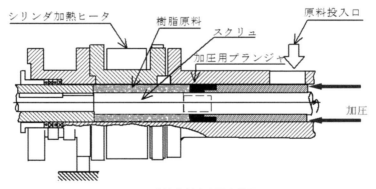

図10　摩擦剪断応力測定装置

この試験装置では図11に示すように樹脂加圧力、スクリュ回転トルク、シリンダ壁面温度を計測でき、プランジャでの加圧開始とともにトルクが上昇してくる。この時シリンダ内壁も摩擦の影響を受けて上昇する。この時間経過とともに変化するスクリュ駆動トルクはシリンダ設定温度によって図12に示すように大きく変わる。このことは、シリンダ壁面の摩擦剪断力がシリンダ温度によって大きく変化することを意味する。加圧直後の最大トルクより算出した摩擦係数とシリンダ温度の関係を図13に示した。

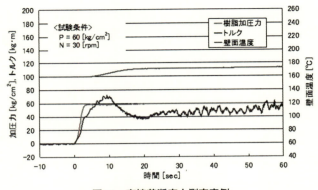

図11　摩擦剪断応力測定事例
樹脂：非晶性樹脂A、加圧力：油圧より算出
壁面温度：シリンダ内壁より5mmの点で測定

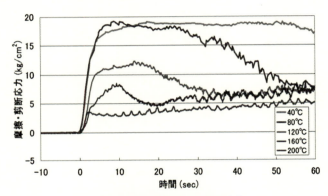

図12　摩擦剪断応力の時間的変化
非晶性樹脂A、滑り速度し＝周速度＝2.7m/min、樹脂化圧力＝6MPa
壁面温度40℃をの除き、テスト後のシリンダ壁面の樹脂は溶着していた。

壁面が100℃を超えると摩擦係数すなわち摩擦剪断応力が小さくなっていることが分かる。図11、12、13で示したデータは非晶性樹脂の事例であるが、結晶性樹脂でもほぼ同様に樹脂が溶融する温度以上では摩擦面に働く応力は低下する傾向を示す。各種樹脂の固相状態での摩擦係数を測定した事例を図14に示す。樹脂の融点付近、非晶性樹脂では流動を開始する温度近くで、摩擦係数は大きく増大する傾向が分かる。以上の実ペレット原料で固体摩擦、粘性せん断力を実測した事例をもとにし、押出機の位置に対比させ、摩擦剪断力の説明図を図15に示した。ホッパ下部のスクリュ投入口にかかる樹脂粒子圧力pは、通常のホッパでは0.5～1×10^{-4}MPa程度と小さい値であり、スクリュ基部付近のτ＝μpで表される摩擦応力も小さい値である。スクリュ先端に向かうにつれて、固相樹脂圧pは高められ、摩擦応力も増大し、融点付近のシリンダ温度になると固相樹脂圧pの増大とともに摩擦係数μも増大するため、シリンダ壁面での摩擦応力も高くなり、固相樹脂の送り能力も増大する。シリンダ温度が樹脂の融点付近となる部分では、固体摩擦力からシリンダ壁面に作用する力は、スクリュ先端へ進むにつれて、固相樹脂圧力p

依存の$\tau = CV^a$で示される滑り速度V依存の粘性剪断力に変化する。さらにスクリュ先端側のシリンダ温度が樹脂の融点以上の部分では、滑り速度V依存の粘性剪断力により固相樹脂は輸送される。この図は、シリンダ温度が樹脂の融点付近である場合が最もシリンダ壁面での摩擦剪断力が大きくなり、固相樹脂送能力、昇圧力も高くなることを示唆している。

シリンダ内にスクリュ長手方向に複数の圧力計を設置した押出機で試験すると、シリンダ温度が樹脂の融点付近以降で樹脂圧力が上昇し、また、スクリュ回転数を上げていくにつれてスクリュ内の樹脂圧力も上昇することが観察される。このことは固相樹脂の輸送能力は、Chan. I. Chungの提唱したモデルに支配されているといえることを示している。但し、固体摩擦部からの樹脂の供給が少なければ、押出量の低下を招くことは明らかであり、この部分をおろそかにすることはできない。固体摩擦部の送り能力を強化する手段として、スクリュ基部のシリンダに縦溝を加工し、シリンダ側の摩擦係数を高める手段[1]も数多く採用されている。

[1] Grooved Sleeve、Keyed Sleeveなどと称されている。

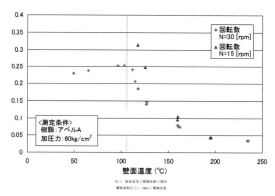

図13　壁面温度と摩擦係数の関係
摩擦剪断応力τ ＝6MPa×摩擦係数

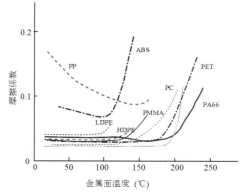

図14　各種樹脂の摩擦係数

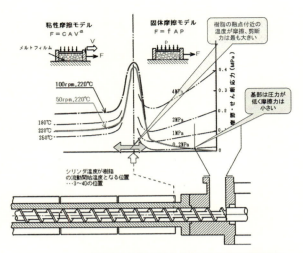

図15 シリンダ内面と固相樹脂に作用する摩擦剪断応力

　参考に固体摩擦理論に基づく解析事例を**図16**に示す。深溝スクリュでは昇圧力(差圧)が低い場合輸送能力は大きいが、差圧が大きくなると輸送能力は極端に低下する。また浅溝スクリュの場合、差圧が変化しても輸送能力が変化しにくいことを示している。フィード部の深さはこれらの特性と、原料のかさ密度、後述の巻き付きを考慮して決定される。かさ密度の小さい原料、巻き付きの生じやすい原料ではスクリュ基部の溝深さは深くする必要があるが、差圧が変化しても輸送量が変わらないこと、あるいは固体輸送部での昇圧力を高めたい場合は、ホッパ下から少し進んだ位置の溝深さは浅くするなどの手段が取られることもある。

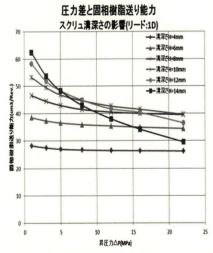

図16　固体摩擦理論に基づく固体輸送計算事例
【基準計算条件】
口径D：65mm、スクリュ長Lさ：6D、スクリュ溝深さH：10mm、スクリュリードt：65mm、スクリュフライト直角幅e：0.1Dシリンダとの摩擦係数μc=0.4、スクリュとの摩擦係数μs=0.4

3.2 第2のポンプ：可塑化溶融

送り込まれた固相樹脂を均一に可塑化溶融する領域である。スクリュの機能は、固体輸送能力Q_Fに対する可塑化溶融能力Q_{MELT}のバランス（$Q_F=Q_{MELT}$）が均一溶融・押出安定性に最も大きな影響を与える。なお、本可塑化溶融部については、Tadmor & Klein[4]がシリンダ表面側に溶融フィルム層を持つ溶融モデルでの理論を発表している（図17、18参照）。最も簡単なモデルは、①溶融樹脂をニュートン流体と仮定し、シリンダからの熱伝導および溶融フィルム層での剪断発熱、②ソリッドベッドを無限厚みとし、溶融フィルム層からの伝熱解析による温度分布解析、③ソリッドベッドのメルトフィルム境界での溶融量、メルトフィルムから流出する溶融樹脂量のマスバランスより溶融量を求めたものがある。

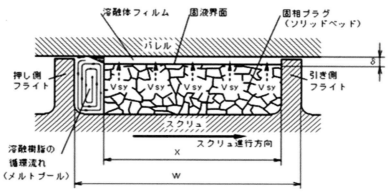

図17　Tadomorらの提唱した溶融モデル

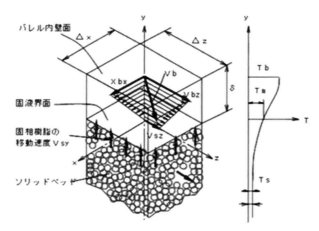

図18　溶融界面に直角な微小要素
等温モデルに基づく溶融体フィルム内のx、z方向の速度分布
溶融体フィルム及びソリッドベッドの温度分布

$$\omega=V_{sy}X\rho_s=\frac{V_{bx}}{2}\delta_m\rho_m \tag{28}$$

$$\omega = \left\{ \frac{V_{bx} \cdot \rho_m}{4} \cdot \left[\frac{2k_m(T_b - T_m) + \eta V_j^2) \cdot X}{\lambda + C_{ps}(T_m - T_r)} \right] \right\}^{\frac{1}{2}} \tag{29}$$

ここで、ω：溝長手方向単位長さ dz のソリッドベッドの溶融樹脂量
V_{sy}：ソリッドベッド界面の溶融フィルム層に向けて上昇する速度
X：フライト直角方向ソリッドベッド幅
ρ_s：ソリッドベッド密度　　ρ_m：溶融樹脂の密度
V_{bx}：ソリッドベッドとシリンダの相対速度のフライト直角成分
V_j：ソリッドベッドとシリンダとの相対すべり速度（**図9**のV_{pb}と同じ）
k_m：溶融樹脂の熱伝導率　　T_b：シリンダ内壁面温度
T_m：樹脂の融点　　T_r：固相樹脂の初期温度
η：溶融樹脂の粘度　　λ：樹脂の溶融潜熱
C_{ps}：固相樹脂の比熱

上式は、シリンダからの熱伝導とスクリュ周速に関連した剪断発熱エネルギーにより樹脂が溶融するというモデルとなっていること、ωはソリッドベッド幅Xの減少らともない$\sqrt{X}$に比例して減少することを示している。式(29)よりソリッドベッド単位面積当たりの押出量ΩV_bは次式で表される。

$$\Omega V_b = \frac{Q_{MELT}}{A_{MELT}} = \frac{Q_{MELT}}{Xdz} = \frac{\omega dz}{Xdz} = \frac{\omega}{X} = \left\{ \frac{V_{bx} \cdot \rho_m}{4} \cdot \left[\frac{2k_m(T_b - T_m) + \eta V_j^2}{\lambda + C_{ps}(T_m - T_r)} \right] \frac{1}{X} \right\}^{\frac{1}{2}} \tag{30}$$

Q_{MELT}：樹脂溶融量
Ω：単位溶融面積、単位スクリュ周速あたりの樹脂溶融量
　　$Q_{MELT}/(A_{MELT} \cdot V_b)$
A_{MELT}：固相樹脂がシリンダに接触している面積（メルトフィルムの面積）
dz：ソリッドベッドの溝方向単位長さ

その後Tadmorらにより溶融樹脂の粘度を指数法則流体に従うとした解析、フライト頂部からの漏れを考慮した解析[4]、さらには、溶融フィルム層の幅方向厚み変化を考慮したモデルや[10]、ソリッドベッド全周囲に溶融層が生成するモデル[11,12]などが発表されている。また、これらの溶融モデルをベースに、ソリッドベッドの幅を求める解析も行われている。

これらの理論は、ソリッドベッド周囲にかかる力とソリッドベッドの変形、進み速度と絡んだ現象解析が必要となり、物性データを含め、実際のスクリュ特性予測報告事例が少ないように思われる。

筆者らは、Tadomorらの指数法則粘度を用いた解析を実施したことがあるが、各種物性データの不足やソリッドベッドの変形、進み速度を考慮した液相樹脂との連成解析モデルが不十分のためか実用化できるレベルに到達できなかった。

これらを補うため、溶融量予測では、実験データを重要視している。その一例として、溶融フィルム層での樹脂の溶融量を、固相樹脂と液相樹脂が分離可能なバリヤタイプのスクリュを用い、先端を解放状態にして実測した樹脂の溶融量に関するデータを**図19**に示す。実用回転域での

メルトフィルムでの樹脂溶融量Q_{MELT}は、メルトフィルムがシリンダに接触している面積A_{MELT}と樹脂によって決まる定数：Ω（単位溶融面積、単位周速あたりの樹脂溶融量）とスクリュ回転周速度：V_bを用いて概略下式で表すことができると仮定しデータを整理してみた。

$$Q_{MELT} = A_{MELT} \Omega V_b \tag{31}$$

実際には、Ωは定数とならず、周速度の増大につれて小さくなる傾向にある。このデータでは、樹脂の溶融量PP、PS、HDPEでは下式で大まかに近似できる。

$$\Omega = aV_b^\beta \qquad \beta = -0.23 \sim -0.31 \tag{32}$$

定数aに影響する主要変数は(30)式を参考にして考えると次の通りである。
① 溶融に必要なエネルギー（エンタルピー）…$\lambda + C_{ps}(T_m - T_r)$
② 溶融温度…T_m
③ シリンダ温度…T_c
④ 溶融樹脂の熱伝導率…k_m
⑤ 溶融樹脂の粘度…η

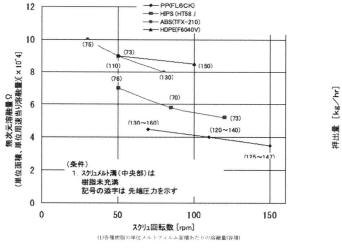
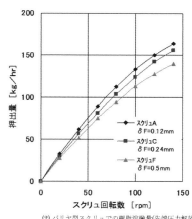

図19　メルトフィルムでの溶融量

3.3　第3のポンプ：計量・昇圧

溶融した樹脂を計量・昇圧し下流側の金型・ダイへ送り出す領域であり、計量・昇圧能力Q_Mが可塑化溶融能力とバランス（$Q_M = Q_{MELT}$）が取れていることが必要である。この液相樹脂輸送部についての理論は、ニュートン流体として取り扱ったものがRawell[13]らによって発表され、CarleyやMcKelvey[14]らによってさらに展開、整理されている。Griffith[15]はべき乗則流体としての理論を展開し、Rauwendaal[16]らは同様の計算をリード1D（リード角17.66°）のスクリュについて実施し近似式を提案している。

$$Q = 2\left(\frac{4+n}{10}\right)\frac{\pi DN\cos^2\theta}{2} \cdot (t-e) \cdot H - \left(\frac{1}{1+2n}\right)\frac{(t-e)H^3\Delta p}{4\eta\Delta L}\cos\theta\sin\theta \qquad (33)$$

ここで、Q：押出量　　　H：溝深さ　　　D：スクリュ外径
　　　　N：スクリュ回転数　　Δp：圧力差　　ΔL：スクリュ軸方向長さ
　　　　t：スクリュリード　　e：スクリュ軸方向フライト幅
　　　　θ：スクリュリード角
　　　　η：溶融樹脂粘度　　n：粘度のPower law指数
　　　すなわち $\tau = k\dot{\gamma}^n$　　$\eta = k\dot{\gamma}^{n-1}$

上記各ポンプの特性に最も影響する形状要素はスクリュ溝深Hとスクリュリードtであり、フライト条数mは1条、フライト幅eはe・cosθ＝0.1Dが一般的である。リードtも基本的には1Dのスクリュが使用されている。これらの形状が一般的になった理由は、下記の通りと推定される。

(1) フライト条数m＝1……nが増え溝深さHと溝幅Wの比H/Wが大きくなると、第2、第3のポンプで、スクリュ溝底とフライト側面のいわゆるフライト付け根部でのせん断速度が小さくなり、樹脂の滞留劣化が発生する。図20に圧力差ゼロ時のスクリュ液相溝並行流れの速度分布（v_z/V_{bz}）を示す。また、条数を増加すると、固体輸送部の第1のポンプでは、樹脂を先端へと送るためのシリンダ側の摩擦面積に比較し、フライト側面の摩擦面積の割合が増加するために、輸送能力が低下してしまう。

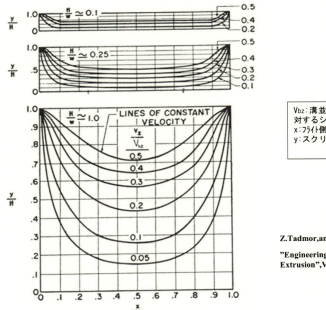

Z.Tadmor, and I.Klein,
"Engineering Principles of lasticating Extrusion", V.N.Reinhold Co., 1970より

図20　スクリュH/Wと溝内速度分布（Drag Flow）
　　　V_{bz}はスクリュ外周の周速度の溝方向成分

(2) フライト幅 $e\cos\theta = 0.1D$……樹脂が通過する溝幅を確保し、各ポンプの能力を増大するためにフライト幅はできるだけ小さくすべきであるが、シリンダとの接触によるフライト頂部の摩耗防止のために、0.1D程度が採用されている。

(3) スクリュリード $t = 1D$……図21に第3のポンプである液相輸送について、スクリュリードと昇圧・押出能力の解析結果を示した。ほぼスクリュリード=1Dの昇圧能力が大きいことがわかる。リードが小さい場合、吐出量が小さい条件では圧力発生能力は増大するが、逆にリードを大きくすると、圧力差が小さい場合の押出量は増大するが、先端圧力が少し高くなると押出量が急に減少してしまう。フライトリードを小さくすると液相ポンプ能力の低下、W/Hが小さくなるために液相ポンプ部フライト付け根部での滞留による樹脂劣化や固体輸送ポンプでの輸送能力が低下する。また、図22にスクリュ溝深さと押出特性を計算した事例を示す。必要な昇圧能力、押出能力により最適なスクリュ溝深さを選定することが大切である。

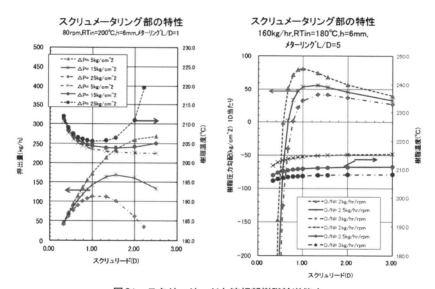

図21　スクリュリードと液相部樹脂輸送能力

液相部スクリュ溝内の流れは、図23に示すようにスクリュ溝外周部は螺旋状に流れ、溝底から約2/3Hの深さの部分ではスクリュ溝にほぼ平行に流れる。その速度分布を模式的に表したものが図24である。これらの図から明らかなように、スクリュ溝外周を流れる樹脂の滞留時間は長くなるが、2/3溝深さの位置を流れる樹脂の滞留時間は短く、この部分を流れ出る樹脂の溶融均質性が最も悪くなる部分である。

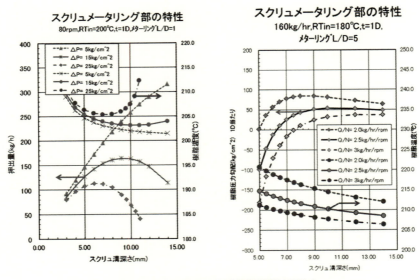

図22　スクリュ溝深さと液相部樹脂輸送能力

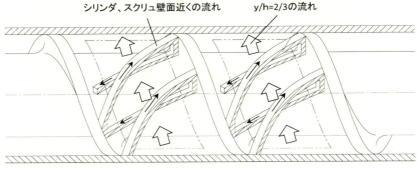

図23　液相部スクリュ溝内の流れ

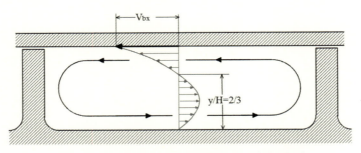

図24　スクリュフライト直角断面内の流れ（循環流れ）

3.4　スケールアップ

　基準機に対する他の口径の押出機の特性、諸寸法を決定するスケールアップ則として広く使

第2章 単軸押出機およびスクリュ設計

用されているルート則（0.5乗則）について紹介する。この法則は、溶融樹脂輸送部での剪断速度一定、スクリュ長さ、フライトリードはスクリュ口径に比例し、押出量は口径の2乗に比例するとした考え方である。その法則をまとめて**表2**に示した。

この法則では、スクリュ溝深さは、液体輸送部理論のDrag Flow*²に基づき、0.5乗則でスクリュ形状が決定される。

*2）Drag Flow：式(33)の第1項

この時、スクリュ回転数は、剪断速度一定の仮定から、口径の0.5乗に比例した設計となる。

また、スクリュ駆動力は液体輸送理論に基づくと口径の増大とともに2.5乗則に従い、滞留時間、比エネルギー、混合の指標となる全剪断量、液相中に浮遊した固相樹脂の熱伝導による溶融、温度の均質化の指標となるフーリェ数は0.5乗則に従って大きくなる。このことは、押出物の均質、混練度合いはスクリュ口径とともに増大し、樹脂温度も高くなることが予想される。なお、式(33)の第1項のDragFlowは口径の2乗に比例して増大するが、第2項のPressure HowはΔpを一定とすると、口径の1.5乗に比例する。すなわちスクリュ口径が大きいほど、先端圧に対して溶融樹脂を掻き出す能力が増大する。

表2　単軸押出機のルート則（0.5乗側）によるスケールアップ

因子	小口径のスクリュ添え字1	大口径のスクリュ添え字2
1. スクリュ直径	D_1	D_2
2. スクリュ長	L_1	$L_2 = (D_2/D_1)L_1$
3. 溝幅	W_1	$W_2 = (D_2/D_1)W_1$
4. 溝深さ	H_1	$H_2 = (D_2/D_1)^{0.5}H_1$
5. スクリュ回転数	N_1	$N_2 = (D_2/D_1)^{-0.5}N_1$
6. 押出量	Q_1	$Q_2 = (D_2/D_1)^2 Q_1$
6′. 押出量（液相輸送理論より）	Q_{m1}	$Q_{m2} = (D_2/D_1)^2 Q_{1m}$
6″. 溶融能力（Tadmorらの理論より）	$(Q_M)_1$	$(Q_M)_2 = (D_2/D_1)^{1.75}(Q_M)_1$
7. 剪断速度	$\dot{\gamma}_1$	$\dot{\gamma}_2 = \pi D_2 N_2/H_2 = \dot{\gamma}_1 = \pi D_1 N_1/H_1$
8. スクリュ外周速度	V_1	$V_2 = (D_2/D_1)^{0.5}V_1$
9. 平均滞留時間	t_{m1}	$t_{m2} = (D_2/D_1)^{0.5}t_{m1}$
10. 全剪断量	St_1	$St_2 = (D_2/D_1)^{0.5}St_1$
11. スクリュ駆動力	Z_1	$Z_2 = (D_2/D_1)^{2.5}Z_1$
12. 比エネルギ	i_1	$i_2 = (D_2/D_1)^{0.5}i_1$
13. スクリュ内Soild Bed進み速度	$(V_s)_1$	$(V_s)_2 = (D_2/D_1)^{0.5}(V_s)_1$
14. 浮遊Solid均質化（フーリェ数）	$F_1 = at_{m1}/x^2$ ソリット厚みは一定	$F_2 = at_{m2}/x^2 = (D_2/D_1)^{0.5}F_1$

樹脂の溶融についてのTadomorらの理論（式(30)参照）やChungの論文に基づくと、樹脂の溶融量は口径Dの1.75乗則となるが、筆者らの経験では、押出量は口径Dの2乗則以上の量（2.1〜2.29乗）が期待できるものと認識している。

4．各種単軸押出機の構造と機能

単軸押出機の基本的構造であるフルフライトスクリュでの溶融形態は前述の図1に示した。シリンダ、スクリュの断面が多角形であるHM押出機[17]の構造を図25に示す。この押出機は、ブロー用途、シート用途など高粘度樹脂を低樹脂温度で押し出す用途で多く採用されている。なお、固体輸送、溶融と液体輸送の機能を二台の押出機に分離し、これらを直列につなぎ、高吐出、低樹脂温度、安定押出を実現したHM型タンデム押出機[18]も製造されている（図26）。図27に単軸押出機でよく使用される基本スクリュの写真を示す。なお、この基本スクリュの特性を補助するために図28に示すような各種のミキシングエレメントが使用されている。最近の高能力な押出機では図29に示すような構成のスクリュ、シリンダが採用されている。次節以降で順次これらの押出機の構造・機能上の特徴について述べる。

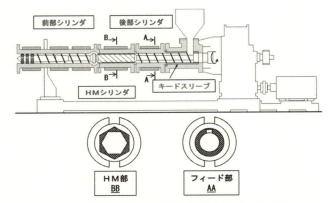

図25　非円形シリンダを持つ単軸押出機（HM押出機）

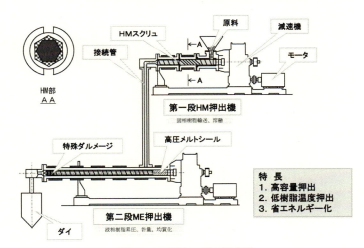

図26　HM型タンデム押出機

第2章　単軸押出機およびスクリュ設計

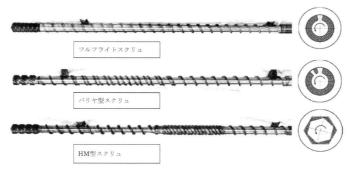

図27　単軸スクリュで使用される基本的スクリュ形状

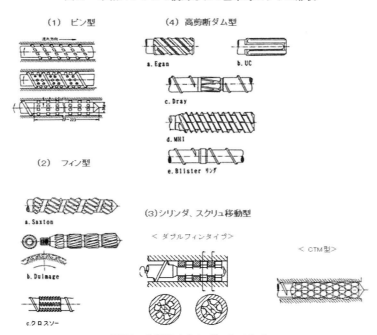

図28　各種ミキシングエレメント

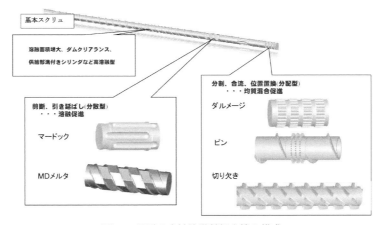

図29　最近の高性能単軸押出機の構成

4.1 フルフライトスクリュでの樹脂の溶融形態

図1に示すように、樹脂はスクリュ口径比3.5〜4D目（シリンダ温度が溶融温度あるいは樹脂が流動を開始する温度となる位置）からシリンダに接触部からメルトフィルムと呼ばれる薄い溶融層でスクリュの回転に伴う剪断応力を受け溶融を開始する。このメルトフィルムで溶融した樹脂は、スクリュの回転に伴い、押し側のフライト側面に集められメルトプールと呼ばれる溶融樹脂のたまりを生成する。この溶融モデルは提唱者の名前をとりTadmorの溶融モデルと呼ばれている。スクリュを運転中に急停止し、シリンダおよびスクリュを急冷した後シリンダを再加熱しながらスクリュを抜き出し（図30）、スクリュに巻き付いた樹脂をはぎ取り、スクリュ軸方向断面で切断し、溝内を観察した写真を図31に示す。これらの試験で溶融モデルとしてTadmorのモデル以外に、溶融フィルム層の厚くなったものや、スクリュ側にも溶融樹脂層があるもの、メルトプールが見られないものなどを観察している（図32参照）。

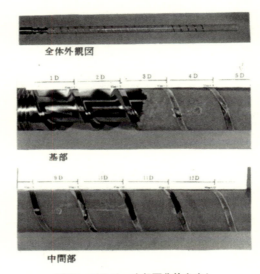

図30　スクリュ冷却固化抜き出し

　樹脂がスクリュ先端へと進むと、固相樹脂の塊であるソリッドベッドの幅は減少し、メルトプールの幅が増大してくる。樹脂が溶融しやすいPE系の樹脂ではメルトフィルムの厚みが増大することも多い。圧縮ゾーンに達するとソリッドベッドは溶融速度よりも固相樹脂の進もうとする速度が速くなり（図33参照）、テーパ部でつまり、その下流部の先端の固相樹脂はメルトフィルムでの引きずり力により、スクリュ長手方向に伸長される作用を受け速度を増そうとし、連続性を保てなくなり、固相樹脂の間に液相樹脂が入り込む、いわゆるソリッドベッドのブレークアップ（固相樹脂の破壊）現象が発生する（図34参照）。

第2章 単軸押出機およびスクリュ設計

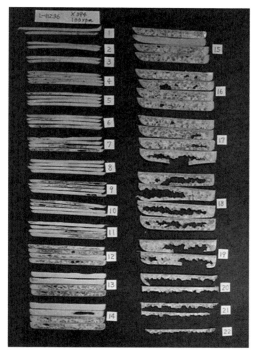

図31 フルフライトスクリュでの樹脂溶融形態

[溶融モデルⅠ]

(A) Tadmorのモデル

$\left(\begin{array}{l}D=65mm の押出機、LDPE \\ H_t=9.1mm、8D目 \\ 200rpm、183\ kg/hr\end{array}\right)$

注 (1) H_t：フィード部溝深さ

(F) Tadmorの変形モデル

$\left(\begin{array}{l}D=90mm の押出機、LLDPE \\ H_t=14mm、8D目 \\ 75rpm、241\ kg/hr\end{array}\right)$

・固相樹脂粒子が押しつぶされた領域と、ペレット形状のまま残された領域を持つソリッドヘッドが観察される。

[溶融モデルⅡ]

(G) シリンダ側に厚いメルト層を形成したモデル

$\left(\begin{array}{l}D=90mm の押出機、LLDPE \\ H_t=14mm、10D目 \\ 72rpm、180\ kg/hr\end{array}\right)$

・シリンダ側のメルト層はスクリュ先端に行くにつれて厚くなる。本写真の場合2～3mmの厚みである。

(H) スクリュ側に厚いメルト層を形成したモデル

$\left(\begin{array}{l}D=90mm の押出機、PP \\ H_t=16.8mm、11D目 \\ 150rpm、174\ kg/hr\end{array}\right)$

・8D目よりスクリュ側メルト層増大。本写真の11D目では約2mmの厚みである。

(I) ソリッドヘッド一部がせん断変形しメルトプールのないモデル

$\left(\begin{array}{l}D=90mm の押出機、PP \\ H_t=10mm、9D目 \\ 139rpm、350\ kg/hr \\ 供給部溝付シリンダ使用\end{array}\right)$

・4.5D目でシリンダ壁の樹脂が密着しはじめる。6D付近から本モデルが確認できる。

図32 冷却固化試験で観察された各種溶融モデル

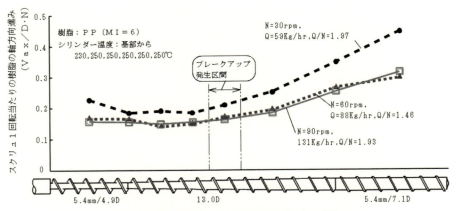

図33　緩圧縮スクリュでの固相樹脂の進み速度
サイトグラス設置の可視化実験で確認
（D：スクリュ口径、N：スクリュ回転数）

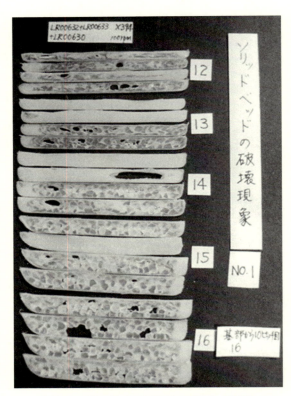

図34　ソリッドベッドのブレークアップ現象

　固相樹脂の幅はスクリュ先端に行くにつれて次第に小さくなるが、筆者らの実用運転レベルの高吐出条件でのスクリュ冷却固化引き抜き試験では、ソリッドベッドの幅が溝幅の1/2以下になる前にブレークアップする場合がほとんどである。圧縮部テーパの角度が小さく（圧縮部

長さが長く、圧縮比が小さい)、スクリュ1回転あたりの吐出量が小さいほど、ブレークアップ直後の固相樹脂の塊は大きくなる傾向にある。この圧縮部テーパ角度が逆に小さい場合（圧縮部が短く、圧縮比が大きい）、ブレークアップの発生頻度は多くなり、ブレークアップ後のソリッド塊は小さくなる。このブレークアップ現象は、スクリュの特性に重大な影響を与える現象である。

　ブレークアップ現象が発生すると、圧縮部を固相樹脂と、溶融・液相が交互に進むこととなり、この部分のスクリュ内樹脂圧力が変動しスクリュ摩耗の原因や押出量の変動さらには樹脂劣化物（変色、ゲル）発生の要因となっている。また、ホッパから供給された原料は加熱、加圧されながらペレット粒子間空隙を減少し、空隙の空気をホッパ側へ排出しながらスクリュ先端へと進むが、ブレークアップを起こした固相樹脂間に残る空気は逃げ道を液相樹脂により遮断され、空気を取り込んだままスクリュ先端へと押し出され、気泡発生を引き起こす。

　ブレークアップ現象が生じた後は、固相樹脂の塊と、液相樹脂がブロック状になってスクリュ先端へと進む。そのソリッド塊はスクリュ先端に進むにつれて次第に溶融樹脂中からの伝熱とスクリュ回転に伴う剪断力を受けて溶融しながら、図35に示すように液相樹脂中に浮遊した状態となる。このブレークアップ直後の固相樹脂を伝熱による溶融促進を目的に、溶融樹脂中に細かく分散させ、その後攪拌して均質な温度として押し出すための手段として、各種のミキシングエレメントが考案されている。

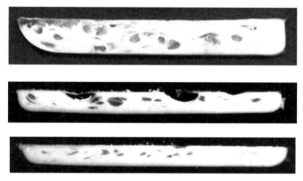

図35　液相樹脂中に浮遊した固相樹脂

4.2　バリヤ型スクリュの溶融形態

　フルフライトスクリュでのソリッドベッドのブレークアップ現象に伴う各種欠点を解消するスクリュとして樹脂溶融部に、固相樹脂と液相樹脂を分離するためのバリヤフライトを持つバリヤ型スクリュが開発された。本バリヤ型スクリュは塩化ビニール用としてMaillifer社によって開発され、その後他の樹脂への適応が進み、特許回避を狙って図36に示すような類似のバリヤ型スクリュ多数が発表されている。国内では、Maillifer社と技術提携していた三菱重工業㈱[19]を中心に開発が進められてきた。ダムフライトの半径方向高さは、主フライトに対して低くなっており、このダムを溶融樹脂のみが乗り越える。

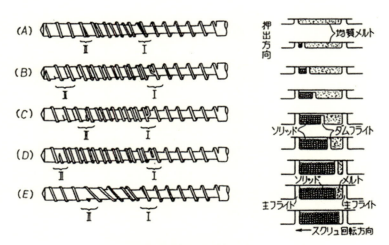

図36　各種バリヤ型スクリュ

バリヤ型スクリュでの樹脂溶融形態の説明図を図37に、スクリュ冷却固化試験で観察されるスクリュ溝長手方向各断面の写真を図38に示した。このバリヤ型スクリュは、固相樹脂と、液相樹脂を分離するバリヤフライトの設置効果により、フルフライトスクリュで必然的に起こるソリッドベッドの破壊現象が発生しにくいため、溶融均質性、吐出安定性に優れ、気泡発生、スクリュ摩耗、それに伴う樹脂劣化物の生成を防ぐ効果があり、最近では広く採用されている。

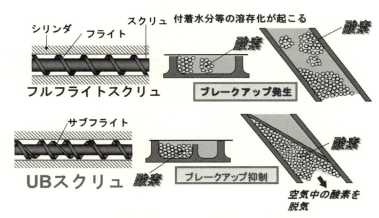

図37　バリヤ型スクリュでの固液分離機能と脱気性能

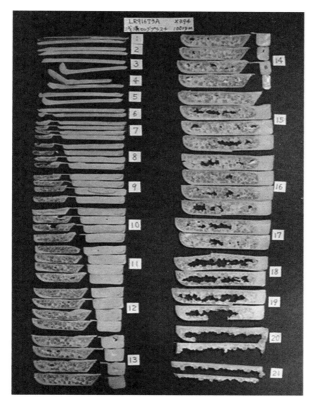

図38　バリヤ型スクリュでの樹脂溶融携帯

4.3　バリヤ型スクリュ設計上の留意点

　バリヤ型スクリュであっても、設計によってはソリッドベッドのブレークアップが発生するため、低樹脂温度、高押出量を得ようとするときには工夫が必要となってくる。

　ブレークアップ現象は、固相樹脂溝深さ、幅の変化率、固相樹脂圧力と液相樹脂圧力の差が小さくなると発生しやすく、また、樹脂によってはバリヤ開始部が遅いとフィード部で発生することもある。

　高押出量を得ようとする場合、第3の液相ポンプの能力に余裕を持たせるので、バリヤ型スクリュの押出量は、第2のポンプである可塑化溶融部によって決定されることが多い。樹脂溶融量は、(31)式で示されるように主に固相溝側にできる固相樹脂とシリンダの接触面積すなわちメルトフィルムの表面積 A_{MELT} とスクリュ回転周速 V_b によって決まる。高スクリュ回転では、液相部での剪断速度が増大し、樹脂温度が高くなってしまうため、高押出量を狙ったバリヤ型スクリュでは、バリヤフライトの形状を工夫してメルトフィルムの接触面積の増大や、ダムフライトのダムクリアランスを大きくして一部の半溶融樹脂がダムを乗り越えやすくしたスクリュとする。その1例を図39に示す。このようなスクリュでは、バリヤ部を通過した半溶融樹脂の溶融を促進するスクリュエレメントが組み込まれる。また、固相樹脂圧を高め、固相樹脂塊であるソリッドベッドの予熱効果が期待される溝付きシリンダをスクリュ基部に設置することもある。

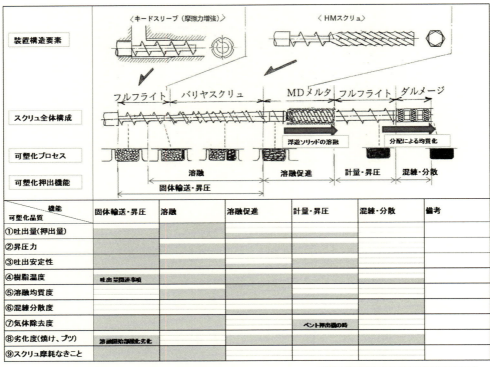

図39　最近の高性能単軸押出機の構成とその機能の説明

4.4　バリヤ型スクリュの開発事例[20]

従来のナイロン用バリヤ型スクリュの展開図を**図40**に示す。従来スクリュは、ナイロンのような高融点樹脂向けに通常のバリアフライトスクリュに比べてソリッド側の面積を大きくすることで可塑化を促進していることが特徴である。しかしながら、従来スクリュには、長期間使用し続けるとスクリュフライト頂部が摩耗し、次第に押出性能が低下していくという問題があった。この問題を解消するために開発した新型スクリュについて紹介する。

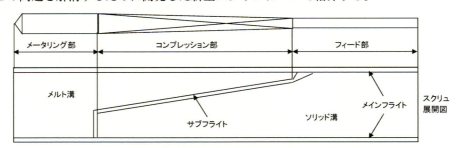

図40　従来ナイロン用バリヤ型スクリュ展開図

従来スクリュの摩耗状況、および摩耗状況から予想される押出機内の樹脂の溶融状態を**図41**、**図42**に示す。**図41**から分かるように、スクリュの摩耗量が多い部分は、コンプレッション

部入口とコンプレッション部後半であり、これらの部分でブレークアップが発生していると予想される。

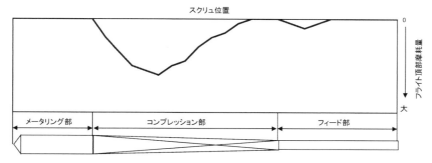

図41　従来スクリュの摩耗状況

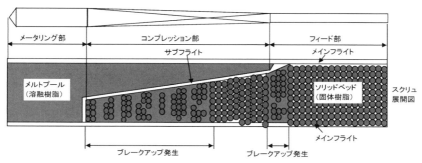

図42　摩耗状況から予想される樹脂溶融状態

そこで、新型スクリュでは、コンプレッション部入口とコンプレッション部後半のスクリュ形状に以下の改善を行い、スクリュ摩耗を防止している。新型スクリュの展開図を図43に示す。

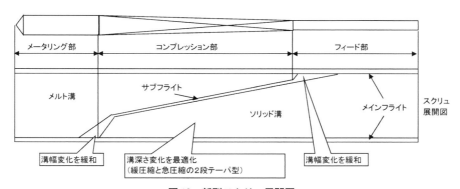

図43　新型スクリュ展開図

① サブフライトの開始部と終了部での溝幅変化を緩和。
② コンプレッション部溝深さの変化の最適化（前半は緩圧縮、後半は急圧縮となる2段テーパ形状）。
①の改善は、サブフライト開始部と終了部での溝体積変化が緩和されるため、溶融バランス

が維持され、ブレークアップが抑制される。②の改善では、ナイロンがブレークアップを起こし易い溝深さ変化率を避けるために、溝深さ変化率が圧縮部の途中で変化する2段テーパ形状を採用している。ブレークアップは、ある一定の溝深さ変化率で発生し易い傾向にあるため、対策としては、極端な緩圧縮か極端な急圧縮を採用することとなる。しかし、極端な緩圧縮は、非常に長いコンプレッション部が必要となり、極端な急圧縮は、局所発熱やトルクオーバーになり易いという問題がある。これらを回避するために、前半は緩圧縮、後半は急圧縮となる2段テーパ形状を採用している。

　従来スクリュと新型スクリュを比較するために、ナイロンを同条件で押し出した場合のコンプレッション部後半の樹脂圧力波形を図44、図45に示す。図44は、従来スクリュの樹脂圧力波形であるが、周期的な変動を起こしていることがわかる。この周期的な変動はブレークアップが発生していることを示している。一方、図45の新型スクリュの場合、周期的な変動は出ておらず、ブレークアップの防止、すなわちスクリュ摩耗の防止が可能となっている。

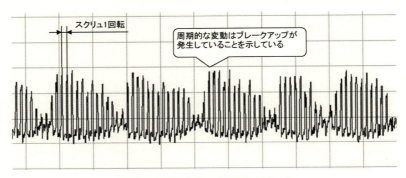

図44　従来スクリュの樹脂圧力波形

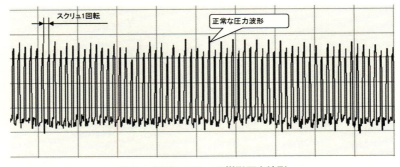

図45　新型スクリュの樹脂圧力波形

4.5　非円形シリンダ（HMシリンダ）を持つ押出機の溶融形態

　高粘度樹脂を低樹脂温度で押出すことのできる押出機として、HM型押出機[17]がある。HM押出機はシリンダ、スクリュが多角形であるが、類似形状の押出機も作られている。この押出機では、スクリュの回転と共に、スクリュとシリンダで形成される樹脂流路がスクリュ回転と共に変化し、従来の円形シリンダのメルトフィルムを持つ溶融モデルとは全く異なった機構で溶

第2章 単軸押出機およびスクリュ設計

融が行われる（図25参照）。この押出機での溶融は、図46に示すように、樹脂粒子間摩擦、クリアランス変化による分割、合流、引き延ばし、攪拌による分散混合作用で溶融樹脂からの伝熱溶融促進によって、高効率に溶融が進む。この機能は、二軸押出機の溶融機構に類似したものといえよう。この押出機ではシリンダが円形断面の一般的押出機に比較し、スクリュ1回転あたりの押出量が多く、樹脂温度も低く、高押出量を得ることができる。

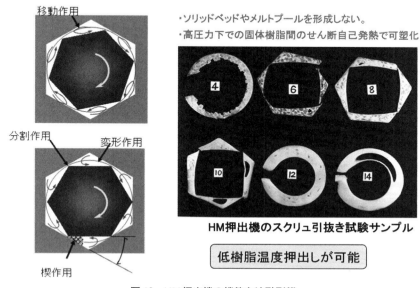

図46　HM押出機の機能と溶融形態

5．単軸押出機に必要とされる副機能

押出機には、押出量（溶融量）、樹脂温度、昇圧という押出機の主可塑化品質（主機能）の外にいろいろな機能を必要とされる。これらの副機能ともいえる可塑化品質を得るための設計上の工夫、対策について以下に述べる。

5.1　樹脂温度の均一性

スクリュ液相部溝内の流れは前述のように螺旋状の流れによって移送されており、溝内部の各部分で剪断速度、滞留時間、剪断発熱量も異なっており、スクリュ先端部の溶融樹脂の剪断履歴、樹脂温度は不均一になる場合が多く、これが原因でフローマークやスクリュマークなどの不良現象が発生することがある。これを解消する目的で、スクリュ先端部にダルメージ、ピンなどを付加しスクリュ溝断面内の樹脂温度、剪断履歴の均一性を計っている。また、スクリュ先端部の滞留防止への工夫も提案されている。

5.2　押出安定性圧力

固体輸送部での原料嵩密度のバラツキやスクリュへの巻き付きと呼ばれる現象による変動幅の大きい押出変動、ブレークアップ現象発生による押出変動、樹脂の溶融不良による樹脂圧力

変動、スクリュ内未充満による押出変動が発生する場合がある。これらに対する工夫として、固体輸送部のスクリュ冷却、スクリュ基部に対応したシリンダ温調ゾーンの分割設計、固相部溝深さの増大、ブレークアップ現象を抑制するバリヤ型スクリュの適正設計、樹脂の溶融促進のためのMaddock、MDメルタなどの溶融促進エレメントの採用、スクリュ先端圧調整、充満を配慮したスクリュ設計が行われる。

よく経験する圧力変動事例としてスクリュへの樹脂の巻き付き現象、ベント型スクリュでの吐出変動があり、ここでこれらの現象を紹介しておく。

5.2.1 巻き付き現象

樹脂自身が持つ粘着性により押出機内で原料がスクリュのフィード部分に巻き付いてしまい、押出量の低下や圧力変動を引き起こすことがある。

通常の押出では、シリンダー樹脂間の摩擦力 F_b とスクリュ−樹脂間の摩擦力 F_s が、$F_b > F_s$ となることで樹脂が押出機下流に輸送される。この関係が逆転し、$F_b < F_s$ となった場合、樹脂はスクリュと供回りを起こす[*3]。これが、巻き付き現象である。巻き付き現象の原因は、樹脂−鋼壁間の摩擦力が融点近傍で増大し、さらに温度が上がると摩擦力が低下していく性質を持つことが主な原因と考えられる。

  ＊3) ここでは簡単のため、力で示したが、3.1節で述べたように、スクリュ内を移動するソリッドベッドにかかる軸方向の力と、円周方向のトルクバランスで考えるべきである。

図47 にスクリュ形状を模擬した円筒上のソリッドベッドにかかるトルクバランスで考えてみる。シリンダ壁面に作用するトルク T_b とスクリュ面（基部、フライト側面）に作用するトルク T_s の大小でこの円筒状のソリッドベッドが、スクリュ側で滑るか、シリンダ側で滑るかが決まってくる。このモデルで、T_b/T_s の比とスクリュ溝深さHの関係をスクリュ、シリンダの摩擦係数をパラメータにとり算出し**図48** に示した。溝深さが深くなるほど T_b/T_s の比率は大きくなる、すなわち固相樹脂の送り能力は増大する傾向を示す。

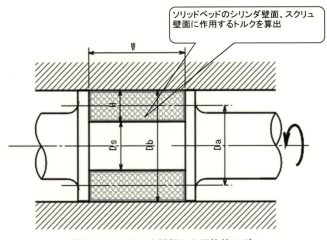

図47　スクリュを模擬した円筒状モデル

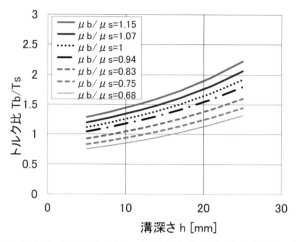

図48　スクリュ溝深さとシリンダ側とスクリュ側に左右するトルク比
シリンダ内径Db＝90mm、溝幅W＝80mm

　輸送能力の低いフィード部分でスクリュ温度が樹脂の融点付近に達した場合に、Fb＜Fsとなり、巻き付き現象が発生する。なお、フィード部後半でFb＜Fsとなっても、押出機上流から輸送されてくる樹脂に押されるため巻き付き現象は発生しない（**図49**参照）。これに対して、フィード部前半でFb＜Fsとなった場合、**図50**に示すような摩擦力が作用し、上流部分の輸送能力は弱いためこの部分で巻き付き現象が発生する。

　この巻き付き現象の対策として、以下の方法がある。
① 　スクリュフィード部の溝を深くする。
② 　スクリュフィード部を冷却する。
③ 　押出機温調ゾーンを細分化する。

　①の対策は、スクリュフィード部の溝を深くすると樹脂の輸送能力が増加するため、Fb＜Fsとなっても、摩擦力以上の輸送能力により巻き付き現象を防ぐ方法である。②の防止策は、スクリュフィード部に設けた冷却孔に水を流して冷却することで、フィード基部の温度を融点以下に抑え、Fb＜Fsとなる領域をスクリュ先端側にシフトさせ、巻き付き現象を防ぐ方法である（**図51**）。ただし、樹脂が溶融する領域までスクリュ冷却をすると、溶融した樹脂が固化してスクリュ溝を塞いでしまうなどの不具合が発生するなど、冷却範囲や冷却温度の適正な設定が必要である。筆者らの経験では、スクリュ冷却範囲はスクリュフライト切りはじめから2.5～4D程度が適切と考えている。また、スクリュ基部付近のシリンダの温度が重要であり、ホッパジャケットの温調や、第1ゾーンの温調ゾーンを細分化することで送り能力を安定化させる場合もある。すなわち、摩擦剪断応力の最も大きくなる融点付近のシリンダ温度を、長い区間で達成することで、輸送能力増強、巻き付きの改善を図ることもある。なお、これ等の対策を取る場合、押出機先端側からの伝熱により原料供給口も高温になり供給口での樹脂が溶融することもあるので注意することが必要である。

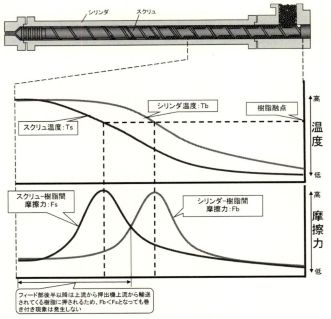

図49　正常な押出状態での温度・摩擦力

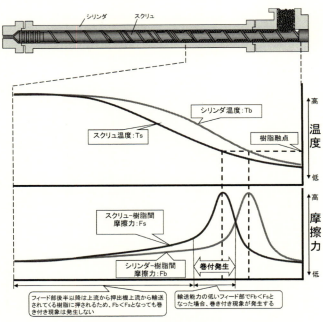

図50　巻き付き現象発生時の温度・摩擦力

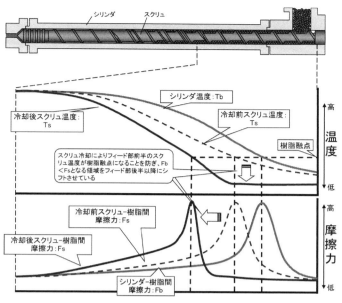

図51 スクリュ冷却時の温度・摩擦力

5.2.2 ベント押出機における押出変動

揮発成分を含む樹脂を押し出す際に、図52に示すような押出途中で揮発成分を抜くためのベント口を有するベント押出機とベントタイプスクリュが使用される。ベントタイプスクリュは、2つのステージから成り、第1ステージで樹脂を可塑化した後、第2ステージのベントゾーンで脱揮し、2ndメータリングゾーンで安定押出を行う。

ベント押出機では、ベントアップ(ベント口から樹脂が溢れる現象)を起こさずに脱揮するためにベントゾーンの溝深さを思い切り深くして樹脂未充満部を作るが、この樹脂未充満部分が長すぎると、この部分樹脂が通過する間に進み速度が変化し、押出変動を起こすことがある(図53)。

この押出変動の対策としては、樹脂充満長さを長くすること、即ち以下の方法がある。

① スクリュ先端の圧力を上げる。
② 第1ステージの樹脂輸送量を増大させる。(1stメータリング溝深さHm1を深くする。)
③ 第2ステージの樹脂輸送量を減少させる。(2ndメータリング溝深さHm2を浅くする。)

上記②、③はスクリュ形状を変更する必要があるため簡単にとれる対策ではないため、①のスクリュ先端の圧力を上げるのが最も容易な対策と言える。このため、ベント押出機では押出機の後に圧力を調整できる圧力調整バルブやギヤポンプを設置することが好ましい。

図54にベント押出機での押出変動とその解決事例を示す。左図はベント口直後の圧力がほとんど上がっていない状態、即ち樹脂が未充満の区間が長くなっている状態でスクリュ先端圧力が変動していたが、スクリュ先端圧力を上げて樹脂充満長さを長くすることで、圧力変動が小さくなっている。なお、樹脂充満長を長くしすぎるとベントアップが発生するため注意が必要である。

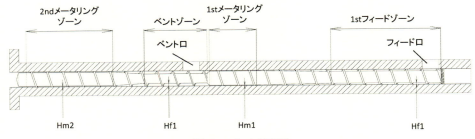

図52 ベント押出機

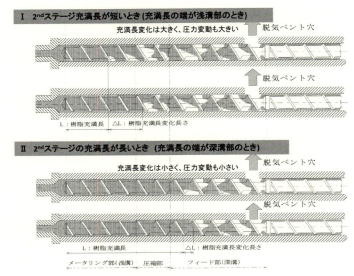

図53 ベント押出機の吐出変動

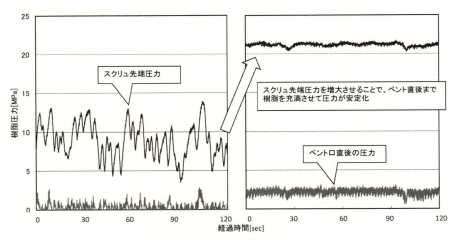

図54 ベント押出機における樹脂圧力波形

5.3　混練・分散性

微量添加剤、異種樹脂などの混練分散を向上するためにHM型押出機やUBスクリュ、MaddockやMDメルタ等の溶融促進、分散型スクリュエレメントが使用される。

なお、無機質（フィラー）や液状成分を多量に添加する必要のある材料の混合には、圧力が低い条件下で高い混合分散機能を持つ二軸押出機が使用される場合が多い。特にフィラーを多量に直接樹脂と混合する場合は、内部樹脂圧力が高い条件化で樹脂を溶融させる単軸押出機は不向きである。

5.4　気泡発生の防止

固相樹脂と共に混入する空気及び樹脂に含まれている揮発物を除去するため、ベント（脱揮）タイプスクリュが採用されている。また、ポリエステル、ナイロンの押出では、原料供給部を真空にする二段式の真空ホッパも採用されている。

但し、ノンベントタイプスクリュでもスクリュ自体の圧縮作用により固体原料粒子間の空気を除き気泡の発生を低減することも可能である。なお、この圧縮作用による脱揮作用にはブレークアップ現象が大きく関与しており本作用を向上させる目的で前述のロングバリヤ型スクリュが採用される場合が多い。筆者らはスクリュで溶融された樹脂中には少なからず原料粒子間の空気が溶解していることを実験的に確認しており[21]、過飽和状態になった溶融樹脂中の気体成分が、何らかの刺激を受け、気泡として発現していると推察しており、原料中の水分や揮発性成分またスクリュに取り込まれる原料粒子間の空気を合わせた溶融樹脂中に溶解している気体成分トータル量が気泡発生に影響していると考えている。水分除去のための原料乾燥や原料粒子間の空気除去のためのスクリュ形状改善で気泡の発生を抑制できた事例を経験している。

5.5　樹脂劣化防止

樹脂が酸化あるいは熱劣化すると分子架橋によりゲル化しソルトゲル、フィッシュアイ、焼け・変色物などの発生、あるいは分子切断による低分子化のため部分的に極度に粘度が小さくなるなど成形品の品質が低下することがある。その対策として酸化劣化を防止するためホッパ部への窒素ガス封入やホッパを真空状態にした固体輸送方式や滞留部の少ないスクリュ形状が採用されている。図55に押出機で樹脂劣化が発生する可能性がある箇所を示した。この中で、スクリュフライト頂部での局所発熱が示されているが、スクリュ内での樹脂劣化事例の多くはこの事例である。フライト頂部クリアランスは小さく、溝部に比較して非常に狭い隙間であり、この部分での剪断発熱量は溝部に比較して非常に大きい。通常運転では、この部分で発生した熱量の大半はシリンダ側に取られることになるが、スクリュ摩耗現象が発生するなど、フライトクリアランスが非常に小さくなったり、金属接触したりした場合、樹脂は局所的に非常に高温となってしまう。このような場合、ここで発生した高温樹脂がフライト付け根R部やスクリュ溝底に着色・劣化物として堆積したり、溶融樹脂中に含まれる高圧の酸素と反応し、爆発燃焼を起こし[21]、黒色炭化物を発生させ、一部樹脂が黒色化して押し出されたりする場合がある。また、図56に示したように樹脂劣化を防ぐために、スクリュフライト付け根での樹脂の滞留時間を小さくするため、付け根Rの大きさにも配慮した設計がなされる。

PC樹脂では劣化・着色を防ぐために流路に鉄系材料を使わないことが多く、またフッ素系樹脂では非常に強い腐食性を持つため、装置材料として、非常に高価なNi系材料、CO系材料が使用されることが多い。

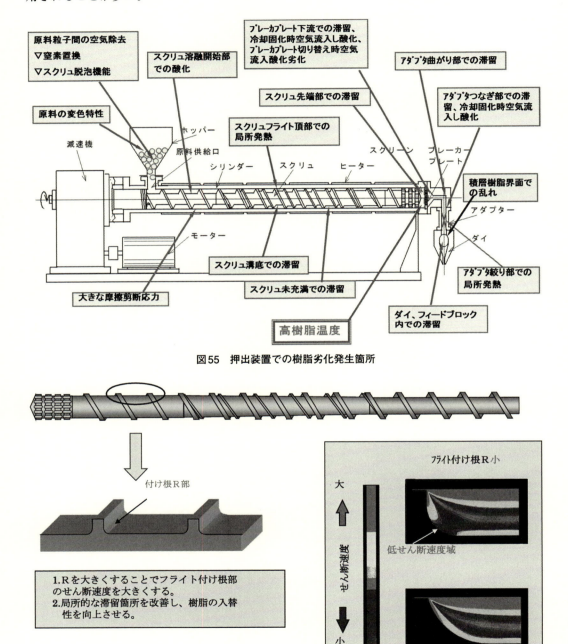

図55　押出装置での樹脂劣化発生箇所

図56　スクリュ付け根Rとコーナ部剪断速度

5.6 摩耗防止、摩耗性向上

単軸スクリュは片持ち状態でシリンダの内部で回転しており、フライト頂部が摩耗し、押出量低下や金属異物の発生などの不具合を生じることがある。このスクリュの摩耗には主に次の3種類がある。

5.6.1 ブレークアップ現象によるスクリュとシリンダ間でのかじり現象

圧縮部で発生するブレークアップ現象に伴う固相樹脂通過時と液相樹脂通過時の樹脂圧力差による不平衡加重によるフライト頂部とシリンダの接触による摩耗。これを防ぐためには、ブレークアップ防止に有効なように適切に設計されたバリヤ型スクリュが有効である[19]。フルフライトスクリュの場合、中途半端な長さ(4～7D)の圧縮部を持つものの採用は避けることが望ましい。なお、本現象によるかじり現象が発生すると小さな金属のけずり粉がスクリーンに付着する。また、フライト頂部に擦り傷や、バリが観察されることが多い。

5.6.2 オイルホワール現象(スクリュの振り回り)によるスクリュとシリンダ間の摩耗現象[22]

本現象は、HDPE、L-LDPE、無機フィラー入PPなど溶融し易い樹脂で発生する現象であり、円筒軸受けで発生することがあるオイルホワール的現象であり、スクリュ回転の1/2の速度でスクリュ軸心が旋回振動をおこす現象であり、本現象発生時、通常のフライト形状ではフライト頂部潤滑圧力は全く期待できない。また、この現象発生時、フライトクリアランスが小さくなる方向に向けて、さらに近づけようとする力が働いていることを確かめている。

本現象は、主に固体輸送領域の終わりから可塑化溶融初期領域に発生するもので、スクリュ形状上の工夫、フライト頂部へのステップランド加工、スクリュ山外周へのモリブデン溶射で改善を計っている。

本現象による摩耗では、不平衡力が小さく、比較的長期間による研磨状の摩耗が観察される場合が多い。

また、本現象と前述のソリッドベッドのブレークアップ現象が同時に発生する場合もある。ブレークアップ現象とオイルホワール現象が発生するときに観察されるスクリュ内の樹脂圧力波形を図57に示す。

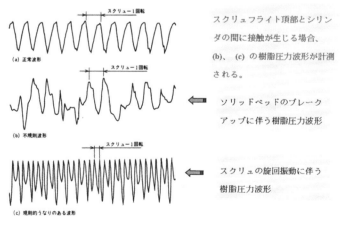

図57 スクリュ摩耗の危険性の高いスクリュ内樹脂圧力波形

5.6.3 無機質などの充填原料による土砂摩耗

スクリュの山外周及び谷部にまで発生する摩耗で、高硬度の耐摩耗特殊材の採用により改善を計っている。

その他の摩耗事例として、腐食や加熱時の熱膨張によるシリンダの曲がり、地盤沈下などによるアライメント不良、固化状態での急激な起動によるスクリュ摩耗が発生する場合もある。また、スクリュが非常に高速で回る場合、片持構造体の振れ回りによるスクリュ先端摩耗が生じる事例も経験している。

6. 押出機下流の装置に関する注意事項

機能性フィルム・シート成形用押出装置として、押出機のみならず、ギヤポンプ、スクリーンチェンジャやフィルタ、多層樹脂を積層するフィードブロックやダイなどの装置、またそれらをつなぐ接続管に対する設計も製品品質に大きな影響を及ぼす。特に、ガスバリア性の高いEVOH樹脂やEVAやPE系樹脂の押出成形では、ゲル物が発生しやすくこのような押出機では、下流装置を含めて設計上の注意を払うことが重要である。

6.1 フィルタ、スクリーンチェンジャでの注意事項

異物、焼け樹脂を取り除くための濾過装置として、表3に示すような装置が使用されている。これらの濾過装置として、標準的な固定式ブレーカプレートのほか、逆洗して複数回使用するもの、複数のフィルタを切り替えて使用するもの、また、濾過面積が大でかつ濾過精度を高めたリーフディスクフィルタやキャンドルフィルタなどが用途に応じて使用されている。フィルタ素材としても、一般的な平織金網から、目開きが少ない畳折や焼結タイプの金網や濾過精度を高めた不織布や微小パウダを焼結したものがある。これらのフィルタの役割として、焼け樹脂、異物の濾過のみならず、ゲル物の除去（分割、分散）の目的で使用される場合がある。

しかしながら、逆にこれらの濾過装置が焼けや、樹脂劣化物の発生、ゲル物生成のもととなる場合も多く、これ等装置の選定には下記の注意が必要である。劣化物生成事例として図58にブレーカプレート下流側で観察された樹脂の劣化物付着状況を示す。

【濾過装置選定、設計上の注意事項】
(1) 壁面剪断速度の遅い部分を作らないこと。
(2) 逆に剪断速度が速すぎで剪断発熱し、壁面を流れる樹脂の温度上昇がないこと。
(3) ブレーカプレートに直接金網を押しつけるフィルタでは、フィルタの外周部から回り込む外周漏れによる異物の流出することがあり、フィルタの構成、ブレーカプレート再外周部の穴の位置と外周部の間隔を極端に小さくしないなどの配慮が必要である。

また、ブレーカプレート下流側の形状や流路に工夫がなされたものも設計されている。
(4) 濾過面積を増して、フィルタ寿命を増やす場合、装置寸法が大きくなり、壁面での剪断速度が低下し、劣化物による筋状斑、フィルム厚みむらやゲル物の発生を招くことがある。樹脂の特にフィルタ下流側の装置構造（流路形状）が重要と考えられる。
(5) スクリーンチャンジャ式の濾過装置を採用する場合、上記注意点とともに、スライド隙

間部分での劣化物の生成とフィルタ切り替え時の流路への混入に注意が必要である。スライド隙間部で劣化した樹脂を流路に持ち込みにくい隙間が小さく、流路によって削り取られるスライド面積が小さいものが望ましい（図59）。

表3　各種濾過装置とその特徴

形式分類	種類大別	濾過面積	スクリーン分解・清掃方式	市販スクリーンの使用可否	自洗機能	切り替えバルブ
固定式	固定ブレーカープレート	小	分解・清掃	可	無	無
濾過面積小スクリーンチェンジャー	プレート式スクリーンチェンジャー	小	短時間切り替え式	可	無	無
	円盤式スクリーンチェンジャー	小	短時間切り替え式	可	一部有り	無
	円筒式スクリーンチェンジャー	小	短時間切り替え式	可	一部有り	無
	バルブ切り替え式スクリーンチェンジャー	小	短時間切り替え式	可	一部有り	有
濾過面積大フィルタ	円筒フィルタ	中	分解・清掃	可	無	無
	マルチディスクフィルタ	大	分解・清掃	可	無	無
	リーフディスクフィルタ	大	分解・清掃	専用	無	無
	キャンドルフィルタ	大	分解・清掃	専用	無	無

【選定のポイント】　① 生産する原料の切り替え頻度　③ 濾過精度と圧損
　　　　　　　　　② 樹脂漏れ、メインテナンス　　④ ゲル・焼けの生成（滞留、酸素持ち込み他）

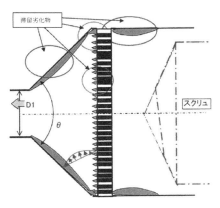

図58　ブレーカプレート付近の滞留劣化物の生成

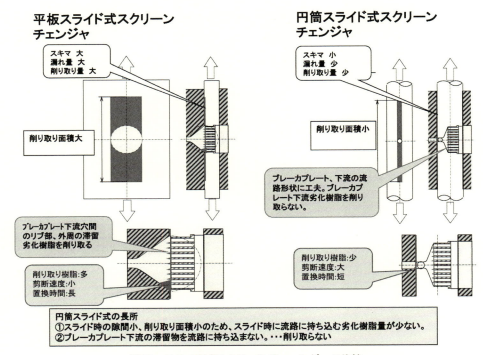

図59　スライド式スクリーンチェーンジャの比較

6.2　接続管設計上の注意事項

押出機とフィルタ、ギヤポンプ、フィードブロック、ダイをつなぐ接続管での劣化物生成事例も多い。やけ樹脂の流出、ゲル物の流出等の問題が発生した場合、押出機に責任の目が向けられる場合が多いが、実際には前節濾過装置同様、接続管で問題が発生している場合があり、運転条件も含めて注意すべきである。その具体的注意点として、下記があげられる。

(1)　曲がり部分での剪断速度の低下を防止するため、大きなR構造とする。
(2)　ギヤポンプ入り出口の流路をむやみに拡大しない（壁面剪断速度を下げない）。
(3)　圧力調整などで用いられる絞りは極端に小さな流路としない（壁面付近での樹脂温度上昇を抑える）。
(4)　接続管の温調ゾーン区分けに留意し、温度分布の均一化を図る。その際、温度検出する熱電対挿入位置の適正化、また熱電対挿入長さは、検出誤差少なくするためにシース管径に対してL/D＝3以上、好ましくは6以上とすることが望ましい。

なお、特に高品質を求められる高機能フィルムの成形では、運転開始時には低温度、低速回転で運転開始後に正規運転条件にし、また運転停止時には、正規運転から一旦低速運転、低温度での運転をした後に停止し、比容積が小さくなり、装置外部から空気が流入しての酸化劣化を防止するため、停止後は樹脂が固化する温度まで装置温度を下げないなどの運転上の注意を払う必要がある。

なお、単軸押出成形でのトラブル事例と対策について、押出機、下流装置の一部について記

述した図書も発刊されており、ここで紹介しておく[23]。

参考文献

1) Rowell, H. S and Finlayson, D., engineering, vol.126, p.294(1922)
2) Carley, J. F. and Strub, R. A., Industrial and engineering Chemistry, vol.45(No.5), p.249(1953)
3) Z. Tadomor and Costaas G. Gogos, "Principles of Polymer Processing", John Wiley&Sons,inc., 1979　奥博正訳、プラスチック加工原論㈱シグマ出版、1989
4) Tadmor, Z. and Klein, I.："Engineering principles of plasticating extrusion", Van Nostrand Reinhold(1970)
5) Chan I.Chung "Extrusion of Polymers Theory and Practice"Hanser Gardner Publications, Inc., Cincinanati, 2000
6) 村上健吉監修、"押出成形第7版"、プラスチックエージ社、1989
7) 大谷寛治、中村和之：成形加工、3(3〜8)、1991
8) Darnel, w. h. and Mol, E. A. J.：SPE J., 12, 20(1956)
9) Chan I. Chung, SPE J, 26, 33(1970)
10) Vermeuelen, J. R, Scargo, P. G. &Beek, W. j., Chemical Engineering Science, vol26, p.1457, 1971
11) Edmondson, I. R., Fenner, J. R. A, Polymer, vol.16, p.49, 1975
12) Hamilton, A. L., Peason, J. R. A & Trottnow, R., Polymer, vol.19, p.1199, 1978
13) Rowell, H. S., and Finlayson, D.：Engineering, 114, 606(1920)
14) Carley, J. F., Mallouk, R. S., and McKelvey, J. M.＊Ind.Eng. Chem., 45, 947(1953)
15) Griffith, R. M.：Ind. Eng. Chem. Fundam., 1, 180(1962)
16) Rauendaal, C., and Hausz, J. F. I.：Adv. in Plym. Tech., 8, 290(1988)
17) 向後宜彦、田村幸夫：プラスチックス、vol.27、1976
18) 後藤幸雄、村田吉則、田村幸夫：三菱重工技報、32(2)、97、1994
19) 伊藤孝之、田村幸夫：プラスチックス26(2)、52(1975)
20) 有田大就、板持雄介：日本製鋼所技報、No61、2010
21) 竹内直和、三木俊朗、米谷秀雄、安藤精持、田村幸夫：三菱重工技報、vol.34、1997
22) 田村幸夫、上地哲男、谷口邁、水野貴司：三菱重工技報、25(2)、131(1988)
23) 田村幸夫："フイルム成形・加工とハンドリングのトラブル事例"、技術情報協会、p31、2002

第3章

高機能フィルム・シート用二軸スクリュ押出機

静岡大学
酒井　忠基

はじめに

特定なプラスチック材料を対象とした流延法あるいはロールを用いたカレンダー成膜法を除けば、各種の熱可塑性プラスチックのフィルム・シート生産工程に広く活用されているのは単軸スクリュ押出機あるいは二軸スクリュ押出機を用いた押出成形システムである。これ迄、フィルム・シートの押出成形に用いる装置としては単軸スクリュ押出機が主流であったが、キャスティング法を用いたフィルム・シート押出成形分野では二軸スクリュ押出機の適用が増えてきている。その背景には、押出成形分野における高い生産性への挑戦、さらに光学部品や医療関連部品などの高付加価値製品への展開が急速に進んでいることが挙げられる[1]。そして、これらを支援する形で装置面、特に二軸スクリュ押出機の基本要素解析やシミュレーション手法に大きな進展がみられる[2)-3)]。

ここでは、二軸スクリュ押出機を中心とした技術な課題と最近の進展を、最も基本的な装置である単軸スクリュ押出機と対比する形で解説する。

1. 押出成形に用いられる二軸スクリュ押出機の種類

二軸スクリュを用いた混練・分散装置にはかみ合い形式あるいは回転方向などにより多くの種類があり、近年はそれぞれの機能評価が確立されている。表1にそれぞれの二軸スクリュ押出機の特徴を比較して示した。これらの二軸スクリュ構造のうち最も広く活用されているのは、多くの目的や用途あるいは原料形態に対して柔軟に適用可能なかみ合い型同方向回転二軸スクリュ押出機である[2]。この形式の二軸スクリュ押出機では2本のスクリュがお互いにかみ合っており、スクリュ流路をそれぞれがかき取る、いわゆるセルフクリーニング効果が発揮できるのが特徴である。さらに、この押出機のスクリュおよびシリンダの構造は開発当初からモジュール化されており、スクリュ形状だけでなく、スクリュ長さや材料の供給位置などがプラ

表1 各種の二軸スクリュ押出機の形式とその特徴比較

特　性	低速型 同方向回転	高速型 同方向回転	低速型 異方向回転	高速型 異方向回転	非かみ合い型 異方向回転
押出量	＋	＋＋	＋	＋＋	＋＋
分配混合	＋	＋＋	＋	＋	＋＋
分散混合	0	＋	0	＋＋	－
脱気	＋	＋	＋	＋＋	＋
セルフクリー ニング性	＋	＋＋	＋	0	－
昇圧特性	＋	0	＋＋	＋	－
食い込み	＋	0	＋＋	＋＋	＋

＋＋：優、＋：良、0：普通、－：不良

第3章 高機能フィルム・シート用二軸スクリュ押出機

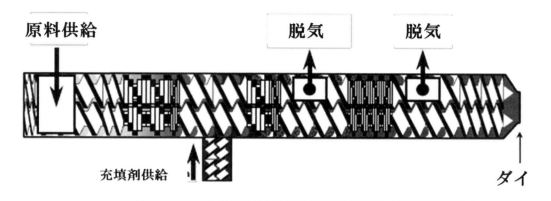

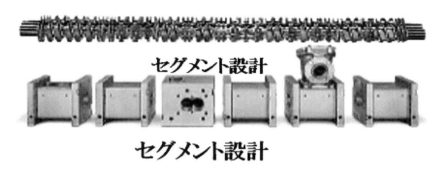

図1 かみ合い型同方向回転二軸スクリュ押出機の構成

スチック材料や用途・目的に応じて柔軟に対応できる点が単軸スクリュ押出機と大きく異なっている。この構造を図1に示す。さらに、二軸スクリュ押出機では成形材料に含まれる水分、空気、あるいは、押出成形中に発生した熱分解生成物などを除去するためのベント部を備えることが一般的であり、その脱気効率も単軸スクリュ押出機よりも優れている。

2. 二軸スクリュ押出機の性能向上

かみ合い型同方向回転二軸スクリュ押出機では、多種多様なミキシングエレメントの開発、スクリュ回転数の高速化、スクリュ／シリンダ長さ（L/D）の拡大、スクリュ溝深さの増大、スクリュ駆動トルクの増加などにより、その性能は飛躍的に向上してきた。図2は二軸スクリュ押出機の性能向上に大きく関与する要素であるスクリュ溝深さおよびニーディングディスクエレメント形状の変遷を示したものである[4]。かみ合い型同方向回転二軸スクリュ押出機が開発されて以来、スクリュの溝深さは深くなり、さらに、スクリュの回転数が大幅に増大してきた。その結果、押出量（あるいは処理量）が飛躍的に向上すると同時に、混練度合の調整幅

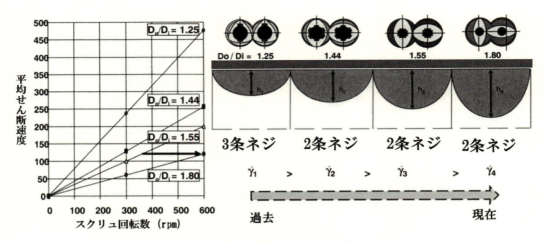

図2 二軸スクリュの溝深さおよび形状の変遷

は大きくなり、押出しに要する消費エネルギーの効率化も進展している。1960年代にはスクリュ溝深さとスクリュ外径との比（D_o/D_i）は1.2～1.3程度であったが、最近では1.5～1.7まで増大している。特に、深溝型と呼ばれる二軸スクリュ押出機では $D_o/D_i = 1.8$ 程度までに到達している。この深溝型の機種は反応押出成形など、滞留時間の増大化あるいは低混練の押出操作を目的とした場合に活用されているが、コンパウンディング操作などに用いられる汎用的な機種では $D_o/D_i = 1.5$～1.7である。

3. 二軸スクリュ押出機におけるプラスチックの混練・分散機構

溶融ポリマーがスクリュ流路内で付与される混練・分散作用は次の混合プロセスに分類される[5]。

(1) せん断流れ場でのせん断混合プロセス（分配混合と分散混合）
(2) 伸長流れ場での伸長混合プロセス
(3) 拡散混合プロセス
(4) カオス混合プロセス

これらの混合プロセスの中で二軸スクリュの混練性能の決定に最も重要な役割を果すのはせん断流れ場での混合であり、これは分配混合と分散混合とに分類される。分配混合はせん断歪みの大きさで評価され、せん断速度と滞留時間の積で示される。一方、分散混合はせん断応力の大きさで評価され、せん断速度と溶融粘度との積である。すなわち、分配混合では滞留時間を長くすることが重要であるが、分散混合では滞留時間は無関係となり、むしろポリマー温度を下げて、溶融粘度を高める方が効果的となる。押出機における分配混合と分散混合とを分かり易く説明したのが図3である。ポリマーアロイや無機フィラーのコンパウンディング技術では分散成分の粒子径を微細化することが要求されるが、この場合には分散混合作用を強めることが必要である。さらに、分配混合においては、せん断歪みを受けて変形したポリマーを折り

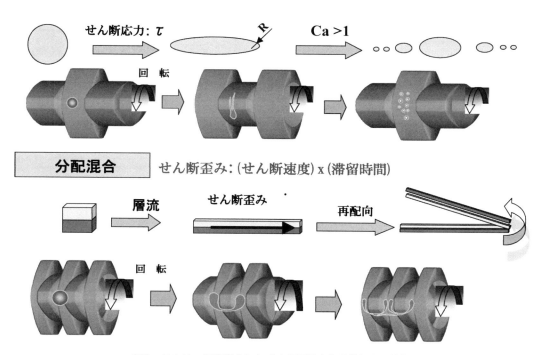

図3　スクリュ押出機内における分配混合と分散混合の機構

畳む、あるいは切断して積層化するなどの操作を行うことにより効率的な混合が行われる[5]。一方、伸長流れ場での混合はエネルギー効率の良い混合プロセスとして、また複数成分のポリマーブレンドや無機フィラー系において成分間の溶融粘度の差に依存しない混合プロセスとして、近年、注目されている[6]。

　二軸スクリュ押出機ではスクリュ流路内で図4に示すような溶融ポリマーの流動が生じ、分配混合および分散混合が進展していく。後述するように、二軸スクリュ押出機の混練作用はミキシングエレメントの組み合わせを工夫することで自在に調整できるのが大きな特徴である。一方、単軸スクリュ押出機では図5に示すようなミキシングスクリュが一般に用いられている[7]。この図をみると、単軸スクリュ押出機では分散混合に用いるミキシングスクリュと分配混合に用いるミキシングスクリュとは比較的明確に使い分けられていることが分かる。これは押出機におけるプラスチック材料の溶融挙動、さらには混練挙動が単軸スクリュと二軸スクリュとで大きく異なるからである。したがって、フィルム・シート押出成形に二軸スクリュ押出機を適用するに当たっては、予め、従来から伝統的に用いられている単軸スクリュ押出機との押出挙動に関する諸特性の違いを理解しておくことが重要となる。

　そこで、表2および表3に単軸スクリュ押出機と二軸スクリュ押出機の押出特性の相違を示

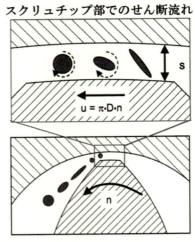

図4 二軸スクリュ押出機におけるせん断混合および伸長混合による混練作用

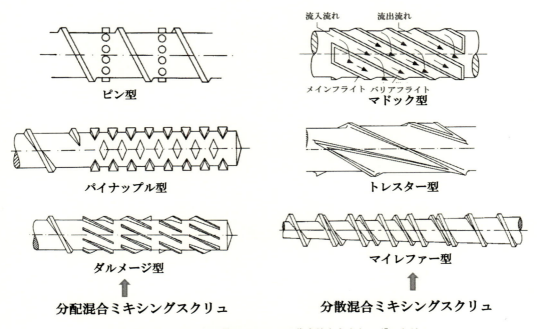

図5 単軸スクリュ押出機に用いられる代表的なミキシングスクリュ

した。単軸スクリュ押出機の固体輸送特性、溶融特性、混練分散特性、脱気特性などは二軸スクリュ押出機のそれらと比較すると大きな相違がある。例えば、単軸スクリュ押出機では押出量がスクリュ回転数と直接的に連動するが、二軸スクリュ押出機では押出量とスクリュ回転数とは個別の操作パラメータとなる。単軸スクリュ押出機の方が二軸スクリュ押出機よりも優れ

第3章　高機能フィルム・シート用二軸スクリュ押出機

表2　単軸スクリュ押出機と二軸スクリュ押出機の相違（1）

単軸スクリュ押出機 ⇩	二軸スクリュ押出機 ⇩
・適当な固体輸送能力	・良好な固体輸送能力
・適当な溶融能力	・高い溶融能力
・適当な分配混合能力	・高い分散混合能力
・適当な分散混合能力	・高い分配混合能力
・低脱気能力	・高い脱気能力
・固定したスクリュ設計	・柔軟なセグメント構造
・特性は予見可能	・特性把握が難しい

表3　単軸スクリュ押出機と二軸スクリュ押出機の相違（2）

単軸スクリュ押出機 ⇩	二軸スクリュ押出機 ⇩
・非セルフクリーニング	・セルフクリーニング
・材料の自由供給	・材料の定量供給
・メルトはプラグ流動	・メルトは非プラグ流動
・低せん断・伝熱溶融	・せん断粘性発熱溶融
・昇圧機能が高い	・昇圧機能が低い
・高先端圧力構造	・低先端圧力構造
・固定したスクリュ設計	・柔軟なセグメント設計

ている点はダイ圧力に対する昇圧機能（吐出圧力の発生）である。すなわち、二軸スクリュ押出機では吐出圧力（ダイ圧力）を得るためにギアポンプを使わなければならないが、単軸スクリュ押出機では必ずしもギアポンプを使用しなくてもよい。ただし、単軸スクリュ押出機を用いたフィルム・シート押出成形でも吐出圧力変動を高精度に制御する場合にはギアポンプとの組み合わせが不可欠となる。

4. 二軸スクリュ押出機の混練・分散に対する調整方法

　二軸スクリュ押出機では各種のミキシングスクリュを自在に組み合わせて、混練度合や輸送力などが調整できる。この調整に用いる代表的なスクリュ形状を図6に示す。最も広く用いられるのはボールネジとニーディングディスク形状との組み合わせである。ニーディングディスクには枚数、厚さ、捩れ方向などにより多くの組み合わせが可能であり、それによって混練度合や輸送力を押出成形目的あるいは材料形態などに応じて個別に調整することができる。図7はニーディングディスクの組み合わせと得られる押出特性との関連を示した一例である[4]。具体的には、ガラス繊維の混練など、分配混合を重視する混練操作には幅の狭いニーディングディスクを数多く組み合わせ、無機フィラーの混練など、分散混合が要求される混練操作では幅の広いニーディングディスクを組み合わせるなどである。

5. 二軸スクリュ押出機に対する押出特性の理論的な算出

　二軸スクリュ押出機を用いた押出成形における制御因子を単軸スクリュ押出機のそれらと比

一条形ミキシングディスク　　二条形ミキシングディスク　　三条形ミキシングディスク

ギア形ミキシングディスク　　ブリスターリング　　ボールネジ形

図6　二軸スクリュ押出機に用いられる各種のミキシングスクリュ形状

広い幅のディスクエレメント	狭い幅のディスクエレメント
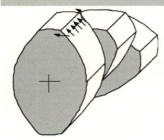 溶融ポリマーの多くが高せん断応力部を通過し、周りへの漏洩が少なく分散混合が促進される。	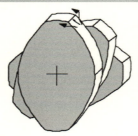 溶融ポリマーの多くが高せん断応力部を避けて周りに漏洩し、分配混合が促進される。

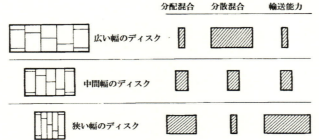

図7　ニーディングディスクの組み合わせと混練特性との関連

第3章 高機能フィルム・シート用二軸スクリュ押出機

較したものを表4に示す。単軸スクリュ押出機では押出量（供給量）がスクリュ回転数と直接的に連動するため、押出成形特性を制御する操作因子数はあまり多くない。一方、二軸スクリュ押出機では非常に多くの制御因子があり、これらの因子の組み合わせにより押出特性をきめ細かく調整できるのが大きな特徴である。特に、プラスチック材料の供給量とスクリュ回転数とが独立の制御因子であること、スクリュ形状が自在に選択できること、スクリュ／シリンダの長さが可変であることなどは単軸スクリュにはみられない重要な優位点である。

　これらの制御因子はお互いに複雑に関連し合うため、従来は二軸スクリュ押出機の押出特性を予測することが困難であったが、近年では二軸スクリュ押出機の総合的な押出特性をシミュレーションする簡易ソフトが市販されるようになった。日本製鋼所が開発し、市販している二軸スクリュ押出成形用の簡易解析ソフト TEX-FAN の例を図8に示す[8]。この計算ソフトを用いれば、各種のスクリュ形状や回転数や供給量などの制御因子により、押出機内での圧力分布、温度分布、滞留時間、溶融挙動などがどのように変化するかを推算することができる。さらに、混練領域における分散混合や分配混合の大きさなども把握できるので、実験結果の検証とか、スケールアップの妥当性などを確認することができる。なお、複雑な形状のミキシングスクリュに対する厳密な流動解析には3次元の数値解析技術が不可欠であるが、昨今、この分野の進展にも著しいものがある[9]-[10]。

6. フィルム・シート押出成形時のトラブルと押出機のスクリュ構造

　フィルム・シート押出成形における最も重要な課題のひとつにゲルの発生防止がある。表5はフィルム・シート製品に発生するゲルを分類したものである[11]-[12]。このうち、押出機に主

表4　単軸スクリュ押出機と二軸スクリュ押出機との混合・混練制御因子の比較

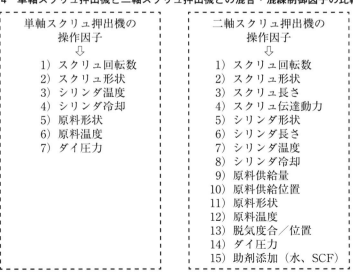

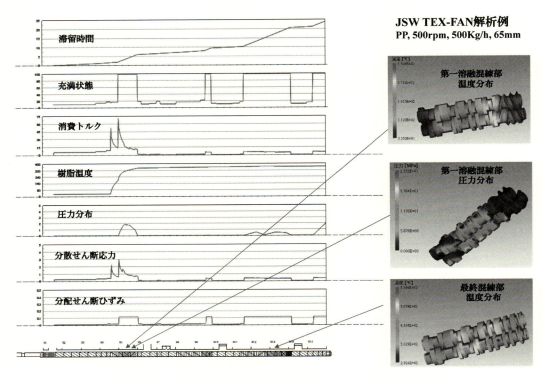

図8　二軸スクリュの押出し特性シミュレーション例（JSW：TEX-FAN）

因するゲルの発生を1)〜4)に示す。単軸スクリュ押出機を例にとって、これらのゲルがどのようにして押出機内で発生してくるかを図9〜図11に示す[11]。そして、ここでは、単軸スクリュ押出機における各種のゲルの発生の要因を解明し、二軸スクリュ押出機ならばどのように対応できるかを解説する。

　図9はスクリュ計量部（吐出部）の溝深さとその長さが不適切なために、溶融ポリマーがスクリュ流路内で滞留し、熱劣化を引き起こす場合を示している。溶融ポリマーの単軸スクリュ流路内での滞留は計量部での溶融ポリマーの流動が不安定化する、あるいは不完全充満状態が起こることが原因であり、これを防止するには溶融ポリマーの粘度やダイ圧に応じて計量部のスクリュ溝深さおよび長さ（L/D）を最適化する必要がある。一方、二軸スクリュ押出機では2本のスクリュ同士のかみ合い構造による溶融ポリマーに対する輸送力の確保とセルフクリーニング効果、さらにギアポンプの併用による効率的な昇圧操作により、計量部（吐出部）での溶融ポリマーの滞留・熱劣化が防止される。

　図10は単軸スクリュ計量部（吐出部）における溶融ポリマー循環流の一部が滞留を起こす、いわゆるモファット渦生成に起因した溶融ポリマーの滞留・熱劣化の事例である。モファット渦は計量部スクリュの溝深さとフライト底部の曲率との相対関係が不適切であると発生しやすい。一方、かみ合い型同方向回転二軸スクリュ押出機では2本のスクリュフライト同士がお互

表5　フィルム・シート押出成形におけるゲルの種類

1) ポリマーが激しく酸化劣化して生成したゲル、通常、黒点のゲル

2) ポリマーが酸化劣化される過程でできた架橋ゲル

3) 高度に絡み合った高分子量ポリマー、未架橋で、混練不足のゲル

4) 未溶融のポリマーのゲル

5) マスターバッチに含まれたフィラーが凝集したゲル

6) 金属片、木粉、繊維、ゴミなどの異物によるゲル

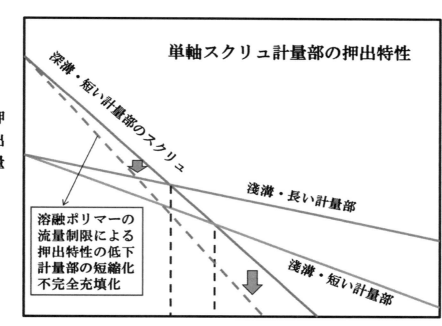

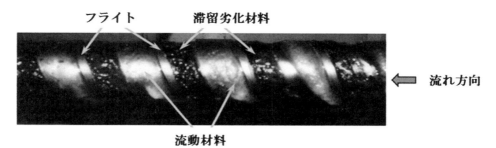

図9　スクリュ計量部アンバランスによる材料の滞留と劣化

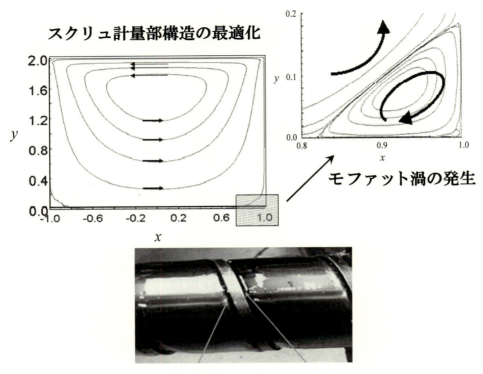

図10　スクリュ計量部の形状不良により発生するモファット渦流れと熱劣化

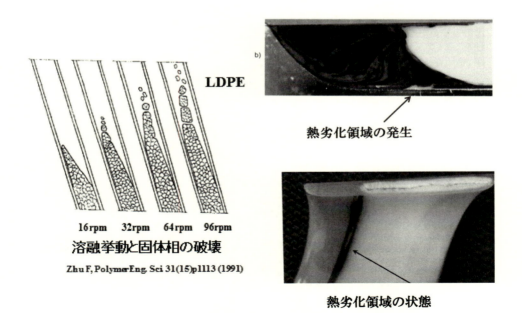

図11　溶融領域における固体相破壊と滞留熱劣化現象

いにセルフクリーニング効果を有しており、モファット渦の発生による溶融ポリマーの滞留が生じることはない。

図11は単軸スクリュ押出機における固体相の破壊によりプラスチック材料の一部が滞留して熱劣化を起こした事例である。単軸スクリュ押出機では、高いスクリュ回転数、あるいは固体輸送領域および溶融領域に対するスクリュ形状の不適合などの要因により、固体相の破壊が起こりやすくなる。現在はより高い混練度および押出量を得るため各種の分散混合型ミキシングスクリュが用いられているが、これらのミキシングスクリュでは破壊した固体相を溶融ポリマーと分離するとか、固体相だけを個別に制御して固体相の破壊を防止するなどの手法が活用されている。図12はフルフライト型スクリュとバリア型スクリュとにおける溶融ポリマー中に残存する窒素ガス量の相違を分析した結果である[13]。バリア型スクリュでは溶融ポリマーと固体相とが明確に分離されるので、安定した固体相が形成される。結果として、固体相中に残存する空気が円滑に排除され、酸素と溶融ポリマーとの接触が抑制できるので、バリア型スクリュでは溶融ポリマーの酸化劣化が発生し難いことになる。これはポリプロピレンなど、酸化劣化を起こしやすいプラスチック材料では重要な予防策である。

一方、二軸スクリュ押出機におけるプラスチック材料の溶融挙動は図13に示すとおりである[14)-15)]。二軸スクリュ押出機におけるプラスチック材料の溶融は固体相と溶融したポリマーとが互いに混合した状態で激しく進行していく。単軸スクリュ押出機の溶融と二軸スクリュ押出

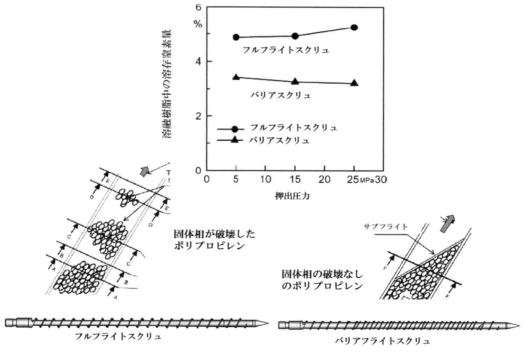

図12 溶融領域における固体相形成と残存空気量との関連

ビーズ
バレル 180℃
11,35kg/h, 250rpm

粉末
バレル 180℃
11,35kg/h, 250rpm

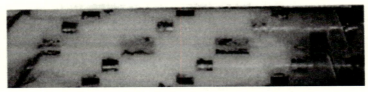
粉末+5wt% Pewax
バレル 180℃
11,35kg/h, 250rpm

図13 二軸スクリュ押出機の溶融領域での溶融挙動

機のそれとの大きな相違は溶融に要する時間（溶融長さ）である。単軸スクリュ押出機では溶融領域の長さは、通常、L/D = 10～22程度であるが、二軸スクリュ押出機のそれはL/D = 1～3程度である。すなわち、二軸スクリュ押出機では非常に短い時間でプラスチック材料の溶融が完了する。**図14**に二軸スクリュ押出機の溶融領域、混練領域、吐出（計量）領域における滞留時間分布を個別に計測した結果を示す[15)-16)]。二軸スクリュ押出機の溶融領域におけるプラスチック材料の滞留時間は数秒から数10秒であり、通常、溶融領域での熱劣化は起こらない。

ただし、二軸スクリュ押出機の適用に際しては次の課題に留意しなければならない。

1) 単軸スクリュ押出機のように明確な固体相が形成されないので、溶融領域で除去しきれなかった空気（酸素）が溶融ポリマー中に残存する恐れがあり、酸化劣化しやすいプラスチック材料への適用に際しては溶融領域のスクリュ形状の最適化（圧力分布の調整）や適正なベント部設計に充分な留意が必要である。

2) 図14に示されるように、混練領域および計量（吐出）領域での溶融ポリマーの滞留時間分布はミキシングスクリュの採用によって大きく広がるので、過度なミキシングスクリュの組み合わせおよびスクリュ回転数の高速化による過剰な混練あるいは局所的な過熱部位の発生を避けることが重要である。

7. ギアポンプの使用と押出特性との関連

二軸スクリュ押出機ではダイを通過する吐出圧力を発生させることが困難なため、キャス

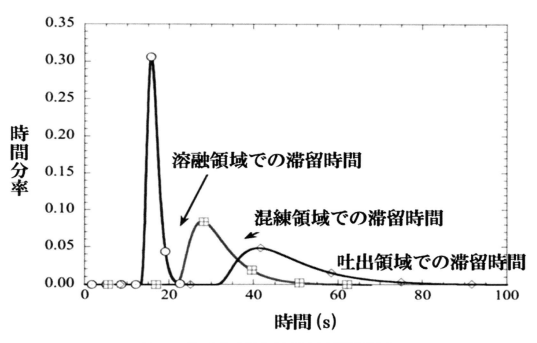

図14 二軸スクリュ押出機の各領域での滞留時間分布

ティング用ダイの手前にギアポンプを設置することが不可欠となる。通常、ギアポンプの使用は押出成形に要するダイ圧を安定して発生させ、高精度で制御することが主目的であるが、**図15**に示すように、効率的な圧力発生による樹脂温度上昇の抑制および消費エネルギーの低減化もギアポンプ使用の大きな利点である[17]。

8. ベント部の構造

二軸スクリュ押出機ではベント部を設けるのが一般的であり、ベントアップ現象を防ぐためベント部の構造は使用されるプラスチック材料の特性によって使い分けられている。プラスチック材料の溶融粘度やスクリュへの粘着しやすさなどにより、ベント部の構造を変化させた例を**図16**の右図に示す[18]。さらに、図16の左図に示すように、ベント部では溶融ポリマーの滞留による熱劣化が発生する恐れがあるので、脱気成分に対する排気システムの工夫とか、ベント部での凝縮成分に対する個別な加熱あるいは冷却操作が必要となる。また、ベント部でのベントアップ現象を防ぐためにはベント部における溶融ポリマーの過剰な充満状態を防ぐことが重要であり、ベント領域前後の圧力分布、ボールネジ型スクリュの組み合わせ、スクリュ回転数などの最適化が不可欠となる。

9. 二軸スクリュ押出機のスケールアップの概念

単軸スクリュ押出機の押出量に対するスケールアップ則は、通常、2.0～2.1乗則（実験機の

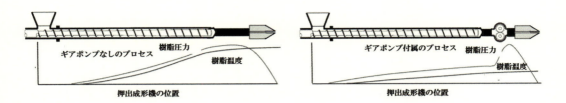

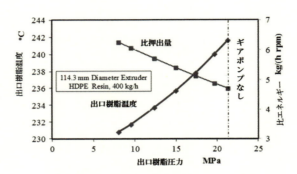

図15 ギアポンプを活用した押出成形システムの利点

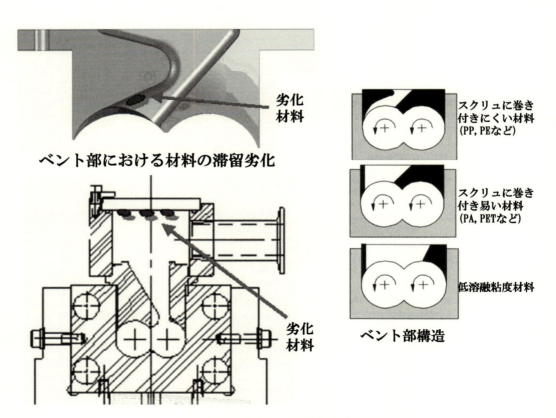

図16 ベント部における材料劣化と対応

口径と生産機の口径との比：$D_{commercial}/D_{laboratory}$）が用いられ、スクリュの溝深さには0.5～0.7乗則が適用されている[19]。

一方、二軸スクリュ押出機はメーカー毎にスクリュおよびシリンダの口径、スクリュ溝深さ比（D_o/D_i）、スクリュ回転数などがシリーズ化されており、スケールアップに当たっては市販されているシリーズの中から選択するのが一般的である。表6に二軸スクリュ押出機を対象として、各種の成形プロセスに応じたスケールアップの基本的な考え方を示す。表6に示すように、実際のスケールアップはフィラーなどの補強材の形態、リアクティブプロセシングのような化学反応プロセスなどによって異なり、$D_{commercial}/D_{laboratory} = 2.0$～3.0乗則の範囲である。そして、この値はそれぞれの操作目的や要求される製品・品質によって調整することが不可欠となる。通常、フィルム・シート押出成形に用いる二軸スクリュ押出機のスケールアップでは$D_{commercial}/D_{laboratory} = 2.3$乗則前後が用いられている。例えば、30 mmの小型二軸スクリュ押出機で50 kg/hの最適押出量が得られたとすると、70 mmの生産機ならば、2.3乗則の場合、350 kg/hの押出量が得られる計算になる。さらに、スクリュ形状に対しては、実験に用いた小型二軸スクリュ押出機で最適なスクリュ形状を最初に決定した後、スケールアップする生産機のスクリュ形状およびスクリュ長さ（L/D）などを決定する。この際、生産機のスクリュ形状やスクリュ長さはスケールアップの基準となった小型の二軸スクリュ押出機のそれらと相似性を保つのが基本である。

表6　二軸スクリュ押出機のプロセスに応じたスケールアップ則

- 駆動力ネック　Nylon 66 + GF − $(D_{commercial}/D_{lab})^3$
  低粘度マットリクッスへのエネルギー伝達が重要となる
- 食い込み量ネック　PP + talc − $(D_{commercial}/D_{lab})^{2x}$
  フィラーの高い嵩密度への対応が重要となる
- 表面更新速度ネック　溶剤の脱気など　$(D_{commercial}/D_{lab})^{2x}$
  ベント部における表面更新効果が重要となる
- 伝熱量ネック　化学反応熱の制御　− $(D_{commercial}/D_{lab})^2$
  化学反応に伴う反応熱の伝達制御が重要となる

おわりに

キャスティング法によるフィルム・シート押出成形を対象として二軸スクリュ押出機に関連する技術的な課題とその進展を単軸スクリュ押出機と比較しながら解説した。これ迄、フィルム・シート押出成形には単軸スクリュ押出機の適用が主流であったが、最近は二軸スクリュ押出機の適用が拡大している。その背景には押出成形製品に対する高機能化あるいは高付加価値化の要請がある。表7には単軸スクリュ押出機をタンデムで用いるフィルム・シート押出成形システムと二軸スクリュ押出機を活用した押出成形システムとを比較した例を示す[1],[20]。二軸スクリュ押出機に要求される最も重要な機能のひとつは単軸スクリュ押出機を凌駕する混練・

分散効果であるが、成形に要する消費エネルギーの低減化、設置面積の減少などの点でも有利であることが分かる。

　今後、省エネルギー化プロセスに対する要求の高まりあるいは新規バイオプラスチックの展開など、環境負荷低減や持続性社会への対応技術としても、低温・高混練を特徴とする二軸スクリュ押出機を用いたフィルム・シート押出成形プロセスがこれまで以上に注目されてくると考える。

表7　フィルム・シート押出成形に対する単軸スクリュ押出機と二軸スクリュ押出機の比較

タンデム単軸スクリュ押出機	二軸スクリュ押出機
スクリュ径：250 mm／275 mm	スクリュ径：133 mm
滞留時間：約180 sec	滞留時間：30 sec
樹脂温度：255〜280℃	樹脂温度：230〜250℃
比エネルギー：0.26 kWh/kg	比エネルギー：0.17 kWh/kg
駆動モータ：2200 kW	駆動モータ：1000 kW
設置面積：120 m²	設置面積：40 m²

参考文献

1) 酒井, プラスチックエージ, **61** (6) p46 (2015)
2) T. Sakai, *Polimery*, **58** (11-12), p15 (2013),
3) 酒井, 成形加工, **20** (8), p496 (2008),
4) P. G. Anderson, [Mixing and Compounding of Polymers], Ica-Manas Zloczower 監　修, Hanser, (2009), p947,
5) 酒井, プラスチックエージ, **55** (6), p52 (2009),
6) M. Tokihisa, K. Yakemoto, T. Sakai, L. A. Utracki, et al, *Polym. Eng. and Sci.*, **40**, p1040 (2006),
7) 酒井, プラスチックエージ, **56** (6), p50 (2010),
8) 福澤, [樹脂の溶融混練押出機と複合材の最新動向], 田上監修, シーエム－シー出版, (2018) 第4章,
9) K. Funatsu, S. Kihara, M. Miyazaki, S. Katsuki, T. Kajiwara, *Polym. Eng. Sci.* **42** (4), p7052 (2002),
10) T. Sakai, [Mixing and Compounding of Polymers], Ica-Manas Zloczower 監　修, Hanser, (2009), p981,
11) G. A.Campbell, M. A. Spalding (酒井訳), プラスチックエージ, **60** (2), p106 (2014) & **60** (4), p109 (2014),

12) G. A. Campbell, M. Spalding,〔Analyzing & Troubleshooting Single Screw Extruders〕, Hanser, (2013),
13) H. Kometani, T. Matsumura, T. Suga, T. Kanai,, *Int. Poly. Proc.* **21** (1), p1 (2006),
14) C. G. Gogos, Z. Tadmor, M. H. Kim, *Adv. Polym. Techn.*, **17**, p285 (1998),
15) 酒井, プラスチックスエージ, **59** (6), p66 (2013),
16) C-K. Shih,〔Mixing and Compounding of Polymers〕, Ica-Manas Zloczower 監修, Hanser, (2009), p473,
17) G. A. Campbell, M. A. Spalding (酒井訳), プラスチックスエージ, **61** (1), p88 (2015),
18) J. Curry & F. Brauer,〔Polymer Devolatilization〕, R. J Abalak 監 修, Marcel Decker, (1996), p345,
19) C. Rauwendaal,〔Polymer Extrusion〕, 4th edition, Hanser, (2001), p525,
20) 酒井, プラスチックエージ, **57** (6), p52 (2011),

第4章

二軸押出機&ダイス

株式会社プラスチック工学研究所
辰巳 昌典

はじめに

日本経済は人工減少、グローバル化、新興国への現地生産化が急速に進んでいる。このような環境下で我々は常に新しい製品を市場に創生することが必要となる。これらの新製品は、単純なコスト競争ではなく、顧客ニーズに対応したコストパーフォーマンスに優れたハード・ソフト一体型製品でなければならない。これらを達成するためには、他社との連携を考慮し、原料から一般消費者への一貫したビジネスモデルによるフロンティア開発が重要となる。市場は、商品寿命の短命化、ビジネススピードの高速化、マクロからミクロそしてナノ、ハードからソフト、リアルからバーチャル、単体からソリューションへと変化している。製品開発においては、汎用材料の構造制御による高機能化、エネルギー効率向上、再生可能エネルギーの活用、リサイクル、循環型低炭素社会への移行を考慮した高精度、高速化、環境負荷軽減（省エネルギー）を織り込んだ革新的な複合化した成形プロセスの要求が高まり、原料配合、成形設備、成形プロセスを一体としたカスタマイズが重要となる。ここでは、重要な要素である二軸押出機およびダイスについて説明する。

1 二軸押出機

1.1 押出機の歴史

押出機の主要部品であるスクリューの起源は、遠く紀元前250年頃、水路より水をくみ上げるために利用されたアルキメデスのスクリューポンプであると言われている。その構造図を図1に示す[1]。

図1 アルキメデスのスクリュー式ポンプ

19世紀中頃、ようやく海底電線被服用のラム式押出機が開発され、その後1866年、生産性を向上させたスクリュー式単軸押出機が開発された。この押出機は、ゴムの電線被覆用に使用され、1879年に最初のスクリュー押出機に関する特許が成立している。同年、現在のCoperionの前身であるPfleiderer & Werner社をツットガルトに設立し、インターナルミキサー（密閉型混練機）の製造が始まる。1881年には、非噛合型異方向回転二軸押出機の特許を取得している。すでに、このころには三軸スクリューなどが考案され、現在の多軸押出機につながっている。1913年PfleidererとBanburyは、共同研究を開始し、あの有名なバンバリーミキサーを開発した。

Banburyは、Pfleidererと別れ、現在のFarrel社の前身であるコネチカット州Birmingham Iron Foundry社にてバンバリーミキサーを実用化した。その後1960年代に現在使用されている非嚙合型二軸連続混合機FCMが開発され、1970年代には、日本の神戸製鋼所がこの技術を導入し国産化している。

　時代を少し戻し、1934年、プラスチックスであるセルロース系樹脂の押出が始まり、塩化ビニル樹脂の押し出しへと発展していく。これらは、電線被覆用材料として使用されていた。そして、1939年、Troester社がL/D＝10の現在の原型となる単軸押出機を発表した。このころ、硬質塩化ビニル樹脂用にイタリアのLMP社が同方向嚙合型（台形状）二軸押出機を開発している。1960年台に入り、異方向嚙合型（台形状）二軸押出機がAnger社により開発され、硬質塩化ビニル樹脂の生産性が向上している。一般的に我々が使用している嚙合型（波状）同方向二軸押出機の起源は、Bayer社のErdmenger、Meskatによるものであり1950年代初頭に現在使われている設備と同様の方式を開発している。その後、Bayer社は、Werner & Pfleidererとこの形式の二軸押出機の共同開発を行い、1957年製造販売を開始した。このころのデザインは、L/Dは短く（10以下）、3条ネジタイプのものであった。1960年代には、合成ゴム、熱可塑性樹脂の混練、脱揮技術の基礎が確立し、1970年代には、反応成形に関する研究開発が進み、今に至っている[2]。

　日本では、1960年代に大手機械メーカーが海外のメーカーより技術導入を行い、国産化を進めている。池貝鉄工は、イギリスのWindsor社、石川島播磨重工業は、アメリカのBlack Clawson社、日立造船は、Reifenhauser社、日本製鋼所は、Kraus Maffei社などである[3]。二軸押出機は、同方向回転型と異方向回転型に大別され、さらに嚙合い方法や形状により細分化される。現在、二軸押出機は、硬質PVC樹脂の成形用として異方向完全嚙合型が使用され、ポリオレフィンを中心としたコンパウンドには同方向完全嚙合型が使用されている。

2　二軸押出機における混練技術

　要求される押出性能は、①押出量変動・圧力・温度変動が小さいこと。②自己発熱による樹脂温度上昇が適切であること。③適正な混練により未溶融・ゲル物がなく、各種複合材料が均質分散していること。④押出溶融樹脂内に気泡（空気、低揮発成分など）がないこと。⑤省エネであることが望まれる。これらを達成するためには、配合条件（樹脂のグレード、MI（溶融粘度）、添加剤配合等）、スクリューデザイン、成形条件（温度、圧力、スクリュー回転数等）が各々最適化していることが必要である。特にエンジニアリング樹脂、スーパーエンジニアリング樹脂は、吸湿性が高く、熱・せん断および滞留により劣化（分解、ゲル化、色付等）しやすく成形材料に対応した対策が十分行なわれなければならない。特に酸化劣化などを起こしやすい材料は注意が必要である。

3　分配と分散

　分散とは、2種類以上の材料を押出機内部において溶融混練するにあたり、図2に示す様に破壊と分配を繰り返し行なわれることである。

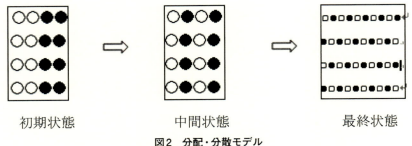

図2　分配・分散モデル

　図に示す初期状態より中間状態への移動を分配（破壊を伴なわない分散）という。分配は、位置交換を主体とした混練である。温度均一性、比較的混練しやすい材料の組み合わせに使用される。次に、中間状態より最終状態への移行を分散といい、中間状態での白球、黒球が粉砕され細かくなり、破壊された各々の粒子が均一に分配する混練である。具体的には、凝縮力の強いフィラーの混練、熱可塑性樹脂とゴムの混練、非相溶性材料の混練、融点差・溶融粘度差の大きい材料の混練などが挙げられる。

　分配と分散の基本的な数値化は、せん断量とせん断応力にて簡易的に示す事が出来る。

① 　分配混合は、せん断量＝せん断速度×滞留時間
② 　分散混合は、せん断応力＝せん断速度×見かけ粘度

　押出機内部の流れは、せん断流れと縮小流れに注目することが重要である。これらの流れは、混練に大きな影響を与えるものである。図3は、それぞれの流れのモデル図を示す。特に凝縮性の強いフィラーは分散混合が重要である。押出機内では、フィラーのクラスター（絡み合うかたまり）をほぐすために大きなせん断応力を必要とするため、回転数を増加させ、せん断速度を高くする。または成形温度を下げ見掛粘度を大きくすることが有効である。実験的には、弱いせん断応力を長時間かけてせん断量を多くし、均質分散することも可能であるが生産性は低い。

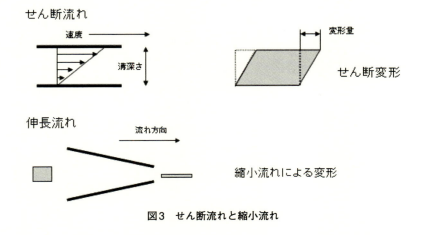

図3　せん断流れと縮小流れ

　2種類の低粘性流体をせん断流れと伸長流れを利用して各々混合した場合は、利用した流れ

において大きな混練性の違いが表れる。伸長流れは2液の粘度差にあまり影響されず混合されるが、せん断流れにおいては粘度差があると混合が急激に悪化すると言われている。ただし、実際のプラスチックは、高粘度流体であるためそのまま適用することは出来ない。しかし、近年のスクリューデザインは、伸長流れを利用したミキシングデザインが主流となっている。

4　一括投入と逐次投入

二軸押出機へのフィラーの投入方法について説明する。図4は、一括投入方式と逐次投入方式について示している。炭素繊維やカーボンナノチューブなどの繊維状フィラーには繊維長保持のため逐次投入法が一般的に行われている。一括投入の場合は、樹脂が溶融する折に非常に高い見掛粘度を示す。そのため、繊維に大きなせん断応力がかかることとなる。そのため繊維は損傷し繊維長は短くなり所定の物性が得られなくなる。これを防止するため、逐次供給法は、樹脂を溶融した後に繊維を供給し、繊維長の切断の抑制を行っている。逆に言えば、高混練が必要な場合は一括投入が良い。しかし、フィラーが再凝縮する可能性があるため方式の選択には注意が必要である。図4は、一括供給と逐次供給のフローを示す。図5は、サイドフィードによる逐次投入方式を採用した二軸押出ライン外観を示す。

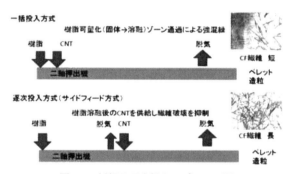

図4　一括投入逐次投入のプロセス図　　　図5　逐次投入式二軸押出機外観

一般的にコンパウンドに良く利用されている二軸押出機は、同方向完全嚙合い2条ネジ型である。図6は、二軸押出機に使用しているスクリューの外観を示し、図7は、そのスクリューに使用されている各種スクリューおよびニーディングエレメントを示す。図8は、二軸押出機本体および造粒テストラインの外観写真を示す。

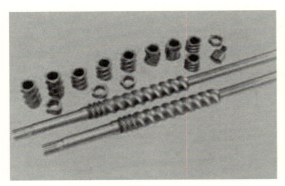

図6　二軸スクリュー外観

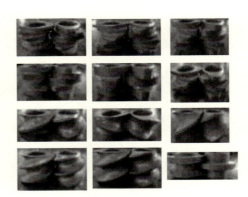

図7　スクリューエレメント外観

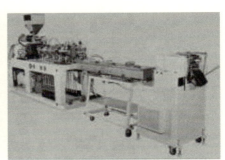

図8　二軸押出機の外観写真

5　二軸押出機の基本用途

　二軸押出機は、混練能力が高く、さまざまな分野で利用されている。主用途は、樹脂とフィラー・添加剤（ガラス繊維、炭素繊維、炭酸カルシウム、カーボンブラック、タルク、チタンホワイト、滑剤、安定剤、酸化防止剤等）および、樹脂と樹脂または樹脂とエラストマーとのポリマーブレンド等が挙げられる。他には、リアクティブプロセシング、重合後処理、微成分除去などの用途があり多彩なプロセスを処理することが出来る。

　近年では、これらは単体ではなく、複合化し複雑なシステムへ進化している。

　リアクティブプロセッシングは、押出機内にて樹脂を重合、又は、改質するシステムであり、ポリウレタン重合などが実用化されている[4]。図9は、ウレタン重合システムフローおよびその外観を示す。

　重合後処理とは、溶液（ポリマー、モノマー、溶剤などの混合体）中のポリマー成分を抽出するシステムである。溶液濃度は、30〜50％である。この溶液を押出機へ供給した後、加熱及び多段真空ベントにより、原液中のモノマー、溶剤を気化させ、コールドトラップにて回収し、ポリマー成分のみを押出機先端より押出し、ペレット化するシステムである。図10[5]、図11には、重合後処理のフローを示す。

第4章 二軸押出機&ダイス

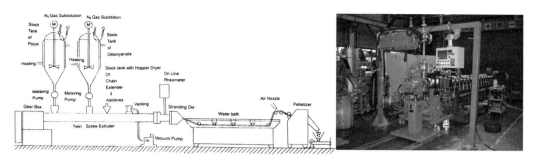

図9　ポリウレタン重合システム

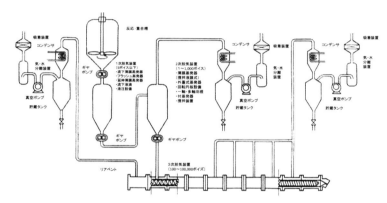

図10　重合後処理の原液供給及びコールドトラップシステム

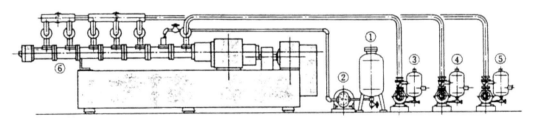

①原料貯蔵タンク　②原料注入用ポンプ　③〜⑤真空ポンプ　⑥二軸スクリュ押出機

図11　重合後処理の原液供給及びコールドトラップの概要

又、微小成分の抽出には、図12[5)]に示すように水などのキャリヤー材を押出機に供給し、分圧効果によりキャリヤーと共に次セクションにて、真空ベントにより脱気する方法である。キャリアーには、水、炭酸ガスなどが利用される。これらは、必要に応じて数回繰返し行なわれ、微小成分の抽出が行なわれる。

また、フィラーは、一般的にポリマーアロイ中において偏在することが良く知られている。図13は模式図である。2種類の樹脂をアロイ化する場合、海島構造を示す。この中にフィラーを加えた場合、フィラーと樹脂の相性により濃度分布が発生する。これは、樹脂A、樹脂Bとフィラーの関係においてフィラーが選択的に①樹脂Aに偏在する。②樹脂Bに偏在する。③樹脂A

と樹脂Bの界面に偏在する。これらは樹脂およびフィラーの表面エネルギーなどに大きく起因すると言われている。この現象を利用した研究が行われている。そのひとつに少量のCNTで導電性が向上することが知られている。樹脂の組み合わせ、配合比率、CNTの種類にもよるが1/4程度のCNTでしきい値が示されるケースもある。

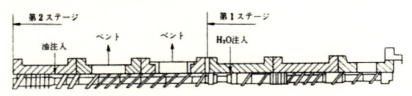

図12　キャリヤー材使用による微小成分の除去システム

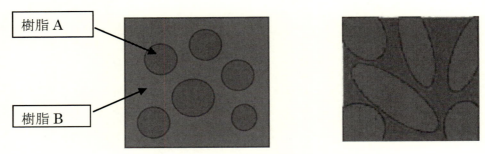

図13　ポリマーアロイの海島構造のモデル図

　さらに、超臨界流体は、樹脂に対し可塑剤的働きを行うため、ぬれ性の改善、溶融粘度の低下、ガラス転移点の低下、マトリックス中ドメインの微細化を促進する。ただし、超臨界流体を除去した後、合一が起こりもとに戻るため、超臨界流体混練中で強固な分散形態を固定する必要がある。これらを複合化したハイブリッド成形が着目されている。ハイブリットプロセスとは、①発泡プロセスとの組み合わせによる軽量化、ネットワーク構築のためのCNTの偏在化による導電性の向上、②フィラーコンパウンドプロセスによるガラス繊維強化による強度UP、③ゴム成分配合により耐衝撃値向上、④導電性抑制フィラーによるしきい値のブロード化である。最終製品の用途に合わせ適切に組み合わせることが重要である。

　そして、成形後のアニール（熱処理）は、製品内にてネットワーク構築が進み、導電性の向上が図られるなど後工程でCNT移動現象を利用した成形プロセスの開発も盛んに進められている。結晶構造制御と共に利用される。アニールの温度、時間、樹脂の結晶化特性が重要である。また、これらの評価は、ポリマー中のCNTの分散状態をSEM、TEMを使用し画像測定され画像解析により分散状態が数値化される。最近では、3次元X線測定、3次元TEMを利用した立体解析を行うことにより平面での観察時の奥行き方向の重なり合いを精度よく評価することが出来るようになっている。

第4章 二軸押出機&ダイス

6 超臨界流体を利用したコンパウンド事例

6.1 超臨界流体 (Super Critical Fluid、SCF)

　超臨界流体の利用は古くから行われている。その用途は、食品・医薬分野における成分の抽出・分離・殺菌・合成・重合、有害物質の分解、半導体製品の洗浄・乾燥、プラスチック発泡製品の製造などに利用されてきた。超臨界流体は、臨界点以上の温度で圧縮された物質であり、気体と液体の両方の性質を持つ。この性質は、物質の溶解、分解、拡散に大きな効果がある。図14は、各材料の温度と圧力による物質の状態変化を示したものである。表-1は、代表的な超臨界流体の臨界温度と臨界圧力を示す。

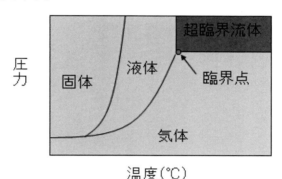

図14　温度・圧力による物質の状態変化

表-1　物質の臨界圧力と臨界温度

No	名称	臨界圧力（Mpa）	臨界温度（℃）
1	水	22.12	374.2
2	二酸化炭素	7.38	31.1
3	エタノール	6.38	243
4	窒素	21.8	－147

　図15は、炭酸ガス濃度とガラス転移温度の関係を示しており、炭酸ガスの濃度が高くなればガラス転移温度は低下し、図16に示す様に見掛粘度も同様に低下する。炭酸ガスを10％程度注入すると見掛粘度が1/2となる場合もある。

　図17は、ガスの種類と溶解度の関係を示しており、炭酸ガスと窒素ガスでは、6〜7倍程度の溶解度の違いがある。また、溶解度は、樹脂の種類、成形温度により溶解度が異なるため注意が必要である。

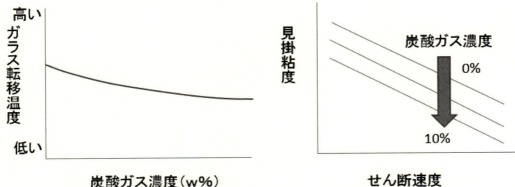

図15 炭酸ガス濃度とガラス転移温度の関係　　図16 炭酸ガス濃度と見掛粘度の関係

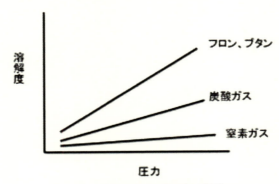

図17 ガスの種類と溶解度の関係

6.2 超臨界流体利用技術概要

　超臨界流体を利用した成形は、単軸または2軸押出機において樹脂を溶融した後、押出機内に超臨界流体を注入し、ミキシングスクリューにより溶融樹脂へ流体を均質に溶解させる。溶解作業は、樹脂と流体の溶解度に大きく左右されるため使用する材料により成形条件を最適化する必要がある。ここで利用される超臨界流体は、フロン、ブタン、窒素、二酸化炭素である。しかし、フロンは、オゾン層破壊の原因となり環境に著しく悪影響を与える。ブタンは、オゾン層破壊の原因物質とはならないが可燃性であるため、防爆設備が必要であり、作業環境の取扱が容易でない。しかし、これらの流体は、樹脂との溶解性、相溶性がよい。二酸化炭素は、オゾン層破壊物質ではなく、非可燃性であり、地球上に豊富にある安価な物質である。また、使用されている二酸化炭素は、地球温暖化効果はあるが、主要な化学物質を生産する過程で副産物として発生する二酸化炭素を一時的に貯蔵したものが使われるため、環境への影響は小さい。

6.3 ステレオコンプレックスポリ乳酸 (sc-PLA)

　ポリ乳酸は、1980年代に体内埋込み型骨固定材料として具体的に利用され始めた。
　1990年代は生分解性プラスチックスとして利用が始まり、2000年代には石油枯渇、環境負荷軽減問題によりカーボンニュートラルな材料としてさまざまの分野への利用が検討され、同時

にカーギル・ダウ社がポリ乳酸の量産を開始したこともあり急速に注目される様になる。カーボンニュートラルについてのモデルを図18に示す。

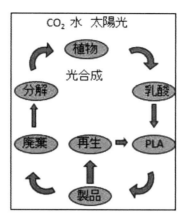

図18　PLA樹脂のカーボンニュウトラルモデル

　ポリ乳酸は、通常L型乳酸を単位としたポリL乳酸（PLLA）をPLAと呼んでいる。ポリL乳酸の融点は、光学純度に影響するが150℃～180℃にある。光学純度とは、ポリL乳酸内にあるD乳酸の含有量であり少ないほど融点は高くなる。また加水分解、熱分解しやすく、ガラス転移温度Tgが60℃程度であるため非晶質の場合はこの温度以上で容易に変形し、また結晶化速度も遅い。急冷却すると生産性は向上するが非晶となり強度、耐熱性、寸法安定性に問題が残る。逆に徐冷却すると結晶化が進み強度、耐熱性は向上するが生産性および耐衝撃性が低下する。そのため結晶核剤などによる結晶化促進、可塑剤、安定剤、ポリマーブレンド等による強度、耐衝撃改善、多層化など様々な改良が進められ現在に至る。ここでは改善対策の一つとして、ステレオコンプレックスポリ乳酸について紹介する。ステレオコンプレックスとは、螺旋状の分子鎖が右巻きと左巻きが組み合わされた結晶構造をいう。ステレオコンプレックスポリ乳酸は、光学異性体であるポリL乳酸（PLLA）とポリD乳酸（PDLA）より生成される。PLLAおよびPDLA単体の融点は、175℃程度であり結晶化温度は、120℃～130℃である。ホモ100％結晶融解エネルギーは約94J/g。それに対してステレオコンプレックスポリ乳酸（sc-PLA）は融点が230℃（結晶化温度90℃～110℃、ステレオ100％結晶エネルギー約121J/g）と非常に高く、耐熱性の問題点を改善することが可能となる。しかし、PLLAとPDLAを溶融混練した場合は、ステレオ化するため成形温度を融点以上に高くする必要がある。成形温度を高くした場合、着色、熱分解、加水分解による分子量低下が起こる。また、ステレオコンプレックス以外にホモ結晶も同時に生成される。このホモ結晶は成形温度が高いほど多くなりステレオコンプレックスを抑制する。両者を改善するために考案されたものが今回の超臨界流体によるプロセスである。このプロセスでは、200℃程度の温度で成形することが可能となり高いステレオ化を実現化した。図19は、ステレオコンプレックスポリ乳酸の超臨界流体を利用した成形プロセスを示す。図20は、使用した二軸押出機の外観写真を示す。

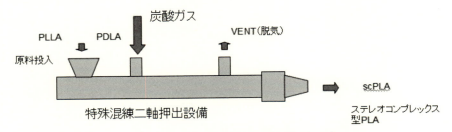

図19　ステレオコンプレックス型ポリ乳酸の成形プロセス

図20　ステレオコンプレックス型
ポリ乳酸の成形に使用した二軸押出機

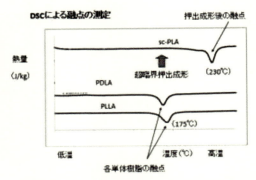

図21　PLLAとPDLA及びsc-PLAのDSC曲線

　図21は、成形前のPLLA樹脂とPDLA樹脂および成形加工後のステレオコンプレックスPLA樹脂のDSC特性を示す。横軸は温度、縦軸は熱量を示す。PLLAおよびPDLA単体では175℃にてピークを示し融点を表している。この値は、使用する材料の光学純度により異なる。ステレオコンプレックスPLAは、230℃付近の値を示した。この値は、成形条件および単体原料の光学純度に大きく影響される。図22は広角X線回析による構造確認を行った結果である。成形装置入口のおける各材料は、ホモ結晶を示す16°にピーク値が示され、成形機出口における材料は、ホモ結晶を示す16°にはピーク値は示さず、12°、21°、24°にステレオコンプレックス特有のピーク値を示し、100％のステレオ結晶が成形できたことを示している。この高い融点は、エンジニアリングプラスチックへの対応が可能となる。またフィラーコンパウンドによる機能性向上、光学特性などのPLA特有の性質を生かした分野における応用開発が今後重要となる。

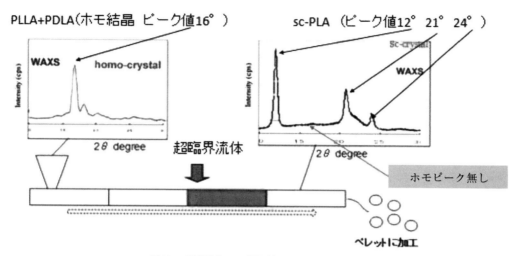

図22　成形前後のX線回折による構造解析結果

6.4　カーボンナノチューブコンポジット技術

　導電性を付与するフィラーとしては、カーボンブラック（CB）、炭素繊維（CF）が従来から使用されてきたが半導体関連を中心にカーボンナノチューブ（CNT）を利用するケースが増加している。カーボンナノチューブ（CNT）は、非常に微小な中空状又は円柱状の炭素体である。その大きさは、直径数ナノメーターから数百ナノメーターで長さは数ミクロンメーターである。カーボンナノチューブは、単層と多層に分類される。樹脂へのコンパウンドとして利用されるCNTは多層タイプであるが、近年、単層CNTの生産技術が高まり、将来的には、プラスチックへの添加剤として導電性用途だけでなく物性改善の目的による使用用途も広がると思われる。CNTと樹脂をコンポジットすることにより、付与されるこの機能は、半導電性機能、静電気防止機能、電磁波シールド機能、発熱機能、強度・弾性率の向上、摺動性向上、熱伝導率向上などである。これらの用途は、導電ベルト、IC部品トレー、クリーンルーム用室内部品、ギャー、パソコン・携帯のハウジングなどに利用される。特に、電子部品関係には、ダストの発生が少ないことから利用されるケースが多い。しかし、カーボンナノチューブの価格が高く、汎用化にはコストネックとなっているが工業材料としての利用が年々高まっている。ここでは、超臨界流体と分散剤を利用したコンパウンド事例を示す。樹脂は、ポリカーボネートである。CNTは、昭和電工のVGCFを使用した。VGCFは、直径150ナノメーターと比較的大きなものである。CNTの配合量、押出機回転数、炭酸ガス濃度の効果について紹介する。図23は、CNTの配合量と絶縁抵抗の関係を示す。4%を境にCNTのネットワークが構成され急激に導電性が向上している。これをパーコレーションしきい値と呼ばれており導電性フィラーの特徴的な特性である。また、CNTの直径が細いほど、この値は小さくなる傾向にあり、樹脂の種類、混練条件（滞留時間、回転数、圧力、温度）、分散剤等の配合などに大きく左右されえる。

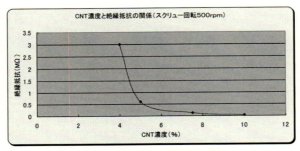

図23　CNT濃度と絶縁抵抗の関係

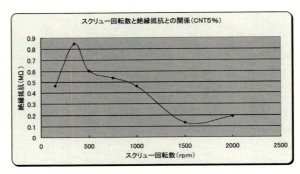

図24　スクリュー回転数と絶縁抵抗の関係

　図24は、スクリュー回転数と絶縁抵抗の関係を示す。1500rpmの場合が良い結果が得られている。ただし、高速回転であるため、樹脂の発熱は高く、超臨界流体を使用したとしても限界があり、比較的、低分子量の樹脂とのコンパウンドが望ましい。図25は、ナノシル社のCNTを使用し超臨界流体を利用したコンパウンドの特性結果を示す。

　VGCFに比べCNTの線径が細いため少量のCNT添加量濃度にてしきい値が示され、ネットワークが構成されている。また、コンパウンドペレットの成形方法により体積抵抗の違いが表れている。射出成形にて100mm×100mm×3mmの板を成形した結果とプレス成形した同形のプレートを比較し導電性に大きな違いが確認されている。これらは、成形時のせん断流れによるもの

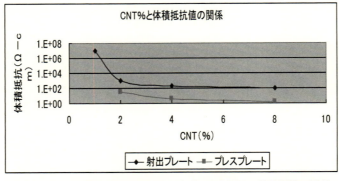

図25　CNTの濃度と射出成形およびプレス成形品の体積抵抗の関係

第4章 二軸押出機&ダイス

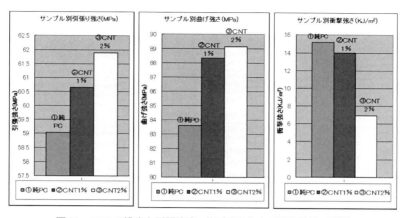

図26 CNTの濃度と引張強度・曲げ強度および耐衝撃値の関係

である。射出成形では、成形温度を高くし、せん断配向を低く抑えるほど導電性は改善する傾向にある。図26は、CNT含有率と引張強度・曲げ強度・耐衝撃値を示しており、強度はCNTの添加量の増加に伴い向上を示し、逆に耐衝撃は低下する。

6.5 CAEにおけるミキシングセクションの三次元流動解析

近年では、コンピューターの能力が急速に向上し、通常のパソコンで3次元の流動解析が行える状況となってきた。CNTのコンパウンド技術の最適化には押出機内での流動挙動の把握が重要であるが押出機内部の可視化および混練の予測を行うことは難しい。そこでCAEを利用し予測する必要がある。解析の目的は、混練度合い、滞留時間分布、せん断応力分布の数値化により、今まで経験的に組み合わされていたスクリューを机上で方向性を導き、最適化の期間を短縮することである。ここでは、アールフロー社のSCREWFLOW-MULTIソフトを使用した。二軸押出機に利用されているニーディングディスクの形状に対して解析を行った事例を紹介する。図27は、実験に使用した40mm二軸押出機の外観を示す。この実験は、押出機先端に送り型ニーディングディスクを160mm（L/D＝4）、同様にニュートラル型（L/D＝4）、逆送り型（L/D＝4）の3種類について実験と解析を行った。

解析結果と実測との比較においては、完全に一致したものではない。しかし、方向性については、十分に示されており、デザイン設計に使用されつつある。

図28は、送り型ニーディングディスクの解析範囲を示し、図29はニュートラル型の解析範囲を示す。図30は、逆送り型の解析範囲である。解析条件は、押出量20KG/H、スクリュー回転数200rpm、成形温度220℃、熱伝達係数を1500（w/m^{2}k）とした。

図27 BT-40型二軸押出機外観

図28 送り型ニーディングディスク解析範囲

図29 ニュートラル型ニーディングディスク解析範囲

図30 逆送り型ニーディングディスク解析範囲

　成形に利用した樹脂は、LDPEである。解析結果は、図31、図32、図33に示す。図31は、各種ニーディング形状と解析範囲内でのせん断応力を積算したグラフである。せん断応力は、数値が高いほど混練が良いことを示す。図32は、同様に局所混合効率の積算したものである。局所混合効率とは、混練度合をあらわしている。数値が高いほど混練がよい。図33は、滞留時間分布を示している。送りのニーディングディスクは、最も混練度が低いが、滞留時間分布はシャープでセルフクリーニング性が高いことを示している。ニュートラルニーディングディスクは、セルフクリーニング性と混練度合いの両者がバランスしている。逆送りニーディングディスクは、混練度合いは高いがセルフクリーニング性はよくない。

　この様に机上において混練度合いやセルフクリーニング性の評価を行うことにより、最適なスクリューデザインの開発時間短縮につながる。しかし、二軸スクリューの流動解析は、開発段階であり、完成されたものではないが、今後のデザイン設計に大きく貢献することを期待している。

　図34は、1フィード1ベント型二軸スクリューの全体解析事例である。ソフトはHASL社を使用しマクロ的な解析も可能となってきた。

　図35は、押出方向の圧力分布、樹脂温度分布、充満率分布をビジュアルに示したものである。

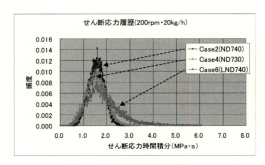
図31 せん断応力履歴グラフ

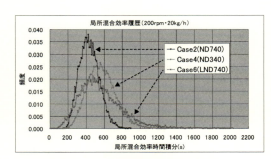
図32 局所混合効率履歴グラフ

第4章 二軸押出機&ダイス

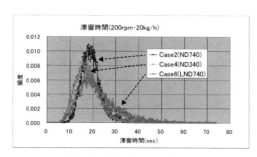

図33 滞留時間分布グラフ

図34 1フィード、1ベント型スクリューデザイン

図35 スクリュー押出方向の圧力分布（左）樹脂温度分布（中央）充満率分布（左）

7 ダイス

7.1 概要

押出成形に使用されるダイスは、Tダイ、丸ダイ、異形ダイ、固化押出ダイ等である。Tダイは、フイルム・シート製品の成形に使用され最も多く利用されている。丸ダイは、フイルム、チューブ、パイプ、ブローボトルなどの成形に使用されている。異型ダイは、断面形状の複雑な成形品を押出成形するために使用されている。これらのダイは、溶融状態でダイから吐出し、その先に設けられている冷却装置により各々の形状に成形される。固化押出ダイは、冷却ダイが接続され固化した状態で押出される。丸棒、プレート等の成形に利用されているが生産性は低い。これらの金型は、単層で使用される場合が多いが多層化された機能性製品ダイスの用途も増加している。ここでは、高精度フイルム成形のためのTダイ技術について説明する。

Tダイによるフイルム・シート成形において幅方向の膜厚を高精度化するためには、流路設計技術、高精度加工技術、自動厚み制御技術および成形技術が重要である。フイルムの高機能化に伴い多層化の要求は高い。多層フイルムは、マルチマニホールド方式、フィードブロック方式により成形される。フードブロック方式は、一般的に最も使用されている多層方式であるが、

各層比および粘度比が大きくなると各層間厚み分布、樹脂回りこみ、層転換などの不具合が発生しやすい。フイルムの高機能化に伴いこれらの問題点が表面化し、マルチマニホールド方式の採用が進んでいる。しかしフィードブロック方式に比べコスト高となる。コスト低減および作業性向上を目的としたスタックプレート方式がある。図36は、スタックプレートダイの3次元構造図と側面外観を示す。特に注意が必要な不良現象は、メルトフラクチャー（図37）、低粘度樹脂の包み込み（図38）、金型温度の不均一・金型精度不良（温度差・加工誤差が数倍の厚み精度に影響する）、リップエッジのシャープ性（図39）、金型流路面あらさ、金型内圧による金型形状の変形（図40）、CD方向の内部応力分布に依存している。これらは必要に応じた適正なCAE解析による事前検討が望ましい。

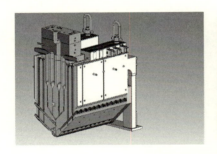

図36　3D構造図と側面外観

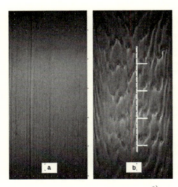

図37　メルトフラクチャー[6]

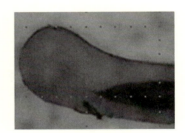

図38　包み込み現象

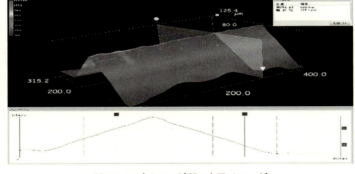

図39　Tダイエッジ部3次元イメージ

第4章 二軸押出機＆ダイス

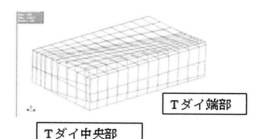

図40　Tダイ変形現象

フイルム・シート全体の厚みを均一にするためには、自動制御システムが不可欠である。**図41**は、ノンバックラッシュ型ヒートボルト（押し引き）方式Tダイおよび X 線厚み測定機の外観を示す。この方式は、ヒートボルトのノンバックラッシュ化により高精度厚み制御が可能となる。

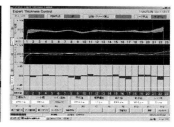

図41　1100mm 自動Tダイ及び X 線厚み測定機外観および制御画面

フィードブロック型とは、フードブロックと単層Tダイとの組合せ構成である。

フィードブロックの構造は、**図42**に示す様に、幅の狭い金型で多層化した後、単層Tダイ内で各層は引き伸ばしフイルム化するシステムである。このシステムは、低コストで容易に高次層化が可能であり、現在、最も利用されているダイである。ただし、層比率および粘度比などを大きく変える場合は、各層の構成に乱れが発生しやすい。**図42**は、Dow Chemical 社により発表された原理図である。**図43**は、フィードブロックの構造である。

図44は、多層化した場合の限界値をしたものである。フィードブロックでの限界値は、層比及び粘度比が10倍を超えると不安定現象が発生しやすくなる。しかし、これは目安であり樹脂溶融特性である粘弾性、相溶性の違いにより異なる。

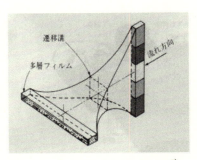

図42　フィードブロック原理図[7]

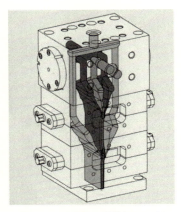

図43　Verbuggen社製フィードブロック[8]

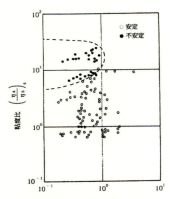

図44　層比及び粘度比と不安定限界[9]

7.2　多層押出における溶融樹脂の粘度差における問題点
　　（低粘度樹脂の廻りこみ、層転換現象）

　組み合わされた溶融樹脂が、金型内を通過する際、各層の構成が変形し、問題となる場合がある。この現象をよく捉えた実験が、Minagawaらにより行なわれている[10]。

　図45は、この実験に使用されたキャピラリー内を組み合わされた材料が通過する際の各断面における構成変形を示している。ここで使用された樹脂は、2種類のLDPEである。低粘度樹脂は、LDPE単体であり、高粘度樹脂は、先ほどのLDPEにTiO_2を混練し高粘度化したものである。この粘度差は、1.56倍である。

　溶融樹脂は、キャピラリーの上流部から下流部に従い、低粘度側の樹脂が高粘度樹脂を包みこむ様に層構成が変形している。

　又、Han-Chinの研究報告は、2層円管及び3層平板流れにおいて、粘度差を大きくした場合、図46の様に層転換する事が報告されている。ここでは、Aは高粘度樹脂、Bは低粘度樹脂である。

これより、層構成の変形を最小限にとどめるためには、各々の樹脂が合流した後、各層の接着及び層流の安定化に必要な最低限の距離で、金型より樹脂を吐出させることが必要となる。

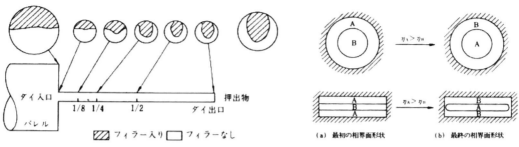

図45　粘度差のある2層流れにおける構成変形[10]

図46　粘度差のある多層流れにおける層転換[11]

7.3　流路断面形状における構成変化（2次流れの発生）

正方形断面においては、2次流れにより層構成が変化する事が確認されている。Dooleyらは、正方形断面に同粘度で着色した2種類の樹脂を使用し実験を行っている[12]。樹脂は、LDPEを使用し、白部と黒部の比率は2:8である。実験結果を図47に示す。

これらは、同粘度であっても、形状により2次流れが発生し層構成が変形する事を示している。しかし、PC樹脂は、この様な現象の発生はおこらず、樹脂の溶融特性により異なる事が示されている。予測される原因は、粘弾性（法線応力差、伸張粘度）の強さに依存していると考えられている。

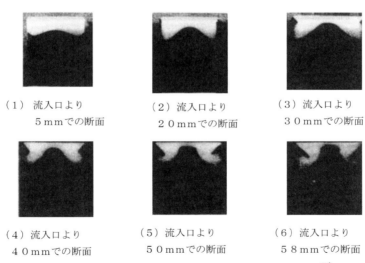

(1) 流入口より5mmでの断面
(2) 流入口より20mmでの断面
(3) 流入口より30mmでの断面
(4) 流入口より40mmでの断面
(5) 流入口より50mmでの断面
(6) 流入口より58mmでの断面

図47　正方形断面キャピラリーでの2次流れの確認実験結果[12]

7.4　層表面及び層界面におけるメルトフラクチャー

一般的に金型内面と樹脂表面でのメルトフラクチャーは、せん断応力が600,000dynes/cm² 近

くの値で発生する事が知られている。又、Shrenkらは、多層界面での実験を行い、更に、低い値である500,000dynes/cm²にてメルトフラクチャーが発生すると報告している。**図48**は、層間におけるメルトフラクチャーのモデルを示す。

　多層界面におけるメルトフラクチャーの発生は、樹脂の種類(組合せ)、溶融粘度差、粘弾性(法線応力差)、界面での相溶性、層比などにより大きく異なる。成形品におけるメルトフラクチャーの発生の予測は、簡易金型による実験を行う事が重要である。生産金型は、実験で得られたせん断応力値以下になる様に流路設計する事が望まれる。

　既存金型にてこのトラブルを解決するには、①成形温度を可能な限り上げる、②押出量を下げる、③相溶化剤による界面改質、④流路断面の拡大、⑤低粘度樹脂への変更などの対策が有効である。金型内面と樹脂表面でのメルトフラクチャーの抑制には、①滑剤の配合、②金型内面への特殊メッキによる潤滑性改善などの対策が行われている。

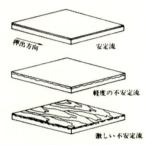

図48　多層界面におけるメルトフラクチャー(不安定現象)[13]

7.5　金型加工精度と温度ムラによる製品厚み精度への影響

　フイルム・シートの膜厚精度は、樹脂の溶融粘度特性により正確にダイ内の流れを計算し、適正な形状を求めることが最も重要であるが、加工誤差がある場合、膜厚精度が極端に悪化する可能性がある。下記の式は、流路隙間の変化量が流量変化量にどのような影響を与えるかを示したものである。

$$\frac{\Delta q}{q} = \left(\frac{1}{n} + 2\right) \times \frac{\Delta c}{C} \qquad (式1)$$

　式1のn＝樹脂の流れ係数、q＝流量、Δq＝流量変化量、C＝流路隙間、Δc＝流路隙間変化量

　ここで、n＝0.35、Δc/C＝1％の場合は、約5％の流量の変化が起こることを意味している。Tダイリップ先端の隙間が1mmであった場合その1％である0.01mmの変化が5倍の流路変化につながることになる。これからわかるように、特にTダイリップ先端部の加工精度は、フイルム・シートの膜厚精度に大きく影響することがわかる。さらに、金型温度の不均一も同様の現象を示す。一例を下記に示す。

$$\frac{\Delta q}{q} = \exp(-b \times \Delta T) - 1 \qquad (式2)$$

　式2のb＝溶融樹脂粘度の温度依存係数、q＝流量、Δq＝流量変化量、ΔT＝温度変化量

ここで、b=0.02、ΔT=1℃の場合は、約2％の流量の変化が起こることを意味している。これからわかるように、金型の温度の均一性が非常に重要である。

Tダイ先端部における加工精度は、特に重要であることを述べたが、高精度を要求される金型では、Tダイ先端リップ部のシャープエッジ性が要求される。しかし、先端エッジは部分的に欠けやすく、また、表面処理によるピットの発生等の不具合が局所的なフイルム・シートの膜厚精度・外観に影響を及ぼす。当然ではあるが、平行度、直真度等の加工精度も成形品質に応じた対応が必要となる。

7.6 ダイ下流装置による影響

Tダイより均一な溶融フイルムが押出されたとしても、次工程での冷却プロセスが適切でなければ、良い製品は得られない。冷却のポイントは、冷却ロール精度（寸法精度、温度設定、温度分布、回転精度、表面処理）、エアーナイフ、エアーチャンバー、バキュームチャンバー、ピンニングなどの単体部品能力により左右されるため、押出成形装置全体のバランスを考え設計する必要がある。シート成形の場合は、タッチロール、弾性ロール、ポリシングロール、カレンダーロールにより成形され、バンク調整が最も重要なものと言える。図50は、冷却方式をシンボル化したものである。図49は、ロール冷却装置外観を示す。またTダイとロール間のエアーギャップは、厚み精度に大きく影響する。この部位における不良現象は、ドローレゾナンス、ネックイン、配向である。樹脂の溶融粘弾性に左右されるため材料特性も考慮する必要がある。ロールの加工精度、回転精度、ロール間隙間制御、ロール表面温度の均一性、設備の設置環境、Tダイロール間付近での気流の流れを製品品質にあわせ最適化する必要がある。

バンク量は、弾性ロール＜タッチロール＜ポリシングロール＜カレンダーロールの順番で多くなる。フイルム・シートは、押付圧力が大きくなるに比例し、フイルムシート内の内部応力が増加し、光学特性が悪化する。最終の用途に合わせ、冷却方式を適正に選択する必要がある。図51は、3次元流動解析により計算されたバンク部の解析結果の一例である。他にもエッジピンニング、エッジエアー、ドローレゾナンスエリミネーター等の補器があり、必要に応じて取り付けられる。基本的なことではあるが、ロールの回転精度が悪い場合、ギヤーマーク、厚み精度不良等の原因になるため、製品の要求仕様にあわせた駆動システムが必要である。

図49　1100mm冷却ロール設備及びフイルム温度測定装置外観

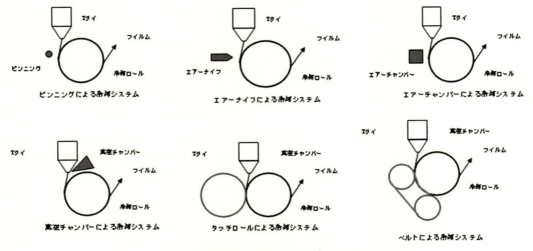

図50　冷却方式の種類とシンボルマーク

図51　3次元流動解析によるバンク評価

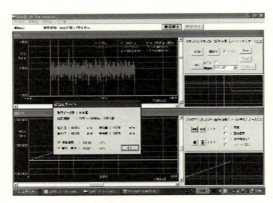

図52　非接触速度計による回転ムラ測定

　図52は、非接触センサーによるロール速度の変位量を測定した結果である。図53は、ロール表面における温度分布を示したものである。Tダイから押出された樹脂膜はロール温度より高く、いかにロール温度を均一にしたとしても、フイルム端部における温度分布は勾配を持つこととなる。中央部にくらべ冷却速度に微妙な差がでるため注意が必要である。

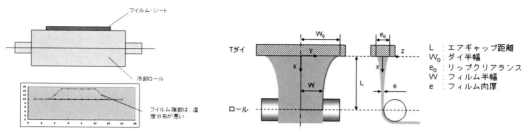

図53 ロール表面における冷却ムラ　　図54 金型とロールとネックインの関係

　Tダイとロール間には、エアーギャップが存在する。エアーギャップは、最小限に抑えることが望ましい。しかし、ロール径、Tダイ形状により制限される。エアーギャップが大きくなるとネックインが大きくなりロールへの溶融樹脂の密着不良、厚み精度不良などの問題につながる。近年では、ネックインを3次元の流動解析にて粘弾性を考慮した計算を行い予測が行えるようになっている。図54は、金型とロールとネックインの関係をしめす。

7.7　ドローレゾナンスによるMD方向の厚み精度不良

　ドローレゾナンスは、ダイ出口より冷却ロール間で発生する厚みムラに関する不安定現象である。特に薄いフイルムを成形する場合、発生する可能性が高い。発生原因は、①エアーギャップ量が大きい、②ダイ出口速度と引取ロールとの速度比が大きい、③樹脂の溶融粘度（溶融張力）が低いことが挙げられる。

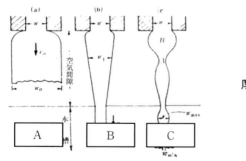
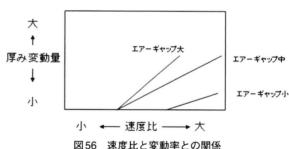

図55　ダイ出口とロール間における樹脂挙動　　図56　速度比と変動率との関係

　図55は、ダイ出口からロール間での溶融樹脂挙動を示したものである。左端図Aは、ダイ出口より溶融樹脂の自重により下方に押出された状態である。この場合は、ダイ出口での速度と空中を降下する溶融樹脂との速度差は小さいく、押出方向への厚み変動は起こりにくい。中央図Bは、適正な速度で引落しを行った場合であり、一般的に行われている正常な挙動といえる。右端図Cは、中央の状態よりさらにロール速度を速くした場合、ある速度比（＝引取ロール速度／ダイ出口速度）を超えると押出方向の厚みが脈動し不安定現象が発生する。これをドロー

レゾナンスという。図56は、横軸に速度比、縦軸に厚み変動率を示している。このグラフでは、速度比が大きくなるとドローレゾナンスが発生し始め、さらに速度比の増加に比例し変動率が大きくなることを示している。3つの曲線は、ダイ出口とロール間の距離（エアーギャップ）の違いによる影響を示したものである。曲線は、エアーギャップが小さいほど変動の発生は抑制されることを示している。ドローレゾナンスは、伸長粘度に大きく関与しており、フイルム内に発生する張力がダイ出口から連続して保持できなくなる場合に発生すると考えられる。このため、溶融樹脂粘度の比較的低く、溶融張力の小さなものが発生しやすい。図57は、フイルム成形時にエアーギャップを110mmから60mmにした場合の厚み変動の変化を表したものである。横軸は、経過時間、縦軸は、フイルム厚みを示している。0秒から380秒は、エアーギャップが110mmであり、それ以降は、60mmである。速度比は同じであるが、エアーギャップの変更で大幅な精度が改善される（厚み精度±5.68％→±2.97％）。

特に薄いフイルムを成形する場合は、特にシワの発生に注意する必要がある。必要に応じたシワ取りロールを設ける必要がある。図58は明和ゴム工業製の特殊シワ取りロールの外観を示す。図59は、このゴムロールを使用した場合、このロールの前ではシワが発生しているがロール通過後はシワがなくなっている[14]。

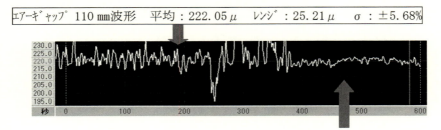

図57　エアーギャップによるMD方向の厚み分布の関係

図58マイクロ溝付シワ取りロール　　　図59　シワ取りロール前（左）ロール後（右）

7.8　Tダイ内流動解析

基本は、純粘性流体における解析が基本であるが、近年では粘弾性を考慮した解析も進められている。解析は、滞留時間分布、圧力分布、応力分布などスクリュー解析と同様にさまざまな計算結果を得ることが出来る。図60は、その一例を示す。滞留ヤケ、厚み精度向上、内部応力分布などの評価に利用される。

第4章 二軸押出機&ダイス

図60　滞留時間分布（左）流線分布（中央）多層合流部圧力分布（右）

　図61は、Tダイとロール間のネックイン量および押出方向のシート温度分布を示す。この計算は、粘弾性を考慮したものである。

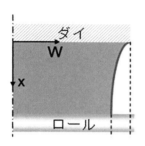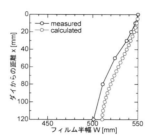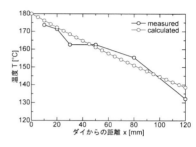

図61　ダイとロール間のネックイン図（左）ネックイン（中央）　樹脂温（右）

8　二軸押出機を利用したフイルム・シート成形技術

　太陽電池封止シート、電池セパレーター原反、発泡シートなどは、二軸押出機にて混練を行い、その先端にギヤーポンプ装置、Tダイおよびロール式製膜装置を組み込み一貫したプロセスでフイルムまたはシートの成形が行なわれている。図62および図63にプロセスの一例を示す。この方式は、熱履歴、省エネの観点からも有効であり、この方式を採用したフイルム・シート成形装置の導入が増加している。このようにさまざまな基本プロセスが複雑に組み合わさったプロセス開発が今後とも発展すると思われる。

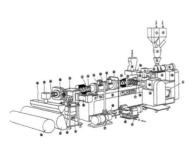

図62　二軸押出機＋Tダイの構成図　　図63　テスト用シート成形装置およびインフレ装置外観

参照文献

1) 井口勝啓、押出成形技術の基礎と最新ノウハウ p.2〜p.3（2007年9月19日）
2) 技術情報協会、二軸押出機によるフィラー混練分散およびスクリュー設計と不良対策（2009年2月27日）
3) 村上健吉、押出成形（5版）、p.11（1976）
4) 村上健吉、プラスチックス、Vol.42、No.4、p.114〜122（1991）
5) 村上健吉、プラスチックス、Vol.42、No.4、p.114〜122（1991）
6) Valette, Laure, Demay and Agassant, J. Non Newton. Fluid Mech., p.121, p.41（2004）
7) プラスチック・エージ Vol.32 Jun. p.126〜136（1996）
8) Verbuggen社カタログより
9) Walter Michaeli Extrusion Dies for Plastics and Rubber p.234（2003）
10) N. Minagawa, J. L. White, Polym. Eng. & Sci., 15, 825（1975）
11) C. D. Han. H. B. Chan, Technical Papers, 37th ANTEC of SPE, p.146（1979）
12) J. Dooley and R. Ramanathan. ANTEC, p.89（1994）
13) Walter Michaeli Extrusion Dies for Plastics and Rubber p.234（2003）
14) 明和ゴム工業社技術資料より

第5章

高機能フィルム・シート製造装置の最新技術と二軸延伸成形技術、セパレータ成形技術

株式会社日本製鋼所
富山 秀樹

はじめに

前節で押出機の解説を行ったが、本節ではフィルム・シート製造装置全般の解説を行う。製造装置には無延伸フィルム用と延伸フィルム用の2種に分類できるが、ここでは延伸フィルム製造装置について述べる。無延伸フィルム製造装置は延伸装置が設備化されないだけで、Tダイや冷却装置、巻取機などの基本概念は同じであるため、本節の解説内容は共有可能である。

1. Tダイ

フィルム・シート製品の品質を確保するために、一般的に押出機が樹脂そのものの基本物性を支配し、Tダイが厚みを代表とする形状を支配し、延伸工程で機能性付与を支配するといわれる。もちろんこれらは単独で特性発現が決定づけられるものではなく、複合的に絡み合うことで発現されるものであるが、形状付与の面ではTダイが全幅で均一な厚みで樹脂を吐出されなければ、その後の工程でいくら調整を行っても厚みの改善はほぼ不可能である。

Tダイの役割は、全幅で溶融樹脂を均一に吐出することにあり、その精度が高いほど優れたTダイということになる。現在のTダイは表1に示す3種が代表的である[1]。コートハンガー型は多くの製造メーカが採用している最も一般的な形状であり、傾斜ランド型やハイブリッド型は一部のメーカが採用している特徴的なTダイである。コートハンガー型は非ニュートン流体の粘度式のフィッティングパラメータを用いた公知の流路設計式が存在しており、その式を用いることで設計や製造が行え、かつ設計流路が比較的精度の高い幅方向吐出の均一性を示すことに特徴がある。他の2種のTダイはコートハンガー型の短所を補うために改良提案されたものであり、傾斜ランド型はコートハンガー型よりも高い厚み精度のフィルムを得やすいことに特徴を有する。ただ、ダイ内の樹脂の滞留時間がコートハンガー型よりも長くなる短所があり、熱劣化しやすい樹脂への適用性などに課題を有する。ハイブリッド型Tダイはコートハンガー型と傾斜ランド型の長所を併せ持つために開発された最新型の流路形状である。このT

表1 Tダイの種類

タイプ	コートハンガー	傾斜ランド	ハイブリッド
流路概略	本体締付ボルト／マニホールド／第1スリット／第2スリット(リップランド)	本体締付ボルト／マニホールド／第1スリット／第2スリット／第3スリット(リップランド)	本体締付ボルト／マニホールド／第1スリット／第2スリット／第3スリット(リップランド)
流路特徴	・漸減型マニホールド形状 ・2段スリット	・ストレート型マニホールド(一部線形縮小型あり) ・3段スリット	・漸減型マニホールド形状 ・3段スリット
主な設計因子（ユニフォミティの依存パラメータ）	1. 中央マニホールド径 2. マニホールド漸減量 3. マニホールド傾斜量	1. マニホールド径 2. 第1と第2スリット厚み 3. スリット傾斜量	1. 中央マニホールド径 2. マニホールド漸減量 3. 第1と第2スリット厚み 4. スリット傾斜量

第5章 高機能フィルム・シート製造装置の最新技術と二軸延伸成形技術、セパレータ成形技術

ダイも専用の流路設計式があり、表に示す4種の流路形状因子を考慮することが可能であるため、コートハンガー型や傾斜ランド型とは異なり幅方向の厚み精度と短い滞留時間の双方を満足できる設計が可能な点に特徴がある。これにより、マニホールド壁面に付着しやすい劣化樹脂の抑制や、Tダイの分解清掃などのメンテナンス周期が長くできるなど、フィルム製造の保全面でメリットを有する。

2. 冷却装置

オレフィン系樹脂はフィルム・シートでも大量に消費されており、中でもPPは一般食品包材からプロテクトフィルムなどの高品質材にわたり幅広く採用される。なかでも、近年はコンビニエンスストアの店頭コーヒーカップ向けの消費が著しく、より透明性の高いシート成形が要求されている。PPは一般的に延伸を行うことで透明性が高まるため二軸延伸PP（BOPP）フィルムは透明度が高くなるものの、無延伸PPフィルムは冷却過程で結晶化が進み、特にフィルムが厚いほど冷却速度が遅くなるため透明性がさらに低下する。このため、透明性を高めるためには冷却時にフィルム表裏とも結晶化温度付近の冷却速度をなるべく速め、結晶の成長を抑制することが必要である[2]。

図1に、多段冷却ロール方式によるフィルム冷却装置の概略を示す。一般的な大径冷却ロール方式ではNo.1冷却ロールで概ねフィルム表裏の冷却を完了させるが、多段ロール方式ではフィルムの表裏を交互に素早く冷却させる。図2に各冷却方式によるフィルム表裏および中央の温度予測を行った解析結果を示す。大径ロール方式ではフィルム表面の冷却速度は速いものの裏面の冷却が遅く、No.2ロールを通過した段階で結晶化温度118℃をようやく下回る結果となっている。多段ロール方式では表裏を交互に冷却させるため中央面の温度低下も早く、No.4ロールの段階で結晶化温度を下回っている。この解析結果と同一の条件で成形を行ったフィルムサンプルを図3に示す。大径ロール方式に対し多段ロール方式で成形したフィルムはヘイズが低下しており、透明性が格段に向上している。また、多段ロール成形サンプルは表裏ともに

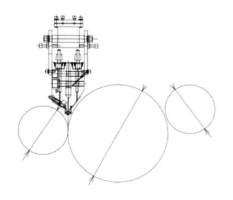

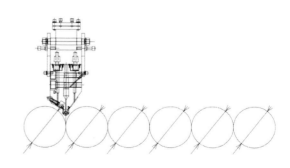

図1（a）：大径冷却ロール方式　　　　　図1（b）：多段冷却ロール方式

図1　各種冷却方式による装置構成概略図

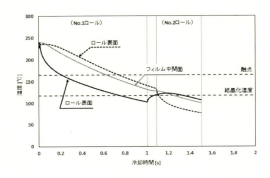
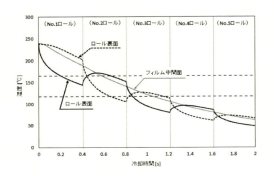

図2（a）　大径冷却ロール方式　　　　　　　図2（b）　多段冷却ロール方式

図2　各種冷却方式によるフィルム冷却のシミュレーション結果

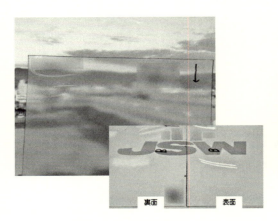

図3（a）　大径冷却ロール方式　　　　　　　図3（b）　多段冷却ロール方式

図3　各種冷却方式によって成形したPPフィルム（画像に一部加工処理あり）

表面の光沢性が高くなっている。多段ロール方式では、フィルムの厚みや成形速度に応じ成形条件の最適化でさらなる高い透明度のフィルムを成形することは可能であり、そのためには図2に示した解析を駆使した装置レイアウトや冷却条件の検討を進めることが効果的である。

3. 二軸延伸装置

フィルムの二軸延伸プロセスにおけるそれぞれの装置概略図を**図4**と**図5**に示す。押出機とTダイ、キャストロールや引き巻取り機の詳細構成は生産するフィルムの仕様によって異なるが、概ね延伸装置の種類に関わらず共通化できる。図4の逐次二軸延伸装置では縦（Machine Direction, MD）延伸を行った後に横（Transverse Direction, TD）延伸を行う。縦延伸はオーブンを通過させ加熱しながら延伸を行うフローティングタイプもあるが、温度調整したロールに抱かせながらフィルム温度を上昇させた後に狭いギャップで延伸させるロール延伸方式が多く採用される。横延伸はMD方向のクリップの間隔は一定で、オーブン内でフィルムを温調さ

第5章 高機能フィルム・シート製造装置の最新技術と二軸延伸成形技術、セパレータ成形技術

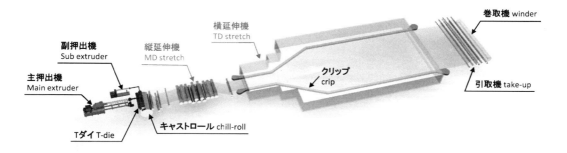

図4　逐次二軸延伸プロセス

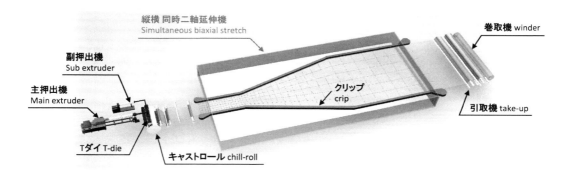

図5　同時二軸延伸プロセス

せながら TD 方向のクリップ間隔を広げて延伸を行う。原理的には TD 延伸後に MD 延伸を行うことも可能であるが、MD ロール面長が増すため、フィルムの品質面でよほどのメリットが生じない限り採用されることはない。図5の同時二軸延伸装置では、MD 間隔が変更可能なクリップ機構を有することが特徴で、オーブン内でフィルムを搬送させながらクリップ間隔を縦横同時に変化させながら延伸することが特徴である。本方式では MD と TD 延伸倍率を任意で設定するためのリンク機構と駆動機構およびレール構造が複雑であるため、フィルムのチャッキング部位の構造が逐次型の横延伸装置のそれとは大きく異なる。

　逐次方式であろうと同時方式であろうと、延伸倍率が同一であれば延伸フィルムの幅や厚みは同じものを得ることができる。ただ、延伸する対象が粘弾塑性を有する樹脂材料であるため、延伸方式によって延伸過程の分子配向性に差異が生じ、結果として延伸応力や延伸時のボーイングひずみなどにも差異が生じる。図6に、卓上延伸装置を用いポリプロピレンフィルムの逐次二軸延伸と同時二軸延伸を行った際の、それぞれの延伸応力とフィルムの位相差の物性履歴をプロットしたデータを示す。いずれも155℃にて縦横5倍ずつの延伸を行ったものであるが、逐次二軸延伸ではまず MD5 倍延伸を行い、その後 TD5 倍延伸を行う条件である。逐次二軸延伸では MD と TD の延伸応力が一致せず、それぞれの延伸方向に対する延伸応力が高

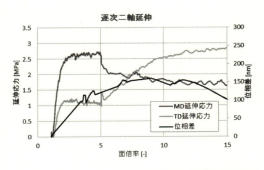
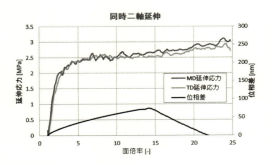

図6　延伸方式によるフィルム挙動の違い（PP）

い傾向を示すことがわかる。一方で、同時二軸延伸ではMDとTDの延伸応力がほぼ同一であり、縦横に等方性を示す延伸が可能なことがわかる。これらの延伸応力の違いは位相差の履歴の違いからも明確で、同時二軸延伸の方が光学特性に優れた延伸方式であるといえる。また、本延伸テストでは卓上延伸装置の仕様により、逐次二軸延伸ではMD延伸後にフィルムを冷却することが出来なかったため均一温度条件下での縦横延伸となったが、実際の逐次二軸延伸ではMD延伸後に一旦冷却を行うため、PPフィルムはそこで再結晶化が生じる。するとその後のTD延伸で延伸応力が高まるため、実際の逐次二軸延伸プロセスでは図6のデータよりもさらにTD延伸応力が高まり、位相差も上昇する可能性がある。

以上のデータも踏まえ、同時二軸延伸方式を適用することでメリットの高まるフィルムは、①光学系フィルム、②結晶化度の高い材料（たとえばHDPEなど）、③水素結合が強い材料（PA、EVOHなど）の3種といえる。③は②と同様、MD延伸後の冷却で分子間結合力が増すためTD延伸で高い延伸力が必要となり、結果として等方性を得にくい延伸フィルムになりやすい。ボーイングはフィルム幅方向の分子配向分布により生じる現象であるが、これはフィルムを横方向へ延伸した際に必然的に生じる挙動であり、フィルム中央部と端部との位相差や収縮率などの差異が大きくなり、幅方向で物性の不均一性をもたらす。この発生メカニズムには複合的な要因が絡んでいるが、中でもTDへの延伸によりMDに生じる収縮力の作用による影響が大きいと言われる（図7）。この対策として、図8に示すように延伸開始領域でMD方向へクリップ間隔を広げ、延伸領域でTD延伸を行った後にMDのクリップ間隔をもとに戻す伸縮法と呼ばれる手法がある。本手法を採用することで、従来のクリップ間隔一定の延伸方式に比べてボーイング量を60％以上低減が可能である（図9）。これはMDクリップ間隔を自在に調整できる機構が必要であるため、同時二軸延伸装置の特徴が活かせる一つのプロセス事例である。

4. 延伸用オーブン

延伸機で採用されるオーブンは、熱風をフィルムへ吹き付けることでフィルムの温度管理を行うことが役割である。そのため、エアの温度を設定値通りに管理し、そのエアをフィルムの全幅方向で均一に吹き付けることが非常に重要となる。吹き付けエアの均一化はノズルそのも

第5章　高機能フィルム・シート製造装置の最新技術と二軸延伸成形技術、セパレータ成形技術

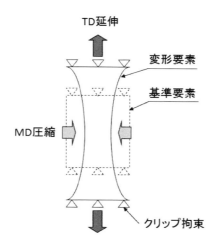

図7　TD延伸とMD収縮によるボーイング発生要因

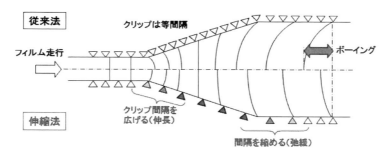

図8　MD伸縮機構の採用によるボーイング現象の抑制

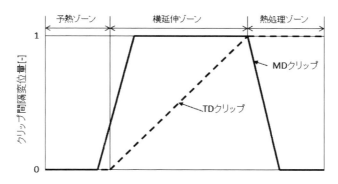

図9　MD伸縮機構採用によるボーイング量の比較

のの構造が重要であり、ノズル内の圧力損失と風量との関係性から設計される。ノズルのエア吹き出し口はスリットタイプとホールノズルタイプが代表的である。ホールノズルタイプの方が吹き出しエアの直進性が高く熱伝達係数を確保しやすいが、吹き出し口の開口面積が広くなる傾向にあり高いエアの風量確保が必要になるため、ファンの性能との兼ね合いを考慮しなければならない。その点、スリットノズルは比較的設計が容易であり、様々なフィルムへの広い適用性を有するため、多くのオーブンで採用される。

　熱風エアの温度管理については、基本的に断熱構造のオーブン内を循環するエア温度は均一傾向にあるものの、オーブン内のエアの循環効率が悪く淀み領域が生じるとその部分で数℃の温度低下が生じ、結果として吹き出しエアの温度ムラにつながる。つまり、吹き出しエアの効率的な回収と循環効率がオーブンの温度性能を左右する。このエアの循環効率を高めるための設計開発にはシミュレーションの活用が効果的であり、光学用フィルム・シート製品の需要が伸長した2000年代から活用がなされてきた。その結果、ノズルの吹き出しエアの温度性能は劇的に高くなっており、薄物の光学フィルムの製造にも十分に適用できている。**図10**にノズルからの吹き出しエアの温度ムラを示し、**図11**にそれら温度条件下で成形した延伸フィルムの位相差の比較結果を示す。図10はオーブン内で10点の温度計測を行った時系列のトレンドデータを示すが、温度精度の高いオーブンは最大でも1.2℃の温度差異しか示していない一方で、温度精度の低い条件では最大4.0℃の分布を示している。図11の結果では温度ムラの少ないフィルムの方が低い位相差を示しており、温度性能が高いオーブンの方が成形したフィルムの品質が高いことがわかる。

5．巻取機

　巻取機ではフィルム自体の物性を左右する要因は存在しないが、巻姿が悪いとその後の2次成形時に諸問題を与えることになるため、美麗な巻姿を形成することが大きな役割となる。巻姿を決定づける要因は適正な張力と適度なエア介入の2つである。**図12**に代表的な巻取機の

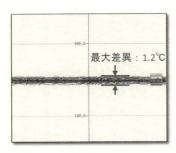
条件1（最も温度精度が良い）

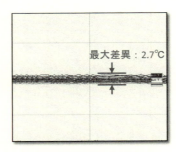
条件2（温度精度が若干悪い）

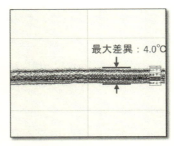
条件3（温度精度が最も悪い）

図10　オーブン内の吹出エア温度のトレンド

第5章 高機能フィルム・シート製造装置の最新技術と二軸延伸成形技術、セパレータ成形技術

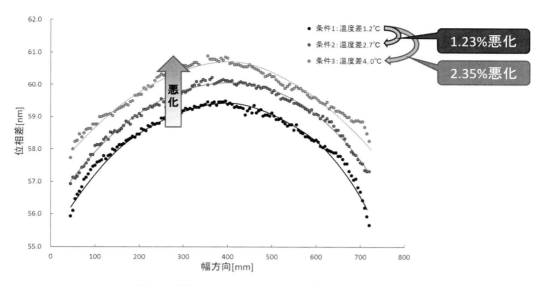

図11 延伸フィルムの位相差の比較（PMMA系フィルム）

概略を示す。無延伸フィルムは、基本的にフィルムの伸びに対する耐性が低いため、高速成形条件においても巻取張力は低めに設定しなければならない点に注意を有する。延伸フィルムでは高い張力設定が可能であるため堅い巻物を得ることができるが、一方で長尺巻き時に巻きずれ（エアの介在過多）や巻締まり（巻取フィルム張力過多）などの巻姿不良も生じやすく、近接ロールの押圧設定に困難性を有する。無延伸、延伸のいずれの成形方式でも巻取り張力に応じた近接ロールの押圧制御が重要であり、これが前述のエアの介在量と巻物のフィルム張力（残存張力）に大きな影響を与える。

巻取方向は図13に示す上巻きと下巻きがあるが、いずれを採用するかは好み次第である。多層フィルムの場合、その後の2次成形での繰出時に外面か内面層のいずれを上面にするか等の条件により巻取方向を決定するケースも多い。巻取機の構造自体は上巻取方式の方が単純化しやすくフィルムのパスも容易となる利点を有する一方で、カットしたフィルムが床面に垂れ落ちやすい欠点も潜むため、特にクリーン環境下で成形するフィルムの場合はこれらの対策が必要である。

巻付方式の代表例を図14に示す。一般的にはテープ付きコア方式とテープレスコア方式に大別される。テープ付きコア方式は比較的低速成形プロセスに適用しやすく、巻き初めから美麗な状態を維持しやすい。テープレスコア方式は比較的高速成形プロセスに適用しやすく、テープ貼り付けなどの事前準備が不用であり、静電気付与によるロール密着を促す機構に特徴を有する。

6. プロセス例　〜リチウムイオン電池用セパレータフィルム〜

延伸プロセスによるフィルム製造事例として、リチウムイオン電池用セパレータフィルムを

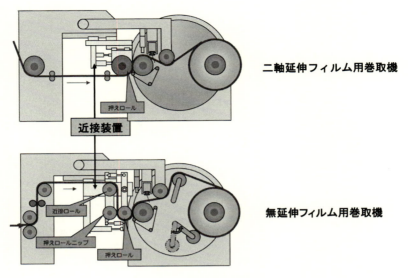

図12 巻取機の構造

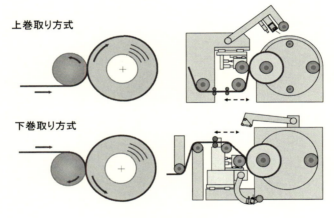

図13 巻取方法

紹介する。図15にその湿式製法による概略図を示す。湿式製法では二軸押出機を採用し、超高分子量ポリエチレン（UHMWPE）を原料に60〜80wt%のパラフィンオイルを押出機内へ注入し、UHMWPEの溶融と膨潤を二軸押出機内で行った後にTダイから押し出す。冷却されたシートは高い結晶構造を有するパラフィンオイル含有物であり、その状態で縦・横延伸を行う。延伸を経ることで結晶構造の配向制御がなされ、その状態で抽出層内を通すことでパラフィンオイルを完全に除去する。パラフィンオイル含有により膨潤していたUHMWPEはオイルが除去されることで結晶構造が脆くなる。その後に再度ごく僅かな延伸を行うとラメラ結晶の引き裂きが生じ、ナノレベルの微細な空孔を有するセパレータフィルムが製造できる（図16）[3]。

第5章　高機能フィルム・シート製造装置の最新技術と二軸延伸成形技術、セパレータ成形技術

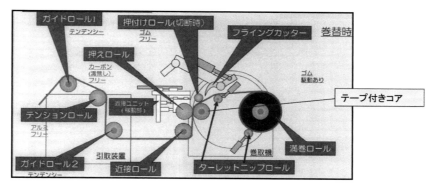

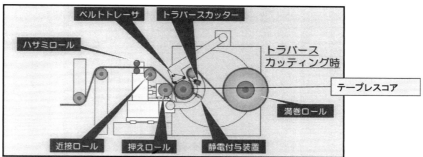

図14　巻付け方式

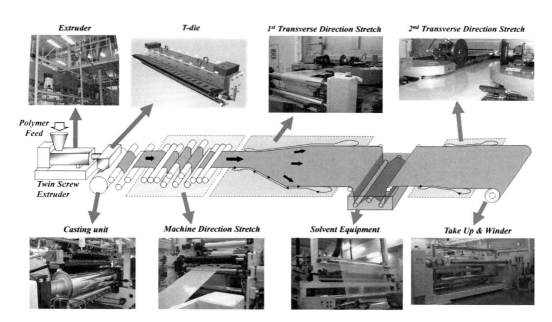

図15　リチウムイオン電池用セパレータフィルム製造プロセスの概略

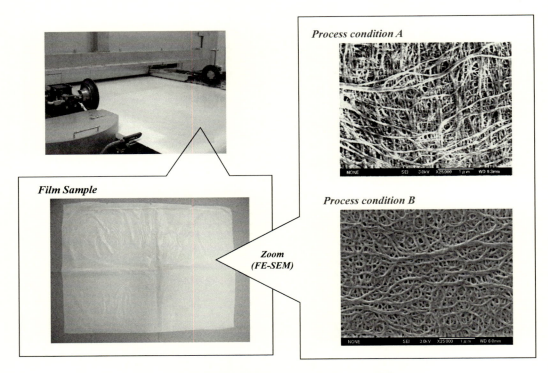

図16　延伸製造を経たセパレータフィルムの構造

　セパレータフィルムに必要とされる物性表を**表2**に示す。リチウムイオンを安定して透過させるための空孔率やガーレ値、各種使用環境下での耐久性を評価するための突き刺し強度などいくつかの評価項目があるが、中でも短絡による発火・爆発の予防のための安全性確保のために高温下での収縮率が重要視される。フィルムの素材がポリエチレンであり延伸フィルムであることから100℃を超える環境下では収縮しやすくなるが、延伸条件を工夫することでそれを可能な限り抑制することができるため、表に示す物性を確保するために各種プロセス条件の模索と最適化が必要である。

第5章 高機能フィルム・シート製造装置の最新技術と二軸延伸成形技術、セパレータ成形技術

表2 セパレータフィルムの代表物性

Properties	Sample data
Thickness	15～30 μm
Porosity	40～60%
Gurley value	500 sec/100 cc ≦
Pore size	0.1 μm ≦
Puncture strength	500 gf ≧ (25 μm conversion)
Fuse Temp.（SD）	approx. 125℃
Short Temp.（MD）	approx. 140℃
Tensile Strength	100～150 kg/cm² (MD, TD)
Tensile Elongation	1.5～2.0% (MD, TD)
100℃　shrinkage	5.0% ≦（MD, TD）
120℃　shrinkage	15% ≦（MD, TD）

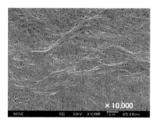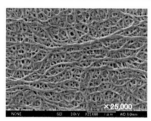

FE-SEM image

参考文献

1) 岩村真、上田正樹、富山秀樹：日本製鋼所技報、60、1（2009）
2) 富山秀樹：プラスチックス、2016年3月号（2016）
3) 中村諭、石黒亮、串﨑義幸、吉岡まり子、向井孝志、境哲男：日本製鋼所技報、64、28（2013）

第6章

フィルム成形用押出装置の解析理論とその応用展開

株式会社HASL
谷藤 眞一郎

はじめに

　筆者は、プラスチック押出成形に関わる各種商用シミュレーションソフトウェアの開発／販売に取組んでいる。ソフトウェアの開発コンセプトとして、CADに対する運用技術や高級な計算機環境を要求せずに、成形技術者が手軽に解析モデルを作成し、短時間で解析結果を得ることが可能なシミュレーション技術の実用化を目標に掲げている。本章では、フィルム成形プロセスにおける溶融樹脂の熱流動現象を理論的に把握する際に有効になる解析理論や工学的に重視されるフィルム肉厚の最適化に関わる解析理論を解説する。また、コートハンガーダイ、スパイラルマンドレルダイ、及び多層ダイなどの押出装置を解析対象として実施した当社開発商用ソフトを利用した各種数値シミュレーション例について紹介する。

1. 解析理論

　フィルム成形プロセスで多用されている押出ダイは、薄肉流路形状を特徴としており、その内部の溶融樹脂の熱流動挙動を把握する際に、Hele-Shaw流れの定式化と呼ばれる取り扱いが有効になる。当定式化に基づく解法は、流路肉厚方向に向かう流速成分を微小であることを理由に無視する近似を採用しているため、実形状を忠実にシミュレートする3D解析法と対比して2.5D解析法と呼ばれることもある。Hele-Shaw流れの定式化が妥当性を有する流動問題において、この2.5D解析法は、計算負荷が小さいことに加えて、3D解析では、設定が難しい薄肉の肉厚方向に対する密な要素分割を許容するため、同方向に生じる大きな速度勾配や温度勾配などを精度良く計算できるなどの利点が有る。薄肉流路内で運動する溶融樹脂の熱流動状況を定量化の目的とする場合、筆者は、2.5D解析法を、定式化上厳密な3D解析法よりも、むしろ精度が高く、計算時間も圧倒的に短い実用的解法と捉えている。また、2.5D解析法の各種長所は、フィルム肉厚の最適化というような付加価値を付与した解析を効率的に遂行する上で活かされる。本節では、Hele-Shaw流れの定式化に基づく解析手順と押出ダイの最適化を計る上で有効になるフィルム肉厚の均一化を目的とした解析法について解説する。

1.1　Hele-Shaw流れの定式化

　Henry Selby Hele-Shaw（1854-1941）は、1854年、英国で出生し、航空／自動車産業分野で活躍した研究者である[1]。彼は、戦闘機の可変ピッチプロペラの発明や以下に述べるHele-Shaw流れの定式化の発案などの実績を上げている。Hele-Shaw流れは、**図1**に示すように薄肉平板流路内に発現する流れである。

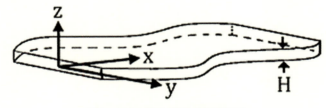

図1　Hele-Shaw流れの流動領域

第6章 フィルム成形用押出装置の解析理論とその応用展開

以下にHele-Shaw流れの定式化についての具体的な手順について解説する。ニュートンの粘性法則及び各種保存則より導かれる流体の支配方程式は、アインシュタインの縮約規約を利用して以下に示すように記述される。

運動量保存方程式：

$$\rho\left(\frac{\partial v_i}{\partial t} + v_j v_{i,j}\right) = \tau_{ij,j} - p_{,i} + \rho g_i, \tag{1}$$

質量保存方程式：

$$v_{i,i} = 0, \tag{2}$$

エネルギー保存方程式：

$$\rho C_p\left(\frac{\partial T}{\partial t} + v_i T_{,i}\right) = \left(\kappa T_{,i}\right)_{,i} + \eta \dot{\gamma}^2, \tag{3}$$

構成方程式：

$$\tau_{ij} = 2\eta D_{ij}. \tag{4}$$

ここで、ρ：密度、v_i：流速のデカルト座標 $i=1,2,3$ 成分、τ_{ij}：余剰応力テンソル成分、p：圧力、g_i：重力加速度のデカルト座標 $i=1,2,3$ 成分、C_p：定圧比熱、T：温度、κ：熱伝導率、η：粘度、$\dot{\gamma}$：ひずみ速度（変形速度テンソル D_{ij} の第2不変量）である。

樹脂粘度が高いことを理由に、粘性力と圧力勾配項が支配的に樹脂の流動状態を決定していると考えられる。従って、運動量保存方程式(1)は、当前提条件下において粘性力と圧力勾配の釣合い式に簡略化される。

$$\tau_{ij,j} = p_{,i}. \tag{5}$$

また、溶融樹脂は圧縮性を示すが、フィルム成形プロセスは、開放系における連続押出と考えられるため、非圧縮性の仮定が許容される。質量保存方程式(2)は、密度変化が無い非圧縮性流体の連続方程式とも呼ばれ、体積保存則を表現している。

樹脂粘度は、一般的に温度とひずみ速度に依存して変化する特性を有し、その特性を表現するために各種非線形粘度モデルを採用する。ニュートンの粘性法則に対応する構成方程式(4)は、樹脂の粘性挙動を妥当に表現するが、弾性挙動を表せない。断面急変部に生じる2次流れやダイ流出後のダイスウェル現象などは、粘性解析では考慮できない法線応力が、発生原因として関与しており、これら粘弾性現象を表現可能な様々な粘弾性構成方程式が考案されている。粘性解析と粘弾性解析の大きな相違は、応力の分布状態にある。例えば最も単純な一定粘度のニュートン流体とMaxwell線形粘弾性流体の平行平板流路内の定常流動状態を比較すると、流速分布は、共に有名なハーゲン・ポアズイユ（Hagen-Poiseuille）流れの放物型分布となる。一方、この定常流動の流れ方向の速度勾配が0のため、粘性流体解析では、流れ方向に対する速度勾配と粘度の積で評価される法線応力も0となるが、粘弾性解析では、正の法線応力（張力）が発生する。

この応力が、前述の粘弾性現象の駆動力となる。すなわち、せん断変形が支配的な流動状況下において、粘性流体解析法は、溶融樹脂の法線応力を正確に表現できないが、流速分布を近似評価可能な解析法と言える。フィルム成形で利用されるコートハンガーダイやスパイラルマンドレルダイ内の樹脂挙動は、この様なせん断変形が支配的な流動状況であり、Hele-Shaw流れの定式化に基づく粘性流体解析法が、その効力を発揮する。一方、ダイ流出後のフィルムインフレーションやフィルムキャスト領域での流動状況では、伸長変形が支配的になり、当定式化の前提条件が破綻する。これらの領域内の諸現象を定量化するには、本資料では解説しない粘弾性解析技術が必要になる。

図1に示した平行平板流路内の定常流動は、せん断変形が支配的な流れ場であり、以下に示すように運動量保存方程式(5)を更に簡略化することが可能になる。

$$\frac{\partial}{\partial z}\left(\eta \frac{\partial u}{\partial z}\right) = \frac{\partial p}{\partial x},$$
$$\frac{\partial}{\partial z}\left(\eta \frac{\partial v}{\partial z}\right) = \frac{\partial p}{\partial y}, \quad (6)$$
$$\frac{\partial p}{\partial z} = 0.$$

この方程式の導出にあたり、肉厚Hが面方向のスケールに比較して十分小さく、面内x,yの流速成分u,vに対して肉厚z方向の流速成分wが無視できること及び流速の肉厚方向に対する速度勾配が十分大きく、他の方向の速度勾配を相対的に無視できることを前提としている。

次に、運動量保存方程式(6)のx成分に着目する。以下に解説する内容はy方向に対しても同様である。まず、方程式内の圧力勾配を一定と考える。圧力勾配を一定とする条件は、一般性を欠くような印象があるが、実用性を損なうものでは無い。後述するように、複雑形状の薄肉流路を有限要素と呼ばれる計算単位に離散化した場合、要素内の圧力勾配は、要素毎に異なるが、要素内では一定と見なすことができる。すなわち、圧力勾配を一定とする前提は、要素単位で妥当性を有すると考えれば良いのである。この条件下で運動量方程式(6)のx成分をz方向に対して積分すると次式が得られる。

$$\tau_{xz} = \eta \frac{\partial u}{\partial z} = \left(\frac{\partial p}{\partial x}\right) z + C_1 \quad (7)$$

ここで、C_1は積分定数である。この関係式は、せん断応力τ_{xz}が、線形あるいは非線形粘度ηに関わらず、肉厚z方向に対して線形分布を示すことを意味している。

次に(7)式をz方向に対し、$z=-H/2$を起点として積分すると次式が得られる。

$$u(z) - u(-H/2) = \left(\frac{\partial p}{\partial x}\right) \int_{-H/2}^{z} \frac{z}{\eta} dz + C_1 \int_{-H/2}^{z} \frac{1}{\eta} dz \quad (8)$$

この関係式において、ダイ壁面上：$z=-H/2, H/2$で滑り無し境界条件：$u=0$を採用すると積分定数を決定することができる。すなわち、

$$C_1 = -\left(\frac{\partial p}{\partial x}\right) \int_{-H/2}^{H/2} \frac{z}{\eta} dz \Big/ \int_{-H/2}^{H/2} \frac{1}{\eta} dz \quad (9)$$

第6章 フィルム成形用押出装置の解析理論とその応用展開

となる。前述の境界条件は問題毎に適切に設定する。例えば、スクリュ内の流動解析に当定式化を適用する場合、$z=-H/2$ をスクリュ表面、$z=H/2$ をバレル表面と考える。観測系をスクリュ表面上に設定すると、スクリュ表面は固定壁面 $u=0$ となり、バレル表面はスクリュ回転とは逆向きの相対速度：$u=U_r$ で運動することになる。この場合、積分定数は、

$$C_1 = \left[U_r - \left(\frac{\partial p}{\partial x}\right) \int_{-H/2}^{H/2} \frac{z}{\eta} dz \right] \Big/ \int_{-H/2}^{H/2} \frac{1}{\eta} dz \tag{10}$$

と書き換えられる。

この様に積分定数を決定すると、(8)式を流速分布の評価式として利用できる。例えば、(8)式で粘度を一定とみなすと、両壁面上を滑り無し条件とする平板間の定常流動は、ハーゲン・ポアズイユ流れ、片壁面を移動境界と見なすスクリュ流路内の定常流動は、ハーゲン・ポアズイユ流れとクエット（Couette）流れを合成した流速分布になることが示される。

更に(8)式に $u(-H/2)=0$、$u(H/2)=U_r$ を考慮した上で z 方向（$-H/2, H/2$）区間の定積分を施す。流速分布 $u(z)$ の肉厚方向に対する積分値は流量 q_x に相当し、着目方向の平均流速 $<u>$ と肉厚 H の積に等しい。

$$\begin{aligned} q_x &\equiv <u> H \equiv \int_{-H/2}^{H/2} u(z) dz = \int_{-H/2}^{H/2} \left[\left(\frac{\partial p}{\partial x}\right) \int_{-H/2}^{z} \frac{z'}{\eta} dz' + C_1 \int_{-H/2}^{z} \frac{1}{\eta} dz' \right] dz \\ &= z \left[\left(\frac{\partial p}{\partial x}\right) \int_{-H/2}^{z} \frac{z'}{\eta} dz' + C_1 \int_{-H/2}^{z} \frac{1}{\eta} dz' \right]_{z=-H/2}^{z=H/2} - \left[\left(\frac{\partial p}{\partial x}\right) \int_{-H/2}^{H/2} \frac{z^2}{\eta} dz + C_1 \int_{-H/2}^{H/2} \frac{z}{\eta} dz \right] \\ &= U_r \left[\frac{H}{2} - \frac{\int_{-H/2}^{H/2} \frac{z}{\eta} dz}{\int_{-H/2}^{H/2} \frac{1}{\eta} dz} \right] - \left(\frac{\partial p}{\partial x}\right) \left[\int_{-H/2}^{H/2} \frac{z^2}{\eta} dz - \frac{\left(\int_{-H/2}^{H/2} \frac{z}{\eta} dz\right)^2}{\int_{-H/2}^{H/2} \frac{1}{\eta} dz} \right]. \end{aligned} \tag{11}$$

(11)式は、平行平板流路内の定常流動に対して評価される流量が牽引流量と圧力勾配流量の合成であることを意味している。

一方、エネルギー方程式では、肉厚方向の熱伝導と面内の熱対流、粘性発熱、及びダイ壁面からの熱伝達などの要因が、支配的に温度場を決定すると考える。すなわち、

$$\rho C_p \left(u \frac{\partial T}{\partial x} + v \frac{\partial T}{\partial y} \right) = \frac{\partial}{\partial z}\left(\kappa \frac{\partial T}{\partial z} \right) + \eta \dot{\gamma}^2 \tag{12}$$

と簡略化する。

これまで、説明を容易にするために、デカルト座標 (x,y) 面を平行平板面、z 方向を肉厚と見なしてきた。しかしながら、実際の成形で利用される押出ダイの流路は3Dの複雑形状である。その流路の一部に着目すれば、薄肉の平行平板流路と見なすことはできるものの、様々な方向に配向している流動面を (x,y) 面に限定することは無理がある。従って、これまで採用してきた z 方向の流速成分を無視するという前提を、着目する平行平板流路の肉厚方向 h に対する流れを無視する前提と置き換える。すなわち、3D空間内に任意に配置された平行平板流路に沿って運動する流動場を想定する。コートハンガーダイやスパイラルマンドレルダイなど流路壁面上ですべり無し境界条件を適用する場合は、任意に座標系を選択しても差し支えない。しかし、

スクリュの解析では、前述の通り、着目する計算要素毎に方向を変える回転運動の相対速度の指定が必要になるので軸方向を予め決めるのが便利である。従って、以下の解説では、z方向をスクリュ軸方向に設定する。通常、スクリュ軸は一方向に指向しており、この座標系の設定は、スクリュ解析用モデルを作成する際に、実用性を阻害する要因にならない。このような座標系を選択すると、流路を離散化した各要素内の流動場は、前述と同様の計算手順に従って、次式で表される。

$$
\begin{aligned}
<u> &= -S\frac{\partial p}{\partial x} + DU_{bx}, \\
<v> &= -S\frac{\partial p}{\partial y} + DU_{by}, \\
<w> &= -S\frac{\partial p}{\partial z}.
\end{aligned}
\tag{13}
$$

ここで、(U_{bx}, U_{by}) はバレル壁面に設定されるスクリュ回転の相対速度である。z方向を軸に設定しているため、相対速度の設定は (x,y) 面に限定される。バレル壁面に設定する相対速度を0とすれば、押出ダイ用の定式化になる。また、圧力勾配流れの寄与係数Sと牽引流れの寄与係数Dは、それぞれ粘度に関する肉厚方向の各種定積分値を利用して以下に示すように計算される。

$$
\begin{aligned}
S &= \frac{1}{H}\left(\gamma - \frac{\beta^2}{\alpha}\right), \\
D &= \frac{1}{H}\left(\frac{H}{2} - \frac{\beta}{\alpha}\right).
\end{aligned}
\tag{14}
$$

ここで、

$$
\begin{aligned}
\alpha &= \int_{-H/2}^{H/2} \frac{1}{\eta} dh, \\
\beta &= \int_{-H/2}^{H/2} \frac{h}{\eta} dh, \\
\gamma &= \int_{-H/2}^{H/2} \frac{h^2}{\eta} dh
\end{aligned}
\tag{15}
$$

である。

(13)式は、運動量保存方程式から導かれた表式である。当表式内に含まれる圧力勾配を評価するために、連続方程式(2)を肉厚方向に平均化した方程式を利用する。すなわち、

$$
\frac{1}{H}\int_{-H/2}^{H/2}\left(\frac{\partial u}{\partial x} + \frac{\partial v}{\partial y} + \frac{\partial w}{\partial z}\right)dh = \frac{\partial <u>}{\partial x} + \frac{\partial <v>}{\partial y} + \frac{\partial <w>}{\partial z} = 0
\tag{16}
$$

と変換した表式に(13)式を代入すると、

$$
\frac{\partial}{\partial x}\left(S\frac{\partial p}{\partial x}\right) + \frac{\partial}{\partial y}\left(S\frac{\partial p}{\partial y}\right) + \frac{\partial}{\partial z}\left(S\frac{\partial p}{\partial z}\right) = \frac{\partial}{\partial x}(DU_{bx}) + \frac{\partial}{\partial y}(DU_{by})
\tag{17}
$$

が得られる。この方程式は、圧力方程式とも呼ばれ、境界条件として圧力規定あるいは流量規定の境界条件を課せることにより、樹脂流動場内の圧力分布を求めるための基礎方程式となる。

Hele-Shaw流れの定式化に基づく解析法において、離散化連立方程式の未知量になるのは、

第6章　フィルム成形用押出装置の解析理論とその応用展開

エネルギー方程式(12)より求められる温度Tと圧力方程式(17)から求められる圧力pの2変数である。一方、標準的な3D解析では、流速ベクトル成分(u,v,w)と圧力p、及び温度Tの計5変数が未知量となる。また、運動量保存方程式と連続方程式を連成させて解析する必要のある高粘性流動解析向きの3D解析法では、流速変数の補間関数の次数を圧力変数よりも高く設定するか、あるいは同次数の補間関数を採用した際に計算される圧力振動を抑制するためにPSPG（Pressure-Stablized Petrov-Garlerkin）と呼ばれる安定化技法を採用する必要がある。

Hele-Shaw流れの定式化に基づく解析法では、標準的な3D解析法と比較し、未知量の低減に加えて、圧力方程式(17)が数値解析的取り扱いの容易な楕円型偏微分方程式で記述されることが、計算負荷の低減や計算時間の短縮化に大きく寄与する。

以下に圧力方程式(17)やエネルギー方程式(12)を解析するための具体的な計算方法について解説する。

図2に示すように各種押出ダイやスクリュを有限要素と呼ばれる計算単位に離散化する。

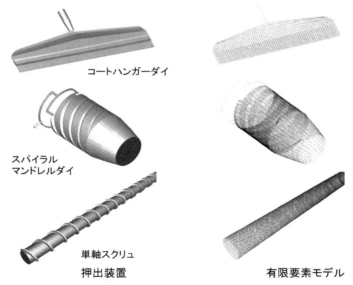

図2　各種押出装置に対する有限要素モデル

押出ダイに対する有限要素は流路の中立面上、スクリュに対してはバレル壁面上に定義している。各有限要素は、3D空間内に配置された3角形や4角形である。3D解析法で採用される要素は3角柱や4角柱となり、要素形状が流路形状を直接表現するが、ここで採用している3角形や4角形要素は、要素形状が流路形状と一致せず、肉厚を要素に付帯させた数値情報として管理する。

図3に示すようにデカルト(x,y,z)空間内に任意の方向に配向している4角形要素で表現される領域を正規化された局所直交計算座標空間(ξ,η,ζ)へ写像する。

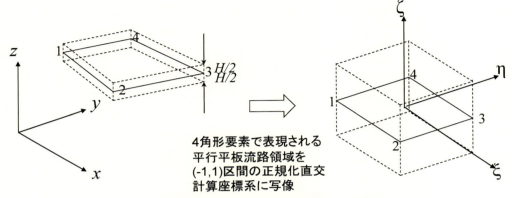

図3 有限要素内領域の正規化計算座標系への写像

この変換処理は、3D解析法と類似しているが、以下に述べるように要素内の補間（形状）関数の設定が両者間で異なる。4角形要素で表される領域(x,y,z)や圧力pは、要素頂点に配置した節点α $(\alpha=1\sim4)$の座標$(x_\alpha,y_\alpha,z_\alpha)$と圧力変数$p_\alpha$を利用し、それぞれ以下に示すように補完する。

$$x=\phi_\alpha x_\alpha+\frac{H}{2}n_x\zeta,\quad y=\phi_\alpha y_\alpha+\frac{H}{2}n_y\zeta,\quad z=\phi_\alpha z_\alpha+\frac{H}{2}n_z\zeta,$$
$$p=\phi_\alpha p_\alpha.$$
(18)

ここでは、要素面内座標に対する局所座標を(ξ,η)、肉厚方向をζとし、要素面の肉厚方向単位法線ベクトルを(n_x,n_y,n_z)、肉厚をHとしている。また、形状関数は、次式で与えられる。

$$\phi_1=\frac{1}{4}(1-\xi)(1-\eta),$$
$$\phi_2=\frac{1}{4}(1+\xi)(1-\eta),$$
$$\phi_3=\frac{1}{4}(1+\xi)(1+\eta),$$
$$\phi_4=\frac{1}{4}(1-\xi)(1+\eta).$$
(19)

当定式化について特筆すべき点は、要素内補間関係式(18)において要素内座標が要素面と肉厚方向の直交性を前提として補間されていること及び圧力の肉厚方向ζの依存性が無視されていることである。まず、座標補間式において、$\zeta=0$が要素領域の中立面、$\zeta=-1,1$は平行平板流路の両壁面に対応していることは容易に理解されるであろう。また、牽引流れの寄与を除き、平均流速は、該当方向に生じる圧力勾配に比例して決定されるため、圧力の補間表式で肉厚ζの依存性を無視する操作は、同方向に対する平均流速を0とすることと等価となる。

このような形状関数の設定は異なるが、基礎方程式(17)の離散化手順は、3D解析法と同様である。補間関数を重み関数とした重み付き残差法を適用すると、基礎方程式(17)は以下に示すように離散化される。

$$\iiint_{\Omega_e}\phi_\alpha\left[\frac{\partial}{\partial x}\left(S\frac{\partial p}{\partial x}\right)+\frac{\partial}{\partial y}\left(S\frac{\partial p}{\partial y}\right)+\frac{\partial}{\partial z}\left(S\frac{\partial p}{\partial z}\right)\right]d\Omega-\iiint_{\Omega_e}\phi_\alpha\left[\frac{\partial}{\partial x}\left(DU_{bx}\right)+\frac{\partial}{\partial y}\left(DU_{by}\right)\right]d\Omega=0 \quad (20)$$

ここでΩeは有限要素eが占める体積積分領域である。

更に重み付き残差方程式(20)を部分積分すると、

$$\begin{aligned}&\iint_{\Gamma_e}\phi_\alpha\left[l_x\left(S\frac{\partial p}{\partial x}-DU_{bx}\right)+l_y\left(S\frac{\partial p}{\partial y}-DU_{by}\right)+l_z\left(S\frac{\partial p}{\partial z}\right)\right]d\Gamma\\&-\iiint_{\Omega_e}S\left(\frac{\partial\phi_\alpha}{\partial x}\frac{\partial\phi_\beta}{\partial x}+\frac{\partial\phi_\alpha}{\partial y}\frac{\partial\phi_\beta}{\partial y}+\frac{\partial\phi_\alpha}{\partial z}\frac{\partial\phi_\beta}{\partial z}\right)d\Omega p_\beta^e+\iiint_{\Omega_e}\left(\frac{\partial\phi_\alpha}{\partial x}DU_{bx}+\frac{\partial\phi_\alpha}{\partial y}DU_{by}\right)d\Omega=0\end{aligned} \quad (21)$$

と変形され、以下に示す要素eの節点βに定義される圧力変数$p_\beta e$に対する連立方程式が得られる。ここで、Γ_eは有限要素が占める体積の表面境界領域、(l_x,l_y,l_z)は表面境界領域の単位法線ベクトルである。(13)式を考慮すると、(21)式の左辺第1項は、要素境界を通過する流量に相当することが解る。正確には、節点αを含む4角形要素の2つの構成辺の中点までの範囲が形成する境界面を通過する流量に等しい。内部領域では、この項は隣接する要素の寄与と相殺されることになるため、考慮する必要は無い。境界上に流量規定の節点が指定されている場合は、その境界値をこの項に設定することになる。一方、条件が何も設定されていない境界は、境界を通過する流量が0と見なされる。圧力が規定されている境界では、流量が計算され、逆に流量が規定されている境界では、圧力が計算されることになる。第3項は、スクリュ回転がもたらす牽引流れの流量寄与を表しており、押出ダイの場合は不要である。

$$S_{\alpha\beta}^e p_\beta^e + Q_\alpha^e = C_\alpha^e \quad (22)$$

ここで、

$$\begin{aligned}S_{\alpha\beta}^e&=S_e\iiint_{\Omega_e}\left(\frac{\partial\phi_\alpha}{\partial x}\frac{\partial\phi_\beta}{\partial x}+\frac{\partial\phi_\alpha}{\partial y}\frac{\partial\phi_\beta}{\partial y}+\frac{\partial\phi_\alpha}{\partial z}\frac{\partial\phi_\beta}{\partial z}\right)d\Omega,\\Q_\alpha^e&=\iint_{\Gamma_e}\phi_\alpha[l_x<u>+l_y<v>+l_z<w>]d\Gamma,\\C_\alpha^e&=D_e U_{bx}^e\iiint_{\Omega_e}\frac{\partial\phi_\alpha}{\partial x}d\Omega+D_e U_{by}^e\iiint_{\Omega_e}\frac{\partial\phi_\alpha}{\partial y}d\Omega\end{aligned} \quad (23)$$

である。S_eとD_eは要素eの重心位置で定義され、(14)式を用いて計算される。また、(U_{bx}^e,U_{by}^e)は要素eの重心位置バレル壁面上に設定されるスクリュ回転の相対速度である。

要素eの連立方程式(22)に着目すると、$\Sigma\phi_a=1$の関係より

$$\sum_{\alpha=1}^4 Q_\alpha^e=\sum_{\alpha=1}^4(-S_{\alpha\beta}^e p_\beta^e + C_\alpha^e)=0 \quad (24)$$

が成立することが証明できる。この関係式は、要素に流入出する流量の総和が0であることを意味し、非圧縮性流体の質量保存則を表現している。連立方程式(22)から評価される圧力が如何なる値であろうと、当定式化では、質量保存則が正確に満足されるのである。更に、計算された圧力と(13)式を利用して評価される流動場は、運動量保存則も満たしている。

以上の定式化に基づいて解析プログラムを実際に作成する作業は、手間を要するものの単純である。例えば、(23)式の係数行列を評価するための体積積分は、以下に示すように計算座標系に変換した表式で評価する。

$$
\begin{aligned}
S_{\alpha\beta}^e &= S_e \iiint_{\Omega_e} \left(\frac{\partial \phi_\alpha}{\partial x}\frac{\partial \phi_\beta}{\partial x} + \frac{\partial \phi_\alpha}{\partial y}\frac{\partial \phi_\beta}{\partial y} + \frac{\partial \phi_\alpha}{\partial z}\frac{\partial \phi_\beta}{\partial z} \right) d\Omega \\
&= S_e \int_{-1}^1 \int_{-1}^1 \int_{-1}^1 \left(\begin{array}{l} \left(\frac{\partial \xi}{\partial x}\frac{\partial \phi_\alpha}{\partial \xi} + \frac{\partial \eta}{\partial x}\frac{\partial \phi_\alpha}{\partial \eta} \right)\left(\frac{\partial \xi}{\partial x}\frac{\partial \phi_\beta}{\partial \xi} + \frac{\partial \eta}{\partial x}\frac{\partial \phi_\beta}{\partial \eta} \right) \\ + \left(\frac{\partial \xi}{\partial y}\frac{\partial \phi_\alpha}{\partial \xi} + \frac{\partial \eta}{\partial y}\frac{\partial \phi_\alpha}{\partial \eta} \right)\left(\frac{\partial \xi}{\partial y}\frac{\partial \phi_\beta}{\partial \xi} + \frac{\partial \eta}{\partial y}\frac{\partial \phi_\beta}{\partial \eta} \right) \\ + \left(\frac{\partial \xi}{\partial z}\frac{\partial \phi_\alpha}{\partial \xi} + \frac{\partial \eta}{\partial z}\frac{\partial \phi_\alpha}{\partial \eta} \right)\left(\frac{\partial \xi}{\partial y}\frac{\partial \phi_\beta}{\partial \xi} + \frac{\partial \eta}{\partial z}\frac{\partial \phi_\beta}{\partial \eta} \right) \end{array} \right) \det(\mathbf{J}) d\xi d\eta d\zeta
\end{aligned}
\quad (25)
$$

ここで、ヤコビアン行列 $\mathbf{J}$ や各種メトリックスは、以下の関係と座標補間式(18)を利用して計算できる。

$$
\begin{pmatrix} dx \\ dy \\ dz \end{pmatrix} = \begin{pmatrix} \frac{\partial x}{\partial \xi} & \frac{\partial x}{\partial \eta} & \frac{\partial x}{\partial \zeta} \\ \frac{\partial y}{\partial \xi} & \frac{\partial y}{\partial \eta} & \frac{\partial y}{\partial \zeta} \\ \frac{\partial z}{\partial \xi} & \frac{\partial z}{\partial \eta} & \frac{\partial z}{\partial \zeta} \end{pmatrix} \begin{pmatrix} d\xi \\ d\eta \\ d\zeta \end{pmatrix} = \mathbf{J} \begin{pmatrix} d\xi \\ d\eta \\ d\zeta \end{pmatrix},
$$

$$
\begin{pmatrix} \frac{\partial \xi}{\partial x} & \frac{\partial \xi}{\partial y} & \frac{\partial \xi}{\partial z} \\ \frac{\partial \eta}{\partial x} & \frac{\partial \eta}{\partial y} & \frac{\partial \eta}{\partial z} \\ \frac{\partial \zeta}{\partial x} & \frac{\partial \zeta}{\partial y} & \frac{\partial \zeta}{\partial z} \end{pmatrix} = \mathbf{J}^{-1}.
$$
(26)

　このように計算空間への座標変換を行った(25)式は、$(-1, 1)$ 区間の3重定積分表式となる。肉厚 ζ 方向の積分は、解析的に容易に計算できる。面方向（ξ, η）に関する2重積分は、Gauss-Legendre数値積分公式[2]を利用して計算可能である。当公式によれば、以下に示すように2重定積分を2重ループの加算形式に置き換えることができる。数値積分といえども、n 次の積分公式を利用すれば、$2n-1$ 次の多項式の正確な積分値が得られる。

$$
\int_{-1}^1 \int_{-1}^1 f(\xi, \eta) d\xi d\eta = \sum_{j=1}^n \sum_{i=1}^n w_j w_i f(X_i, X_j) \quad (27)
$$

　ここで、w_i は重み、X_i は分点と呼ばれる。様々な次数についてのこれらの値の一覧を表1に示す。ここで採用した補間関数の積分では、3次（$n=3$）の公式を利用すれば、十分な精度で係数行列を計算することができる。

表1 Gauss–Legendre積分公式のパラメータ

Number of points(n)	Weights(w_i)	Points(X_i)
1	2	0
2	1	$\pm\sqrt{1/3}$
3	8/9	0
	5/9	$\pm\sqrt{3/5}$
4	$(18+\sqrt{30})/36$	$\pm\sqrt{3/7-2/7\sqrt{6/5}}$
	$(18-\sqrt{30})/36$	$\pm\sqrt{3/7+2/7\sqrt{6/5}}$
5	128/225	0
	$(322+13\sqrt{70})/900$	$\pm\sqrt{1/3\ 5-2\sqrt{10/7}}$
	$(322-13\sqrt{70})/900$	$\pm\sqrt{1/3\ 5+2\sqrt{10/7}}$

(14)式に示したように、圧力勾配流れや牽引流れの寄与係数を求めるには、粘度に関わる肉厚方向の定積分値を計算する必要がある。肉厚方向の粘度分布を求めるには、同方向の速度勾配と温度分布を計算する必要がある。このため、各要素には、肉厚方向に対して差分格子を付帯させて、層毎に流速、ひずみ速度、粘度、及び温度を評価する。この差分格子に対する計算処理を要する点が、単純な2D解析とは異なる。簡略化されたエネルギー方程式(12)は、肉厚方向に層状に配置された格子情報を利用し、有限差分法に従って離散化する[3]。肉厚方向のみの熱伝導を考慮しているため、離散化方程式の熱伝導項の係数行列は、容易に解析可能な三重対角行列で表現される。しかし、熱対流項は、面方向の要素隣接関係より決定されるため、全体系に対する連立方程式の解析を要する。従って、要素隣接関係から風上差分法を用いて評価される熱対流項を、発熱項と見なした三重対角方程式をSOR(Successive Over Relaxation)法を利用して解析し、全体系の温度分布を評価する。以上の定式化に基づく計算フローを図4に示す。

以上の定式化は、平行平板流路として近似表現可能な流動領域に対して有効である。コートハンガーダイの上流側に配置されるランナー部やマニフォールド部、及びスパイラルマンドレルダイのスパイラルチャネルなどの流動領域は、流体支配方程式を軸対称円柱座標系に変換した後、同様の定式化手順に従って得られる以下に示す圧力勾配流れの寄与係数Sを(14)式に代えて利用する方が良い。

$$S=\frac{1}{R^2}\int_0^R \frac{r^3}{2\eta}dr \tag{28}$$

これらの領域を、短冊状に分割し、肉厚の異なる平行平板流路の集合体として表現すると、如何に分割数を増加させても流動特性が正確に表現できないからである。理論的に、平行平板流路の集合体で表現する円管の流動抵抗は、元になる円管の流動抵抗を過少評価することが証明できる。

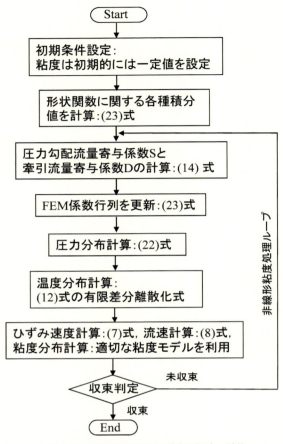

図4　Hele-Shaw流れ定式化に基づく解析法の計算フロー

　実際の流路断面が、円管から外れた場合、次式で定義される等価水力半径を円管半径Rと見なせば良い。

等価水力半径＝2×断面積/周長　　　　　　　　　　　　　　　　　　　　　　　(29)

　コートハンガーダイの上流側に配置されるランナー部は、等価水力半径情報を付帯させた線（ビーム）要素で離散化する。一方、コートハンガーダイのマニフォールド部やスパイラルマンドレルのスパイラルチャネル部を等価水力半径のビーム要素で表現することは無理があるため、他の領域と同様、短冊状の平行平板流路の集合体で表現するが、前述の問題を解消するために、等価水力半径モデルと特性が一致するように圧力勾配流れの寄与係数を補正して利用する。

1.2　フィルム肉厚最適化解析法

　スパイラルマンドレルやコートハンガーダイを利用してフィルムを製造する場合、フィルム肉厚の均一性を高めることは、工学的に重要視される追求課題である。特にコートハンガーダイには、TD(Transverse Direction)方向に対する流路クリアランスの調整機構やダイ壁面を温

第6章 フィルム成形用押出装置の解析理論とその応用展開

調するヒータの制御機構が装備されていることが多く、現場の成形技術者が、試行錯誤の中でこれら調整機構を最適に制御し、品質の高いフィルムを製造している。

単純化されたコートハンガーダイに対し、均一肉厚のフィルムを製造するための条件を解析的に求めることができる[4]。

まず、溶融樹脂の粘度特性を等温指数則モデルで表現する。

$$\eta = \eta_0 \dot{\gamma}^{n-1}. \tag{30}$$

ここで、η_0 はモデル定数、$\dot{\gamma}$ はひずみ速度、指数 n は粘度の非線形性を表すモデル定数である。一般的に樹脂粘度は、ひずみ速度の増加に伴って低下する傾向を示す。この傾向は、ずり流動性と呼ばれている。従って、$n<1$ のモデル定数で粘度のひずみ速度依存性を表現できる場合が多い。

更に、コートハンガーダイのマニフォールド部の断面形状を TD(x) 方向に対して一定のスロープ角度 θ を持つ半径 R の円径断面流路に単純化し、その幅を W、下流側プリランドの肉厚を H_p とする。これらの条件下において、均一流出を満たすマニフォールドの半径分布 $R(x)$ 及びスロープ角度 θ は、それぞれ以下に示すように解析的に求められる。

$$\begin{aligned} R(x) &= R(0)\left(1-\frac{x}{W}\right)^{\frac{n}{3n+1}}, \\ \sin\theta &= \left(\frac{3n+1}{2\pi(2n+1)}\right)^n \frac{W^n H_p^{2n+1}}{R(0)^{3n+1}}. \end{aligned} \tag{31}$$

(31)式が意味するのは、均一肉厚のフィルムを製造するために最適とされるマニフォールド形状が、粘度のずり流動性を表現する指数 n に依存して変化するということである。すなわち、粘度は、樹脂毎に異なるため、最適とされる押出ダイも樹脂毎に用意すべきという結論になる。

しかしながら、実際の成形プロセスでは、生産コストの低減が要求されるため、樹脂毎に異なる最適な押出ダイを準備することは難しく、成形技術者が、限られた押出ダイを巧みに調整し、製品品質の向上に苦心するというのが実情であろう。

本節で解説するフィルム肉厚の最適化解析法は、コンピュータシミュレーションを通じて、既存の押出ダイに対して、成形技術者が苦心して推定している流路クリアランスやヒータの最適制御条件を合理的に予測することを目的としている。つまり、理想とされる押出ダイの形状を予測するのでは無く、既存の押出ダイを有効に利用するための最適制御条件の合理的な推定を狙いとしている。

フィルム肉厚の均一性が確保されなかった場合の手段は、前述した通り、TD方向に対して流路クリアランスやヒータを最適制御することである。最適化解析分野の表現に習い、これらの制御情報を設計変数と呼ぶことにする。最適化解析では、この設計変数に依存して変化する目的関数と呼ばれる計算量を定義し、様々な技法を利用して、最適とされる目的関数値を実現する設計変数が推定される。ここで興味の対象になる目的関数 Obj は、以下に定義されるようなダイ流出口における溶融樹脂の流出速変動量である。

$$Obj \equiv 100 \frac{V_{\max} - V_{\min}}{V_{ave}} (\%) \tag{32}$$

ここで、$V_{max}, V_{min}, V_{ave}$は、それぞれ、溶融樹脂のダイ流出口における最大、最小、TD方向の平均流速を表す。

最適化解析法のアルゴリズムとしては、ロバストな運用に耐え、且つ設計変数と目的関数の関係を把握し易いTEM(Trial & Error Method)を採用する。この計算アルゴリズムでは、設計変数の現行条件と解析者が提案する変更条件の双方を与え、両条件を適切に補間した各条件下において目的関数の値を逐次評価し、最適条件を検索する。巧妙な最適化解析ツールでは、洗練された計算アルゴリズムを採用することで、解析者に課せる一連の作業を極力省略し、自動的に最適解を検索できることが多い。解析者が作業に煩わされること無く、数学的に厳密な最適化理論に基づく解を得られることは、大いに魅力的である。しかしながら、本節で解説する最適化解析法では、数学的に厳密な最適解を得ることを目的とするのでは無く、解析者がダイの特性を把握しながら、より良い条件を模索する作業を支援することを目的としている。解析者が適切でない変更条件を設定すると、問題が悪化するとの答えが得られるのである。最適条件を見出せるか否かは、解析者の知恵に依存している。

TEMを解説するための題材として、コートハンガーダイの壁面を均一200℃で温調する条件を採用した場合に、ダイセンター部のフィルム肉厚がエッジ部と比較して厚肉に評価された状況を想定する。もし、ヒータの温調条件を制御してダイのTD方向に対する温度勾配を設定する手段があれば、成形技術者は、ダイセンター部の流出速度を抑制させるために、エッジ部よりもセンター部の設定温度を相対的に低下させることを考えるであろう。しかし、低下させるべき温度の具体的な数値を予め知ることは容易では無く、試行錯誤的に温度を調整することになる。TEMを利用し、この試行錯誤をコンピュータシミュレーションに置き換える。例えば、温度低下量を30℃と仮定し、TEMの試行計算回数を10回とする。TEMを実装した解析ツールは、3℃毎に温度低下量を変化させたケーススタディを自動的に遂行し、目的関数値を評価する。本例では、設計変数は温度低下量、目的関数は(32)式で定義された流出速変動量である。設計変数の変更条件が妥当な設定であれば、図5に示すような設計変数と目的関数の関係が求められ、解析者は最適な設計変数を推定することができる。

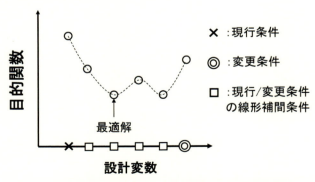

図5　最適化解析で評価される設計変数と目的関数の関係

最初の解析では、設計変数の変更条件を大雑把に設定するのが良い。前例では、TD方向に対して適当な一定勾配を持つ線形温度分布を設定する。最適化条件として算出される結果を分析し、解析者が更に好ましいと考える変更条件を採用し、再度、最適化解析を実施して、より良い最適化条件の検索を試みる。更に好ましい変更条件を設定する上での具体的な考え方については、後述するコートハンガーダイの最適化解析例において解説する。

一方、流路クリアランスを変化させる最適化解析を行う場合は、解析モデルの形状を変化させることになるため、通常は、流体解析ツールとメッシュ生成ツール及び各ツールを合理的に制御する最適化ツールを連成させる大掛かりな仕組みが必要になる。前節で解析したHele-Shaw流れの定式化に基づく流体解析法を利用すると、流路クリアランスの変化は、要素に数値情報として付帯させた肉厚情報を更新することで対応でき、メッシュの切り直しを行う必要が無いため、このような大掛かりな仕組みを要しない。計算負荷の小さいHele-Shaw流れの定式化に基づく解析法とTEMに基づく最適化解析法を組み合わせることにより、計算処理時間が短く、運用も容易な実用的最適化解析ツールを構築することが可能である。

2. フィルム成形用押出装置の数値シミュレーション

2.1 3Dシミュレーションの限界

数値シミュレーションに際して解析者を最も煩わせる作業は、モデルの作成作業である。現在、複雑な形状を効率的にモデリングするための3D CADが普及しているが、その運用には専門的な技術が要求され、専任者が作業を担っているというのが実情であろう。また、複雑な形状になれば、多くの時間をCAD情報の作成に費やすことも否めない。更に解析を実施するには、CAD情報を元に離散化モデルを作成する必要がある。現在、3D CAD情報を元に自動的に離散化要素を作成する優れた商用及び非商用の専用ツールが多数存在する。例えば、Netgenというオープンソフトウェア[5]は、インターネットから自由にダウロード可能なテトラ要素自動生成プログラムである。ダイの形状が3D CADのSTLファイル形式で準備されていれば、当ソフトにその情報を入力することで、図6に示すように容易に3D解析用のテトラ要素が作成できる。

この解析モデルは、200万以上のテトラ要素で構成されているが、廉価版PC環境下でも数分程度で熱流動解析を遂行可能である。このような3D解析は、CADの情報を有効活用できるメリットや定式化上の厳密性、解析結果と実現象の対比の容易さなどを理由に多くの分野で普及している。

しかしながら、このコートハンガーダイに限らず、多くの押出装置の流路は、薄肉形状を特徴としている。前節の解析理論の解説でも述べたように、樹脂流動の解析では、せん断ひずみ速度や温度に依存する非線形粘度の取り扱いが重要である。このため、肉厚方向に生じるひずみ速度分布や温度分布を正確に扱うことが、精度を確保する上で重要になるが、3D解析では離散化要素の数が膨大になることを避けて、肉厚方向の分割数を低く設定している例を多く見かける。前述の200万テトラ要素分割モデルでも、最薄肉部のリップランドを肉厚方向に対して4分割に設定しており、計算精度を追及するには不十分である。もし、該当部分の肉厚方向の分

割数を2倍に採れば、自動作成される3D解析モデルの特徴として、全体のメッシュ分割数は、8倍程度になり、要素数は1千万を軽く越える規模になる。大規模モデルを解析対象とすることが重要視される局面もあるが、そのような解析は、解析業務を専門とする専任者に委ねたい。

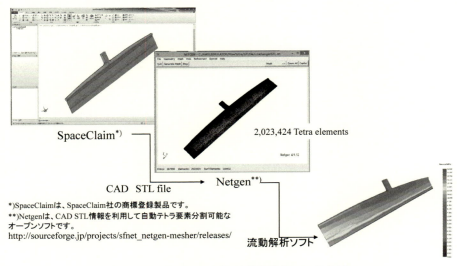

図6 コートハンガーダイ内樹脂流動の3D解析例

2.2 コートハンガーダイ
2.2.1 解析モデル作成法

ここで採用する解析法は、1節で解説した2.5D解析法である。3D CAD情報を当解析法に活かすには、CADで定義された3D流路の中立面上に離散化要素を作成し、要素毎に肉厚情報を付帯させる必要がある。汎用的な解析モデルに対して、中立面上の離散化要素を作成する作業を完全自動化することは難しく、CAD情報の加工に多くの作業時間を費やすことが当解析法の実用性を低下させる要因になっている。CAE（Computer Aided Engineering）の実用性を向上させるには、解析を担うソルバーの性能向上は無論のこと、メッシュ生成作業や解析結果の図化作業に関わるプリ/ポストプロセッサの操作性を高める必要がある。2.5D解析用中立面要素の自動生成技術の実現は困難であるが、問題を限定することで、中立面要素の作成作業を大幅に低減する問題向きプリプロセッサの構築は可能である。以下にコートハンガーダイを題材とし、問題向きプリプロセッサを利用した解析モデルの作成手順について解説する。

まず、図7に示す入力フォームに解析モデルの代表的なスケール情報を数値指定する。このような入力フォームを問題向きテンプレートと呼んでいる。

第6章　フィルム成形用押出装置の解析理論とその応用展開

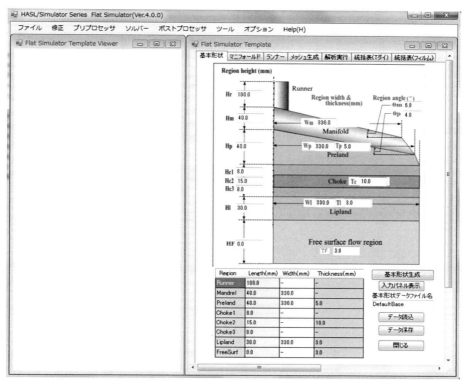

図7　コートハンガーダイ解析モデル作成用テンプレート入力フォーム

　本例では、流動領域のTD方向の幅、MD方向の長さ、マンドレル領域の傾き角度などを基本的な形状パラメータとしてテンプレートに入力する。成形技術者であれば、これらの形状パラメータの設定は容易であろう。

　図8に示すように、これらの形状パラメータ情報を利用し、解析モデルのTD/MD断面内の大まかな輪郭形状が定義できる。この輪郭形状は、NURBS（Non-Uniform Rational Basis Spline）曲線で表現されており、図内のポイントで示される制御点を数値指定あるいはマウス操作に従って移動させることで任意に変形できる。本例では、当機能を利用し、樹脂の滞留を抑制するために多くの実用ダイで採用されているマンドレルエッジコーナー部のRを表現している。このように、基本的な形状パラメータで容易に作成されるラフデザインに対し、必要に応じて自由な変形を許容する機能を付加することで、様々な形態のコートハンガーダイに対する適用性を高めることができる。

　次にコートハンガーダイの肉厚方向の形状情報を領域毎に付加する。上流側マンドレル部やランナー部には、用途に応じて様々な断面形状が採用されている。テンプレートには、これらの領域の流路断面形状を数値パラメータで定義可能な機能が実装されている。

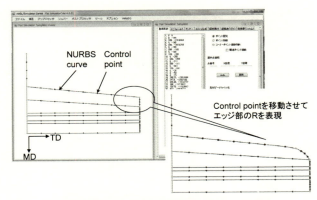

図8　解析モデルTD/MD断面内輪郭形状の作成

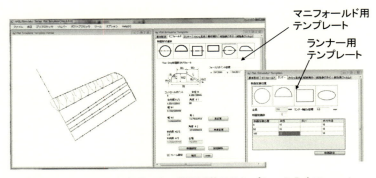

図9　マニフォールドとランナー断面形状のテンプレート入力フォーム

　最後に、領域毎に要素分割数を適切に設定することで、図10に示すような解析モデルが作成される。ここでは、解析モデルを3D表現しているが、解析で利用する図2に示したような中立面上離散化要素も同時に作成される。このように問題を限定することで、誰もが容易に且つ短時間で2.5D解析用中立面要素を作成可能なプリプロセッサが実用化されている。

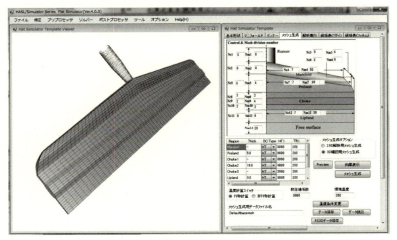

図10　コートハンガーダイ解析用モデルの3D表示

2.2.2 材料物性設定法

樹脂粘度の実測データは、コーンプレートやキャピラリーレオメータなどの測定機器を利用し、様々な温度レベルや広範なせん断ひずみ速度領域に対して収集される。収集された実測データをフィッティングツールに入力し、適切な非線形粘度モデルを選択して、粘度特性をモデルフィットする。こうして決定された非線形粘度モデルのパラメータを、熱流動解析プログラムの入力情報とする。その他、密度、比熱、熱伝導率などの情報を材料物性として設定する。

粘度フィッティングツールは、市販樹脂流動解析ソフトに標準装備されている。また、代表的な樹脂の材料物性は、データベース化されて利用者に提供されることが多い。図11に示す粘度フィッティングツール Material fit[6]は、インターネットより無償ダウンロード可能なオープンソフトウェアである。

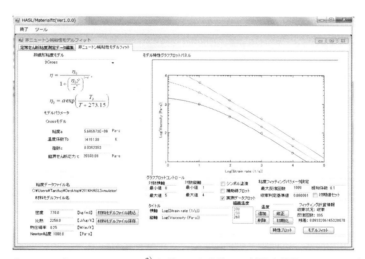

図11　オープンソフトウェア Material fit[6] を利用した定常せん断粘度特性の Cross モデルフィット

2.2.3 コートハンガーダイ内樹脂流動解析

コートハンガーダイの成形条件としては、ダイ壁面の温調条件、押出量、及びランナー流入口における樹脂温度などの情報を設定する。前述した解析モデル、材料物性、及び成形条件の他、解析プログラムを運用する際に必要になる反復計算回数や収束判定基準値などの各種計算条件を設定すれば、解析に際しての入力情報は全て整ったことになる。これらの情報を入力して熱流動解析プログラムを実行することで、図12に示すような各種解析結果が得られる。本解析モデルでは、流路肉厚方向に20層の要素分割を採用しており、同方向に生じる大きな速度勾配や温度勾配を十分な精度で捉えられる。1節で解説した Hele-Shaw 流れの定式化に基づく解析法の計算効率は、極めて高く、この程度の規模の解析モデルであれば、廉価版PC環境下において5秒以内の計算時間で解析可能である。実測が困難な流路内任意位置での圧力、温度、流速、せん断応力、及び滞留時間などの情報を詳細に定量化できることが、コンピュータシミュレーションの大きな利点である。

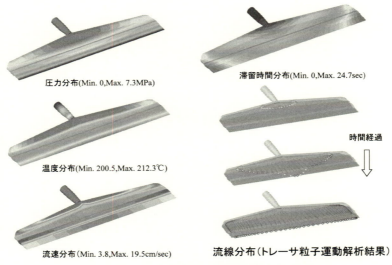

圧力分布(Min. 0,Max. 7.3MPa)
滞留時間分布(Min. 0,Max. 24.7sec)
温度分布(Min. 200.5,Max. 212.3℃)
時間経過
流速分布(Min. 3.8,Max. 19.5cm/sec)
流線分布(トレーサ粒子運動解析結果)

図12　コートハンガーダイ内樹脂熱流動解析結果

2.2.4 コートハンガーダイ最適化解析

　樹脂熱流動解析より評価されるダイ流出位置における流速分布は、コートハンガーダイを利用して製造されるフィルムやシートのTD方向肉厚分布の均一性を高める上で、重要な定量化情報となる。前節で紹介したコートハンガーダイの解析結果では、ダイセンター部の流出速がエッジ部よりも相対的に高く、(32)式で定義した流速変動量が15%を上回り、改善が要求される。1.2節で解説したように、この変動量を低減するには、TD方向に対する温度分布や流路クリアランス分布を適切に制御することが必要である。本節では、コートハンガーダイの上流側に装備された流路クリアランスの調整機構（チョーク）の最適制御条件の推定例を紹介する。

　チョーク部の初期クリアランスは、TD方向に均一3mmに設定されている。ダイセンター部の流速分布を抑制するには、ダイエッジ部の流路クリアランスをセンター部よりも相対的に拡張することが有効になることは容易に予測されるが、適切な拡張量の具体的な数値は不明である。従って、1st stepの最適化解析では、エッジ部の流路クリアランスを1mm増加させた4mmに設定した。当条件を採用した最適化解析の10回の反復計算で予測される変動量は図13内に示すように推移する。予想通りエッジ部流路クリアランスの拡張は、変動量の低減に有効となり、5回目の反復計算条件下で変動量を5%未満に低減する最適制御条件を見出すことに成功した。

　こうして算出された1st stepの最適化制御条件を元に、更に変動量を低減化する条件を模索する。より好ましい条件を推定するには、ダイ流出口における流速分布傾向に着目することが重要である。1st stepの最適化条件下で計算される流出速は、図14内に示されるようにダイセンター部近傍では上に凸、逆にエッジ部では下に凸の分布傾向を呈している。図13内に示される2nd stepの最適化解析の変更条件では、1st stepの最適化条件を元に、このような流速変動傾向を相殺する向きに流路クリアランスを微調整している。当条件下で2nd stepの最適化解析を行うと、予想通りに変動量は低減され、8回目の反復計算条件下で変動量を1%未満に低減する更

第6章　フィルム成形用押出装置の解析理論とその応用展開

に良好な最適化条件を見出すことができる。このように、解析結果の特徴を分析しながら最適化解析を逐次実施することで、解析者は、より好ましい制御条件の推定できる。本解析例では、2stepの最適化解析を試行し、各stepの反復計算回数を10回としている。計算所要時間は、試行回数と反復計算回数の積に比例して増加するが、本解析例の場合、1条件当たりの計算所要時間が5秒未満のため、トータルの計算時間も100秒未満に過ぎない。最適化解析を快適に遂行するには、計算時間の短縮に加えて、解析者が容易に最適化条件を加筆修正可能なGUI（Graphic User Interface）を準備することも重要になる。問題を限定することにより、操作性の優れた最適化解析用GUIを実現することは、難しくない。

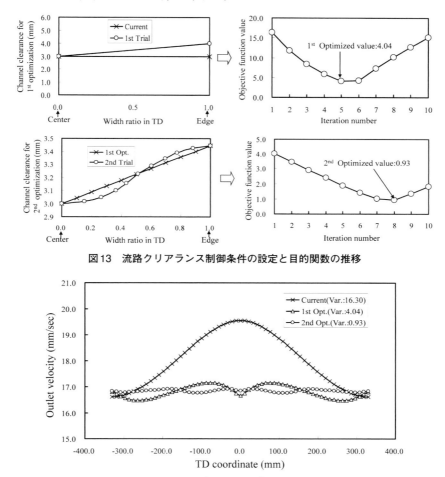

図13　流路クリアランス制御条件の設定と目的関数の推移

図14　ダイ流出速分布の現行、1st最適化、2nd最適化条件下解析結果の比較

2.3　スパイラルマンドレルダイ
2.3.1　解析モデル作成法

スパイラルマンドレルダイについても、コートハンガーダイと同様、問題向きプリプロセッサを開発している。解析者は、ポート数、スパイラル流路のピッチや口径、流路深さ、トーナメ

ント方式やスパイダー方式などの上流側ランナータイプ、及び下流側に装着されるダイ流路形状に対する基本的な形状パラメータを問題向きプリプロセッサのテンプレートフォームに入力し、図15に示すような解析モデルを作成できる。解析で利用される2.5D解析用モデルは、3D空間内に生成された3角形や4角形要素の集合体として表現される。3D空間内で、要素の付帯情報を編集する作業や、ポスト処理において着目する要素や節点を選択する作業には、煩わしい操作が要求される。これらの作業の軽減を目的として、2.5D解析用モデルの作成と同時に、その情報を2D平面に展開した離散化モデルを作成する。奥行きを有する3D情報と比較して、平面内に定義される2D情報の選択や編集作業は、はるかに容易である。解析者が、2D平面内に定義される加工用展開モデルの情報を簡単な操作で編集し、編集後の情報を反映した2.5D解析用モデルを自動的に再生成可能な機能を実現している。

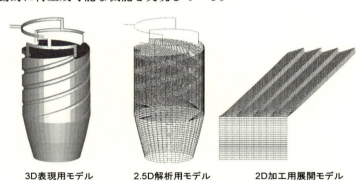

図15　スパイラルマンドレルダイ用問題向きプリプロセッサで作成した解析モデル

2.3.2 スパイラルマンドレルダイ内樹脂流動解析

　解析モデル、材料物性、成形条件、及び計算条件などの情報を入力し、解析プログラムを実行することで、数秒程度の計算時間内に図16に示すような解析結果を得ることができる。

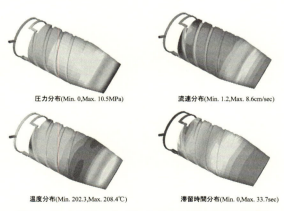

図16　スパイラルマンドレルダイ内樹脂流動解析結果

　図17、18に示すようなダイ流出口における流出速分布やスパイラルチャネルとその両端に

第6章　フィルム成形用押出装置の解析理論とその応用展開

配置された漏洩流れ領域の流量配分などの定量化情報も、スパイラルマンドレルダイの性能を把握する上で重要視される情報である。図17に示されるように、多くの場合、ダイ流出口における流出速分布には、ポート数を反映した周期的変動が観測される。この変動量を極力抑えるには、スパイラルチャネル内の主流と漏洩流れの流量配分を最適にする流路設計が必要である。図18に着目すると、本解析ケースで採用したスパイラルチャネルは、流動長250mm未満の上流側で側面に対する漏洩流れが支配的であり、250mm程度の流動長位置から下流側で、側面からの流入が生じ、チャネルに流入出する流量が、ほぼ釣合い状態になることが解る。尚、図内のOutflowとInflowは、それぞれスパイラルチャネルの側壁を通じて、同チャネル内に流入と流出する流量寄与を表す。

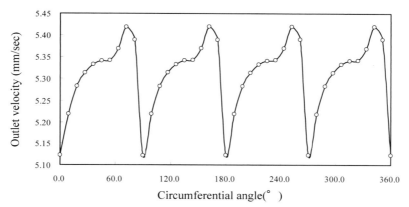

図17　ダイ流出速分布に観察されるポート数を反映した周期的変動

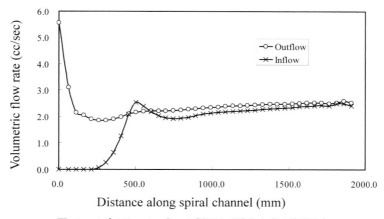

図18　スパイラルチャネルの側面より流入出する流量分布

スパイラルマンドレルダイは、その流路形状を理由に、コートハンガーダイのような部分的な温調制御や流路クリアランス制御機能を装備し難いとされている。開発後の押出装置で微調整が施し難いため、設計段階での流動特性の把握や最適化条件の推定は、重要な課題である。そのような局面においてコンピュータシミュレーションに対する期待と役割はより大きなもの

になる。

2.3.3 トレーサ粒子運動解析を利用したウェルド評価法

　上流側スクリュに連結された流路は、基本的に円管である。円管を2重円管に連結させるには、予想以上の工夫を要する。2重円管の外壁側面に円管流路を連結するクロスヘッドダイや2重円管の内外壁の支え部を設定したブリッジダイなどは、形状が単純で製造コストが低いものの、その流路形状の特徴から、成形上問題となるウェルド（合流樹脂の会合面）の発生を避けられない。スパイラルマンドレルダイは、スパイラルチャネルとその両端に配置された薄肉流路の組み合わせで構成されており、スパイラルチャネルに沿って流動する主流とその両端流路部に漏洩する流れを利用してウェルドを低減することを目的に開発された押出装置である。ウェルドが効果的に低減できるか否かは、成形技術者の関心の的となる。

　古くから活用されている射出成形CAEでも、ウェルドの評価は重視されている。指定形状の金型内に非定常的に樹脂を充填するプロセスを解析対象とする射出成形CAEでは、時間的に変化するフローフロント（樹脂流動先端面）の運動を追跡し、他のフローフロントと衝突した際の会合角に適切な閾値を設けてウェルドを評価する方法が一般的である。この会合角を利用する評価法は、2つのフローフロントが、正面衝突した場合に、衝突位置にウェルドが発生することを明確に表現できる。しかし、衝突会合後、変向して平行流動状態となった際に、ウェルドが残存するか否かを評価できない。会合後の樹脂は、一つの連続体として流動解析の対象とされ、会合面の融着状態は、解析対象外とされているのである。ウェルドの厳密な評価法を実用化することは容易では無いが、流動解析結果の標準的なポスト処理で多用されているトレーサ粒子の追跡法は、ウェルドを近似的に評価する際の有効な手段と言える。以下に、解析結果として算出された流動場内に複数のトレーサを配置し、その非定常運動解析結果としてウェルドを近似的に評価した解析例を紹介する。

　トレーサ粒子は、図19内に示すように上流側の同一MD（Machine Direction）座標上に等間隔に複数個初期配置する。このような設定を行う際、操作が容易な展開モデルを採用することに利点がある。2.5D解析法を採用しているため、粒子の運動状態は、流路中立面上に限定され、その移動速度は、粒子位置において肉厚方向に平均化された中立面上流速の補間計算値から評価される。トレーサ粒子の運動状態は、展開モデル上で評価された後、3Dモデルに変換して表示できる。

　トレーサ粒子の運動解析結果に着目すると、スパイラルマンドレルダイ内において、合流と漏洩を繰り返す流れの状況を明確に観察することができる。また、初期的に等間隔に配置されたトレーサは、下流側に運動するにつれて部分的に偏った分布を示す。本例に限らず、多くの解析例で、ポート数に対応した流線分布の周期的偏りが観察される。流線分布の偏りを示す箇所の上流側の状況を観察すると、スパイラルチャネルから漏洩した流れと側面流路の漏洩流れの合流面が包絡してこれらの偏りを形成していることが解る。すなわち、流線分布が密な状況は、合流した流体の会合面が集中した状況を表現していることを確認することができる。また、該当部分のトレーサ粒子の滞留時間は、他の部分よりも長く評価されている。このような流線の

第6章 フィルム成形用押出装置の解析理論とその応用展開

偏りを実成形で観察されるウェルドと断言することに難しい。しかしながら、様々な流路デザインに対し、同一のトレーサ粒子の運動条件を与えて内部の流動状況を詳細に可視化すれば、均一性を相対的に評価する際の有益な情報が得られると考える。

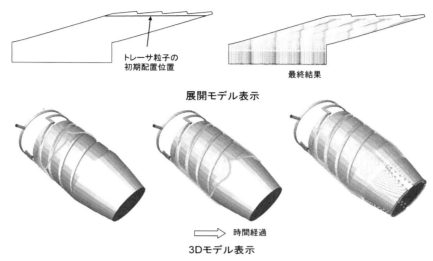

図19 スパイラルマンドレルダイ内トレーサ粒子の非定常運動解析結果

2.4 多層ダイ
2.4.1 多層押出解析の技術的問題点

実用多層ダイを対象とした多層押出シミュレーションの難度は、極めて高く、その実用性を高めるために、様々な技術的問題点を克服する必要がある。以下に、現状、実用化されている多層押出シミュレーションの適応限界について要約する。

多層押出プロセスでは、レオロジー特性の異なる複数の異種材料を積層するため、材料物性の妥当なモデリングが特に重視される。多層押出物の成形不良の1つの要因として取り上げられる界面包み込み現象（Encapsulation）は、低粘性流体が高粘性流体の周囲に回り込む現象として知られている。しかしながら、粘性流体解析の範疇で、この現象を正確に捉えることは難しい。実際、矩形断面の単純形状流路内で粘度差が大きく異なる2種材料の定常粘性流動を解析すると、高粘性流体が低粘性流体と比較して層厚が厚く、ゆっくりと流動する傾向は捉えられるが、明確な包み込み現象は表現しきれない。一方、単一材料であっても、粘性解析では、考慮されない第2法線応力差を考慮した解析を行うと、流動方向に垂直な断面内に2次流れが生じ、界面の包み込み現象を定性的に良く表現することができる。図20に示す矩形断面流路内単層流動の包み込みシミュレーションでは、ポリエチレンの流動状態を可視化した実験結果[7]を模擬している。このように、単層流体であっても、第2法線応力差を有する粘弾性流体では、断面内に発生する2次流れが、界面の包み込み現象を発現させる。また、円管断面流路内多層流動のシミュレーションでは、初期的に断面内上半分に低粘性/低弾性材料を設定した層配置を採用

している。構成方程式としては、Criminate Ericksen Filbey(CEF)モデル[8]を採用し、界面の非定常的な挙動をVOF(Volume Of Fluid)法を利用して追跡した。CEFモデルは、厳密な粘弾性モデルには分類されないが、次式で示すように粘性流動解析の結果から算出可能な速度勾配テン

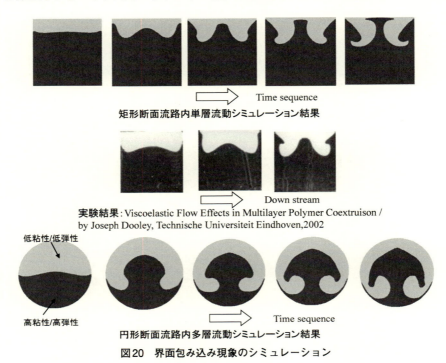

図20　界面包み込み現象のシミュレーション

ソルLや変形速度テンソルDの情報から、余剰応力テンソルτが評価されるため、計算負荷が小さく、また、解析結果に対する法線応力の影響を評価し易い長所を有する。この構成方程式を利用すると、第1法線応力差係数Ψ_1を含む項が、ダイスウェルや断面急変部の2次流れ、第2法線応力差係数Ψ_2を含む項が、包み込み現象に大きく影響する流動方向垂直断面内の2次流れの駆動力になることが良く解る。

$$\tau = 2\eta(\dot{\gamma})D - \Psi_1(\dot{\gamma})\overset{\triangledown}{D} + 4\Psi_2(\dot{\gamma})D \cdot D,$$
$$\overset{\triangledown}{D} \equiv \frac{\partial D}{\partial t} + u \cdot \nabla D - LD - DL^T.$$

(33)

このように材料物性に起因して発生する包み込み現象を解析対象とする場合、粘性解析では、不十分で、法線応力を妥当に評価可能な粘弾性モデルの採用が不可欠になる。

また、多層押出ダイの解析では、界面を正確に取り扱う必要がある。層厚分布の評価を主目的としているため、薄肉の流れであっても、1節で解説したような肉厚方向の流速成分を無視する近似は採用できず、3D解析法を採用しなければならない。更に3D粘弾性モデルを連成させる場合には、その計算負荷が加算される。粘弾性解析は、粘性解析と比較して、入力すべき材料物性のプリ処理に割く作業時間や解析時間が圧倒的に長くなる。従って、実用多層押出ダイの

粘弾性解析は、原理的に可能であっても、その実施になかなか踏み切れないのである。

界面挙動を扱う3D解析法として、濃度移流方程式を流体支配方程式と連成させて界面の運動を表現するVOF(Volume of fluid)法や流体の運動に応じて計算要素を切り直すALE(Arbitrary Lagrangian Eulerian)法と呼ばれる解析法が実用化されている。前者は、複雑形状の流路内における自由表面/界面を伴う流体の解析で多用されている。射出成形CAEでも、VOF法を利用して、充填プロセスにおける樹脂挙動をシミュレートしている。一方、後者は、複雑な自由表面/界面挙動の表現には適さないが、流体界面が計算要素面と一致することを理由に、界面上の応力や流速の連続条件を正確に扱える長所がある。多層押出ダイの解析では、これらの境界条件を正確に満足させる必要があり、ALE法が採用されることが多い。ALE法では、流体運動に応じて計算要素を切り直すため、その過度な変形を抑制させるための工夫を要する。複雑形状と薄肉形状の流路が混在する解析モデルに対しては、ALE要素の過度な変形を合理的に抑制することが難しい。

このように、ALE法を採用した3D粘弾性解析法は、理想とされるものの、実用多層押出ダイの手軽な分析には適さない。以下に紹介する多層押出ダイ解析事例では、ALE法を採用した3D粘性解析法と1節で解説した2.5D解析法を併用している。すなわち、弾性効果を無視した簡略化を採用することで、運用の容易さと計算時間の速さを追求している。

実成形で問題視される包み込み現象が、物性の差に起因して発生していると短絡的に判断するのは危険である。例えば、TD方向の流量バランスの不均一性が、成形不良の要因になっている可能性も拭い切れない。以下に紹介する解析では、上流側流路内流速分布の不均一性が、ダイ流出口の多層フィルム層厚に与える影響を評価することを主目的としている。

2.4.2 多層マルチマニフォールドダイ

マルチマニフォールドダイは、図21に示すように上流側にT(コートハンガー)ダイを複数配置し、各Tダイの下流側で異種材料を積層させる多層押出装置である。

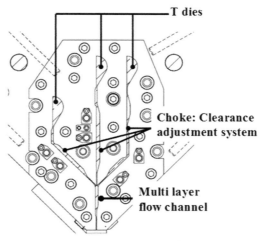

図21 マルチマニフォールドダイの層配置

多層押出物の各層厚の均一化を計るための最適制御は、製品品質と生産性の向上を計る上で重要な課題である。当該装置の運用担当者は、肉厚を合理的に制御するために、可変機構（チョーク）の試行錯誤的な調整に苦心することが多い。CAEを活用することで、従来の試行錯誤的な作業負荷を軽減することが望ましいが、Tダイを複合的に組み合わせた大規模モデルに対する最適化解析は、計算コストが極めて高く、これまで殆ど実施例が報告されていない。ここでは、2.2.4節で解説した2.5D最適化解析法と、ALE法に基づき多層流体の界面の高精度表現が可能な3D解析法を併用した実用的なマルチマニフォールドダイ最適化技術[9]について紹介する。

　図22に最適化解析で採用した有限要素解析モデルを示す。全体領域を全て3Dモデルで表現すると計算コストが高くなるため、上流側Tダイ領域を2.5Dモデルで表現し、多層流体の合流域近傍及びその下流側を3Dモデルで表現する。本解析モデルでは、Tダイのリップランドを3Dモデルとの接合部で人工的に切断し、それぞれの領域を個別に評価する。Tダイ解析結果として算出されるダイ流出口の熱流動情報を線形補間することで、下流側3Dモデルの流入口熱流動境界条件に反映させる。一般的にTダイリップランドの長さの増加に伴い、流出速の均一性は、高まる傾向を示す。従って、上述のモデル化は、実際よりも流出速の均一性を厳しく評価する傾向にある。言い換えれば、当モデル化で均一化を達成する条件を見出せば、リップランドが長い実際のダイでは、より良い結果が得られるはずである。以上の考察に基づき、計算コストの低減化に大きく寄与する当モデル化を採用している。

　層配置は、2種3層とする。表層LDPE（LC720）の粘度特性は、中間層LDPE（LF405）と比較して、同じひずみ速度/温度レベルにおいて相対的に低くなる。現行の成形条件下において、当装置で製造される多層押出物の層厚を実測すると、図23に示すように、ダイセンター部近傍において中間層の層厚が厚くなる傾向が観察された。当実測データは、図内に示す成形後のフィルムの切断面の光学顕微鏡による観測情報を元に収集された。

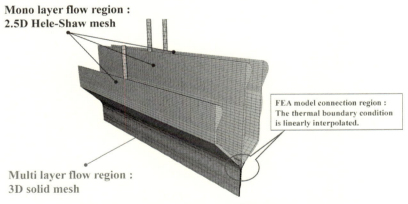

図22　2.5D/3Dハイブリッド有限要素解析モデル

第6章　フィルム成形用押出装置の解析理論とその応用展開

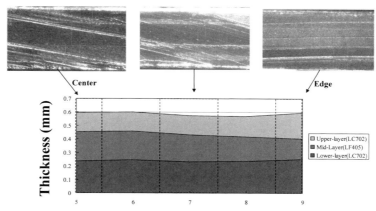

図23　現行条件下で収集された多層押出物の層厚実測データ
（プラスチック工学研究所提供資料）

　この不均一性の原因を検討するために、現行の成形条件を考慮した熱流動解析を試みた。まず、上流側に配置される3本のTダイを2.5D解析法を利用して個別に評価したところ、図24に示すように中間層の上流に配置されるTダイのセンター部の流出速が、相対的に高くなることが確認された。図内のO.F.は、各層の上流側に配置されたTダイで計算された目的関数（Object Function）であり、その数値は、ダイ流出口におけるTD方向の流速変動量(32)式に相当する。

　次に、中間層のTダイの流出速不均一性が、下流側合流後の多層フィルムの層厚分布に与える影響を検討するために、2.5D解析結果として算出された流出速分布を3D解析モデルの流入口境界条件に反映した3D解析を実施した。結果として、3D解析モデル内の任意の点における層厚（界面位置）、圧力、応力、粘度、温度、及び流速などの情報が可視化できる。図23に示した実測データに対応する定量化情報として、ダイ流出口において評価される多層押出物の層厚分布の解析結果を図25に示す。

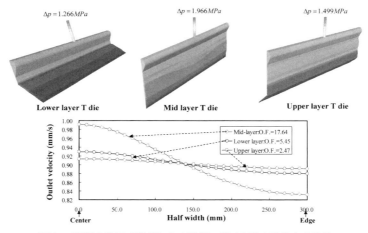

図24　現行条件下で解析した上流側Tダイの流出速分布の比較

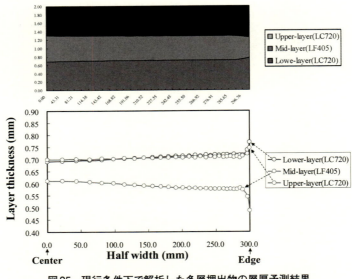

図25 現行条件下で解析した多層押出物の層厚予測結果

　実測データはフィルムキャスト後の層厚分布、解析結果はダイ流出口における層厚分布を表しており、両者の直接的な定量比較はできないが、センター部近傍で中間層の層厚が厚くなる傾向は類似している。このことより、中間層上流側Tダイ内のTD方向の流速分布の不均一性が、このような層厚の不均一性に影響していると推定される。図25に示すように、解析結果には、ダイエッジ部で、中間層に対して相対的に粘性が低い表層の肉厚が、局所的に厚くなる傾向が示されている。2.4.1節で説明した通り、粘性流体解析の範疇では、包み込み現象を正確に表現することは難しく、本粘性流体解析例のように、ダイエッジ部で僅かに低粘性流体が高粘性流体を包み込む傾向を捉えられるに過ぎない。2.4.1節で解説した低粘性流体が高粘性流体を包み込む現象は、このような傾向が顕著になった場合に相当する。本解析で採用した粘性解析では、粘度差を大きく変化させた際に、全体的な層厚は大きく変化するが、エッジ部の傾向は殆ど変化しない。第2法線応力差を考慮可能な粘弾性モデルを利用すれば、エッジ部での包み込みを表現できるが、本解析ケースでは、そのような複雑なモデルの利用は不要であろう。

　この多層押出装置には、図26に示すようにTダイの流路クリアランスをTD方向に調整する機構（チョーク）が装備されている。中間層上流側Tダイに装備されたチョークを最適制御して、前述の層厚の不均一性を解消させることを試みた。Tダイの最適化解析の理論背景や具体的な手順については既に1.2節や2.2.4節で解説しているので、ここでは、その説明を割愛する。

　ダイセンターの流速を抑制するには、チョーク機構を利用して、センター部の流路クリアランスをエッジ部よりも絞ればよい。絞り量の最適制御条件を2stepの最適化解析を通じて推定したところ、図27に示すように、現行条件下で計算される17.64%の流出速変動量を、0.48%に低減することに成功した。

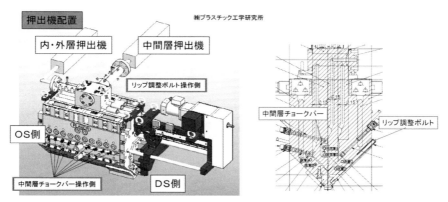

図26　マルチマニフォールドダイ試験機（プラスチック工学研究所製）

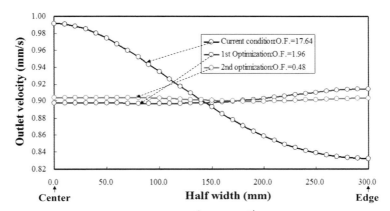

図27　中間層Tダイ流出速分布の現行、1st最適化、2nd最適化条件下解析結果の比較

　均一化された条件下で、再度、同様の解析を試みると、予想通り、図28に示すように中間層の肉厚の均一性が改善された解析結果が得られる。

　一方、最適化解析で推定されたチョークの最適制御条件を採用した押出実験で収集された層厚分布は、図29に示すような傾向を示し、解析結果と同様、図23に示した現行条件の中間層の肉厚分布と比較して、均一性が高まることが確認された。

　本解析で必要とされた計算時間は、廉価版PC環境下において、2.5D最適化解析がトータル30秒以内、3D多層流動解析が1ケース当たり約15分程度である。この他、解析モデルの作成や条件設定にも時間を費やすが、解析に必要とされる計算時間の短さは、解析者が数多くのケーススタディを遂行する上で、大きな利点になる。ここで解説した最適化技法は、運用の容易な2.5D最適化解析法と標準的な3D粘性流体解析法を組み合わせた単純な構成になっており、特別な運用技術は要求されない。粘性流体解析法が有効性を発揮する諸問題に限定されるが、マルチマニフォールドダイに関しては、実用レベルの運用に耐える多層押出解析技術が構築されている。

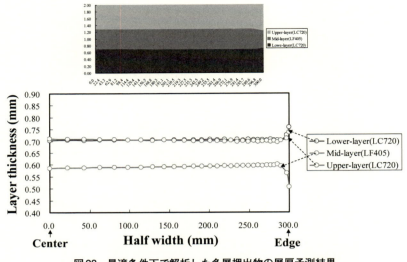

図28　最適条件下で解析した多層押出物の層厚予測結果

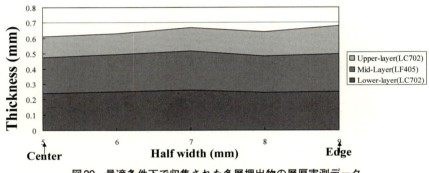

図29　最適条件下で収集された多層押出物の層厚実測データ
（プラスチック工学研究所提供資料）

2.4.3 多層フィードブロックダイ

　多層フィードブロックダイは、フィードブロックと呼ばれる上流側流路内で、多層流体を積層させた後、下流側に配置されたT（コートハンガー）ダイを利用して多層溶融体をTD方向に延伸させる押出装置である。上流側に複数のTダイを配置したマルチマニフォールドダイと比較すると上流側の流路構成が単純であり、製造コストが低く抑えられるため、よく利用されている。しかし、TD方向に延伸する過程で、多層押出物の層厚が変化し易く、シミュレーションを活用した最適化技術に対する成形技術者の期待は、より高いものになっている。一般的に、多層フィードブロックダイの最適制御は、マルチマニフォールドダイと比較して難しいと言われている。呼応して、最適化技術の実用化も、より難しくなる。

　以下に多層フィードブロックダイを対象とした解析例を紹介する。

　多層フィードブロックダイでは、押出物の層厚をフィードブロックに装着するアダプターの

第6章 フィルム成形用押出装置の解析理論とその応用展開

流路断面形状の変更によって、合流直前位置で制御することが多く、対応する3D解析モデルを断面形状に適合するように作成し直す必要がある。本解析例では、図30に示すようなフィードブロックの流路断面形状の変更が、多層押出物の層厚分布に与える影響について検討した。層配置は、マルチマニフォールドダイの解析と同様の2種3層であるが、対称性を考慮した解析モデルを採用している。図内変更後の条件では、変更前の条件下においてダイセンター付近の表層肉厚が薄く評価されたため、意図的に中央部を膨らませた断面形状を採用している。

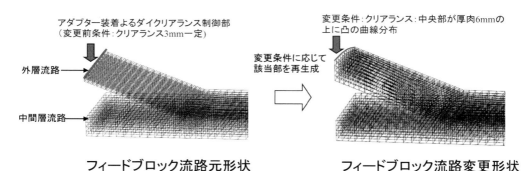

図30 多層フィードブロックダイの流路断面形状

多層フィードブロックダイ用3D解析モデルは、上流側に分岐流路を伴うコートハンガーダイモデルである。ALE法を採用する場合、計算要素の品質が、解析結果に大きな影響を及ぼす。解析者は、計算コストと計算精度の折り合いを付けながら、この複雑な流路系に対して多層押出解析に適する3D解析モデルを作成する必要がある。スロープを持つ平板モデルより構成されるマルチマニフォールドダイ用の3D解析モデルと比較して、作成が難しく、作業時間が長くなることは否めない。また、解析モデルの規模が大きくなることに加えて、界面位置を推定する際に、より高度な計算アルゴリズムが要求される。マルチマニフォールドダイの多層流体合流後の界面予測は、全体的な流動がMD方向に限定され、且つ解析モデルのTD方向の要素分割数が共通のため、流線を追跡して界面位置を簡便に推定できる。一方、フィードブロックダイでは、MD/TD双方向の流れが混在し、TD方向の要素分割も不連続に変化するため、この簡便な界面追跡法を適用できない。ここでは、高さ関数法と呼ばれる界面捕捉法を採用している。この方法は、界面位置Hの運動学的条件式より導かれる移流型偏微分方程式：

$$u\frac{\partial H}{\partial x} + v\frac{\partial H}{\partial y} = w \tag{34}$$

を解析し、界面位置を推定する方法である。計算された界面位置に沿ってALE要素を再配置する処理を行っている。結果として、図31に示すように多層押出ダイ流路内の多層流動状況が、可視化できる。

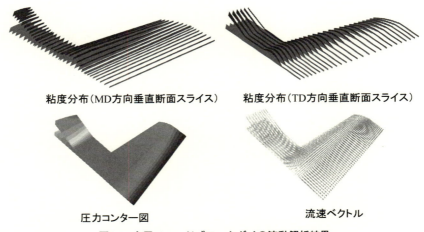

図31　多層フィードブロックダイの流動解析結果

表層の肉厚分布の不均一性は、図32に示すように流路断面形状の変更に伴って改善されている。

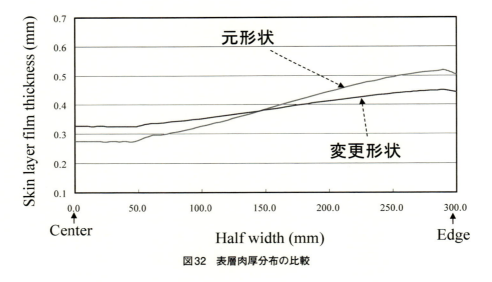

図32　表層肉厚分布の比較

マルチマニフォールドダイと比較すると解析の難度は高くなるが、フィードブロックダイについても、シミュレーションを通じて、上流側の成形条件や流路形状の変更が、下流側多層押出物の品質に与える影響を検討可能な状況になっている。

本解析での計算所要時間は、廉価版PC環境下において、1ケース当たり約40分程度であり、実用上問題にならない。現状、実用性を低下させる要因は、解析者が、3D解析モデルを作成する際に多くの作業時間を要することにある。今後、この問題点は、単層流体用コートハンガーダイを対象に既に実用化されている問題向きプリプロセッサを3Dに拡張することで解消でき

第6章　フィルム成形用押出装置の解析理論とその応用展開

ると考える。しかし、薄肉流路内の樹脂流動解析において、あえて3D解析法を適用せざるを得ない多層流動解析の難しさは、容易には解消できず、更なる計算効率の向上や界面捕捉法の改良、及び材料モデルの高精度化など、今後克服するべき課題は、数多く存在する。

おわりに

2Dや3D解析モデルを対象とした有限要素流体解析法について、その理論背景や具体的な計算手順を平易に解説する優れた専門書は、数多く出版されている。しかし、本章で解説した2.5D解析モデルを対象とした解析法まで言及する専門書は、多くない。2.5D解析法が、汎用性に乏しく、用途が限定されることが、解説される機会の少ない理由であろう。汎用性の乏しさという2.5D解析法の短所は、適用問題を限定することで、大きな長所となり得る。本書籍の主題とするフィルム成形プロセスでは、コートハンガーダイやスパイラルマンドレルダイなどの薄肉流路形状を特徴とした押出ダイが利用される。これらの押出装置内の樹脂流動解析では、2.5D解析法の長所が、際立って発揮される。

昨今、3D解析が、もてはやされる背景には、高い計算精度への期待に加えて、CAD情報をシームレスに活用できるメリットがある。煩わしい解析モデル生成作業を好む解析者はおらず、CAD情報を読み込んで、自動的に解析モデルを作成する技術が活用できることは、大きな魅力となる。しかし、自動生成される3D解析モデルを、フィルム成形用押出ダイの流動解析に採用すると、3D解析法の長所とされる計算精度を追求するために、計算コストが膨大になることは、本文で解説した通りである。

代わりに、解析者を煩わせる解析モデルの作成作業は、問題向きプリプロセッサを準備することで解消できる。問題向きプリプロセッサと2.5D解析法を併用することで、単層流体用の各種押出ダイは、手軽に分析可能な状況になっている。

当然ながら、2.5D解析法は、万能では無く、全ての押出ダイの分析に適するわけではない。多層押出ダイの分析には、2.5D解析法を適用できず、3D解析法を利用する必要がある。

現状、フィルム成形プロセスで利用される多層マルチマニフォールドダイについては、2.5D解析法と3D解析法を併用することで、実用レベルの運用に耐える解析技術を構築することができる。一方、最適制御に際して、コンピュータシミュレーションに対する期待が高い多層フィードブロックダイについては、3D解析法が守備範囲とする部分が多く、薄肉流路内の樹脂流動の分析に、あえて3D解析法を適用する困難さが顕著になる。今後、当装置に対する解析技術の実用性を高めるには、異種材料の物性の取り扱いや界面捕捉計算の高精度化、問題向き3Dプリプロセッサの開発などの課題に取組む必要がある。

2.5D解析法に興味を持たれた読者が、自ら2.5D解析ツールの作成を試みる際、本章で解説した内容が、少しでもお役に立てれば幸いである。

参考文献

1) http：//en.wikipedia.org/wiki/Henry_Selby_Hele-Shaw
2) Milton Abramowitz and Irene A.Stegun, Handbook of Mathematical Functions with Formulas, Graphs, and Mathematical Tables, New York：Dover, Dover(1972), pp.887-888
3) 谷藤眞一郎、成形加工、プラスチック成形加工学会、(2014)、Vol.26, No.10, pp.473-477
4) 井口勝啓、『Tダイ流路設計の基本と最適化』技術情報協会（2011）
5) http：//sourceforge.jp/projects/sfnet_netgen-mesher/releases
6) http：//www.hasl.co.jp/sub38.html
7) Dooley Joseph, Viscoelastic Flow Effects in Multilayer Polymer Coextrusion, Technische Universiteit Eindhoven,(2002), pp.101, http：//www.mate.tue.nl/mate/pdfs/2051.pdf
8) R.G.Bird, et al., Dynamics of Polymetric Liquids, John Wiley & Sons,(1977), Vol.1 Fluid Dynamics
9) 谷藤眞一郎、他、成形加工'14、プラスチック成形加工学会、(2014)、pp.309-310

第7章

Tダイキャスト成形

KT Polymer　金井　俊孝

はじめに

　Tダイキャスト成形は、フラットなフィルムを成形する上で非常に重要な成形法である。この成形法はインフレーション成形法と並び、ポリオレフィンのフィルム成形に広く用いられ、インフレーション成形法に比較し、フィルム厚みの均一性が良好で、高生産性が得られる点で優れている。

　最近では、包装材料としてのフィルム成形は、市場競争力に耐え抜くため、高生産性を目指し、高速化、広幅化の傾向にある。また、一方では、工業材料用の高分子フィルムとして軽薄短小化が進み、薄くて厚み精度の良いフィルムの製造や低温ヒートシール性、バリア性、マット性などの機能性を持たせた多層フィルムの製造が一般的になってきた。

　このような状況下において、Tダイキャスト成形の高速引取条件下における安定性、延伸性を含めた成形性向上は非常に重要な課題であり、高品質なフィルムを製造するためには、より厳密な均一性が必要となっている。

　そこで、本章ではTダイキャスト成形中の成形安定性、ネックイン現象、成形中の破断現象などの成形性及びフィルム物性やヒートシール性などの製品物性に関して述べてみたい。

1　ポリマーの性質と成形性

　ポリマーの性質はよく言われているように粘弾性的性質を示す。分子量が小さく分子量分布の狭いポリマー〔図1(a)〕は、ニュートン流体に近い挙動を示し、変形時の分子鎖の絡み合いは小さく、分子鎖間のすべりが主体的に起こるため、成形中の破断は起こりにくい。

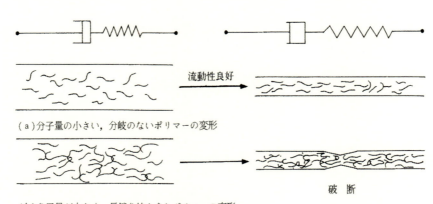

図1　伸長変形時の流動性の比較

　一方、高分子量成分を含むポリマーや長鎖分岐を多く持つポリマー〔図1(b)〕は、分子鎖間の絡み合いが起こるため弾性効果が強く、緩和時間が長くなる。このため、ある応力以上をかけるとポリマー間同士の流動だけでは対応できなくなり、分子鎖間の切断が起こり、成形時の

破断が起こる。

このようなポリマーの流動性を知るには、剪断粘度と伸長粘度を測定すると分かる（図2）。

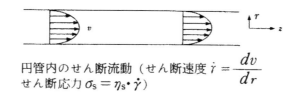

円管内のせん断流動（せん断速度 $\dot{\gamma} = \dfrac{dv}{dr}$
せん断応力 $\sigma_S = \eta_S \cdot \dot{\gamma}$）

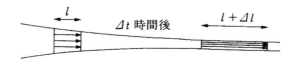

フィラメントの伸長流動（ヒズミ速度 $= \dot{\varepsilon}$
$= \dfrac{1}{\ell} \dfrac{d\ell}{dt}$, 伸長応力 $\sigma_E = \eta_E \cdot \dot{\varepsilon}$）
ニュートン流体の場合 $\eta_E = 3\eta_S$

図2　せん断流動と伸長流動の比較

第1章のレオロジーの章で述べたが、剪断粘度に関しては、キャピラリーレオメータあるいはコーン＆プレートレオメータで評価することができる。弾性的性質の強いポリマーは非ニュートン性を示し、高剪断側で粘度が剪断速度とともに急速に低下する。また、応力に対する第一法線応力差のデータでは、分子量分布が広く、長鎖分岐の多いほど同一剪断応力下における法線応力は大きく、弾性効果は強くなる（図3）。

一方、ダイを出た以降の挙動を評価するには、伸長変形が起こっているため、伸長粘度が有用な手段となる。測定法などについては第1章[1~4]を参照していただくとして、伸長粘度と分子構造の関連について述べてみたい。

高密度ポリエチレン（HDPE）、ポリプロピレン（PP）[2,4]、ポリブテン（PB）[4]などのポリオレフィンの分子量分布を変化させた場合、分子量分布が広いほど伸長粘度は歪み速度の増加とともに低下する（歪み速度軟化）。この傾向は剪断粘度の傾向と類似している（図4）。

長鎖分岐量と伸長粘度の関係を知る上で、3種類のPE（HDPE、LDPE、L-LDPE）について比較してみよう。長鎖分岐を含むLDPEは歪み速度の上昇に伴い伸長粘度は増加する（歪み速度硬化）傾向にある（図5）。

一方、長鎖分岐量の少ない、分子量分布の狭いL-LDPE、HDPEではニュートン流体的な性質を示している。分子量分布の広いHDPEでは、前述したように歪み速度軟化する。また、LDPEは側鎖に嵩高い分子鎖があり、粘度の温度依存性が他のPEに比較して、剪断粘度、伸長粘度ともに大きい。そのため、LDPEは、一般の非等温成形加工中では、伸長変形の進行に従い粘度は急激に上昇する。これらの伸長粘度の挙動は伸長変形を伴う成形加工において、溶融張力が大きくなるなど、重要な意味を持っている。

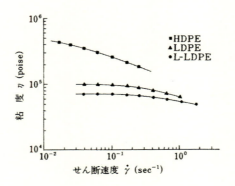

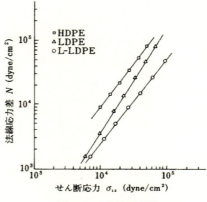

図3 せん断流動特性

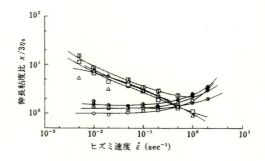

コード	MI	$M_W \times 10^{-5}$	M_W/M_N	M_Z/MM_W
○ PP-H-N	4.2	2.84	6.4	2.59
△ PP-H-R-B	5.0	3.03	9.0	3.57
□ PP-H-B-R	3.7	3.39	7.7	3.54
◐ PP-M-N	11.6	2.32	4.7	2.81
▲ PP-M-R	12.4	2.79	7.8	4.82
⊡ PP-M-B	11.0	2.68	9.0	4.46
⊕ PP-L-N	25.0	1.79	4.6	2.47
◑ PP-L-R-N	23.0	2.02	6.7	3.18

図4 各種ポリプロピレンのヒズミ速度と伸長粘度の関係（箕島らによる実験結果[2]）

第7章 Tダイキャスト成形

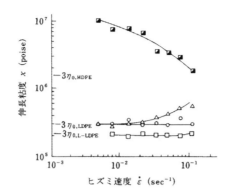

コード	MI	$M_W \times 10^{-5}$	M_W/M_N	密度
□ HDPE	2.8	1.17	3.4	0.960
■ HDPE	0.9	1.73	14.1	0.958
△ LDPE	1.9	1.12	4.1	0.923
○ L-LDPE	2.1	0.84	3.4	0.919

図5 各種ポリプロピレンのヒズミ速度と伸長粘度の関係

2 Tダイキャストの変形理論

　成形安定性、延伸切れ、フィルム物性あるいは冷却量などの評価をするには、Tダイキャスト成形時の変形解析が重要な役割を果たす。この場合、樹脂のレオロジーデータ、冷却風の速度に関する熱伝達係数のデータが必要である。これらのデータおよび成形条件を理論式にインプットすることにより、成形中の溶融樹脂の変形挙動が分かる。

　そこで、ここではTダイキャスト成形の理論について簡単に述べ、その解析結果について説明を加えてみたい[5〜7]。

(1) 歪み速度と応力

　Tダイキャスト成形の概略図を図6に示す。ξ_1、ξ_2、及びξ_3は、任意な点Pでの直交座標系を示し、1は流れ方向（MD）、2は流れと垂直で幅方向（TD）、3は厚み方向を示す。

　w、hおよびvは、点Pでのフィルムあるいはシートの幅、厚みおよび移動速度を示し、zはダイからの距離を示す。

　このような座標系において、任意な点Pにおける歪み速度テンソルdは、次式で示される。

$$\|d\| = \begin{Vmatrix} d_{11} & 0 & 0 \\ 0 & d_{22} & 0 \\ 0 & 0 & d_{33} \end{Vmatrix} \tag{5-1}$$

フィルム中央部の平面伸長だけを考えると、TDの歪み速度d_{22}は0となる
厚み方向の歪み速度d_{33}

$$d_{33} = \frac{\partial v_3}{\partial \xi_3} = \frac{1}{h}\frac{dh}{dt} = \frac{1}{h}\frac{dh}{dz}\frac{dz}{dt} = \frac{v}{h}\frac{dh}{dz} \tag{5-2}$$

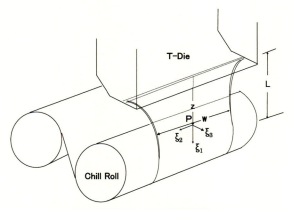

図6 Tダイフィルム成形の座標系

非圧縮性流体においては、次式が成り立つ。

$$d_{11} + d_{22} + d_{33} = 0 \tag{5-3}$$

式 (5-2)、(5-3) より、流れ方向の歪み速度 d_{11} は、次式となる。

$$d_{11} = -d_{33} = -\frac{v}{h}\frac{dh}{dz} \tag{5-4}$$

容積流量 Q は次式で表せる。

$$Q = whv \tag{5-5}$$

また、点 P での応力はそれぞれ次式で表わすことができる。

流れ方向 (MD) の応力 σ_{11}

$$\begin{aligned}\sigma_{11} &= 2\eta_0(\mathrm{II})(d_{11} - d_{33}) \\ &= -\frac{4Q\eta_0(\mathrm{II})}{wh^2}\frac{dh}{dz}\end{aligned} \tag{5-6}$$

幅方向 (TD) の応力 σ_{22}

$$\begin{aligned}\sigma_{22} &= 2\eta_0(\mathrm{II})(d_{22} - d_{33}) \\ &= -\frac{2Q\eta_0(\mathrm{II})}{wh^2}\frac{dh}{dz}\end{aligned} \tag{5-7}$$

ただし、

Q：押出量、h：フィルムの厚み、w：フィルムの幅、v：フィルムの移動速度
v_1、v_2、v_3：ξ_1、ξ_2、ξ_3 方向の速度成分
II：歪み速度テンソル d の第二不変量

$$\mathrm{II} = d_{11}^2 + d_{22}^2 + d_{33}^2 \tag{5-8}$$

(2) 力のバランス及びエネルギーバランス

図6に示されたTダイキャストフィルム（あるいはシート）の力のバランス式は、次のようになる。

$$-\frac{4Q\eta_0(\mathrm{II})}{h}\frac{dh}{dz} = F + \int_z^L wh\rho g\, dz \tag{5-9}$$

ただし、F：ロール位置での引張力、h：フィルム厚み、w：フィルム幅、L：エアーギャップ
Q：容積吐出量、ρ：密度、g：重力加速度
η：樹脂の溶融粘度、$\mathrm{II}:d_{11}^2+d_{22}^2+d_{33}^2$ で定義される歪み速度

フィルム（あるいはシート）の表面は、対流による熱伝達と放射により冷却され、またダイ出口からロールにタッチする直前までは結晶化温度より十分高く結晶化が起こらないものとすると、次式が成り立つ。

$$\rho Q C_p \frac{dT}{dz} = -2wU(T-T_{air}) - 2\varepsilon\lambda w(T^4 - T_{room}^4) \tag{5-10}$$

ただし、ρ：密度、Cp：比熱、U：熱伝達係数、T：フィルム（あるいはシート）温度、T_{air}：冷却空気温度、T_{room}：室温、ε：放射率、λ：ステファン－ボルツマン定数

熱伝達係数Uは、移動速度の遅い場合、自然対流による無次元式が次式で表される。

$$\frac{UL}{K_{air}} = 0.664\left(\frac{v_{ave}L\rho_{air}}{\eta_{air}}\right)^{1/2}\left(\frac{C_{air}\eta_{air}}{K_{air}}\right)^{1/3} \tag{5-11}$$

ただし、
K_{air}：空気の熱伝導率（10.8×10^{-5} cal/cm sec℃）、η_{air}：空気密度（9.4×10^{-4} g/cm³）
ρ_{air}：空気の粘度（2.15×10^{-5}）poise、L：エアーギャップ、v_{ave}：平均速度
C_{air}：空気の比熱（0.24cal/g℃）

(3) 粘度式

Tダイキャスト成形時の樹脂の溶融粘度は、アレニウス型の粘度式に従うものと仮定すると、溶融樹脂の粘度式は次式で表される。Eは、活性化エネルギー、Rはガス定数、nは指数法則適用時の物質定数、η_{00}は II=2でかつ温度T_0の時の粘度。

$$\eta_0 = \eta_{00}\mathrm{II}^{(n-1)/2}\cdot\exp[(E/R)\cdot(1/T-1/T_0)] \tag{5-12}$$

(4) 理論と実験

上記のような解析手法を用いると、Tダイキャスト成形中の溶融樹脂の変形挙動が計算できる。実験に用いた樹脂のせん断流動のデータを図7に、樹脂特性を表1に示した。

分子量の異なるPPを用いて、ダイ出口からロール接触時までの溶融樹脂の変形挙動結果について理論と実験結果の比較を図8に示した。点線は実験結果、実線は理論予測結果を示す。分子量の比較的小さい非ニュートン性の弱いPPについては、伸長粘度がニュートン流体（n≒1）

的な変形を示しているが、分子量の大きいポリマーは伸長粘度が歪み速度軟化し（n＜1）、変形はロール近くで起こりやすい。この傾向は定常状態下における伸長粘度の傾向と対応している。

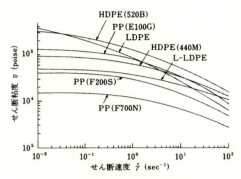

図7　せん断粘度とせん断速度の関係

表1　ポリオレフィンの樹脂特性

樹脂	MI	密度 (g/cm^3)	η_0(240℃) Pa・s	Mw	Mw/Mn	E (kcal/mole)
PP　F700N	8.0	0.91	1,500	250,000	3.8	10.6
PP　F200S	2.0	0.91	4,000	340,000	4.0	10.6
PP　E100G	0.5	0.91	14,000	510,000	4.0	10.6
HDPE　440M	0.9	0.95	11,000	130,000	3.7	7.6
HDPE　520B	0.4	0.96	37,000	135,000	8.1	7.6
LLDPE　0214H	2.0	0.91	5,000	—	—	11.1
LDPE　F10	0.3	0.92	48,000	—	—	16.1

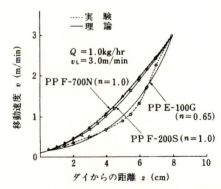

図8　ポリプロピレンの変形速度に関する実験と理論の比較

　3種のPE（LDPE、HDPE、L-LDPE）について移動パターンを比較した結果が図9である。3種の移動速度パターンは大きく異なり、LDPEでは伸長粘度がヒズミ速度硬化する（n＞1）こと及

び活性化エネルギーが大きいことの二つの理由により、初期に変形が起こりやすい。

L-LDPEは移動速度がダイを出てからほぼ直線的に上昇し、HDPE 440Mでは初期よりもロール付近での速度上昇が顕著であり、また分子量分布が広く、分子量の大きいHDPE 520Bでは、初期の変形が抑えられ、成形が不安定でかつ延伸切れを発生しやすい。HDPEの初期速度が遅い原因は活性化エネルギーが小さいことによるものであり、分子量の大きいHDPEは活性化エネルギーの小さいことのほかに、伸長粘度の歪み速度軟化が原因していると考えられる。

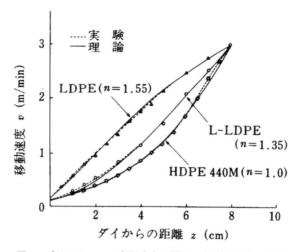

図9　ポリエチレンの変形速度に関する実験と理論の比較

成形性と変形挙動の関係を更に関連づけるために、ダイス出口からロールタッチするまでの成形中の歪み速度と応力パターンを図10及び図11に示した。LDPEは初期に歪み速度の最大値を示し、他の樹脂と大きな差が見られ、ロール付近では歪み速度がかなり小さい。LDPE、L-LDPE、PP(F700N)、PP(F200S)、HDPE(440M)、PP(E100G)の順で、初期に変形しやすかった傾向からロール付近で変形しやすい傾向に変化しているのが分かる。これらの変形パターンは、長鎖分岐を持つLDPE以外では剪断粘度の非ニュートン性あるいは実験から得られたn値（ただし、PP F-700N、PP F-200S、HDPE 440Mはすべてn＝1.0）、活性化エネルギー、スウェル、自重の効果などにより影響を受ける。

図11は、樹脂と変形応力パターンに関する理論計算結果のプロットを示している。応力の絶対値は分子量あるいはη_0により影響されるが、応力パターンは粘度の歪み速度依存性及び温度依存性によって左右される。そのため、LDPEでは初期において変形応力が大きくなり、その他の樹脂はロールタッチ時、つまり冷却固化する寸前で急激に大きくなる。

樹脂の伸長粘度と移動速度、歪み速度の関係を図12にまとめて示した。初期において変形応力が大きくなるLDPEでは初期において歪み速度が大きくなり、成形安定性が良い。ただし、緩和時間が長いため、分子鎖の絡み合いが強く、高速成形時に破断が発生しやすい。

一方、分子量分布の広いHDPEの場合にはロールタッチ寸前で歪み速度が大きくなり、成形

安定性が悪い。また、分子量分布の広い樹脂は分子鎖の絡み合いが強く、高速成形時に破断が発生しやすい。高速で成形したい場合には、分子量分布が狭い樹脂がネックイン量は大きくなるが、緩和しやすくMDの配向も抑制されるため、一般に用いられている。

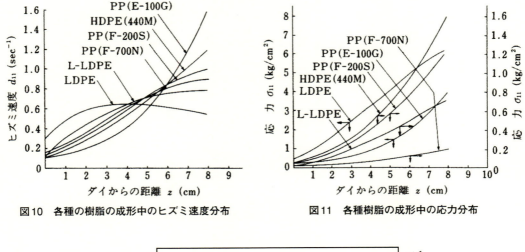

図10　各種の樹脂の成形中のヒズミ速度分布　　　図11　各種樹脂の成形中の応力分布

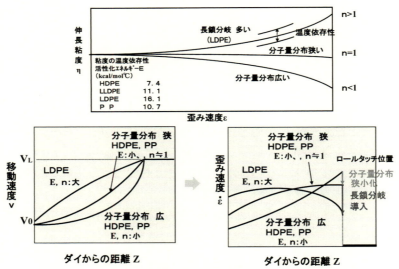

図12　樹脂のレオロジー特性と変形挙動

3　成形性の評価法

　成形不安定現象や成形中の破断の対策は、高速成形条件において不可欠であるため、これらの成形性の評価法及び改良のための方法を述べてみたい。

　成形不安定性現象を理論的に取扱った文献は溶融紡糸の成形に関して多く見られる[8〜15]。ここでは、無次元歪み速度の考え方を用いて成形不安定現象を説明してみたい[7,14]。

第7章　Tダイキャスト成形

　成形安定性を考える場合には、振動解析および無次元解析を行うと、Tダイキャスト成形の場合には、無次元歪み速度およびドローダウン比により、成形中の振動現象を支配していることがわかる（図13）。この無次元歪み速度パラメーターの意味を以下に述べる。変形されてきた溶融樹脂がロールにタッチする位置で移動速度の変化が急激に変化し、歪み速度について不連続な点を生じる（図14）。このロール接触時における歪み速度の不連続の度合を、統一的にスケールの大きさによらない数として取扱うパラメーターが、無次元歪み速度である。

$$\dot{\varepsilon}_L = \frac{L}{v_L}\left(\frac{dv}{dz}\right)_{z=L} \tag{5-13}$$

L：エアーギャップ、v_L：引取速度

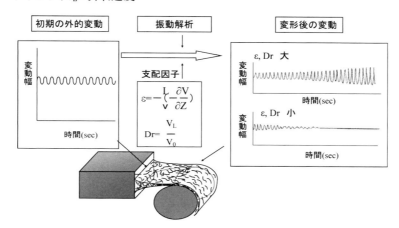

図13　振動とドローレゾナンスの関係

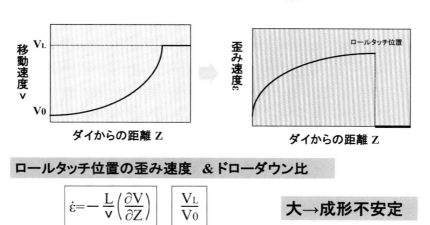

図14　成形不安定性の評価

　そして、この値の小さいほうが不連続の度合が小さく、変動因子は小さくなるため、このパラメーターの値を成形安定性の指標として取扱うことができる。

(1) 成形安定性と樹脂特性

図15に成形安定性と無次元歪み速度及びドローダウン比の関係を示した。なお、図中の曲線は成形安定及び不安定領域の境界線を示す。この結果、樹脂の種類が異なる場合においても成形安定性と無次元歪み速度及びドローダウン比の間に良い相関性が見られる。ドローダウン比が大きい条件で成形安定性を保つためには、無次元歪み速度の小さい条件を選定する。つまり、樹脂では伸長粘度のn値が大きく、また活性化エネルギーの大きいポリマーが成形安定性に有利であることを意味している。つまり、長鎖分岐を有するLDPEは安定性が向上する。

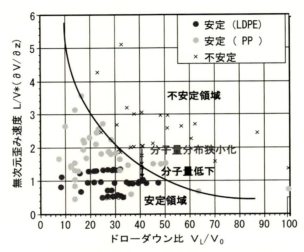

図15 歪み速度パラメーターと成形安定性の関係

(2) 成形安定性と成形条件

成形安定性改良のための成形条件を検討してみる。

Tダイキャスト成形において、成形性に最も重要であると考えられる冷却条件について、エアーナイフから吹き出される風速を変化させ、成形安定性を評価した（図16）。

図17は、移動速度とダイからの距離の関係をプロットしたものであるが、移動速度パターンはエアーナイフから吹出される冷却風量に大きく依存していることが分かる。冷却風を強めることにより、ロール付近での歪み速度が非常に低下し、PPでもLDPEの変形パターンに類似してくる（図18）。このため、冷却風は成形安定性に非常に良い効果を与えることになる。冷却風は温度低下にも非常に大きな効果をもたらすため、冷却風を使用することにより粘度上昇が顕著となり、引張り応力はかなり大きくなることが図19から分かる。成形中の破断が発生しやすい条件では冷却は悪影響を与える。

冷却条件以外の成形条件として、吐出量、成形温度、エアーギャップ量、リップ開度を選定し、成形安定性を評価し、また同時に各条件におけるドローダウン比、ロール位置での歪み速度、無次元歪み速度の理論計算も合せて行った結果が図15である。

これらの結果から、次のようなことが言える。

第7章 Tダイキャスト成形

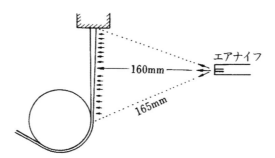

図16　Tダイ成形装置とエアナイフの概略図

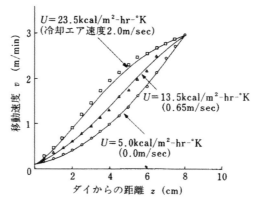

図17　熱伝達係数と変形速度の関係（PP F200S）

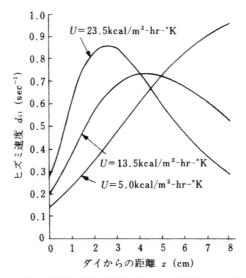

図18　熱伝達係数と歪み速度パターンの関係（PP F200S）

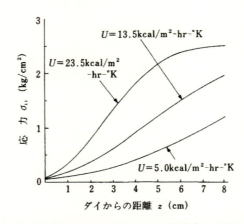

図19 熱伝達係数と変形応力 σ_{11} の関係 (PP F200S)

1) 引取速度以外の成形条件が一定に保たれた場合、引取速度の速いほうが不安定になる。
2) 吐出量を増加させると成形安定性の臨界引取速度は速くなる。しかし、吐出量を増加させると臨界ドローダウン比は低下するため、同一厚みのフィルムを得るには吐出量が多いと成形安定性の面で不利になる。
3) 成形温度を上げると臨界引取速度は速くなる。
4) エアーギャップ量は成形安定性に大きな影響を与えないが、エアーギャップ量が大きいとネックインが顕著となり、フィルム幅は非常に狭くなる。
5) リップ開度を広くすることは、臨界引取速度が小さくなり、成形不安定を引き起こしやすくなる。リップ開度0.65mmから1.0mmにすると、臨界ドローダウン比は3割低下する。
6) エアーナイフを用いた強制冷却は成形安定性を非常に向上させ、ネックイン量を小さくする。ただし、極度に強く吹き付けた場合には、フィルム厚みの均一性や高速、薄膜成形時の破断に悪影響を与える。

(3) 成形中の破断現象

Tダイキャスト成形中の破断現象を検討するため、成形安定性が良好で延伸切れが比較的発生しやすいLDPEで実験を行った。その結果、延伸切れと成形条件の関係について次のようなことが言える。

1) 吐出量を増加させると、増加した割合だけ引取速度を速くしても延伸切れが発生しない。換言すると、同一成形温度、エアーギャップ、熱伝達係数では吐出量によらず一定の臨界ドローダウン比が存在する。
2) エアーギャップが大きいほど、延伸切れは発生しにくい反面、フィルム幅はかなり狭くなり、エアーギャップを8cmから16cmにするとネックイン量は増加する。
3) 成形温度の変化は延伸性に非常に大きな影響を及ぼし、成形温度を上げることは成形中の破断防止に大きな効果がある。LDPEでは成形温度が低いほうがネックイン量は若干小さい。

第7章　Tダイキャスト成形

　LDPEの成形中の破断の有無を調べた実験結果、理論計算から得られた最大応力及びドローダウン比V_L/V_0の相関性についてプロットした結果を図20に示した。図中の破線は破断発生有無の境界線を示す。図からも明らかなように、最大延伸応力が高くなる条件で成形中の破断が発生していることが良く分かる。この結果より、最大延伸応力σmaxを計算することにより、成形中の破断の有無を予測することが可能となる。

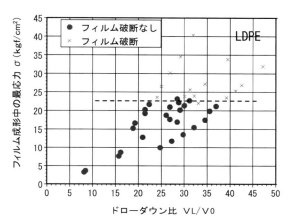

図20　延伸性と成形中の最大応力、ドローダウン比の関係

　延伸切れの発生原因は、樹脂の持つある値以上の応力がかかると分子鎖間同士のすべりだけで変形が対応できなくなり、弾性的な絡み合いから生じる分子鎖の切断が発生し、これが成形中の破断につながると考えられる。これは同一樹脂についての臨界応力が存在することを示している。

　樹脂を変化させた場合に拡張して考えるには、弾性効果と粘度効果の割合を表すワイゼンベルグ数（We）を利用するのが便利である[16〜22]。

$$We = d_{11} \cdot \tau = \sigma /G \tag{5-14}$$

$$G = (G")^2/G', \qquad \tau = G'(\omega)/\eta_0 \omega^2 \tag{5-15}$$

ただし、G：弾性率、τ：緩和時間、G'：貯蔵弾性率、$G"$：損失弾性率
つまり、次式のようにある臨界条件が

$$d_{11} \cdot \tau = d_{11cri} \cdot \tau_{cri} \tag{5-16}$$

あるいは

$$\sigma /G = \sigma_{cri}/G_{cri} \tag{5-17}$$

分かると、それに対応して他の樹脂においても上式を用いて最大ヒズミ速度あるいは最大延伸応力をある程度予測できる。

a. 延伸切れ発生

$$\sigma_{11max}/G > \sigma_{cri}/G_{cri} \tag{5-18}$$

あるいは

$$d_{11max} \cdot \tau > d_{11cri} \cdot \tau_{cri} \tag{5-19}$$

b. 延伸切れ発生なし

$$\sigma_{11max}/G < \sigma_{cri}/G_{cri} \tag{5-20}$$

あるいは

$$d_{11max} \cdot \tau < d_{11cri} \cdot \tau_{cri} \tag{5-21}$$

なお、σ_{11max}は樹脂性状及び成形条件を入れて解いた理論値で、G_{cri}はメカニカルスペクトロメータから得られる最小剪断断速度における弾性値である。

このことから言えることは、分子量が大きくあるいは同一分子量では分子量分布が広く、長鎖分岐の多いポリマーほど成形中の破断が発生しやすい。これは延伸変形において分子間の流動性が悪く、分子鎖同士の絡み合いが生じやすいことと一致する。

(4) ネックイン

最近では高生産のため、高速成形が主流になりつつあり、MDに強い引張応力が作用しやすくなる。そのため、Tダイキャストフィルム成形でのMDとTDの異方性が生じやすい。特に、分子量分布が広いと成形中に発生した応力が緩和せずにそのまま残留し、MDに配向したフィルムが得られやすくフィルムの衝撃強度が低下する現象が生じるため、衝撃強度が要求される場合には、長時間緩和現象を減らすため、超高分子量成分が少なく、分子量分布が狭い方が好ましい。

このような観点から一般にTダイキャストフィルム用の樹脂は分子量分布が狭く、ネックインや成形性の改善のために、長鎖分岐を有する樹脂を添加したり、エアーナイフやエアーノズルの利用し、エアーギャップを極力小さくするなどの工夫をしている。また、レオロジー特性の違いを考慮したCAEの活用による成形予測技術も重要である。

ネックインとは、ダイの幅に対してフィルムの幅が狭くなる現象を言う(図21)。このネックイン現象が発生すると、巻き取られる製品幅が狭くなり、またエッジ部の厚みが中央部よりも厚くなり、かつエッジ部のフィルムの配向も異なるため、好ましくない。ネックイン幅や厚みの不均一性の解析は樹脂の持つ粘弾性的な性質により大きく変化する。その効果を記述できるGiesekusモデル[23]を利用した粘弾性構成方程式を用いた解析により、実験の結果を良く反映する結果が得られる[24]。

第7章 Tダイキャスト成形

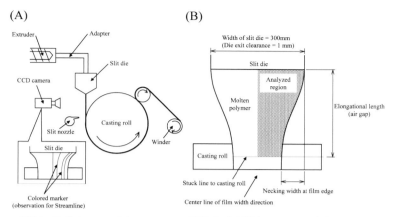

図21　Tダイフィルムキャスティング装置：(A) 測定システム、(B) 解析領域

$$[I + (\alpha\lambda/\eta)T] \cdot T + \lambda \overset{\triangledown}{T} = 2\eta D \tag{5-22}$$

ここで、η は粘度、α は伸長粘度の立上りを支配する定数、λ は緩和時間、Tは異方性応力テンソル、Dは変形速度テンソルである。

剪断速度依存の緩和時間は次式で表わされる

$$\lambda(\dot{\gamma}) = N_1(\dot{\gamma})/2\eta(\dot{\gamma})/\dot{\gamma}^2 \tag{5-23}$$

ここで、$N_1(\dot{\gamma})$ は第一法線応力で $\eta(\dot{\gamma})$ は粘度
従って、緩和時間は次のように表現される

$$\lambda(\dot{\gamma}) = \lambda_\infty + (\lambda_0 - \lambda_\infty)(1 + \zeta_2^2 \dot{\gamma}^2)^{(m-1)/2} \tag{5-24}$$

ここで、λ_0 はゼロ剪断速度の緩和時間、λ_∞ は無限の剪断速度における緩和時間、ζ_2 は定数、mは指数法則の指数。

この場合、一軸伸長粘度で歪み硬化性が顕著な場合（定数αが小さい）ほど（図22）、ネックイン量が小さくなることを予測している[24]（図23）。図23はダイからロールタッチするまでの間を中央部から片側半分だけ表示しており、上部がダイ、下部がロールタッチ部で、ダイ出口で白色で印をつけて実験した結果が左図、理論解析結果が右図である[24]。

伸長粘度特性（非線形性）を的確に表せるGiesekusモデルにより、ネックイン現象等の薄膜伸長挙動を定量的に予測できる。すなわち、伸長粘度の立ち上がりが顕著である場合、ネックイン幅およびエッジビードが小さく、かつネックイン幅のドローダウン比の依存性が小さい。

エッジ部では一軸伸長変形の影響が大きく、そのためネックイン現象が顕著で幅が狭くなりやすいが、中央ほど幅の変化が小さくなる。そこで、幅の広いダイを用いるほど、全体の幅に対するネックイン量の比の影響は小さくなる。

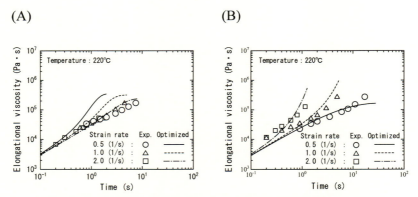

図22　伸長粘度特性：(A) ポリプロピレン、(B) 高圧法低密度ポリエチレン

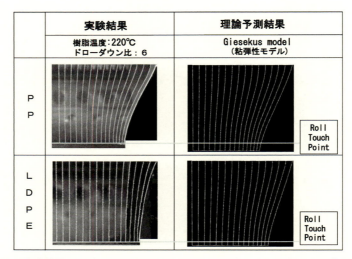

図23　実験結果およびGiesekus Modelを用いてPPとLDPEのネックングの比較

　図24はPPの典型的なTダイキャスト成形挙動を示している。ダイス幅300mm、リップクリアランスを1mm、エアーギャップ150mm、押出量15kg/hrの一定条件で、ドローダウン比を大きくするほどネックイン量は大きくなり、フィルム幅は狭くなる。

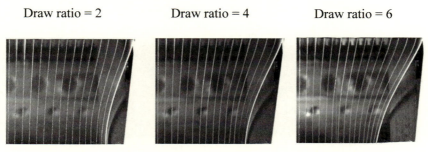

図24　PPのTダイキャスト成形時のドローダウン比を変化させた場合の幅変化

図25はLDPEの典型的なTダイキャスト成形挙動を示している。上記と同じ一定条件で、ドローダウン比を大きしても、PPの場合と異なり、ネックイン量に大きな変化はなく、フィルム幅はほぼ一定である。

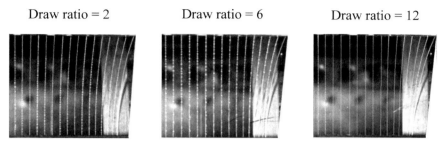

図25　LDPEのTダイキャスト成形時のドローダウン比を変化させた場合の幅変化

両者に大きな差があるが、LDPEの場合には伸長粘度の顕著な立ち上がりがあり、この伸長粘度の立ち上がりの度合いが、ネックイン現象に大きな影響を与えている。LDPEのように長鎖分岐がある場合や高分子量成分がある場合には歪み硬化性が強く、ネックイン量が小さく、製品幅は広くなる。フィルムの中心部は平面伸長変形だが、フィルム端部で一軸伸長粘度が支配的であるため、エッジ部の一軸伸長粘度が支配的な領域で立ち上がる場合には、中央部に引き込まれにくくなり、ネックイン現象が弱まる。図26および図27はPPおよびLDPEのネックイン量のドローダウン比の依存性について示したものであり、伸長粘度の立ち上がりを記述できるGiesekusモデルでは、実験結果と良く一致した結果が得られており、LDPEのネックイン量はLLDPEやPPに比較して、ドローダウン比に影響されにくいことがわかる。

この解析は、エッジ部が厚くなる現象（図28および図29）や中央部よりも変形が遅れることも予測できる。PPではダイスの幅が狭くなると、厚みの均一な領域が狭くなることを示している。また、フィルム幅方向で応力、複屈折にも不均一性が生じ、配向に不均一性が生じやすくなる。ネックインが生じると幅方向の収縮率や光軸の不均一性が生じるため、高精度を要求される分野で

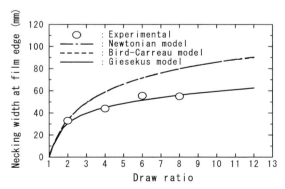

図26　PPのフィルム端部のネッキング量の実験結果と理論予測結果の比較

は製品の歩留まりが悪くなる。ネックイン量は、冷却条件の強化（熱伝達係数のアップ）、エアーギャップを小さく、材料では一軸伸長粘度の立ち上がりを顕著にすることにより、減少させることが予測できる。

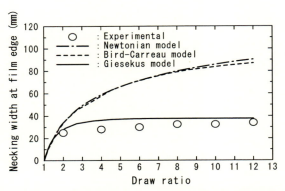

図27　LDPEのフィルム端部のネッキング量の実験結果と理論予測結果の比較

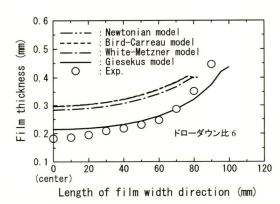

図28　PPのドローダウン比6での幅方向のフィルム厚み分布の実験と理論解析結果の比較

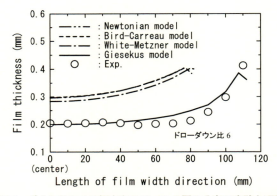

図29　LDPEのドローダウン比6での幅方向のフィルム厚み分布の実験と理論解析結果の比較

4 冷却

エアーナイフによる冷却は、成形安定性の向上やネックイン量の低下のほかに、フィルムの冷却に大きな効果をもたらす。また、溶融フィルムの冷却能力の向上あるいはフィルムの透明性向上という面では、冷却ロールの効果が重要な役割を果たす。

ダイを出てからロールにタッチするまでの温度低下については、前述した式 (5-10) を用いると図30のような結果が得られ、冷却風量の違いにより、大きな温度差が生じる。

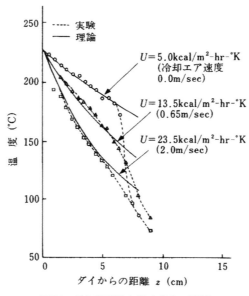

図30 熱伝達係数と温度分布の関係

一方、Tダイキャスト成形の場合には、冷却ロールタッチ後に冷却が急速に行われるので、この領域を考えてみる。

話を簡単にするため、ロール反対側のフィルム表面の冷却は、ロール側に比較して冷却効果が非常に小さいことを考えると、伊藤[25]により次式が示されており、図31を利用することにより容易にフィルム温度を予測できる。

$$Y = \frac{T(x,t) - T_{role}}{T_0 - T_{role}} = \mathrm{erf}\phi + \exp[X + X^2/(4\phi^2)] \cdot \mathrm{erfc}[\phi + X/24] \tag{5-23}$$

なお、$X = \left(\dfrac{U}{k}\right) \cdot x$, $\phi = \dfrac{x}{2\sqrt{\alpha t}}$, $\alpha = \dfrac{k}{C_p \cdot \rho}$

ただし、T(x, t)：フィルムの温度　T_{role}：ロールの温度、
　T_0：ロールタッチ直前のフィルムの初期温度、
　x：ロール側のフィルム表面からフィルム厚さ方向の距離

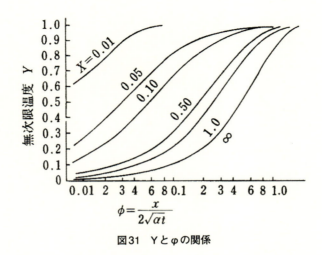

図31　Yとφの関係

k：フィルムの熱伝導率、t：ロールに接触後の時間

ロールにフィルムが密着し、空気層が介在しないような場合にはU=∞となり、次式となる。

$$\frac{T(x,t) - T_{roll}}{T_0 - T_{roll}} = \text{erf}(x/2\sqrt{\alpha t}) \tag{5-24}$$

なお、erfは誤差関数である。

これより冷却効果は、ロールの温度（T_{roll}）、ロールの大きさまたはロッルタッチしている冷却時間（t）、ロール表面とフィルムもしくはシートとの密着度（U）などに依存することが分かる。薄いフィルムの温度は速く低下するが、厚物シートの成形ではxが大きくなり、上式の計算も重要な役割を果たす。図32はPPの冷却パターンを計算した一例である。（ただし、この計算では結晶化潜熱を無視している）。

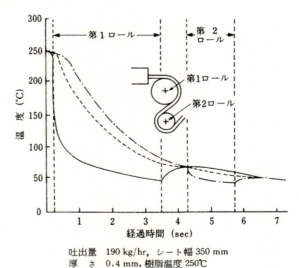

吐出量　190 kg/hr，シート幅 350 mm
厚　さ　0.4 mm，樹脂温度 250℃
室　温　30℃

図32　シート成形中の温度パターン

冷却ロールの代わりに水冷方式を利用すると、熱伝達の式 (5-10) が適用され、熱伝達係数は一般に次式のように表される。

$$\frac{UL}{K_{air}} = a\left(\frac{vL\rho}{\eta_{air}}\right)^{1/2}\left(\frac{C\eta}{k}\right)^{1/3} \tag{5-25}$$

冷却効果を高め透明性を向上させるには、冷却水とフィルムの流速差を大きくし、また代表長さ（冷却水とフィルムが接触し始めてからの距離）が小さいほど冷却効果が向上することを示しており、冷却水量及びフィルム表面の熱かき取り効果の大小が冷却に重要な意味を示す。また、水温が低いほうが冷却効率は上がるが、この割合は〔フィルム表面温度 − 冷却水温度〕の比に依存する。

さらに、延伸用原反の場合のように、結晶化を抑えたい場合や高透明性を得たい場合には、シートの厚さ方向の温度分布や結晶化終了時間の計算も重要である。そのため、結晶化潜熱も考慮した冷却計算プログラムを作成し、シートの冷却計算を行った。

チルロールのサイズおよび冷却を片面急冷から両面急冷を変更した場合のシート厚み断面の温度分布の計算結果を図33に示した。押出量1.2ton/hrで図中に示した押出条件の場合に、両面冷却でチルロール径が大きい場合には、結晶化終了時間が3本ロールの8秒から3秒に短縮し、球晶の生成および結晶化度を大幅に下げることができ、延伸時の高速成形時の破断の抑制、延伸時のS-S曲線が右肩上がりになり偏肉精度の大幅な向上が達成できる。現在、超高速生産での二軸延伸用原反成形では両面冷却が一般的になっている。

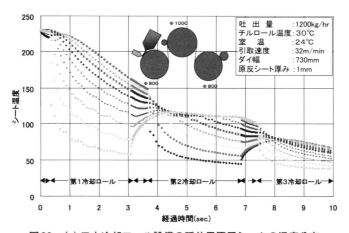

図33　(a) 三本冷却ロール設備の延伸用原反シートの温度分布

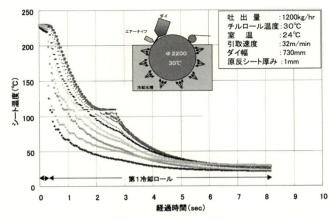

図33 (b) 水冷／一本冷却ロール冷却設備の延伸用原反シートの温度分布

4.1 シャークスキンおよびメルトフラクチャーにより引き起こされる表面荒れ

Tダイキャスト成形の場合、高生産性を得るために、高吐出量化を行うと、2つの典型的な流れの不安定現象であるシャークスキンおよびメルトフラクチャーが、しばしば図34および35に示されるようなフィルム表面荒れを引き起こす[26]。

実験はスリットダイを用いて、スリットダイの入り口からスリットダイ出口までの広い領域で、可視化実験が行われた。特に、流れのパターンを観察するために高速ビデオカメラを使用し、流れの不安定性の周期を解析した。可視化観察と同時に、スリットダイ内の圧力変動とダイス出口では押出物の表面の変化をレーザーで観察した結果を図36に示した。

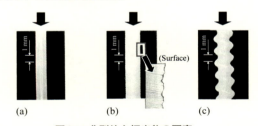

図34 典型的な押出物の写真
(a)"安定流れ"、(b)"シャークスキン"、(c)"メルトフラクチャー"

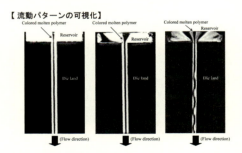

図35 流動パターン (a)"安定流動"、(b)"シャークスキン"、(c)"メルトフラクチャー"

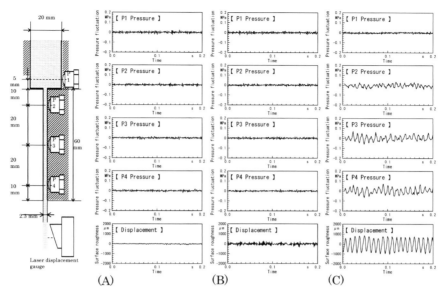

図36 圧力変動と表面ラフネス (A) 安定流れ、(B) シャークスキン、(C) メルトフラクチャー

FFT（Fast Fourier Transform）アナライザーを使用して振動解析した結果を図37に示す[29]。シャークスキン領域では[26,27]、広い周波数領域で表面の荒れの変動がダイス出口で観察される。しかしながら、表面が荒れているにもかかわらず、スリットを流れているダイス内の壁面近傍での圧力の変動や流れの乱れは観察されていない。シャークスキンはダイス出口で起こっている。

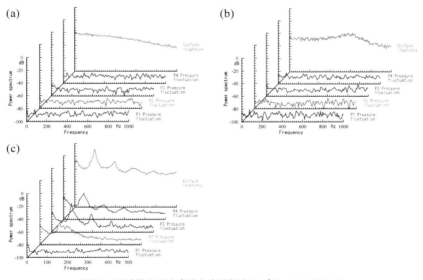

図37 周波数と圧力変動と表面粗さのパワースペクトル
(a)"安定流れ"、(b)"シャークスキン"、
(c)"メルトフラクチャー"

図38で示したように、シャークスキン（表面荒れ）の発生の有無は壁面の剪断応力に依存していることがわかる。この変動はスリットダイス出口での剪断応力の大きな変化が、押出物表面の歪みになって発生している。

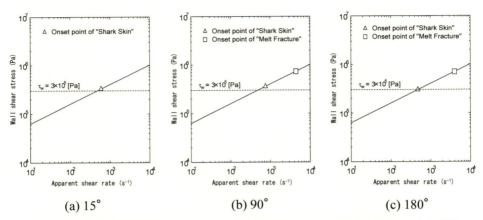

(a) 15°　　　　(b) 90°　　　　(c) 180°

図38　ダイ流入角の異なるキャピラリーノズル内の見かけのせん断速度とせん断応力の関係
　　　流入角　(a) 15°、(b) 90°、(c) 180°

一方、メルトフラクチャーは押出物の周期的な歪みに相当する流れの周期的な振動と圧力変動がスリットダイス内で発生していることが観察される。しかし、この変動はスリットダイス内に入る前のリザーバー内では観察されていない。メルトフラクチャーはダイス入り口で発生し、ダイス内で観察される。メルトフラクチャーは大きな周期的な乱れであり、ダイス入り口での流れ方向の最大法線応力に依存している。

図39および図40は粘弾性モデルを使用してレオロジーデータおよび理論解析から得られた結果を示している[27]。メルトフラクチャーの発生有無はダイス入り口における法線応力の大きさに依存し、この入り口での伸長粘度の伸長変形限界に関係している。

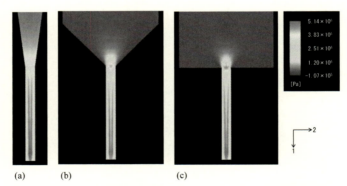

図39　ダイの流入角の異なるキャピラリーノズル内の法線応力
　　　(a) 15°、(b) 90°、(c) 180°

第7章 Tダイキャスト成形

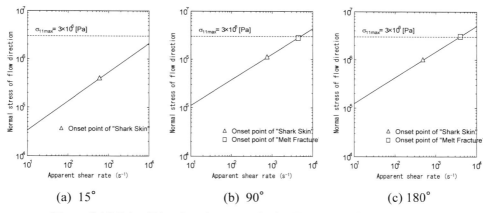

図40 ダイ流入角の異なるキャピラリーノズル内の見かけのせん断応力と法線応力
流入角 (a) 15°、(b) 90°、(c) 180°

5 フィルムの物性

5.1 成形条件の影響

Tダイキャスト成形で成形したPPフィルムの諸物性と成形条件の関係を**表2**に示した[28]。一般に、Tダイキャスト成形の成形条件は、ヒートシール温度、光学特性、静摩擦係数といった特性に影響を与える。また、機械的強度に関しては高速化に伴い、MDに配向が強くなり、MDとTDの配向が異なるために、フィルムの衝撃強度が変化する。

表2 Tダイキャストフィルムの成形条件とフィルム物性

成形条件	方向	引張弾性率		引張降伏強度		引裂強度		ヒートシール温度	ヘイズ	衝撃強度	スベリ
		MD	TD	MD	TD	MD	TD				
樹脂温度 180〜280℃	↑	↓	↓	↓	↓	↑	↓	↓	↓	↑	↑
吐出量 10〜80kg/hr	↑	→	→	→	→	↓	→	→	↑	→	→
ロール温度 20〜80℃	↑	↑	↑	↑	↑	↓	↑	↑	↑	↓	↑
厚み 10〜40μm	↑	↓	↓	↓	↓	↑	→	→	↑	→	↓

例えば、冷却ロールの温度を上げた場合には、得られたフィルムの結晶化度は上昇する。そのためにヒートシール温度は高くなり、フィルムの光学特性は低下する。また、フィルム表面が結晶化により、凹凸ができ静摩擦係数が低下する。弾性率は結晶化度の上昇のため大きくなる。
樹脂温度の上昇は、ダイ内での剪断応力を下げ、ダイを出た以降も緩和が起こりやすく、

また急冷されるため光学特性は向上する。結晶化度の低下によりフィルム衝撃強度の上昇と弾性率の低下が見られる。フィルムの厚みが増すと冷却が遅れ、光学特性に影響を与える。一方、静摩擦係数は大きく低下する（**図41**）。

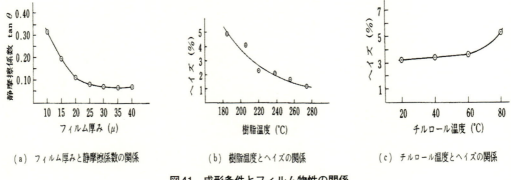

(a) フィルム厚みと静摩擦係数の関係　　(b) 樹脂温度とヘイズの関係　　(c) チルロール温度とヘイズの関係

図41　成形条件とフィルム物性の関係

5.2　樹脂特性の影響

プラスチックフィルムを成形する方法にTダイ法によるキャストフィルムとインフレーション法によるインフレーションフィルムがあるので、ここでは2つに分けて説明する。

(1)　キャストフィルム

Tダイ法によるキャストフィルムはインフレーションフィルムに比較し、生産性が高く、また透明性が良く、厚みの均一なフィルムになるが、成形時MD方向のみに延伸されるため、高速成形時にはMDに配向がかかったフィルムになりやすい。また成形条件により弾性率や引張強度、ヒートシール温度、光学特性、静摩擦係数などの物性が影響を受けることを前節でのべたが、この節では樹脂の性状と物性について主に述べてみたい。

キャストフィルムの代表例としてLLDPEがあるので、まずLLDPEの構造と物性についてまず説明したい。

(1)　LLDPEの構造と物性

LLDPEは組成分布のほかに分岐種についても、衝撃強度や引張強度に影響を与える。つまり、分岐種により結晶化を阻害する効果が異なる。密度が0.920程度のLLDPEの分岐度（主鎖1000炭素原子あたりの分岐数）は以下の通り。

　　C3の場合　　25〜30/1000C
　　C4の場合　　15〜20/1000C
　　C8の場合　　10〜15/1000C

例えば、分岐度20/1000Cとして均一に分岐が導入されると仮定すると分岐の無いメチレン連鎖の長さは50CH_2単位となりPE結晶の平面ジグザグ構造で約60Åと分岐の無いHDPEのラメラ厚（100Å以上）よりずっと薄くなり、融点が低くなる。

分岐度と融解挙動の関係をまとめると
1) 分岐度の違いにより分子鎖ごとに結晶化温度が異なるため、結晶化過程において分岐度によりラメラ単位での偏析が生じる
2) この偏析したラメラの融点が異なるため融解温度の分布が生じる
3) その為、融解パターンは分岐度分布と関係する
    低温側のブロードな融解ピークは分岐の多い成分、高温側の鋭い融解ピークは分岐の少ない成分による
4) 融解挙動は結晶化条件（成形条件）によっても影響される
5) フィルムの融解パターンはヒートシール性を支配する
    ヒートシール性の良い樹脂はより低温域で融解する

表3　LLDPEの構造とフィルム物性の関係

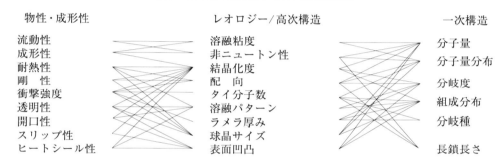

フィルムの衝撃強度や引裂強度は**表3**に示したように種々の因子に支配される。
分岐種：C8≧C6＞C4＞C3の順
結晶化度：低いほうが良好、ただし引裂強度については0.910〜0.920の間で最大値がある
分子量：大きい方が良好
分子量分布：小さい方が高速成形時には配向が緩和され良好

(2) フィルムの衝撃強度
　フィルム強度はフィルムに力が加えられた時、ラメラが変形し、ときほぐしが生じフィブリル化する過程において要する応力、ラメラとラメラを繋ぐタイ分子の切断応力が関与すると考えられる。LLDPEにおいて、側鎖が長い（ハイα-オレフィンによるヘキシル分岐）と側鎖部分は結晶ラメラ中には入れないため、ラメラは薄く小さくなる。
　側鎖の数が多い（低密度グレード）とラメラ表面でラメラ中に入れない側鎖が多く存在するようになるため、折り畳み構造がadjacent re-entryタイプよりrandom re-entryタイプを取るようになる（**図42**）。従って、タイ分子（絡み合い）が増加する。また、側鎖が長いとラメラがフィブリル化する過程において側鎖のために分子鎖がラメラ中をすり抜けることが出来ない。こういった理由で分岐の長いコモノマーを利用するとフィルム強度は向上する。

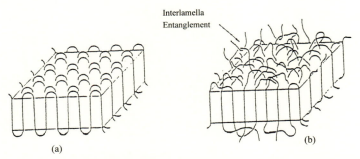

図42 ラメラの折り畳み構造 (a) adjacent re-entry タイプ (b) random re-entry タイプ

　また、表4には均一系触媒LLDPEの特徴を挙げたが、均一系触媒では分岐が一定間隔で導入されるため、同一密度のマルチサイト触媒品よりラメラ厚みが薄くなり、結晶間を繋ぐタイ分子数が増加するため衝撃強度の向上が見られる。図43に示したように、衝撃強度は密度が小さくなると伸びやすくなり、また分岐種がC8で均一系触媒により分岐種を均一に導入するより向上する。衝撃強度を支配する因子として、タイ分子数のほかに配向の因子があるがLLDPEの場合、剛性が低く成形速度は成形時に発生しやすいシワ等の問題で100m/min程度に抑えられているため、大きな因子にはなっていない。ただし、今後成形機械の進歩に従い高速化が可能になれば配向の因子が重要になる可能性は充分にある。

　一方、PPではCPPの高速化が活発化してきており、引取速度が150–200m/minで成形されるようになり、それに伴いMDの配向が顕著になり、MDとTDのアンバランスによるフィルムインパクトの低下が問題となっている。そのため、分子量分布を狭くし、緩和時間を短くすることにより、配向を抑え、高速化による衝撃強度の低下を防止している。図44には緩和時間λとフィルムインパクトの関係を示したが、緩和時間が衝撃強度に重要な因子であることがわかる。

表4　均一系触媒LLDPEの分子構造、高次構造、実用物性

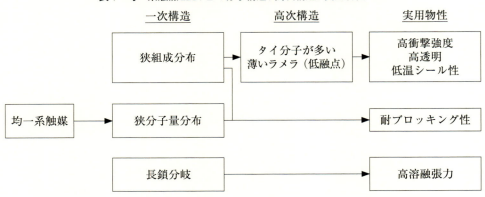

第7章 Tダイキャスト成形

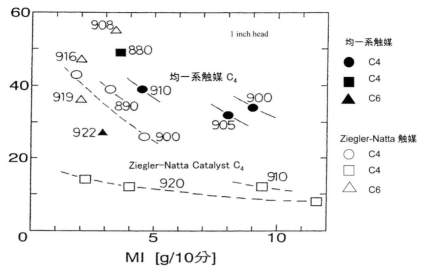

図43 Ziegler-Natta触媒系PEと均一系触媒系PEの衝撃強度の比較

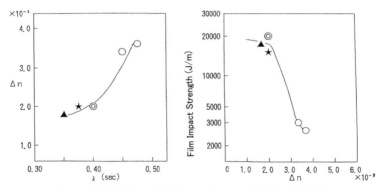

図44 緩和時間λ、複屈折Δnとフィルムの衝撃強度の関係
成形条件：樹脂温度255℃、チルロール温度40℃、引取速度125m/min

(3) ヒートシール温度[29]

フィルムインパクトのほかに、フィルム物性として重要なものにヒートシール温度がある。低温ヒートシール性は二次加工時に低い温度でヒートシールが可能であるため、生産性が向上するメリットがある。LLDPEの場合、ヒートシール温度を支配する因子はヘキサンに可溶な成分（低分子量でかつ高分岐成分）量とヒートシール温度以下で融解する成分量（低温融解成分）の2つである。ヘキサン可溶成分は結晶化せず室温で粘ちょう状態であるため、フィルム表面に出てくることによりヒートシールをさまたげる方向に働く。

一方、低温融解成分はヒートシールに寄与する成分であり、ヒートシール時に融解し、フィルム同士が融着し、分子鎖がお互いに入り込み、そして結晶化する成分である。昇温分別の測

定では実際の融ける温度より約30℃低めに出るので、(ヒートシール温度−30℃)の温度以下成分を目安にしており、低密度LLDPEでは通常60℃以下の成分として評価している。

上記の二つの成分によりヒートシール温度が支配され、Ziegler-Natta触媒では式(5-26)によりヒートシール温度(HST)を予測している[29]。右辺の第1項、第2項はヒートシール温度の寄与成分項であり、ヒートシール温度を下げるが、第3項はフィルム表面にブリードする成分であり、ヒートシール温度を上げてしまい、また経時変化を起こしやすい成分項である。分子量は高いほうがフィルム同士に分子鎖が入り込みやすく、ヒートシール強度を上げる効果があり、ヒートシール温度を下げることにもなるが、MIは成形性や機械的強度にも影響するため、グレード内であまり大きく変化させることは難しい。

$$HST = -0.287 \times (昇温分別の35℃以下の成分量 - C6可溶成分量)$$
$$-0.454 \times (昇温分別の35℃以上から60℃以下の成分量)$$
$$+8.6 \times (ヘキサン可溶成分量) - 52.1 \times MI + 138.6 \quad (5-26)$$

図45にはヒートシール温度の低いLLDPEと高いLLDPEの昇温パターンを示しており、図46にはクロス分別の結果を示した。いずれにしても高分岐度低分子量成分が少なく、低温融解成分が多い樹脂組成はヒートシール温度が低くなる。

現在、一般に使用されているマルチサイト触媒は密度が0.910以下になるとヘキサン可溶成分が急激に増加することにより、ヒートシール温度は密度が下がっても逆に上がってしまう傾向にある。

均一系触媒のLLDPEでは、マルチサイト触媒に比較して、分子量分布が狭く、また組成分布が狭いため、密度を下げても極端な高分岐成分のLLDPEが生成されにくい(図47)。また低温融解成分量は密度低下につれて多くなるので、低密度(0.905以下)では、低温ヒートシール性を有したフィルムが得られる長所がある。

ただし、均一な組成であまり密度を低くすると剛性や耐熱性が低下し、引き裂き強度も低く

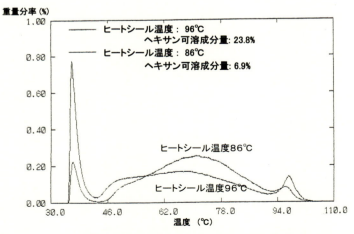

図45　ヒートシール温度の高いLLDPEと低いLLDPEの昇温分別パターンの比較

第7章　Tダイキャスト成形

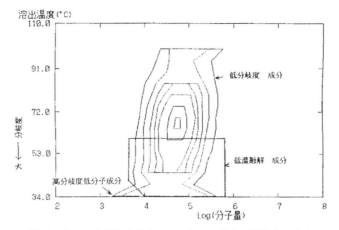

図46　クロス分別から見たヒートシール温度に影響する成分

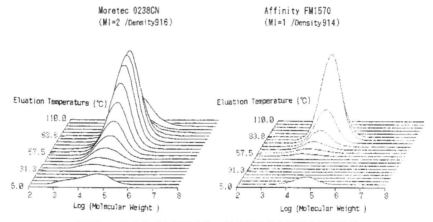

図47　マルチサイト触媒と均一系触媒品のクロス分別の比較

なる傾向がある。これらを満足する手段として、高密度成分に剛性、耐熱性向上をはかり、低密度成分にヒートシール性の機能を持たせた2つの組成をブレンドすることにより、物性バランスが図れることがわかっている。

　分岐度分布制御技術は低密度においてヒートシール温度だけでなく、開口性、スリップ性、透明性、剛性といった物性にも大きな影響を与えることがわかっている。

　CPPフィルムも低温ヒートシール性が要望されているが、ランダムPPのヒートシール温度はLLDPEと同様ヒートシール阻害成分である"クロス分別より求めた10℃以下の溶出成分量中の低分子量成分（分子量1万以下）量"と寄与成分である"前記成分を除いた100℃以下の溶出成分量"により支配され、前者を少なく、後者を多くすることによりヒートシール温度を下げることができる。

　また、別の分析法では阻害成分であるエチルエーテルソックスレー抽出成分量と寄与成分であるDSCのΔHの120℃以下成分量の関数としてもヒートシールを予測することが可能である。

高立体規則性PPが製造可能な高活性の触媒系では、一般に共重合性が良好で分子量分布、組成分布も狭いため、阻害成分が少なく、エチレン量を4.5wt%と高めに設定してもエーテル抽出成分が増加せず、融点が低下するため、ヒートシール性が良好で、フィルムバランスのとれ、ヒートシール温度122℃で剛性660MPaの物性を有したフィルムが得られている。

(4) フィルムの開口性・ブロッキング性とスリップ性

フィルムの開口性はフィルム内に自動充填する際、フィルム同士がお互いにくっつかずに開きやすさの評価であり、フィルム表面の凹凸、表面のブリード物の量および剛性により支配されると考えられる。LLDPEの場合では、フィルム表面の凹凸はHDPE成分量、フィルム表面のブリード物の量はヘキサンの常温可溶成分量であり、剛性は密度に大きく支配される。そのため、HDPE成分量を残し、低温可溶成分量のピーク位置を高温側つまり分岐度を少なくし、ヘキサンの常温可溶成分量である高分岐度低分子量成分減らすことで開口性とヒートシール性、ブロッキング性のバランスの良いフィルムが得られる。

ブロッキング性とは一定のエージング温度条件でフィルム同士が力で圧着され処理された後、フィルム同士を引き剝がしづらさの評価である。ランダムCPPフィルムではエージング後室温にて結晶化する際、表面にしみ出て粘着力を持つ成分（クロス分別10℃の溶出成分で分子量1万以下成分）とエージングの際融解し、結晶化しづらくまたフィルム表面でお互いに絡まり合っている成分（クロス分別10℃の溶出成分で分子量100万以上の成分）の両方が多いとブロッキン強度は高くなり、フィルム特性として好ましくない。

また、スリップ性はフィルムの摩擦係数に依存すると考えられるが、クロス分別10℃で溶出成分であるゴム成分（A）は摩擦係数が大きいが、分子量1万以下（B）では逆に表面にブリードしてきてスリップ性を良くする。

(5) 透明性

フィルムはHDPEのようにマット性を要求される以外は一般に透明性の良いものが好まれる。透明性を高めるには押出ヘイズを下げるために、溶融時の表面の荒れを緩和させるために分子量分布が狭く、またLLDPEやPPのフィルムは結晶サイズが大きくなりやすい成分を抑えるために、共重合の組成分布を狭く制御するのが一般的である。特に、LLDPEではHDPE成分である低分岐度成分（昇温分別で90℃以上）が少ないと光の散乱体である球晶が小さくなり透明性にとって好ましいが、この成分を下げ過ぎると剛性や耐熱性が劣り、結晶核生成が抑えられ、かえって透明性が劣る。均一系触媒品では球晶は観察されないが耐熱性を要求される分野ではHDPE成分をブレンドする必要がある。

ランダムPPでも、エチレンとの均一な共重合組成分布にすると、球晶サイズが小さくなり、透明性とヒートシール性のバランスが向上する。

一方、ブロックPPシートとして透明性が要求されるグレードには、ゴム粒径を小さくするため、共重合部の分子量をホモ部の分子量と同じか、もしくは小さくし、通常の分子量設定とは異なる設定にしている。また、熱成形性（ドローダウン特性）を良くするためには、ホモ部は分子量分布を広げるか、もしくは高分子量成分を添加し、また造粒時の分子量低下を抑えるため、

低剪断スクリューを活用し、樹脂温度の上昇を抑え、MI 0.5から1.0程度になるように工夫している。熱成形性（ドローダウン性、深絞り性や偏肉精度）を向上させるために、分子量分布を広げたり、メタロセン触媒により長鎖分岐を導入することにより、伸長粘度の立上り度を上げ、溶融張力を高めたPPが使用されている。

(6) 成形性と樹脂デザイン

成形中のフィルムの凝集破断は、樹脂の持つある値以上の応力がかかると分子鎖間同士のすべりだけでは対応出来なくなり、弾性的な分子鎖のからまり合いから生じる分子切断が発生の原因と考えられる。そのため、分子量分布が広く、高分子量成分の多い樹脂や長鎖分岐のある樹脂は薄膜フィルム成形時に破断が生じやすい。またエアーによる冷却量を増加させて成形時の応力を高めることは成形安定性には有利であるが破断は起こりやすくなる[28]。ネックイン量は溶融時の弾性効果の強い樹脂ほど小さいため、同じポリエチレンでも長鎖分岐をもつLDPEはLLDPEに比べ、幅の広いフィルムが得られる。

(7) フィルム物性のまとめ

フィルム物性は樹脂性状やフィルムの成形条件に大きく影響を受ける。PPとLLDPEの一次構造と物性、成形性の関係について、表5および表6にまとめた。

表5 PPの一次構造、成形条件とフィルム物性の関係

フィルム物性	PP一次構造				成形条件		
	立体規則性	分子量	分子量分布	超低分子量成分	樹脂温度	チルロール温度	引取速度
方向	高い	低い	狭い	多い	高い	高い	速い
フィルム衝撃強度	↓	↑	↑	↓	↑	↓	↓
透明性	→	↑↑	↑↑	→	↑	↓	↓
スリップ性	→	↓	↓	↑	↓	↑	↑
アンチブロッキング性	↑↑	↓	↑	↓	↓	↑	↑
剛性	↑↑	→	↓	→	↓	↑	↑

表6 LLDPEの押出成形品の品質機能展開

			分岐度高い	組成分布狭い	分岐種長い	分子量高い	分子量分布狭い	長鎖分岐愛多い
実用物性		透明性	↑	↑	→	↓	↑	→
		ヒートシール性	↑	↑	→	→	→	→
		アンチブロッキング性	↓	↑	→	→	→	→
		衝撃強度	↑	→	↑	↑	↑	↓
		引裂強度	⤴	↓	↑	→	↑	↓
		剛性	↓	↓	→	↑	→	↓
		耐熱性	↓	↓	→	→	→	↓
成形性	Tダイ	押出性能	→	→	→	↓	↓	↑
		ネックイン量	→	→	→	↑	↓	↑
		ドローレゾナンス	→	→	→	↑	↓	↑
	インフレ	メルトフラクチャー	→	→	→	↓	↓	↑
		成形安定性	→	↓	→	↑	↓	↑

6 スケールアップ

　試験段階から工業生産へ移行する場合に重要となる小型機から大型機へのスケールアップの考え方について述べる。

　経過時間に対する応力や変形速度パターンからダイ以降の変形時のスケールアップを考えた場合、図48のようなケースが考えられる。しかしながら、ダイ内の剪断速度を考えると最も単純には吐出量が増加した分だけダイ幅を広くすることが好ましい。シート両端のネックイン量については基準となるダイ幅が十分大きな場合、ダイ幅をk倍（>1）しても、ネックインの絶対量に大きな変化はないため、比較的有効幅を予測しやすい。

　一方、ダイ内の解析法の詳細は別報[30～32]を参照していただくとして、ここでは、ダイのスケールアップについて考えると、ダイを評価する上で重要な圧力、滞留時間、流量均一度の3因子に着目する必要がある。Tダイの場合については、無次元解析により得られたスケールアップ条件として次の方法が考えられる[33]。

　つまり、ダイをk倍広げた場合、三つの因子を同時に成立させてスケールアップすることはできないが、近似的にそのうちの二つずつに注目してスケールアップすることは可能である（図49）。図49に示したスケールアップ条件のうち、Tダイの場合実際問題として取りうるケースは(a)と(b)である。

　すなわち、滞留焼けに対する配慮がそれほど重要でない場合には、ケース(a)が考えられる。一方、スケールアップ前の基準ダイの均一度が良好な場合には、口開きの原因となる圧力、及び滞留焼けの因子となる滞留時間を抑え、しかもその時の均一度の悪化程度がそれほど問題と

第7章 Tダイキャスト成形

ならないケース (b) がスケールアップ条件として採用され、ケース (a) に比較した場合より一般的であろう。ケース (c) については、圧力値がスケールアップにより増加しすぎるため、通常の場合現実的ではない。

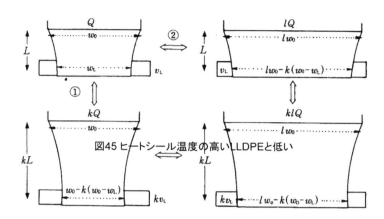

w_0：ダイ幅, w_L：フィルム幅, k：エアギャップのスケールアップ倍率, l：ダイ幅のスケールアップ倍率, Q：吐出量, L：エアギャップ, v_L：引取速度

図48 スケールアップ則に基づいたスケールアップ条件

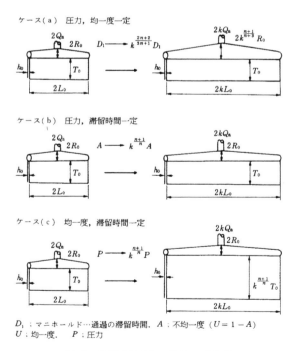

D_1：マニホールド…通過の滞留時間, A：不均一度 $(U=1-A)$
U：均一度, P：圧力

図49 Tダイのスケールアップ条件

おわりに

　Tダイキャスト成形を行う上で、樹脂のレオロジー特性、成形条件と成形中の変形挙動、成形性及び得られたフィルム物性の関連を把握することは、成形性の改良や高品質のフィルムを成形する上で重要な情報を与える。

　樹脂のレオロジー特性は平均分子量が同一であっても分子量分布や長鎖分岐量により大きく変化し、これが成形安定性や延伸性に大きな影響を与えている。樹脂では長鎖分岐量、成形条件では冷却風を吹かせることが成形安定性に非常に効果があり、この理由は、ロール接触時の歪み速度の不連続性から説明できる。分子量分布を狭くすることは成形安定性、延伸性の面で優れていることを述べた。また、Tダイキャスト成形における冷却過程、フィルム物性、更に工業的にスケールアップする場合の方法についても説明を加えた。

　今後ますますフィルムの高品質化が要求されていく中で、フィルムの成形性向上、押出しの安定化、冷却風速の均一化、ダイの均一な肉厚精度などが要求され、更に高機能化の立場から多層化技術がより一層重要となるであろう。

参考文献

1) T. Kanai, J. L. White., "Kinematics, Dynamics and Stability of the Tubular Film Extrusion of various Polyethylenes," Polym. Eng. Sci., 24, (15), 1185(1984)
2) W. Minoshima, J. L.White, J. E. Spruiel, Polym. Eng. Sci., 20, 1166(1980)
3) 金井俊孝、'ポリエチレンインフレーションフイルムの成形条件と製晶特性' プラスチックスエージ., 31. (81), 113(1985).
4) H. Yamane, J. L. White, Polym. Eng. Sci., 12, 167(1980).
5) 金井俊孝、"Tダイキャスト法の理論解析、" 繊学誌、41、(10)、T—409(1985).
6) 金井俊孝、舶木章、'Tダイキャスト成形の実験解析、' 繊学誌、41、(12). T—S21(1985).
7) 金井俊孝、船木章、'Tダイキャス成形の成形性に関する研究," 繊学誌、42. (1). T—1(1986).
8) S. Kase, T. Matsuo, J. Polym. Sci., 18, 3279(1974).
9) S. Kase. J. Appl. Polym. Sci., 18, 3279(1974).
10) R. J. Fisher, M. M. Denn, A. I. Ch. E. Journal, 23, 23(1977).
11) R. J. Fisher, M. M. Denn, A. I. Ch. E. Journal, 22, 236(1976).
12) Y. lde, J. L. White, J. Appl. Polym. Sci., 22, 1061(1978).
13) Y. lde, Ph. D. Dissertation, Univ. Tennessee(1979).
14) 鳥海浩一郎、近田淳雄、藤本和士、繊学誌、41、8(1985).
15) 鳥海浩一郎、学位論文、東京工業大学(1985).
16) 清水　恭、シート・キャスト成形における樹脂挙動、" 出光石油技術誌、29、(4)(1986).

第7章 Tダイキャスト成形

17) 金井俊孝、フィルム成形の動力学的研究、"学位論文、東京工業大学 (1986).
18) J. L. White, J. Appl. Polym. Sci., 8, 2339 (1964).
19) J. L. White. N. Tokita, J. Appl. Polym. Sci., 11. 321 (1976)
20) A. B. Metzner, J. L. White, M. M. Denn., Chem. Eng. Proc., 62, 81 (1966).
21) A. B. Metzner, J. L. White, M. M. Denn., A. I. Ch. E. Journal,. 12, 836 (1966).
22) J. L. White, W. Minoshima., Polym. Eng. Sci., 21, 1113 (1981).
23) H. Giesekus：J. Non-Newtonian Fluid Mech. 11, 69 (1982)
24) H. Kometani, T. Matsumura, T. Suga, T. Kanai：J. Polym. Eng., 27, (1), 1 (2007)
25) 伊藤公正、加熱と冷却（工業調査会 1971）
26) H. Kometani, H. Kitajima, T. Matsumura, T. Suga, T. Kanai；Int. Polym. Process., 21 (1) 32-39 (2006)
27) 米谷秀雄、北嶋英俊、松村卓美、菅貴紀、金井俊孝；成形加工、19、(2) 883-890 (2007)
28) 金井俊孝、プラスチックエージ、32、(10)、168-177 (1986)
29) Kanai,T., and Campbell ,G. A.(Editor)：Film Processing Advances, 5.9, Hanser Publishers (2014)
30) 伊藤公正、押出成形用ダイの設計（工業調査会）
31) 伊藤公正、プラスチックス、24、(8) 105 (1973)
32) 伊藤公正、プラスチックス、28、(2) 43 (1977)
33) 船木章、金井俊孝、'フラットダイキャスト成形の実験解析およびスケールアップ則、'繊学誌、42、(4). T-203 (1986)

第8章

インフレーションフィルム成形法

KT Polymer　金井　俊孝

はじめに

　インフレーションフィルム成形は、プラスチックフィルムの成形加工法の1つとして重要な役割を果たしている。近年、押出機、ダイおよび冷却装置などの成形加工機械の改良により、高吐出化が可能となり、生産性が向上してきている。当初はゴミ袋、レジ袋、重袋用に多く使用されてきたが、最近では、高機能化のため、バリア層を導入したり、シーラント用フィルム、それぞれの樹脂の機能を発揮できる多層フィルム、結晶・配向しやすい樹脂の配向を制御したフィルムやエンジニアリング樹脂のフィルムなどの用途にも展開されている。しかしながら、インフレーションフィルム成形技術は、経験的あるいは職人的な技術を通じて成形が行なわれてきたのが現状である。

　一般にインフレーション成形において、フィルム物性や成形性は樹脂や成形条件により大きく変化するので、良好な物性を得かつ安定した製品を得るためには、樹脂のレオロジー的性質・成形条件・成形時の樹脂変形挙動・製品物性の関係を知ることが非常に大切である。

　そこで、本章ではインフレーションフィルム成形を考える上で重要となる樹脂のレオロジー特性について述べ、これらの性質と理論式からフィルム物性に大きな影響を与える成形中の歪み速度、引張応力などの溶融変形挙動についての解析結果を示し、樹脂、成形条件と製品の品質についての関係について説明し、後半では実用的に使用する場合のフィルム物性に関して、記載した。

　また、試験段階から工業的生産へ移行する場合に重要となる小型機から大型機へのスケールアップの考え方および高速成形時に問題となる延伸切れや成形安定性について述べてみたい。

1　樹脂のレオロジー特性

(1)　剪断粘度

　押出機やダイス内での流動性を評価するため、剪断粘度が広く利用されている。一般に、インフレーションフィルム成形に使用される樹脂として、ポリエチレンがもっとも広く使用されており、剪断速度と粘度の関係の1例を図1に示す[1]。また、MFRと溶融張力の関係では第1章の図36に示してある。

　HDPEの場合、用途では1970年代に開発された強化フィルム用のレジ袋（グロサリーバック）として世界中で広く利用されている。また、透明性を要求するフィルムやラミネート用フィルムではLLDPEやPPが広く使用されている。

　強化フィルム用のレジ袋の原料は、フィルム物性および押出機・ダイス内の成形性の面から高分子量でかつ分子量分布を広げており、ダイス内を流れる高剪断速度下での剪断粘度は低くなる。

　一方、L-LDPEはZiegler-Natta系高活性触媒もしくはメタロセン触媒で製造されているため、分子量分布が狭くなり、ニュートン流体的で粘度の剪断速度依存性は小さい。最近、一般的に用いられているメタロセン触媒で製造したL-LDPEでは高剪断速度側で剪断応力が高くなるた

第8章 インフレーションフィルム成形法

め、一般にダイスのリップ開度はHDPEの1mmよりも広く、2.5mmから3mmに設定している。LDPEは一般にL-LDPEより分子量分布が広く、また長鎖分岐をもっていることから、非ニュートン性がL-LDPEより強く、LLDPEとブレンドして、溶融張力を上げてバブル安定性を向上させ、かつ結晶化速度を抑制するために、透明性が向上する。

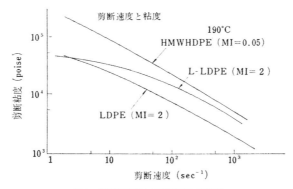

図1　剪断速度と剪断粘度の関係

(2) 伸長粘度

インフレーション成形、Tダイ成形および溶融紡糸などのダイを出て変形が終了するまでの過程においては、伸長変形であるため、剪断粘度が押出機およびダイ内の流動性を評価する上で重要なように、伸長粘度はダイ以降の流動を評価する上で基本データとなる。

一般に伸長粘度の測定は図2に示すような装置を用いて行ない、一定温度に保たれたシリコンバス中に張力検出器と引取装置があり、測定されるフィラメントの一方は張力計に、他方はギヤ間に挟み、モーター速度を変えることにより、伸長速度を変化させる。この装置を用いることにより、一定歪み速度が得られ、伸長粘度は次の手段で算出される。歪み速度$\dot{E}$、伸長応力σ_{11}、1軸伸長粘度η_Eは、次の式から得られる。

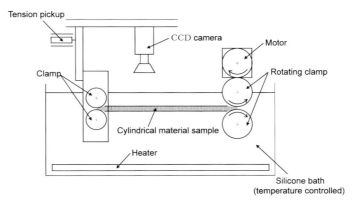

図2　伸長粘度測定装置

$$\dot{E} = \frac{1}{\ell}\frac{d\ell}{dt} = \frac{V_L}{\ell_0} \tag{1}$$

歪み速度$\dot{E}$は一定であり、そのときの一軸伸長粘度η_Eは次式で表される。

$$\sigma_{11} = \frac{F(t)}{A(t)} = \frac{F(t)}{A_0}\mathrm{Exp}\left(\frac{V_L}{\ell}t\right) \tag{2}$$

$$\eta_E(t) = \frac{\sigma_{11}}{\dot{E}} \tag{3}$$

ただし、ℓは変形される試料長さで一定であるため、初期試料長さℓ_0と一致する

V_Lはモーター回転によるサンプルの引取速度、$F(t)$は時間tにおける引張力

A_0は引張開始前の初期サンプルの溶融断面積、

$A(t)$は時間tにおける試料断面積 $A(t) = Ae^{-\dot{E}t} = A_0 e^{-V_L t/\ell}$

　伸長粘度の値が大きいほど、伸長変形に対する抵抗が大きい。代表的なインフレーション成形用ポリエチレンについて、伸長粘度を測定した結果を第3～6図に示す[1]。図3は、フィラメントの過渡的な伸長粘度で時間の関数としてプロットしたものであるが、LDPEおよびL-LDPEは定常状態を示す。しかし、HDPEの場合、分子量分布の狭いポリマーは定常状態を示すが、分子量が大きく分子量分布が広いポリマーは弾性効果が強く、伸長粘度の定常値を示さず、低伸長領域で延性的なネッキング現象が発生し、その後フィラメントの破断が生じる。そこで、最大伸長粘度X_{max}を代表値とすると、歪み速度$\dot{E}$が増加するに従いX_{max}は低下する。LDPE、L-LDPEは伸長粘度の定常値を示すため、これらの値を歪み速度$\dot{E}$でプロットするとLDPEは低伸長歪み速度領域では$3\eta_0$に近い値を示し、伸長速度の増加とともに粘度は上昇する（図4）。これは長鎖分岐の影響と考えられる。L-LDPEは、線状ポリマーと考えてよく、分子量分布が狭いため、低歪み速度で$3\eta_0$に近い値を示しており、一般的にニュートン流体に近い特性を示している。

　一般に長鎖分岐を持たないポリオレフィン樹脂HDPE、L-LDPE、PP、PB-1は、分子量分布の広いほど剪断粘度同様、伸長粘度も非ニュートン性が強く、歪み速度とともに伸長粘度が低下する[2,3]。また、伸長粘度の温度依存性の例としてLDPEおよびL-LDPEについての測定結果を図5および図6に示したが、LDPEのように長鎖分岐をもつポリマーはL-LDPEに比較し、伸長粘度の温度依存性が大きい。

　また、LDPEは歪み速度の上昇とともに粘度が上昇する傾向を示し、かつ活性化エネルギーが大きいため、伸長変形領域における粘度の硬化度合が大きくなり、非等温の伸長変形時の溶融張力は同一MIで他のPE樹脂に比較すると大きな値となる（第1章の図36）。

第8章 インフレーションフィルム成形法

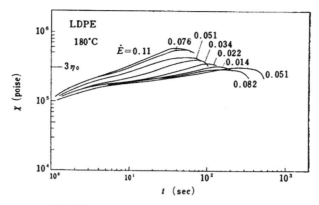

図3(a) LDPEに関する伸長粘度の時間依存性

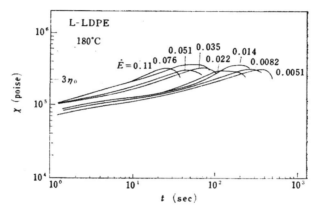

図3(b) L-LDPEに関する伸長粘度の時間依存性

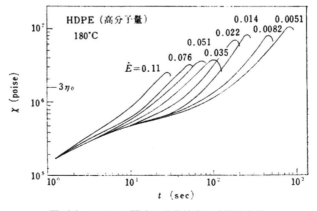

図3(c) HDPEに関する伸長粘度の時間依存性

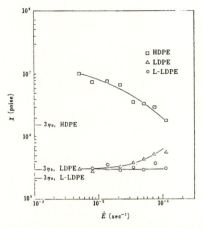

図4 定常伸長粘度の歪み速度依存性

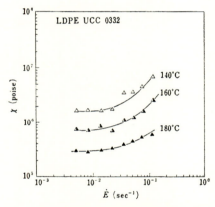

図5 LDPEに関する定常伸長粘度の温度依存性

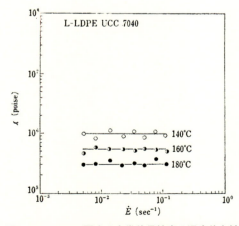

図6 L-LDPEに関する定常伸長粘度の温度依存性

2 インフレーション成形の冷却[1]

インフレーション成形の成形条件で、冷却量をコントロールすることは、物性、成形性の面から重要である。インフレーション成形の熱バランスを考える上で、対流、放射による冷却および結晶化の発熱を考える必要がある。フィルムに関するエネルギーバランスの式は次式となる。

$$\rho C_p Q \cos\theta \frac{dT}{dz} = -2\pi R[U(T-T_{air}) + \varepsilon\lambda(T^4 - T_{room}^4)] \\ + Q\Delta H_f \cos\theta \frac{dX}{dz} \quad (4)$$

ここで、

ρ：溶融密度、C_p：比熱、Q：吐出量、T：バブル温度、T_{air}：冷却空気温度、T_{room}：室温、θ：軸とバブルのなす角、U：熱伝達係数、R：バブル半径、λ：Stefan-Boltzman定数、ε：放射係数、ΔH_f：結晶化のエンタルピー、X：結晶化度

なお、式の左辺は溶融樹脂バブルの熱が奪われる速度であり、右辺の第1項は対流による項、右辺の第2項は放射による項であり、第3項は結晶化による項である。

インフレーション成形における典型的な温度パターンを図7に示す。ダイを出た溶融樹脂は初期においてエアーリングからの強制冷却により急激に冷却され、その後平衡領域を示す。この平衡領域は、外部からの冷却と結晶化による発熱とがバランスしていることを示している。結晶化が終了すると再び外部からの冷却により、温度の低下を示す。冷却量を減少させるとフロストラインは高くなるが、それに伴いバブルの温度低下は遅くなり、温度の平衡領域は長くなる。

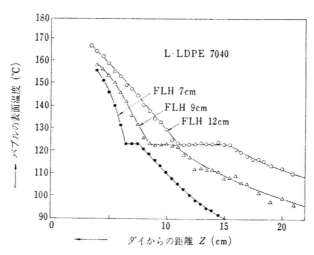

図7 フロストライン変化に対するバブル表面温度分布

これらの温度パターンと溶融樹脂の変形挙動から、式(4)を使用することにより図8に示すような熱伝達係数を求めることができる。フロストライン高さが低く、冷却風量の多い方が熱伝

達係数は大きいが、熱伝達係数のパターンは類似している。また、これらの熱伝達係数と図9に示すようなバブルの表面付近での冷却風のパターンのデータをとることにより、各位置での冷却速度を知ることができる。各位置での熱伝達係数Uの値と冷却風速V_{air}のデータから無次元数であるヌッセルト数Nuとレイノルズ数Reに変換して無次元数を組み立てると、インフレーション成形の場合、図10のように模式的に表わすことができる。これにより、一般的な場合における冷却速度の度合を予測することが可能となる。

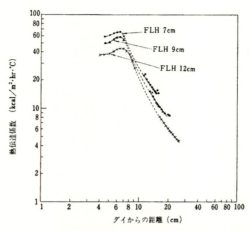

図8　L-LDPEに対する熱伝導係数と位置の関係
（Z_F=7、9、12cm、V_L/V_0=4、B=3.5）

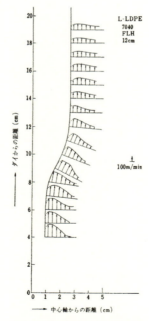

図9　バブル表面の冷却風パターン

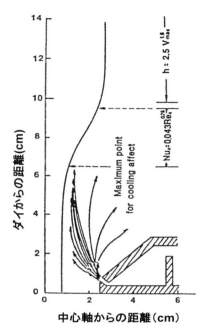

図10　インフレーション成形におけるバブルと冷却風の熱伝達係数

バブル表面の風速最大の位置$L_a = 0$からバブルの膨張開始後のバブル形状の変曲点の位置まで式(5)が成り立つ。

$$U L_a/k_{air} = 0.043 (L_a V_{air} \rho_{air}/\eta_{air})^{0.76} \tag{5}$$

ただし、

k_{air}：空気の熱伝導、V_{air}：各位置での冷却空気の最大風速、ρ_{air}：空気密度、η_{air}：空気粘度、L_a：代表長さ（バブルに沿った長さ）

フロストライン以降では風速パターンが均一となる傾向にあり、境界層理論による冷却理論よりも、熱伝達と風速の最大値の関係式の方がよい相関性が得られ、式(6)が成り立つ。

$$U = 2.5 V_{air}^{1.6} \tag{6}$$

インフレーション成形で、成形性や物性に、特に重要なのは式(5)が成り立っている領域であり、ここにおいて冷却効率を上げることは高生産性を得るうえで大きなポイントである。

一方、こういった熱伝達の情報、変形中の流動パターンおよび結晶化過程における温度のパターンからインフレーション成形中の結晶化度が算出できる。図11には結晶化度に対するフロストライン高さZ_Lの影響、換言すると冷却風量の影響を示したものである。

冷却風量を増加させることは、結晶化速度をかなり速めることがわかる。また、同一フロストライン高さに保ち、同一成形条件下でのポリエチレン3種類の結晶化度の比較を図12に示したが、この条件下ではポリエチレン間で、結晶化速度に大きな差はないが、結晶化度はHDPE

がもっとも大きいことがわかる。しかし、同一フロストライン高さではHDPEは、結晶化温度がもっとも高いため冷却風量が少なく、同一冷却量で比較した場合、HDPEの結晶化速度は他のポリエチレンより速いことになる。

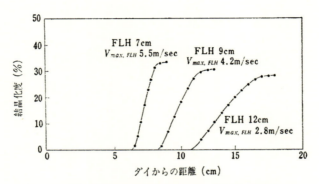

図11　L-LDPEに対する結晶化度と位置の関係
($V_L/V_0 = 4$、$R_L/R_0 = 3.5$)

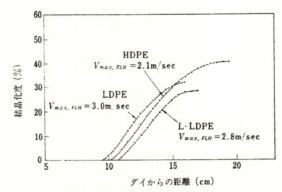

図12　各樹脂に対する結晶化度と位置の関係
($V_L/V_0 = 4.0$、$R_L/R_0 = 3.5$、$Z_L = 12cm$)

　インフレーション成形では、Tダイキャスト成形よりも一般的に偏肉精度が劣るため、円周方向のスパイラルダイスの流動均一化を図るダイス設計と冷却風量の均一化を図るエアーリングの構造がフィルムの偏肉精度を決定する上で、非常に重要である。

3　インフレーション成形の理論[4~6]

　樹脂のレオロジーデータ、熱伝達と冷却風の関係および結晶化の情報が得られると、インフレーション成形中の理論式を用いることにより、成形中の溶融樹脂の変形挙動を検討することができ、成形性や得られるフィルム物性を知るうえで重要な知見が得られる。
　そこで、ここではインフレーション成形の理論について簡単に述べ、その解析結果について説明を加えてみたい。

(1) 歪み速度と応力

インフレーション成形のバブルの形状を**図13**に示す。ξ_1、ξ_2およびξ_3は、任意な点Pでフィルム表面における直交座標系を示し、1は流れ方向、2は円周方向および3は厚み方向を示す。V_1、V_2、V_3：ξ_1、ξ_2、ξ_3方向のバブル速度成分、R、R_0およびR_Lは、それぞれ点Pにおけるバブル半径、ダイの半径およびバブルの最終径を示し、H、H_0およびH_Lは点Pにおけるバブルの厚み、ダイリップ幅および製品のフィルム厚みが示している。また、θはバブルと中心軸とのなす角であり、R_2はバブルの曲率半径である。このように座標系をとると、バブルの任意の点Pにおける歪み速度テンソルdは、次式で示される。

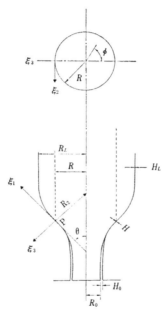

1：流れ方向（MD）、2：流れと垂直方向（TD）、3：厚み方向、L：引取位置、O：ダイ出口、R：任意な位置でのバブル半径、θ：バブルと軸とのなす角、R_L/R_0：ブローアップ比、H：フィルムの厚み、R、θ、Zは円筒座標系で、ξ_1、ξ_2、ξ_3は直交座標を表わし、ξ_1は流れ方向（MD）、ξ_2は流れと垂直方向（TD）、ξ_3は厚み方向を示す。
図13　インフレーション成形の座標系

$$\|\boldsymbol{d}\| = \begin{Vmatrix} d_{11} & 0 & 0 \\ 0 & d_{22} & 0 \\ 0 & 0 & d_{33} \end{Vmatrix} \quad (7)$$

TDの歪み速度d_{22}

$$\boldsymbol{d_{22}} = \frac{\partial V_2}{\partial \xi_2} = \frac{1}{R}\frac{dR}{dt} = \frac{Q\cos\theta}{2\pi RH}\frac{1}{R}\frac{dR}{dz} \quad (8)$$

厚み方向の歪み速度d_{33}

$$d_{33} = \frac{\partial V_3}{\partial \xi_3} = \frac{1}{H}\frac{dH}{dt} = \frac{Q\cos\theta}{2\pi RH}\frac{1}{H}\frac{dH}{dz} \tag{9}$$

非圧縮性流体においては、次式が成り立つ。

$$d_{11} + d_{22} + d_{33} = 0 \tag{10}$$

式(8)〜(10)より、流れ方向の歪み速度 d_{11} は次式となる。

$$\boldsymbol{d_{11}} = -(\boldsymbol{d_{22}} + \boldsymbol{d_{33}}) = -\frac{Q\cos\theta}{2\pi RH}\left(\frac{1}{R}\frac{dR}{dz} + \frac{1}{H}\frac{dH}{dz}\right) \tag{11}$$

以上の関係式から、歪み速度テンソルはつぎのようになる。

$$\|\boldsymbol{d}\| = \frac{Q\cos\theta}{2\pi RH}\begin{Vmatrix} -\left(\dfrac{1}{R}\dfrac{dR}{dz} + \dfrac{1}{H}\dfrac{dH}{dz}\right) & 0 & 0 \\ 0 & \dfrac{1}{R}\dfrac{dR}{dz} & 0 \\ 0 & 0 & \dfrac{1}{H}\dfrac{dH}{dz} \end{Vmatrix} \tag{12}$$

ただし、Q：押出量、R：バブル半径、θ：z軸とバブルのなす角、H：バブルの厚み、
V_1、V_2、V_3：ξ_1、ξ_2、ξ_3方向のバブル速度成分

一方、バブルに作用する応力について考える。応力は、ニュートン流体と仮定すると次式が成り立つ。

$$\sigma_{ij} = -p\delta_{ij} + P_{ij} \tag{13}$$

$$P_{ij} = 2\eta_0 \cdot d_{ij} \tag{14}$$

ただし、
σ_{ij}：応力テンソル、p：等方性圧力
P_{ij}：変形応力テンソル、η_0：ゼロ剪断粘度
d_{ij}：歪み速度テンソル

バブルの厚み方向でバブルの表面は大気に接しているため、応力テンソル σ_{33} は0となる。

$$\sigma_{33} = -p + P_{33} = 0 \qquad p = P_{33} \tag{15}$$

流れ方向（MD）の応力 σ_{11}

$$\begin{aligned}\sigma_{11} &= -p + p_{11} = p_{11} - p_{33} = 2\eta_0(d_{11} - d_{33}) \\ &= \frac{\eta_0 Q\cos\theta}{\pi RH}\left(-\frac{1}{R}\frac{dR}{dz} - \frac{2}{H}\frac{dH}{dz}\right)\end{aligned} \tag{16}$$

流れと直角方向（TD）の応力 σ_{22}

$$\sigma_{22} = -p + p_{22} = p_{11} - p_{22} = 2\eta_0(d_{22} - d_{33})$$
$$= \frac{\eta_0 Q \cos\theta}{\pi RH}\left(\frac{1}{R}\frac{dR}{dz} - \frac{1}{H}\frac{dH}{dz}\right) \tag{17}$$

(2) 力のバランスおよびエネルギーバランス

図13に示されたインフレーションバブルにおいて、力のバランスは次のようになる。

$$F_L = 2\pi RH\sigma_{11}\cos\theta + \pi(R_L^2 - R^2)\cdot\Delta P \tag{18}$$

膜の理論より、応力 σ_{11} と σ_{22} は、バブル内部圧力と次の関係が成立する。

$$H\sigma_{11}/R_1 + H\sigma_{22}/R_2 = \Delta P \tag{19}$$

ただし、自重の影響は無視した。

F_L：バブル張力、R_L：バブルの最終半径

ΔP：バブル内部圧力

また、R_1 および R_2 は、バブルの曲率半径を示す。

$$R_1 = -\frac{[1+(dR/dz)^2]^{3/2}}{d^2R/dz^2} \tag{20}$$

$$R_2 = R/\cos\theta \tag{21}$$

エネルギーバランスは前述の式(4)で表現され、熱伝達係数と風速の関係は式(5)で示される。図13のバブル形状において、次の幾何学式が成り立つ。

$$dR/dz = \tan\theta \tag{22}$$

(3) 粘度式

ポリエチレンの溶融変形時の引張粘度は、アレニウス式に従うとし、またPower law流体と仮定すると次のように表わされる。

$$\eta(\Pi_d、T) = A\exp(E/R)\Pi_d^{(n-1)/2} \tag{23}$$

ここで、E：活性化エネルギー、n：Power law流体のn値、R：気体定数、
$\Pi_d = d_{11}^2 + d_{22}^2 + d_{33}^2$（歪み速度）である。定数Aは、$T_0$ を基準温度、η_0 を基準温度における粘度の値とすると、次式で与えられる。

$$A = \eta_0\exp(-E/RT_0) \tag{24}$$

一方、結晶化が起こる場合、粘度が上昇するが、この場合の粘度は次式で表わされると仮定した[7]。

$$\eta(\Pi_d、T、X) = A\exp(E/R + GX)\Pi_d^{(n-1)/2} \tag{25}$$

ここで、X：結晶化分率、G：実験から得られる粘度指数である[6]。

(4) 理論と実際

樹脂性状の一例として、粘度の温度依存性のパラメータである活性化エネルギーを変化させた場合の変形挙動についての理論結果を示した。

一例としてブロー比、ドローダウン比、フロストライン高さ一定の条件で、活性化エネルギーを変えてバブルの形状を計算した結果を図14に示す。LDPEはもっとも膨らみが大きく、HDPEは膨らみが小さい。

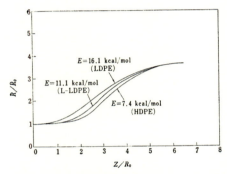

図14 バブル形状と活性化エネルギーの関係
($R_L/R_0 = 3.7$、$V_L/V_0 = 3.4$、$Z_L/R_0 = 6.5$)

L-LDPEは両者の中間の形状を示す。この形状は、実験でよく観察される傾向と同じであり、この結果よりバブルの形状は樹脂の活性化エネルギーに大きく影響されることがわかる。移動速度パターンでは、活性化エネルギーの大きいポリマーほど初期に変形が起こりやすいことを示している（図15）。

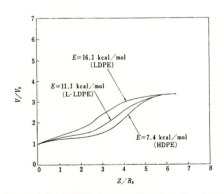

図15 バブル移動速度と活性化エネルギーの関係
($R_L/R_0 = 3.7$、$V_L/V_0 = 3.4$、$Z_L/R_0 = 6.5$)

つぎに歪み速度のパターンをみると（図16）、活性化エネルギーの小さい樹脂においては、MDの歪み速度d_{11}が結晶化開始前でシャープなピークでかつ大きな最大値をもつことから、効果的な延伸が起こっていることがわかる。LDPEはなだらかなd_{11}のパターンを示しており、ゆっくりした延伸が行なわれているものと思われる。TDの歪み速度d_{22}はd_{11}に比較してシャープな曲線を示さず、活性化エネルギーの値を変化させても大きな差はみられない（図16(b)）。これらの結果からHDPEは延伸領域で大きなd_{11}を示すが、LDPEはd_{11}とd_{22}ともにバランスした値を示した。結晶化寸前におけるHDPEの延伸挙動は成形条件の影響を受けやすく、とくに高速成形時におけるインフレーション成形では、結晶化寸前において急激な歪み速度上昇に伴い、その後結晶核の急激な発生と成長が起こるものと考えられ、得られるフィルムの異方性にも大きな影響を与えるものと思われる。

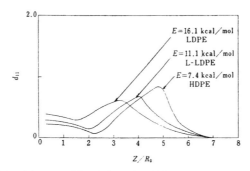

図16(a)　MDの歪み速度d_{11}と活性化エネルギーの関係
（$R_L/R_0=3.7$、$V_L/V_0=3.4$、$Z_L/R_0=6.5$）

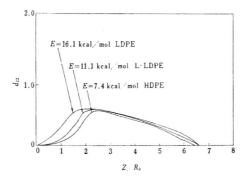

図16(b)　TDの歪み速度d_{22}と活性化エネルギーの関係
（$R_L/R_0=3.7$、$V_L/V_0=3.4$、$Z_L/R_0=6.5$）

さらに興味あることは、粘度の歪み速度依存性を表わすn値（式(23)参照）を変化させると、バブルの形状、変形パターンに大きく影響を与える（図17）。長鎖分岐をもつLDPEのようにn＞1の場合、バブル形状は図15のE16.1kcal/moleの曲線よりさらに膨らんだ風船形状となり、典型的なLDPEのパターンを示し、またバブルの変形はさらにダイ出口付近で起こりやすくなる。

一方、高分子量のHMW-HDPEの場合、第4図に示したような伸長粘度パターン（n＜1）をと

ると仮定すると、バブル形状のネッキング現象はさらに顕著となり、また移動速度は初期にあまり速くならず、バブルが膨張開始後、シャープな歪み速度のピークを示す[7]。

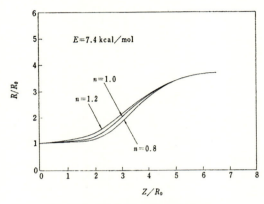

図17　バブル形状と指数則n値の関係
($R_L/R_0 = 3.7$、$V_L/V_0 = 3.4$、$Z_L/R_0 = 6.5$)

　つまり、HMW-HDPEのように分子量が大きく、分子量分布も広いポリマーほど一般に伸長粘度のn値は小さくなるため、バブルが膨張してから変形と冷却が急速に行なわれることになり、図18に示す斜線領域における変形パターンとフィルム物性によい相関が得られるのが一般的である。

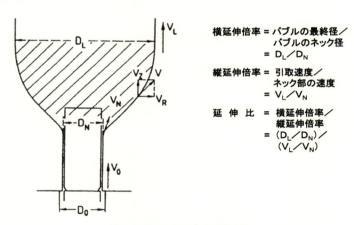

図18　HDPEバブルの概略図

　たとえば、ダイ径や吐出量が大きく変化しない系でダイ出口での樹脂温度を一定に保った場合では、バブル安定体の形状やフロストライン高さなどの成形条件によらず、図18および図19中に定義される延伸比とフィルムインパクトやMD/TDの引裂強度比は比較的良い相関性がみられており、斜線部の領域を評価することは重要である。
　吐出量やダイ径の変化も含めて、多くの成形条件下でフィルム物性を正確に評価するには、成形中の歪み速度パターンおよびバブルの温度パターンを含めた応力解析が必要となる。

第8章 インフレーションフィルム成形法

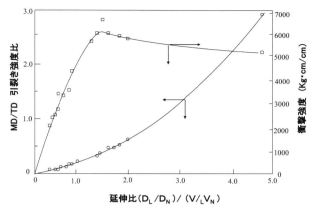

図19　フィルムの衝撃強度およびMD/TD引裂強度比と延伸比の関係

　つまり、PEのインフレーション成形において、とくにフィルム物性が延伸効果の影響を受けやすいHDPEで高強度フィルムを得るには、MD、TDの引張応力 σ_{11}、σ_{22} の値がともに大きく、またバランスした条件、つまり吐出量、引取速度を高めるようにして歪み速度を速め、かつ剪断発熱をできるだけ抑えて、低温で変形させることが望ましい。

　インフレーション成形で最も重要な3つの成形条件において、フィルム物性に大きな影響を与えるフロストライン付近の最大引張応力を理論予測すると図20に示すように、フロストライン高さ $X_F(Z_L/R_0)$ の高いほどMDの最大応力 σ_{11max}、TDの最大応力 σ_{22max} は低下するが、$\sigma_{11max}/\sigma_{22max}$ の比は小さくなるため、高速成形時にはMD、TDの引張応力バランスはよくなる。また、熱伝達係数もフロストライン高さ $X_F(=Z_L/R_0)$ が、4から9になることにより減少し、値は約1/2に低下している。

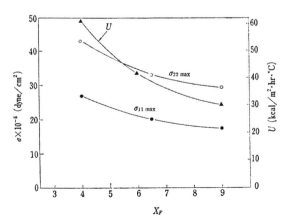

図20　MDおよびTDの最大応力 σ_{11max} および σ_{22max}、
　　　熱伝達係数 U とフロストライン高さの関係
　　　　($R_L/R_0=3.5$、$V_L/V_0=3.8$)

ブロー比、フロストライン高さ、吐出量が一定条件下でドローダウン比を大きくすると、MDの最大応力 σ_{11max} および σ_{22max} ともに増加し、$\sigma_{11max}/\sigma_{22max}$ も増大する。つまり、MDおよびTDの延伸効果は増大するが、とくにMDの延伸効果の増大が大きい(図21)。ブロー比を大きくすることは、一般にTDの延伸効果を強くすることが知られているが、図22をみてもわかるように、σ_{22max} の増加が大きく、また σ_{11max} の値も多少大きくなっている。$\sigma_{11max}/\sigma_{22max}$ の値はブロー比の増加とともに小さくなり、TDの延伸効果の増大がより大きいことを示唆している。

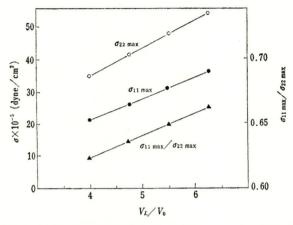

図21　MDおよびTDの最大応力 σ_{11max} および σ_{22max} とドローダウン比の関係
($R_L/R_0 = 3.5$、$Z_L/R = 6.0$)

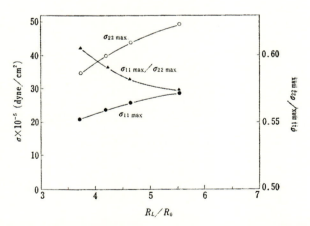

図22　MDおよびTDの最大応力 σ_{11max} および σ_{22max} とブロー比の関係

こういった成形条件と最大応力値の関係は、実験においても張力およびバブル内部圧力から算出した応力値の傾向と一致しており[1]、MD、TDの物性バランスや、衝撃、引張強度、さらに非晶性ポリマーに対しては製品の収縮応力値[8]を予測するうえで重要な役割を果す。
　また、成形条件を変化させることは、成形中における歪み速度パターンにも大きな影響を与

える。たとえば、フロストライン高さを変化させた場合について、歪み速度パターンをダイからの距離に対してプロットした実験結果を**図23**に示したが、フロストライン高さが低い場合におけるMDの歪み速度（d_{11}）の最大値は大きくなり、急激な変形が生じており、MDの延伸効果に強い影響を与えることを示唆している。さらに、ドローダウン比について**図24**に示したが、ドローダウン比を大きくすることにより、MDおよびTDの歪み速度（d_{11}およびd_{22}）は大きくなるが、MDの歪み速度上昇により強い効果のあることがわかる。ブロー比については、この値が大きいほどTDの歪み速度d_{22}を大きくする効果のある結果を示しており（**図25**）、変形パターンを知ることは最大応力値同様、フィルム成形中の延伸性を知るうえで重要な意味をもっている[1,4]。

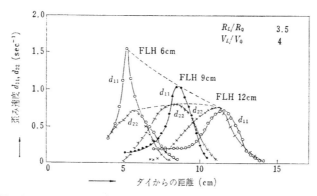

図23　種々なフロストライン高さに対する歪み速度d_{11}、d_{22}とダイからの距離の関係
（L-LDPE、$V_L/V_0 = 4$、$R_L/R_0 = 3.5$）

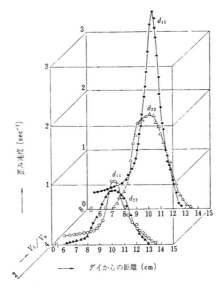

図24　種々なドローダウン比に対する歪み速度d_{11}、d_{22}とダイからの距離の関係
（HDPE、$R_L/R_0 = 3.5$、$Z_F = 12$cm）

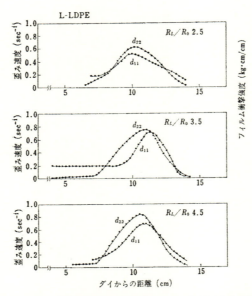

図25 種々なブロー比に対する歪み速度 d_{11}、d_{22} とダイからの距離の関係
（L-LDPE、$V_L/V_0=4$、$Z_F=12$cm）

4 インフレーション成形の大型化

　同一押出機を用いてダイスの大きさを変更させて広幅フィルムを成形したり、あるいは同一押出機で引取速度を遅くして厚物フィルムを成形すると厚み当りのフィルム強度が大きく低下する結果となり、実際にフィルムを使用する場合に大きな問題となる。たとえば同一吐出量で、同一厚みの製品を製造する場合にダイス径を変更して折径を大きくする場合、ブロー比が一定条件で図26に示したように衝撃強度や引張強度の大きな低下がみられる[9]。この原因は図27に示したように同一吐出量、同一厚みで折径を大きくすると、バブルの膨張開始から終了までの延伸間距離が長くなり、引張速度が遅くなることから、延伸時の歪み速度が大きく低下するためであり、延伸応力も低下していることが予想される。このように広幅化した場合にも、物性低下を起こさせずに成形する方法を考えることは重要である。

　また、小型機での成形結果を用いて大型機での成形性およびフィルム物性を予測することは、研究開発の加速および効率化の面から有用であり、さらにパイロットプラントで得られた樹脂の少量試験サンプルを評価することにより、生産機への成形予測を行なうことは、原料の改良開発の面から非常に重要である。このような場合、系の大きさによらない解析が必要となるため、このスケールアップあるいはスケールダウンについて考えてみたい[10]。

　この解析には、系の大きさに依存しない関係式を取り扱うと便利である。そこで、前述の理論式で用いた各変数を無次元数に変換すると以下のようになる。

$$r = R/R_0、w = H/R_0、\ell = Z/R_0、s = T/T_0 \tag{26}$$

第8章 インフレーションフィルム成形法

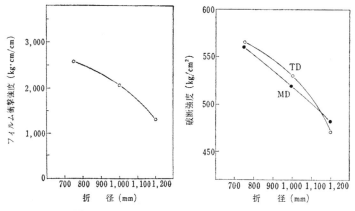

図26 フィルムの折径とフィルム物性の関係
（吐出量、ブロー比、ドローダウン比一定条件）

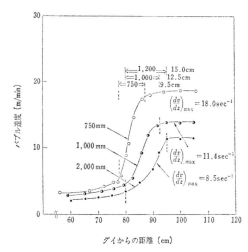

図27 各種折径に対する速度と歪み速度－ダイからの距離の関係

ただし、r：バブル径の無次元数、w：バブル厚みの無次元数、ℓ：ダイからの距離の無次元数、s：バブル温度の無次元数である。

これらの無次元数を用いると力のバランスの式(18)と(19)は、それぞれ次式のようになる。

$$\frac{w'}{w} = -\frac{r'}{2r} - \frac{\eta_0(A+r^2B)\sec^2\theta}{2\eta} \tag{27}$$

$$2r^2(A+r^2B)r'' = \frac{3\eta r'}{\eta_0} + r\sec^2\theta(A-3r^2B) \tag{28}$$

ここで

$$A = \frac{R_0 F_L}{Q\eta_0} - B\left(\frac{R_L}{R_0}\right)^2 \tag{29}$$

$$B = \frac{\pi R_0^3 \Delta P}{Q \eta_0} \tag{30}$$

とした。

　フィルム物性は、溶融状態における延伸応力を考えることが重要であることを述べたが、インフレーション成形のスケールアップを考える上で、代表値としてフロストライン位置の応力を最大応力と考え、この値を系の大きさによらず一定となる条件を設定する。フロストライン付近のMDの応力 σ_{11max} およびTDの応力 σ_{22max} はバブル径がバブル最終径と等しくなることから、

$$R_1 = \infty、R_2 = R_L、R = R_L、H = H_L、\cos\theta = 1 \text{ at } z = L \tag{31}$$

ただし、Lはフロストライン高さの位置を示す。式(31)を式(18)および式(19)に代入すると

$$\sigma_{11} = \frac{F_L}{2\pi R_L H_L} \tag{32}$$

$$\sigma_{22} = \frac{\Delta P R_L}{H_L} \tag{33}$$

無次元項の式(29)および式(30)を用いて書きなおすと、

$$\sigma_{11} = \frac{A + B(R_L/R_0)^2}{2\pi} \frac{Q\eta_0}{R_L R_0 H_L} = G_1 \frac{Q\eta_0}{R_L R_0 H_L} \tag{34}$$

$$\sigma_{22} = \frac{B}{\pi} \frac{Q\eta_0 R_L}{R_0^3 H_L} = G_2 \frac{Q\eta_0 R_L}{R_0^3 H_L} \tag{35}$$

ただし、

$$G_1 = \frac{A + B(R_L/R_0)^2}{2\pi} \tag{36}$$

$$G_2 = B/\pi \tag{37}$$

　成形温度、ブロー比、ドローダウン比およびフロストライン高さの無次元数を一定にすると、G_1、G_2 は一定となる。そこで、系の大きさによらず σ_{11}、σ_{22} を一定に保つには、式(34)および式(35)に注目すると、ダイ径をk倍して、折径がk倍（つまり同一ブロー比）のフィルムを得るには、厚み一定の場合、吐出量を k^2 倍することによりほぼ同一の σ_{11}、σ_{22} が得られる。なお、この場合、樹脂温度を一定に保つ必要がある。また、吐出量を一定に保ったままダイ径および折径をk倍すると、延伸応力は σ_{11}、σ_{22} ともに $1/k^2$ 倍になり、HDPEのような延伸効果の大小でフィルム物性が左右される樹脂では、吐出量一定で広幅フィルムを成形すると、一般にフィルム物性は低下することがわかる。

　厚みについては、ℓ 倍にした場合、吐出量を ℓ 倍することにより同一の σ_{11}、σ_{22} が得られ、吐出量を一定のままに保つと延伸応力は σ_{11}、σ_{22} ともに $1/\ell$ 倍になる。折径k倍、厚み ℓ 倍では、同一のフィルム物性を得るには吐出量は $k^2\ell$ 倍必要で、吐出量を一定のままに保つと延伸応力

は σ_{11}、σ_{22} ともに $1/k^2\ell$ 倍になる。

ただし、この場合、ダイ出口の樹脂温度は一定に保った場合である。

なお、冷却量については、折径を変化させた場合も、平均熱伝達係数U_{ave}を等しくするように条件を設定する。つまり、フロストライン高さをダイ径に比例した高さになるよう冷却量を合わせる必要がある。また、厚みを変化させる場合には厚みを厚くした分だけ平均熱伝達係数U_{ave}を高める。つまり冷却風量を多くし、フロストライン高さは厚みによらず同一になるよう設定する必要がある。

このように、応力一定条件下で成形すると、系の大きさによらずほぼ対応したフィルム物性を示すようになる。図28は19mmφ押出機で成形したフィルムとスケールアップ条件に基づいて50mmφ押出機で成形したフィルムの衝撃強度を比較した結果を示したが、ほぼ良好な対応関係が得られている[10]。

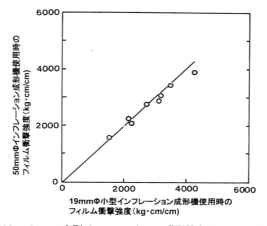

図28　19mmφ小型インフレーション成形機と50mmφインフレーション成形機で得られたフィルム衝撃強度の比較

次に、小型19mmφ試験機で行なったバブルの速度パターンと50mmφ成形機を用いて行なったバブルの速度パターンについて比較したのが図29である。引取速度の値が異なり、バブルの移動速度パターンでは一見小型試験機と50mmφ成形機と対応関係がないように見えるが、速度変化（dV_z/dz）をプロットすると（dV_z/dz）maxはほぼ一致している。

また、（dV_z/dz）の曲線には横軸にダイからの距離をとっているが、経過時間tはダイからの距離を移動速度で除した値$t=z/V$であるので、興味あることに溶融変形に要した時間は互いに同じ値を示しており、経過時間tと（dV_z/dz）の曲線はお互いに同じ曲線になる。

折径および厚みを変化させた場合のフィルム物性の関係を図示すると、図30のようになる。ある製品に対して、吐出量一定で折径および厚みをそれぞれk倍、ℓ倍にすると、フィルムインパクト値はF_1からF_4に低下する。

また、折径（k倍）、厚み（ℓ倍）をともに変化させた場合、種々の外的要因（たとえば樹脂の発熱）が付随するが、概略的に物性を同じにするには、吐出量$k^2\ell$倍、引取速度k倍、リップ開度ℓ

倍で行ない、ダイス径はk倍、また吐出量の増加に対して樹脂の発熱を抑えるために、$k^2 \ell$倍の吐出量に見合った押出機を用いることが好ましく、また剪断発熱を抑える仕様にする必要がある。

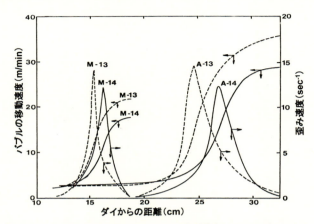

図29　19mmΦ小型インフレーション成形機と50mmΦインフレーション成形機での溶融変形挙動の比較
A：50mmΦ成形機、M：19mmΦ小型試験機を示し、同一番号はスケールアップ対応番号を示す

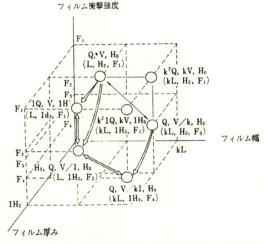

図30　フィルム厚み、幅とフィルム衝撃強度の関係
Q：吐出量、V：引取速度、L：フィルム幅、H_0：ダイリップ幅、H_2：フィルム厚み、F：フィルム衝撃強度（$F_1 > F_2$、$F_3 > F_4$）

さらに、同一製品を得る上で、樹脂温度を一定に保った条件で吐出量および引取速度を高めることは、MD、TDの延伸応力σ_{11}、σ_{22}の値が大きくなり、製品物性を向上させるために大きな役割を果たすことになる。

なお、今回のスケールアップの解析で簡略化のため、バブルの自重の項を無視したが、スケールアップ条件下では系が大きいほどあるいはフロストライン高さが高いほど、自重の影響は大

きくなる。そのため、PET、PA6、液晶ポリマーなどの溶融粘度の低い樹脂（300Pa・s以下）では、変形張力に対する自重の割合が無視できないので、成形性、物性を含めたスケールアップ則は簡略化した式では成り立たないため、数値解析的に解く必要がある。

5 フィルム物性

(1) 成形条件とフィルム物性

LDPE、L-LDPE、HDPEの一般的なインフレーション成形条件を表1に示す。

ここでは、L-LDPEとHMW-HDPEについて、成形条件とフィルム物性についての関係を比較しながら述べてみたい。

表1 インフレーション成形条件

	LDPE	L-LDPE	HDPE
成形条件（℃）	160〜180	160〜200	190〜200
ブロー比	1〜3		3〜5
バブル形状			

インフレーションフィルム、とくにHDPEフィルムの特性は、成形条件に大きな影響を受ける。以下に、成形温度、ブロー比、押出量、フロストライン高さの成形因子に対する物性および光学特性の関係を示す。

(1) 成形温度（図31、32）

HMW-HDPEでは、成形温度の上昇に伴いフィルムインパクト、MDの弾性率、MD、TDの破断強度の低下とMDの伸び率の増加がみられる。これは、式(34)および式(35)からもわかるように、成形温度が高くなると溶融粘度が低くなり、延伸応力が小さくなるためである。

L-LDPEでは、成形温度による影響がHDPEよりも小さい。ヘイズは成形温度が高くなると低くなり、光学特性は向上する。

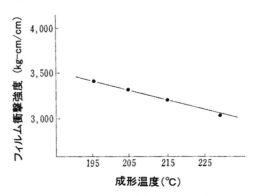

図31　HMW-HDPEの成形温度とフィルム物性の関係

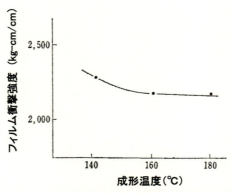

図32　L-LDPEの成形温度とフィルム物性の関係

(2) ブロー比（図33）

HMW-HDPEでは、ブロー比の増加に伴い、MDの引裂強度の増加がみられ、引裂強度のバランスが良くなり、フィルムインパクトが向上するが、これはMDおよびTDの成形過程での応力バランスが良くなるためである。

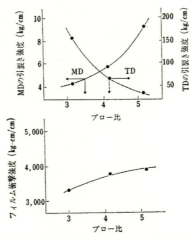

図33(a)　HMW-HDPEのブロー比とフィルム物性の関係

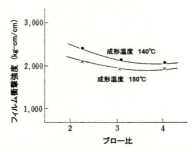

図33(b)　L-LDPEのブロー比とフィルム物性の関係

(3) 押出量（図34、35）

同一寸法のフィルムを成形する場合、押出量を増加させるとMDおよびTDの延伸応力値がともに大きくなり、HMW-HDPEではフィルムインパクトの向上がみられる。

L-LDPEでは、フィルムインパクトに多少向上がみられる。

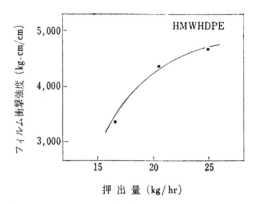

図34　HMW-HDPEの押出量とフィルム物性の関係

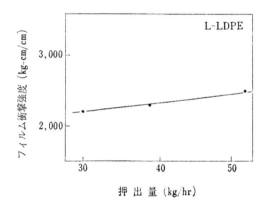

図35　L-LDPEの押出量とフィルム物性の関係

(4) フロストライン高さ（図36、37）

HMW-HDPEでは、フロストライン高さが高くなるほど引裂強度バランスが良くなり、フィルムインパクトが向上する。

L-LDPEでは、フロストライン高さが高くなると透明性が急激に悪くなる（ヘイズが大きくなる）。これはフロストライン高さが高くなったことにより、冷却が遅くなり、結晶化による微結晶サイズや球晶が大きくなるためである。

一般に、フィルム物性はHMW-HDPEの場合、成形条件により大きく影響されるが、L-LDPEでは透明性を除いてHDPEほど成形条件に大きな影響は受けない。

以上のフィルム物性の結果は、6.3で述べた変形パターン、フロストライン位置での応力値お

よび樹脂の結晶化度に対応しており、溶融樹脂の変形挙動とフィルム物性に密接な関係のあることがわかる。

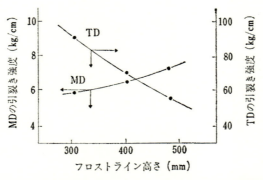

図36　HMW-HDPEのフロストライン高さとフィルム物性の関係

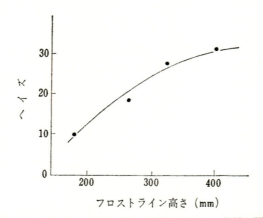

図37　L-LDPEのフロストライン高さとフィルム物性の関係

(2) PE樹脂のフィルム物性

　HDPEフィルムの物性は成形条件に大きな影響を受けるため、高ドローダウン比（引取速度／ダイ出口速度）で、かつ高ブロー比（最終バブル径／ダイ径）に設定することにより高強度でバランスのとれたフィルムが成形できる。このとき、引取速度が速く、かつブロー比が大きくなるため、成形安定性を改良する目的で、バブル安定体が通常使用される。

　一方、インフレーション成形時のL-LDPEの成形安定性は溶融張力が低いため悪いので、長鎖分岐を含むLDPEを成形性・透明性改良のため約30％程度ブレンドするのが一般的であり、エアーリングも安定性を改良するため、図38に示すような通常2段リップエアリングが使用され、バブルの安定性が保たれるように工夫されている[11]。また、L-LDPEの場合、結晶化温度も重要な因子であり、この温度が低いとフロストラインが高くなるため、バブル安定性は悪くなる。

　均一系触媒L-LDPEは同一密度で、メルトテンションが低く、組成分布が狭く、結晶化温度は低いためフロストラインは高くなり、安定性改良のため、長鎖分岐を導入したり、LDPEのブ

レンド量を増やすことも必要となる。結晶化速度の制御のため、高密度L-LDPEと低密度L-LDPEの2成分から成るL-LDPEも製造されている。また、分子量分布が狭いため、高剪断側の粘度が高くなり、樹脂圧力が高くなる傾向にあるが、分子量分布が一定でも長鎖分岐導入量を制御することにより、溶融流動特性の非ニュートン性指数であるn値を制御でき、流動性が制御している。ただし、長鎖分岐導入によりフィルムが配向しやすくなり、衝撃強度は低下する。

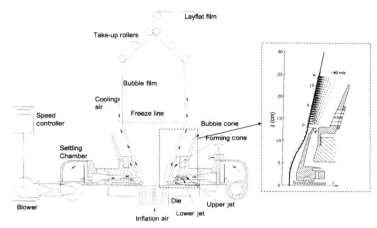

図38　二段リップエアリングを用いたインフレーション成形の概略図[23]

　高分子量のHDPEでは成形温度の上昇に伴い延伸効果が低下し、フィルム衝撃強度、MDの弾性率、MD・TDの破断強度の低下とMDの伸び率の増加が見られる。HDPEでは、ブロー比の増加に伴って、TDの破断強度の増加が見られる。また、引裂き強度のバランスが良くなり、フィルム衝撃強度が向上する。L-LDPEでは、機械強度の成形温度、ブロー比による影響がHDPEより小さいが、ヘイズは成形温度が高くなると低くなり、樹脂構造としては核剤効果を果たすHDPE成分量があると、球晶径は微細になり、光学特性は向上する傾向にある。また、ヒートシール性やブロッキング性は高分岐度・低分子成分量により影響を受ける。

　ヘイズは、一般にダイ出口で溶融樹脂の弾性力により生ずるフィルム表面の凹凸に起因する外部ヘイズと結晶化度や結晶サイズに依存する内部ヘイズによって支配される。成形条件では急冷して結晶化度を下げることにより透明性が良くなる。さらに、押出ヘイズの原因となる凹凸がかなり緩和され、かつ、まだ溶融状態にある位置で急冷することが透明性を向上させる条件である。

　また、樹脂デザインでは分子量分布が狭く、分子量の小さい樹脂は、溶融弾性が低いため外部ヘイズが小さくなる。逆に、密度（結晶化度）が大きく、高分子量で分子量分布の広いHDPEはダイスを出てからの溶融緩和現象が抑えられ、表面の凹凸が緩和されないため、ヘイズが大きい。

　LDPEとL-LDPEは同程度の透明性を示すが、両者をブレンドすることにより、それぞれの樹脂単体よりヘイズが小さくなる[12]。LDPEとL-LDPEは似た透明性を示すが、L-LDPEにLDPE

をブレンドした場合の透明性の評価法の一つである霞度（ヘイズ）について、LDPEブレンド時の比較を図39に示した。興味あることは、L-LDPEにLDPEを30％程度ブレンドすると、ヘイズが非常に小さくなる結果が得られており、LDPEやL-LDPE単体よりフィルムのヘイズが低下し、透明性が向上する場合が報告されている[12]。

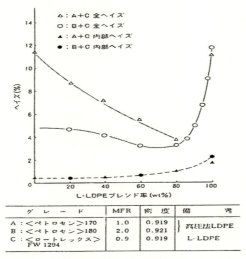

図39　L-LLDPEのブレンド率とヘイズの関係

透明性は、一般に押出ヘイズと内部ヘイズで論じられるが、押出ヘイズはポリマーの溶融弾性に、内部ヘイズは結晶化速度や結晶の大きさに支配されると言われている。長鎖分岐を持つ高分子であるLDPEは、溶融弾性が強く、押出ヘイズが大きくなりやすいが、線状高分子で分子量分布の狭いLLDPEをブレンドすると溶融弾性が低下するため、押出ヘイズが低下し、LDPE単体に比べて良好な光学的性質をもつブレンド物が得られる。

一方、L-LDPEの分率が高いと押出ヘイズは小さくなるが、系の緩和時間が短くなり、分子運動が容易になるため微結晶サイズが大きくなり、表面の平滑性にも影響を与え、ヘイズを高める。ヘイズと溶融弾性パラメータであるWeissenberg数（$\Delta P/\sigma_w$：ΔP管入口における圧力損失、σ_w：剪断応力）との関係を図40に示す。

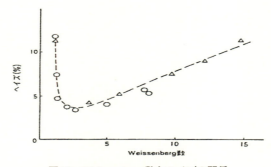

図40　Weissenberg数とヘイズの関係

6 インフレーション成形の成形性

インフレーション成形において、高速化や薄膜化に伴い成形安定性あるいは延伸切れがしばしば問題となる。

(1) 成形安定性

ポリエチレン3種類について、成形条件を変化させた場合の成形安定性の比較を図41に示した。成形安定性はブロー比、ドローダウン比およびフロストライン高さなどの成形条件により大きく左右される。

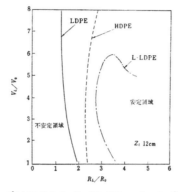

図41(a) ポリエチレンのインフレーション成形安定性
（フロストライン高さZ_L=12cm）

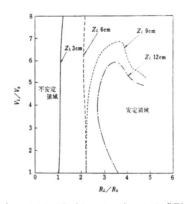

図41(b) L-LDPEのインフレーションの成形安定性

図41 インフレーション成形の成形安定性

これらの現象を6.1で述べた伸長流動挙動と結びつけて考えることは興味深い。伸長粘度挙動からLDPE、L-LDPEおよびHDPEのバブル安定性の違いを議論すると、歪み速度の増加とともに粘度が上昇する（歪み速度硬化）ポリマーは安定であるといえる。また、箕島ら[13]によると、

歪みの増加とともに粘度が上昇する（歪み硬化）ポリマーも、安定性に多少よく作用すると報告している。

　　　LDPE＞HDPE≧L-LDPE

Ide、White[14]による溶融紡糸におけるドローレソナンスの理論解析の議論からも、"歪み速度硬化"を示す樹脂は初期の変動を防止する方向に働くことを報告している。また、上記の"歪み速度硬化"の考え方を非等温の場合にも拡張し、変形が進行するにつれ粘度が上昇する場合を"変形硬化"と表現すると、粘度の温度依存性の大きいポリマーのほうが、成形中の"変形硬化"は顕著であり、成形安定性が向上する。

　　　LDPE＞L-LDPE≧HDPE

上記2つの順序は、HDPEとL-LDPEにおいて相反する結果であるが、粘度の温度依存性が大きく影響を受ける成形条件、つまり冷却量が多く、冷却効率の高い条件下（Z_Lが6cm以下）では、L-LDPEの方がHDPEより安定で、等温条件下あるいは冷却量が小さい条件下ではHDPEの方がL-LDPEより安定である結果が得られている。

冷却条件に対応するフロストライン高さは、"変形硬化"の立場から、冷却量を多くして低く保つほうが、ドローレソナンス現象を防止でき（**図41**(b)）、また活性化エネルギーの大きいポリマーの方が、成形安定性のフロストライン依存性は大きい。

成形安定性に関するフロストライン高さ（Z_L）依存性

　　　Z_L低い＞Z_L高い

フロストライン高さの成形安定性に与える影響度

　　　LDPE＞L-LDPE＞HDPE

一方、インフレーション成形の場合、溶融張力の大きい方が一般的に成形安定化しやすいと言われている。そのために、一般に、インフレーション成形のバブル安定性の観点から、溶融張力の大きい、分子量が大きい（MIの低い）樹脂が使用されている。また、同一MIでの溶融張力を比較した場合、成形中に"変形硬化"しやすい樹脂は活性化エネルギーが大きく、かつ歪み速度硬化"を示す樹脂であるため、溶融張力が大きくなる。樹脂の面では"同一MIで溶融張力が大きい樹脂"と成形中に"変形硬化しやすい樹脂"とは相関性があると言える。

インフレーション成形の安定性から考えると「変形硬化しやすい条件」つまり樹脂としては、長鎖分岐をもつ活性化エネルギーの大きい、歪み速度硬化を示す樹脂が好ましい。成形条件としては物性バランスの良いフィルム物性が要望されることが多いため、冷却量が多く、ブロー比はバブルの回転運動を起さない範囲で大きく、また成形不安定現象の原因を引き起こすドローダウン比は、ブロー比よりも大きいが、あまり大き過ぎないほうが良いといえる。

なお、HMW-HDPEの場合、薄物フィルムでは高ドローダウン比の条件下で成形されるため、MD、TDのバランスを得るために、高ブロー比でかつ高フロストライン高さで成形する必要があり、またHDPEは不安定になりやすいため、バブル安定体を使用して成形するのが一般的である。

第8章 インフレーションフィルム成形法

(2) 延伸切れ

　HMW-HDPEの高速薄膜フィルム成形のように、フィルムが8μm〜9μmで薄く、かつ引取速度が100〜120m/minの範囲にある場合、成形安定性向上を図るだけでなく、連続生産性を得るため延伸切れを防止することが重要である。

　まず延伸切れの発生原因を把握するため、高速成形条件下でHMW-HDPEを用いて、成形途上の変形挙動を高速8mmカメラにより撮影し、また延伸切れの起こる現象を検討した[15]。実験は延伸切れの発生位置ではまずはピンホール程度の発生が原因となっているため、高速8mm撮影で得られた図39のような各位置での切れ幅をダイからの距離Zに対してプロットした外挿点を延伸切れの位置とした。この延伸切れの位置は図42において、ほとんどが30.5〜31.0cmの範囲に集中しており、延伸切れ発生の位置は$(dV_z/d_z)_{max}$の位置付近で発生していることがわかる。

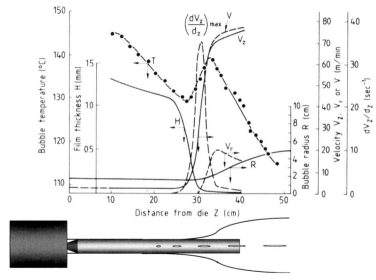

図42　高速成形時のバブルの変形挙動と延伸切れ発生挙動

　高速成形条件下（$V_L/V_0=40$、$R_L/R_0=3.2$、$V_L=80$m/min、$R_0=30$mmφ）では、図42でみられるように、バブルの移動速度はバブルがバブル安定体に接触している位置においては安定体の抵抗が大きく、移動速度の上昇はほとんどみられないが、いったんバブル安定体から離れると、バブルの急激な速度上昇が起こっている。つまり、図43のようなバブル安定体の場合では安定体によりバブルが押し拡げられているため、引張張力が大きくてもバブルが安定体に接触している間は速度が規制される。

　ところが、バブルが安定体から離れると安定体を使用しない場合に比較し2倍程度の引張張力がそのままバブルに作用するため、急激な速度上昇が生じる。高速成形条件下の速度変化（dV_z/d_z）の最大値がいかに大きいかを表2に示した。（dV_z/d_z）の値が非常に大きく、ポリマーが急激な歪み速度に対して均一な流動変形ができなくなるため、高速成形条件下では延伸切れの発生

しやすい状態になっていることがわかる。

図43　バブルと安定体の抵抗

表2　成形条件と$(dV_Z/dZ)_{max}$の関係

	引取速度 V_L(m/min)	バブル安定体	Z_F (cm)	V_L/V_0	B	$(dV_Z/dZ)_{max}$ (sec^{-1})
高速成形	80.0	ストレート型	30.0	36	3.2	35.5
	40.0	ストレート型	30.0	25	4.0	11.7
	40.0	リング型	30.0	25	4.0	10.0
	40.0	リング型	45.0	25	4.0	4.0
一般LDPE	14.0	—	24.0	16	2.0	1.2

　一方、溶融樹脂の変形挙動の温度パターンは高速成形において特徴的なパターンを示しており、移動速度の上昇が開始された付近での急激な引張応力がかかり、薄肉化するため結晶化が急激に起こり、温度の大きな上昇を示している（**図42**）。

　延伸切れの防止対策としては、ポリマーの流動性を向上させ弾性効果を抑え、かつバブル形状を拡げる効果（ニュートン流体的となるため）のある成形温度の上昇、バブル安定体とバブルとの摩擦抵抗を小さくするため、接触面積を小さくかつバブル形状に合ったバブル安定体の選定（リング型）や、バブルとバブル安定体の摩擦抵抗を極力小さくするような表面加工を施したバブル安定体を使用することにより、延伸切れを防止することができる。

7　ダイス

(1)　単層ダイス

　インフレーションフィルム成形用として、チューブ状に溶融樹脂を押出す場合、一般にスパイラルダイスが使用されている（**図44**）。

第8章 インフレーションフィルム成形法

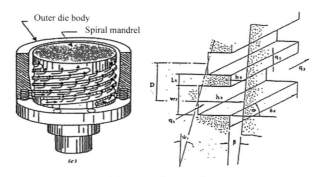

図44 スパイラルダイ

スパイラルダイスは不均一な部分が比較的発生しにくく、ダイ内部の圧力を高められるので、厚みの均一性を最も重視されるフィルム成形用ダイとして最も一般的に使用される。このダイはスパイラル状に溝がほられており、そのスパイラルに沿って樹脂が流れるが、内部マンドレルと外部ダイのクリアランスがあり、下流側に行くに従い広くなっているため、このクリアランスにより樹脂の漏れ流れが発生する。スパイラル流れと漏れ流れの流量をスパイラル部の断面積と漏れ流路のクリアランスの形状で制御することにより、リップ部出口での厚み均一性のバランスをとる。

第4章にも紹介されているが、現在、スパイラルダイスの流れはFEMによる解析が行われているが、ここではダイ内の樹脂の流れの原理を理解するために、過去の文献に掲載されているスパイラルダイスの流れ解析について紹介したい[16]。スパイラル流れも漏れ流れも、平行平板流れの式により取り扱う。

$$\eta \cdot \dot{\gamma} = \tau^N \tag{38}$$

$$Q = \frac{1}{\eta} G^N \Delta P^N \tag{39}$$

$$G = \left(\frac{W}{2(N+2)}\right)^{1/N} \frac{H^{(N+2)/N}}{2L} \qquad \left(\frac{W}{H} \geqq 20\right) \tag{40}$$

ただし、$\dot{\gamma}$:剪断速度、τ:剪断応力、G:ダイの形状係数、W:ダイ幅
H:クリアランス、L:ダイ長さ

この式をランド流れ、スパイラル流れの場合にそれぞれに適用すると、式(41)、式(42)および式(43)、式(44)の関係が得られる[16]。

$$Q_2(x) = \frac{1}{\eta} G_2(x)^N \quad \Delta P_2(x)^N \tag{41}$$

$$Q_2(x) = \left(\frac{\delta(x)}{2(N+2)}\right)^{1/N} \frac{h_2(x)^{(N+2)/N}}{2L_2(x)} \tag{42}$$

$$Q_3(x) = \frac{1}{\eta} G_3(x)^N \quad \Delta P_3(x)^N \tag{43}$$

$$Q_3(x) = \left(\frac{W_3(x)}{2(N+2)}\right)^{1/N} \quad \frac{h_3(x)^{(N+2)/N}}{2\delta x} \tag{44}$$

ただし、

G_2、G_3：ダイの形状係数、δx：スパイラル方向に沿った微小長さ

h_2：ランドクリアランス、L_2：ランドの流れ方向の長さ

W_3：スパイラルの溝幅、ΔP_2、ΔP_3：ランド、スパイラル流れによる圧力損失、

Q_2、Q_3：流量

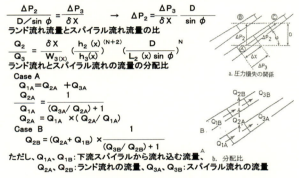

図45(a)　スパイラルダイ内のランド流れとスパイラル流れ

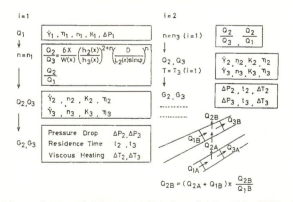

図45(b)　スパイラルダイ内のランド流れとスパイラル流れ（解析の流れ）

図45に示すように地点Aから地点Bへのランド流れの圧力損失は地点Aから地点Cへのスパイラル流れによる圧力損失に等しく、またスパイラルを沿って流れる圧力損失の勾配が一定であると仮定すると式(45)になる。

$$\frac{\Delta P_2}{D/\sin\phi} = \frac{\Delta P_3}{\delta X} \rightarrow \Delta P_2 = \frac{\Delta P_3}{\delta X} \frac{D}{\sin\phi} \tag{45}$$

$$\frac{Q_2}{Q_3} = \frac{\delta X}{W_3(X)} \left(\frac{h_2(x)}{h_3(x)}\right)^{(N+2)} \left(\frac{D}{L_2(x)\sin\phi}\right)^N \quad (46)$$

式(46)はランド流れ流量とスパイラル流れ流量の比を示す。

ランド流れとスパイラル流れの流量の分配比は、下からのランド流れがないCaseAと下流からのランド流れが合流するCaseBに分けられる。それぞれのCaseBについて次の式(47)－式(50)で表せる。

CaseA

$$Q_{1A} = Q_{2A} + Q_{3A} \quad (47)$$

$$\frac{Q_{2A}}{Q_{1A}} = \frac{1}{(Q_{3A}/Q_{2A})+1} \quad (48)$$

$$Q_{2A} = Q_{1A} \times (Q_{2A}/Q_{1A}) \quad (49)$$

CaseB

$$Q_{2B} = (Q_{2A} + Q_{1B}) \times \frac{1}{(Q_{3B}/Q_{2B})+1} \quad (50)$$

ただし、Q_{1A}、Q_{1B}：下流スパイラルから流れ込む流量、

Q_{2A}、Q_{2B}：ランド流れの流量、Q_{3A}、Q_{3B}：スパイラル流れの流量

この計算結果をもとに、CaseA、CaseBに**図45**に示すa,bの計算手順により流量分率Q_2/Q_3、Q_2/Q_1を算出し、Q_2、Q_3の結果から形状係数G_2、G_3を求め、圧力ΔP_2、ΔP_3、滞留時間t_2、t_3、剪断発熱量ΔT_2、ΔT_3を分割された領域内でそれぞれ計算する。

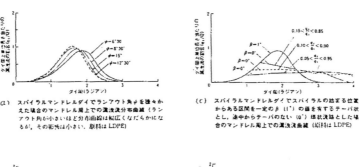

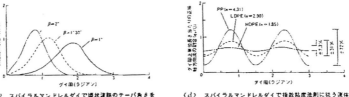

図46　スパイラルダイの形状と漏れ流れ分布曲線の関係

スパイラルダイの形状を変化させた場合の流量パターンを図46に示す。スパイラルダイスの均一度はNの値により大きく左右され、一般に非ニュートン性が強くなるほど（1よりはずれるほど）悪くなる。これは、流動性に起因するが、非ニュートン性が強い場合、一般に分子量分布も広く、高分子量成分による記憶効果が強くなるため、スパイラル間の不均一性も生じ、さらに偏肉を生じやすくなる。図47にはスパイラルダイスの写真のAの位置にスパイラル開始部があるダイスに、HMW-HDPE樹脂を流し、定常状態になった後に緑色の顔料を入れて、ダイスから顔料が出てきた時の状態を撮影した写真が図48である。スパイラル部が流れに大きく影響し、ダイス内で滞留時間分布が存在し、スパイラル部近傍に顔料が遅れて出てくる領域があることがわかる。図47のようにダイスを分解し、スパイラル部だけを取り出して、その断面を下から上に51分割した写真を図49に示している。最初にスパイラル部に入った樹脂はスパイラル中心部を流れ、流れが下流に行くに従い、次第にその流れは中央部から漏れ流れの方向に移動し、スパイラル開始時点ではスパイラル流れの比率が多かった状態から、下流にいくに従って、漏れ流れの比率が多くなっている。さらに、隣にあるスパイラル部の流れが合流する（No.19の位置）と、そのスパイラルから漏れ出た流れがスパイラル部の中央部近くに流れて、広がっていることがわかる。その実験結果の概念図を図50に示す。

図47　顔料投入実験後のダイス

図48　顔料投入実験
成形条件：樹脂HDPE　ダイス温度　244℃　スクリュー回転数　25rpm

第8章 インフレーションフィルム成形法

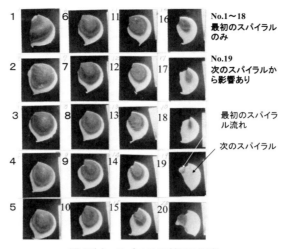

図49(a) スパイラル断面の写真
(a)スパイラル開始部から次のスパイラルが合流するNo.19までの断面観察

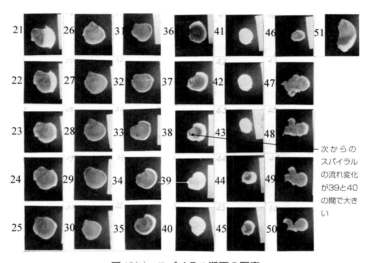

図49(b) スパイラル断面の写真
(b)さらに下流側

図51は高分子量HDPEのインフレーション成形した場合の赤外線温度計を使用して撮影した温度分布を示しているが、スパイラルマークが発生しやすい場合は温度の不均一性も発生しやすく、厚みの不均一性の原因となる。非ニュートン性の強い樹脂の場合、粘度の剪断依存性が大きく、かつ長時間緩和成分も多いため、スパイラルマークが発生しやすく、偏肉が発生しやすい。そのため、スパイラル流れと漏れ流れのバランスを良くするために、CAE解析等を利用し、レオロジー特性に合ったスパイラルダイスの設計が重要である。

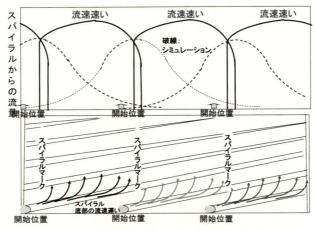

図50 スパイラルダイス内の流れの概念図

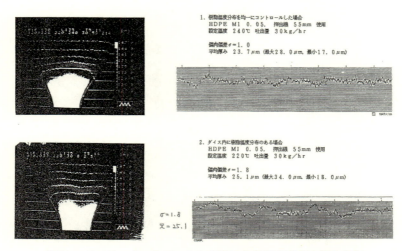

図51 インフレーションフィルム成形のバブル温度分布と厚み分布

(2) 多層ダイス

バリア層をフィルム中に配置するために、共押出技術も進んでいる。Tダイではマルチマニフォールドやフィードブロックダイ（図52）[17]が一般に使用されている。前者はダイス出口手前で樹脂が合流するため、各層の厚み分布に優れるが、構造上から層数は最大5層までが主流で、層数が多くなる場合には適さない。EVOHをバリア層として使用する場合、両表層にポリオレフィンを使用する場合、接着層が必要なため、5層になる。

一方、後者は多くの層でも多層化が可能であるが、合流してからダイス出口までの流路が長く、粘度差の大きな樹脂を流すと包み込み効果などにより、厚み精度が悪化する場合がある。

インフレーション成形の多層ダイは図53[18]に示されたような形状のダイスが一般的に使用され、多くの層から構成される多層フィルムが成形されている。ダイスを出てからMDおよび

第8章 インフレーションフィルム成形法

TDの両方向に応力がかかるために、バランスのとれたフィルム成形が可能である。ただし、スパイラルダイが一般に使用されるために、TD方向の偏肉精度がTダイのマルチマニフォールドダイに比較して、悪い傾向にある。バリア層を設ける場合に接着層が必要な場合には、さらに接着層をバリア樹脂の両側に配置する必要があり、層数が増える。

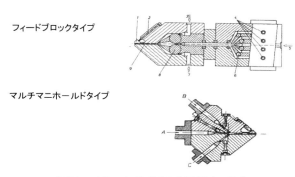

フィードブロックタイプ

マルチマニホールドタイプ

図52　フラットダイ用の多層ダイの構造

図53　9層のスパイラルダイスの構造（Gloucester Engineering Inc.）

おわりに

インフレーション成形について、樹脂のレオロジー特性や成形条件と成形中の変形挙動、結晶化速度、得られたフィルムの物性の相関性について、理論解析および実験結果を交えて述べ、さらにインフレーション成形性について説明を加えた。

解析技術の面から、今後は粘弾性流体を考慮した理論解析、成形性については振動論の立場から、より厳密な解析により樹脂、成形条件に対する成形安定性を予測することが本質的な立場から必要である。また実際に問題となるフィルムの偏肉がダイ出口の厚み精度とどのように関係づけられるかという点は、偏肉制御という意味から重要である。

一方、インフレーションフィルムの包装材料への開発という面では、包装材料の多様化、高付加価値化に伴い、偏肉情度、要求物性、製品外観などの品質向上が要求され、押出機では均一

吐出量を得、温度および圧力変動を抑え、ダイスでは均一な厚み精度、エアーリングでは風速分布の均一化などの成形機の高精度化が重要となっている。

さらにバリア性などの機能をもたせた多層化技術の開発[18]や配向のバランスが得られやすい特徴を生かした液晶ポリマーの電子材料基板[19]、クッション性やパール調の発泡体フィルム[20]、コンデンサーフィルム[21]など、いっそう重要となるであろう。また、延伸前の原反シートをインフレーション成形で成形し、その後一軸もしくは二軸延伸した延伸フィルムも機能性フィルム[22]やシュリンクフィルム[23]として期待されており、高品質、高機能という観点からフィルムの偏肉精度の向上のための基盤技術や機能性を持たせるための組み合わせ技術も重要である。

参考文献

1) T. Kanai, J. L. White, Polyme. Eng. Sci. 24(15), 1185(1985)
2) W. Minoshima, J. L. White, J. E. Spruiell, Polymer. Eng. Sci., 20, 1166(1980)
3) H. Yamane, J. L. White, Polym. Eng. Sci. Rev., 2, 167(1980)
4) 金井俊孝、冨川昌美、J. L. White、清水二郎、繊学誌、40(12)、T-465(1984)
5) 鈴木俊一、金井俊孝、日本レオロジー学会誌、12(4)、207(1984)
6) T. Kanai, Intern. Polym. Proc. 1, (3), 137(1987)
7) 金井俊孝、プラスチックスエージ、31、113(1985)
8) 金井俊孝、岩井昭之、高重真男、清水二郎、繊学誌、41、T-272(1985)
9) 金井俊孝、木村正克、清水二郎、繊学誌、41(4)、T-139(1985)
10) 金井俊孝、清水二郎、繊学誌、41(5)、T-179(1985)
11) N. Cao, S.Li, D. Ewing：Intern. Polym. Proc., 20, 68(2005)
12) 六代 稔、藤本省三、安田陽一、兼重 洋、東ソー研究報告書、28、(2)15(1984)
13) W. Minoshima, Ph. Dr論文、Univ. Tennessee(1983)
14) Y. lde, J. L. White, J. Appl. Polym. Sci., 22, 1061(1978)
15) T. Kanai, Int. Polym. Process, 1(3), 137-143(1987)
16) B. Procter：SPE J., 28, 34(1972)
17) W. Michaeli, Extrusion Dies for Plastics and Rubber(1992)p218-219 Hanser, Munich
18) K. Xiao, M. Zatloukal Chapter 3 P81 in Polymer Processing Advances, T. Kanai, G. A. Campbell(Eds.)(2014)Hanser Publications
19) 吉川淳夫、p137-170、液晶ポリマーの開発技術、監修小出直之、CMC出版(2004)
20) 田中良和、成形加工' 13, p243-244(2013)
21) 信越化学ホームページ、信越フィルムのコンデンサー用PPフィルム、
22) M. Takashige ,T. Kanai, T. Yamada, Int. Polym. Process 19(2), 147-154(2004)
23) H. Uehara, K. Sakauchi, T. Kanai, T. Yamada, Int. Polym. Process, 19(2), 163-171(2004)

第9章

二軸延伸フィルム技術

Bruckner社　Dr. J. Breil
翻訳　KT Polymer　金井　俊孝
株式会社　AndTech　渡辺　陵司

はじめに

フィルムの延伸工程は、機械的特性、光学的特性、バリア性を大きく向上させるための加工工程である。諸物性の向上は、結晶性樹脂の結晶化度の増大と延伸による分子鎖の配向から生み出される。これらの向上効果は、すでにポリスチレン、ポリ塩化ビニルに延伸技術が使われていた1930年代から良く知られていた。しかし、商業的な大きな進歩はICIとデュポンが二軸延伸ポリエステルフィルム（BOPET）を開発した1950年代半ばに遡り、この技術が初めて工業用途に適用され得る物性が見出され、またたくまに世界中に広まり、ライセンスされた。二軸延伸ポリプロピレンフィルム（BOPP）は、その後1960年代半ばに誕生し、主に包装分野で大きなシェアーを獲得し、それまで市場で独占していたセロファンを置き換えた。[1]

延伸技術は、延伸による配向と延伸プロセスの違いにより区別される。すなわち、縦延伸、横延伸、逐次二軸延伸、同時二軸延伸およびチューブラー延伸があり、これらはお互いに競合する技術ではなく、各種商品群に適したフィルム特性を得るために、それぞれのプロセスが使われている（図1）。

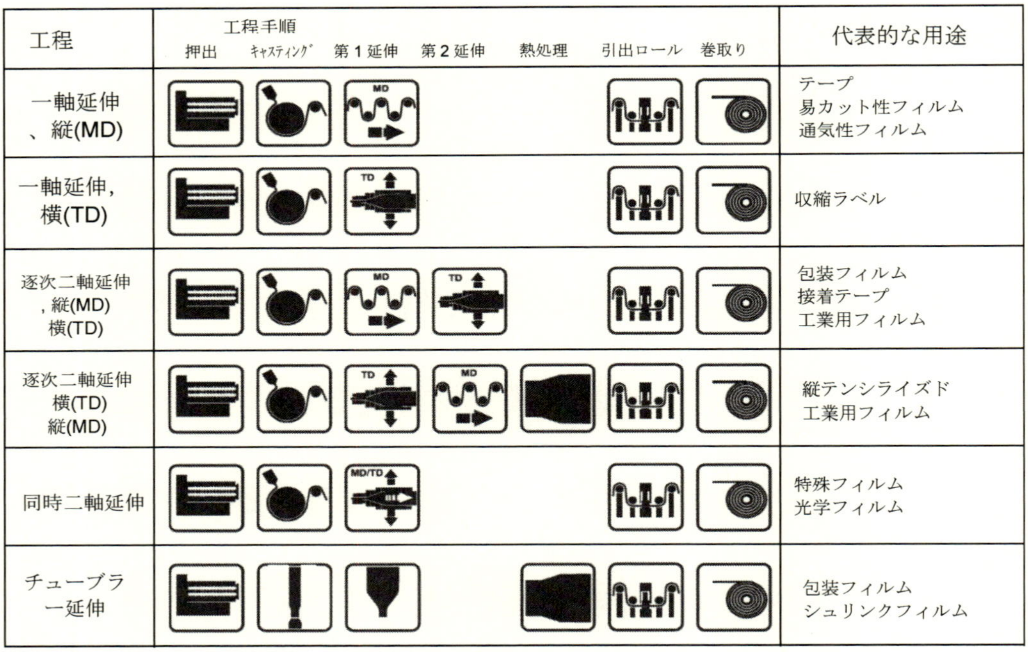

工程	工程手順（押出／キャスティング／第1延伸／第2延伸／熱処理／引出ロール／巻取り）	代表的な用途
一軸延伸、縦(MD)		テープ 易カット性フィルム 通気性フィルム
一軸延伸、横(TD)		収縮ラベル
逐次二軸延伸、縦(MD)横(TD)		包装フィルム 接着テープ 工業用フィルム
逐次二軸延伸、横(TD)縦(MD)		縦テンシライズド 工業用フィルム
同時二軸延伸		特殊フィルム 光学フィルム
チューブラー延伸		包装フィルム シュリンクフィルム

図1　延伸技術の概要

縦方向の一軸延伸の場合、ロール間の回転速度を上げることで延伸され、その結果、縦方向に分子配向が引き起こされる。このことは、機械的特性は主に縦方向に高められ、高強度包装用結束紐や易カット性フィルム用途に適している。さらに、このプロセスは、無機フィラーを高充填した樹脂を使用した通気性フィルムにも適用される。

横方向に一軸延伸されたフィルムを作る場合、テンターが使われる。そのフィルムの最も一般的な用途は、横方向に大きく縦方向に小さな収縮率を持つシュリンクラベルである。

これまで最も汎用的に使われている延伸プロセスは、逐次二軸延伸技術である。このプロセスでは、まずフィルムは縦方向に延伸され、その後横方向に延伸される。この方法は、ほとんどの包装用途や工業用途に適用され、高い生産性と非常に優れた品質の両立が達成出来る。別の逐次二軸延伸プロセスとしては、最初に横方向に延伸し、続いて縦方向に延伸するものである。この場合は、熱収縮率を許容限界まで下げるために、追加のアニールオーブンが必要となる。このプロセスでは、最大のフィルム幅と生産速度に制限があり、その結果、通常行われているMD延伸後、TD延伸の逐次二軸延伸並みの生産性を得ることができない。この理由のため、このプロセスは縦方向に非常に高い強度を要求される用途に限定される。

その他、長い歴史のあるプロセスとしては、フィルムが縦横同時に延伸される同時二軸延伸プロセスである。このプロセスでは、フィルムを把持するクリップが順次広がったレールに沿って動くため、フィルムは横方向に広がりながら延伸される［2］。クリップの距離を制御するには様々な技術がある。スピンドル、パンタグラフ、7.2.2で詳しく説明するLISIM®（Linear Motor Simultaneous Stretching Technology）などがある。

いわゆるチューブラー延伸プロセスもまた、同時二軸延伸方法である。このプロセスでは、最初に円筒状に押出された後、一旦冷却される。その後、延伸温度まで再加熱された後、延伸される。引取速度を上昇させると同時に、バブル内圧の効果でバブルを膨らませることにより、同時に延伸する。このプロセスでは通常生産性は低く、その結果最新式のテンター延伸方法による生産性を得ることができない。この方法による用途は、ポリエチレンやポリプロピレンのシュリンクフィルムが主流であるが、その他に二軸延伸ポリアミド、ポリエチレンテレフタレートや多層フィルムにも使われている。

1 二軸延伸フィルムライン

次に、フィルムラインとそれぞれのラインを構成する要素技術について、最新の配置図を示しながら逐次と同時二軸フィルム延伸機に関して詳しく説明する。

1.1 逐次二軸延伸フィルムライン

二軸延伸PPの生産ラインは、逐次二軸延伸フィルムシステムの代表的なものである。従って、典型的な要素を、最新の二軸延伸PP用の機械を例にとって説明する。最大のフィルム製品幅10.4m、最大ライン速度525m/min、最大機械長150m、最大生産能力7.5t/h、このような仕様の設備は、これまでのプラスチック成形加工設備の中で最大である。各要素の寸法と設計は、製造するフィルムの層構成と生産量に依る。一般に、異なるフィルムタイプであっても、二軸延伸ラインの構成要素である原料供給系、押出工程、キャスティング装置、縦延伸機、横延伸機、引取機、巻取機の配置は、基本的には類似している（図2）。しかし、詳しくは、システムの要素は各原料による特別な要求仕様に合わせて選定しなければならない。

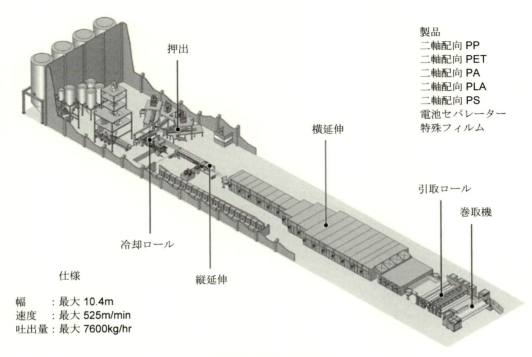

図2　逐次二軸延伸ライン

各種フィルムの典型的な最新二軸延伸フィルムラインのデータの概要を表1に示す。

表1　典型的な厚み範囲とラインデータの概要

ラインのタイプ		PP		PET				PA
		コンデンサー	包装用	コンデンサー	包装用	工業用／光学用		包装用
						中厚	厚物	
最大ライン幅	m	5.8	10.4	5.7	8.7	5.8	5.8	6.6
厚み範囲	μm	3–12	4–60	3–12	8–125	20–250	50–400	12–30
最大生産速度	m/min	280	525	330	500	325	150	200
最大生産量	Kg/h	600	7600	1100	4250	3600	3600	1350

　横延伸倍率、エッジトリムとネックインの量を考慮しながら、製品となるフィルム幅から全体の延伸装置幅の寸法が決められる。縦延伸機の冷却ロール径とロール数は、横延伸機の各ゾーン長と同様に、加熱と冷却時間、各温度ゾーンで必要とされる滞在時間から計算される。この目的のために縦方向のフィルム温度と厚み方向の温度プロファイルを計算するためのプログラムがある。図3に二軸延伸PPフィルムの生産における典型的な温度プロファイルを示す。厚み方向に沿った最大温度差は、それぞれ個別に表された冷却ロール側、中央部、エアーナイフ側の温度から計算される。特に冷却ロールによる冷却プロセスは、厚み方向に沿った高次構造の

形成に重要である。ここでは両側からの対称的な冷却が要求され、冷却ロールを水槽に入れることで実現可能になる。全てのプロセスで正確に温度を制御することは、要求特性を満たす延伸フィルムを製造するために必要なことであり、この精密な温度制御は、全システムの幅方向でも厳密に制御されていなければならない。

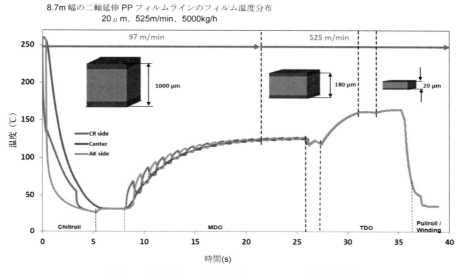

図3　二軸延伸PPの延伸プロセスにおける温度予測

1.1.1 押出

延伸機の押出ユニットには、通常メイン押出機と多層構造を形成するための異種原料用の数台の共押出機が備えられている。最も一般的には各層に1台の押出機を使用した3層構造のフィルムである。さらに、二軸延伸PPフィルムラインでは、5層の共押出を5台の押出機で成形される場合もある（**図4**）が、主にバリアフィルム向けに、7層、9層の共押出もある。

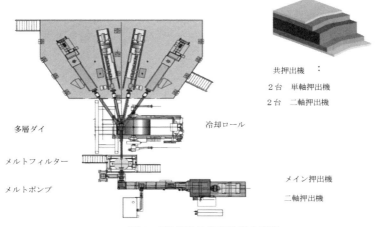

図4　5層構造の押出設備の配置

同方向二軸押出機は、メイン押出機として一般的になってきている（図5）。単軸押出機とタンデム型押出機に対する優位点は、
- 低比エネルギー消費
- コンパクトな機械
- 連続した真空ガス抜き
- スクリューとシリンダーの組み立て設計による適応性
- 粉末と液体成分を直接添加して混合可能
- 溶融温度の調整しやすさ
- 優れた均一性と混練性
- 8.2t/hまでの生産能力が可能

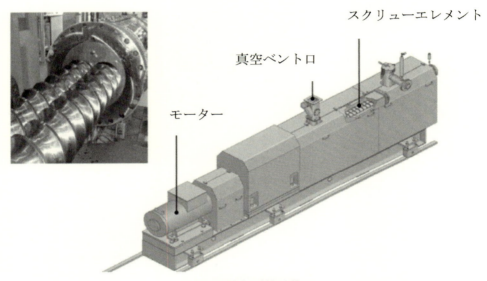

図5　同方向二軸押出機

共押出には単軸と二軸押出機が使われる。二軸押出機の場合は樹脂の吐出量をできるだけ一定にし、フィルターとノズルに要求される圧力をかけるために、メイン押出機と共押出機の両方にメルトポンプが備えられる。

二軸延伸PPフィルムを製膜する場合の濾過は、4週間以上連続で使用できるように$6m^2$程度の濾過面積を持つディスクフィルターあるいはキャンドルフィルターが組み込まれた大面積フィルターで行われる。二軸延伸PETフィルム用もまた大面積のフィルターが要求されるが、この場合はディスクフィルターが使われる。図6に両フィルターシステムを示す。

第9章 二軸延伸フィルム技術

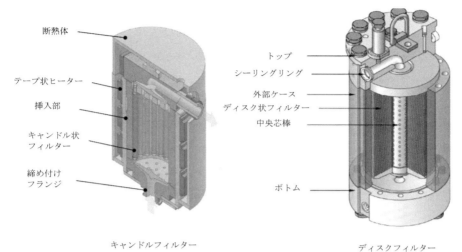

図6 大面積メルトフィルター

　二軸延伸PPフィルムラインでは、濾過後、溶融樹脂は多層用のコートハンガーダイに送られる。このシステムでは、異なる粘度でも要求される厚みと吐出量の範囲内で、幅方向に各層が均一な厚みになるように設計されている。一般に、押出ダイには、全幅にわたってフィルム厚みを制御するために、引取ロールの架台に設置された厚み計と連動して制御される自動ダイボルト調整機構が備えられている。自動ダイボルト調整機構は、上記のような方法で最適化されている一方で、応答時間を短くするためにアクチュエータとの距離は最小距離になるように設定されている。図7に、棒状ヒーターでの加熱と、外側から空気を利用した冷却システムを有する自動調整ボルトシステムの図を示す。熱接触を良くすることと質量を小さくすることで、20秒という速い応答速度にすることができ、ダイボルトピッチは10mmである。

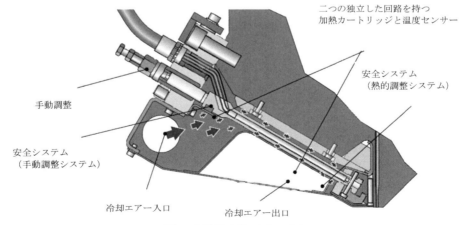

図7 自動ダイボルトシステム

1.1.2 キャスティング装置

溶融樹脂が押出ダイを出る時、素早く冷却されなければならない。そうすれば、逐次延伸プロセス用のベースとなる、全幅にわたり均一なキャストフィルムが製造できる。このプロセスは、生産能力と得られるフィルム品質に非常に大きな影響を及ぼす。図8に、二軸延伸PPフィルム製造ラインの冷却ロールの典型的な配置を示す。対称的な冷却とその後必要な高圧エアー吹き込みノズルによる水分除去をするために、冷却ロールを水槽内に設置するのが一般的である。水槽での冷却は、フィルム両面での熱伝達が高いという長所があり、冷却が速く、両面から急冷効果が得られる。さらに、確実に全幅にわたって同じ冷却条件にすることが重要である。

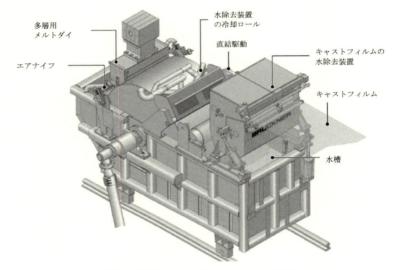

図8 冷却ロール付きキャスティング装置

このことは、効率的な水循環が可能となる一方で、均一な温度を得るために冷却ロールの内部配置は非常に重要である。図9に、徐々に温度が下がる冷却水管の設計によって、理想的に均一な冷却ロールの表面温度になるように考慮された内部冷却方法の原理を示す。熱伝達は、熱伝達係数はもちろんのこと溶融樹脂と冷却ロールの温度差に依存する。同様に、このことは冷却水管の中の水の流速によって定義される。冷却媒体が螺旋管で温められる事は、熱伝達を高くするために螺旋状の配管の断面を先細りにした設計により、流速を速くすることで達成できる。実際にフィルムとして使用される製品幅に沿って、フィルムの温度を均一にすることで、その幅方向にも均一なフィルム物性を得ることができる。

第9章 二軸延伸フィルム技術

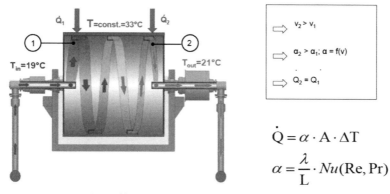

$$\dot{Q} = \alpha \cdot A \cdot \Delta T$$
$$\alpha = \frac{\lambda}{L} \cdot Nu(Re, Pr)$$

図9 徐々に冷される配管を有する冷却ロール

キャストフィルムプロセスでは、溶融樹脂の均一な押出量と冷却ロールの速度は、縦方向のフィルム均一性を得るために非常に重要である。一定の溶融樹脂の押出流れは、溶融樹脂がダイに入る時に最小の圧力変動となるような押出条件によって得られる。駆動ユニットの速度安定性と同様に、冷却ロールの表面速度は冷却ロールの振れ精度によって決まる。そのためには、直結駆動が適している。この方式では、ベルトやギアのような伝動装置による不具合をなくすようにする必要がある。ここでは高解像度の回転式エンコーダーが同じ軸に取り付けられ、最高の速度精度を得るために最適化された制御ループが実行される。この駆動方式はほとんどメンテナンスの必要なく、故障も少ないという長所もある。図10に、トルクモーターを使った冷却ロールに対する直結駆動方式の配置図を示す。

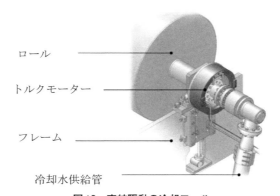

図10 直結駆動の冷却ロール

キャスティングユニットで他に重要なのはピンニングシステムである。二軸延伸PPフィルムラインの場合、優先してエアーナイフが使われる。この目的のために、空気の流れの均一性は、放出後の空気の流れと同じく重要である。エアーナイフに加えて、端部にはエアーノズルが使われ、エアーノズルはエアーナイフと一緒に使用される場合もある。さらに、全てのピンニング装置は、手動あるいは自動2軸位置決めが可能であり、ダイと冷却ロールに対する距離が正

確に調整できる。ピンニング技術は、各原料に対して可変的に調整され最適化される必要がある。一方、エアーナイフを使うことはPPの包装用フィルムでは標準的であり、二軸延伸PETラインでは、静電式ピンニング装置あるいは高電圧線かブレードが使われるのが一般的である。二軸延伸PAラインの場合は、最新式の静電式ニードルピンニングが使われる。その他に、静電式ピンニングに比べて約20％ライン速度を上げられるHPA（高圧力エアーナイフ）が開発されている。

ピンニング技術に関して、ラインの最高速度はピンニング装置だけではなく、使用原料にも依存することに注意する必要がある。静電式ピンニングでは、特に溶融粘度と溶融樹脂の電気伝導度が重要である。溶融樹脂の電気伝導度が大きくなると、ピンニング速度が速くなるという関係がある。例えば、ポリエステルの場合は、ピンニング速度は130m/minまで上げることができ、それにより延伸後のライン速度を500m/min以上になる。

1.1.3 縦延伸装置（MDO）

逐次二軸延伸プロセスでは、ロール速度を上げていくことで最初に縦方向に一軸延伸される。典型的な縦延伸倍率は、PPでは1:5、PETでは1:3.5-4.5、そしてPAでは1:3である。ロールは、その機能により、予熱ゾーン、延伸ゾーン、熱処理ゾーンの3つのグループに別けられる（図11）。

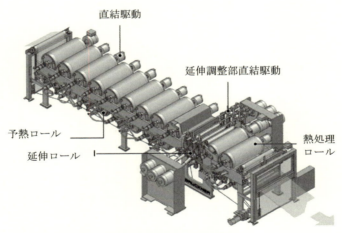

図11 縦延伸装置（MDO）

キャストフィルムは、目標とする延伸温度にするために、実際の有効幅でロールの高い熱伝達係数と均一加熱によって、予熱ゾーンで均一に予備加熱されることが要求される。延伸ゾーンの特徴は、小径ロールが配置されていることである。各ロールにニップロールが取り付けられ、それによりロール距離の調整が可能で、製品に対して延伸間距離を合わせることができる。

この配置は、ロールでの滑りをなくし延伸速度を制御することで、縦延伸プロセス中にフィルム幅を減少させるネックイン効果を最小限にすることができる。そのようにするために、各ロールを個別に制御するために全縦延伸プロセスで直結駆動をすること、すなわち適切な速度とト

ルクに設定できることはメリットがある。また、予熱ゾーンでは十分な張力をかけ、フィルムがしっかりロールに密着するようにすることが重要である。そうすることで、熱が均一に伝わり、加熱中に同時に起こる熱膨張による長さ変動を補うことができる。

延伸システムでは、直結駆動という考え方は、延伸間距離が各ロール間の速度を速くしながら調整され、各ロール間で分担することができるというメリットがある。従って、この調整は各製品に対して適切に設定されることが必要となる（**図12**）。

図12　縦延伸装置での多段延伸機構

特に、品質に敏感なスキン層、例えば低温シール層は、この方法で表面損傷を抑えることができる。縦延伸倍率を個々にいくつかの延伸ゾーンに分けることで、より良い製品品質と安定した延伸プロセスを維持しながら、総延伸倍率を大きくすることができる。

ロールは、熱媒油ないし高圧水で加熱される。二軸延伸PETラインでは、延伸ロール間で、赤外線ヒーターにより加熱される。また、この場合、総延伸比は、多段延伸の数に対応して大きくなり、二軸延伸PETの場合は、冷却ロールでのピンニング速度に制約があるので、全ライン速度を速くできるという優位性がある。従って、二軸延伸PETラインでは、縦延伸の速度が速くなることで、500m/min以上の生産速度を実現できる。

1.1.4 横延伸装置（TDO）

横延伸では、縦延伸されたフィルムの両端がクリップで固定され、横方向に調節されたレールに沿って延伸される。このプロセスは、予熱ゾーン、延伸ゾーン、熱固定ゾーンと冷却ゾーンに分けられたオーブン中で成形が行なわれる（**図13**）。オーブン中での搬送とチャックによる把持機構を確かなものにする機械装置は、いわゆるチェーントラックシステムで、信頼性が高く、摩耗が少なく、長期間使用できるものでなくてはならない。この目的のために、550m/min以上のロールチェーンあるいはスライドチェーンを得ることができる（**図14**）。スライディングシステムの場合は、チェーンは交換可能で摺動面を保護するために薄く潤滑油が塗られた摺動部品を有したレールの上を進む。

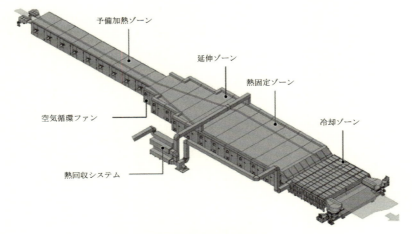

図13　横延伸装置（TDO）

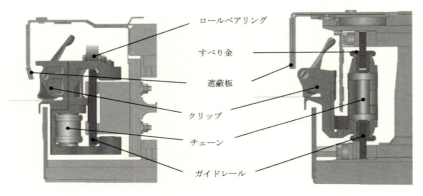

ロールチェーントラックシステム　　　　　　　　スライドチェーントラックシステム

図14　ロールとスライドチェーントラックシステム

　これらのシステムは、チェーンシステムによる油汚れ等でフィルムの表面汚れを防止するために、プロセス環境から効果的に遮蔽されるように設計されている。ロールチェーンの場合、チェーントラックシステムの支持と誘導はロールベアリングによって行われる。この場合は、スライディングチェーンに比べて潤滑油は少なくてすむ。ロールベアリングとトラックは摩耗するが、ベアリングが永続的にレールに確実に接触することができる特別なチェーン形状によって、その摩耗は減少する。クリップは、横延伸機の最初のところでフィルムを把持するために閉じられ、延伸ゾーン・熱処理ゾーンの最後の位置で、さらにその先の引取ロールまでフィルムを搬送されるように開かれる。これは磁気的開閉バーで、無接触で行われる。フィルムが把持されている間、フィルム端部がクロージングシステムの中を適切な位置で移動するように油圧作動システムで、最も有利な手法としてはリニアモーターがある。

　横延伸機では、得られるフィルム品質と製品幅内での品質のばらつきに関して、温度制御は

第9章 二軸延伸フィルム技術

非常に重要である。従って、実製品幅で温度と熱伝導ともに、できるだけ均一にすることが必要である。

また、10m幅のオーブンの場合、温度精度は全製品幅で±1C°でなければならない。この目的のために、スロットあるいはホールノズルによって非常に均一なエアーが流れるように設計されたエアー循環システムが使われる（**図15**）。吸い込まれたエアーは、電気、油、水蒸気あるいは直接ガス加熱のいずれかで加熱された熱交換機の上を流れる。循環エアーシステムは、フィルム表面の上下別々にファンが取り付けられていて、周波数制御器で異なる製品に対して個別にファン速度が調整されている。フィルム中の添加剤は、横延伸中に表面積が拡大し、延伸ゾーン内でかけられた温度で蒸発し、オーブン中で濃縮される。添加剤は、適切なエアーの交換速度で許容量以下に減少されなければならない。大量の熱交換は、それに対応してエネルギーロスが生じるので、この横延伸機内で熱回収できることは効率的である。そのようにするために、新鮮なエアーは熱交換機を通じて排気エアーで加熱され（**図16**）、中央の新鮮エアーが導管を通って各ゾーンに加えられる。

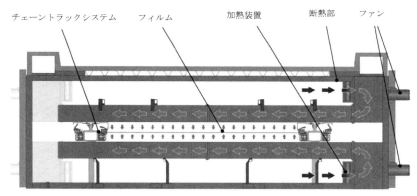

図15　横延伸オーブン内のゾーンの断面

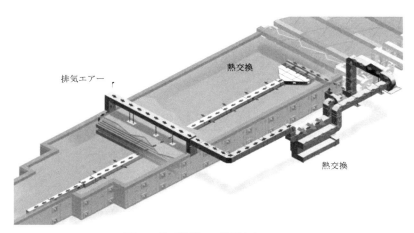

図16　横延伸機での熱回収システム

この方法で約300kW回収することができる。二軸延伸PETラインでは、循環エアーシステムに連動して触媒とフィルターを取り付けることで、オーブン中のオリゴマー濃度を下げることができることが、実証されている。光学用途では、大面積HEPAフィルターが、オーブンの屋根（屋上の設置スペース）に埋め込まれていて、非常にクリーンな状態が得られている。

1.1.5 引取設備

フィルムが横延伸機ゾーンを出た後、両端の耳部をカットし、厚みを測定し、表面処理する前にまず冷却する。これらの処置は、いわゆる"引取機装置ゾーン"で行われる。望ましくは作業側から簡単にかつ安全にフィルムを搬送できるようにCフレームデザインで行われる（図17）。

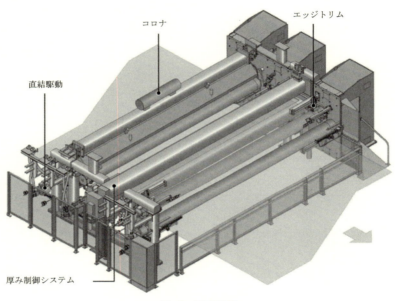

図17　引取装置

10mを超える幅で、600mm位のロール径で、500m/min以上の高速の場合、変動を抑えるために、強靭な構造が要求される。

連続的に吸引される厚いフィルムの耳部を刃と自動カッティング装置で安全に切れるように設計された装置で両耳部がカットされる。これらの耳部は細かいフィルム片にカットされ、リサイクル用の押出機原料供給系に配管を通して送られる。この結果、耳部のトリムは原料のロスにはならない。

耳部のトリム後、厚みは連続して製品幅に沿って移動する厚み計によって測定される。フィルムのタイプによって異なる測定方法が用いられる。ベータ線、X線と赤外線が最も一般的である。測定要求精度は、最終フィルムとして$0.05\mu m$が一般的で、この信号を基に厚み変動が制御される。

この厚み制御は、二軸延伸されたフィルムの位置に対応したダイボルト位置を正確に一致さ

せる特別なアルゴリズムで自動ダイ制御装置を作動させる。厚み測定後、多くの場合、1台から数台のコロナ処理装置によって表面処理される。時には、火炎処理も使用される。その目的は、後加工（印刷、ラミネーション、メタライジング）に適したフィルムになるよう表面張力を調整するためである。フィルム製品幅が大きい場合、数本のロールでフィルムが搬送されるが、張力制御には特に注意する必要がある。この目的のために、各ロールは個々のトルクモーターによって駆動され、重ね合わせの張力制御は、状態が変化した時に、引取装置のロールの各所で確実に必要な張力がかけられるようになっている。

フィルム延伸ラインでの巻取りプロセスは、フィルム製品で巻取り重量7トンまで可能な巻取機で巻き取られる。フィルムのタイプにより、コンタクト巻取方法か、ギャップ巻取方法が選択される。カーボン繊維の貼られたコンタクトロールは、優れた振動減衰を示し、実製品幅に沿って、より好ましい低たわみが実現できるよう作られる。コンタクトロールを調整するために、一つの機能ユニット（図18）で、次の機能を実現するメカトロニックシステム（LIWIND®）が開発された。その機能とは、コンタクトロール位置、コンタクト圧力と振動に対する減衰機能である。これには、正確な線形目盛と連動したリニアモーターが使われ、3つの全ての機能を確実なものにする特別な制御ソフトウェアーが使われる。理想的な巻取りするためには、プログラムされた巻取張力と接触圧力特性が必要となる。

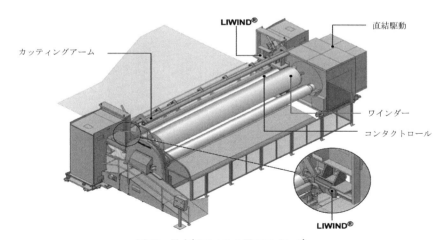

図18　最大幅フィルム用のワインダー

フィルムの厚み、巻取り長さ、コンタクトロールの位置に関する情報は、巻取り密度を計算し、制御するのに使用される。正確な巻取り密度の設定は、巻取ロールの保管時に発生する後結晶化が起こることを想定した品質基準になる。このことが、主要な裁断機で親ロールからユーザーに合わせた製品幅の長さに裁断する最適な必要条件を保証するものである。10.4m幅の二軸延伸PPのフィルムの巻取機を図19に示してある。

図19　二軸延伸PPフィルム生産ラインの10.4m幅の巻取機

1.2　同時二軸延伸ライン

　縦・横方向に二段階で延伸する逐次二軸延伸に対して、同時二軸延伸フィルムは、テンターオーブン内で縦・横両方向に同時に延伸される。この場合、フィルムを把持したクリップは先に広がったレールの上を走行するので横方向に延伸され、かつ同時にクリップの走行方向にも広がる。このプロセスには異なる技術的な手法がある。いわゆる"パンタグラフ方式"では、クリップの走行距離は折りたたまれたパンタグラフ形状のチェーンによって調整される。一方で、クリップの間隔はガイドレールの形状によって決められる。スピンドル方式では、レールに沿って走行するクリップは漸進的なノッチを持つスピンドルにしまいこまれ、縦方向に延伸されるように分離される。第三の方法は、LISIM®技術である（Linear Motor Simultaneous Stretching：リニアモーター同時延伸）[3]。この方式では、クリップは、機械全体でクリップ走行距離を自由に調整できるリニアモーターで動かされる。従って、局所的に制御した縦延伸ができる。この技術は、最初に述べた2つの機械的技術に対して、生産性及び製品品質に大きな影響を与える以下のメリットがある。

・400m/minまでの生産速度
・縦・横方向の延伸倍率に高い自由度がある
・縦・横方向に様々な緩和状態を設定できる
・メンテナンスコストが安い
・高い稼働時間
・クリーンルーム条件に適している
・全ての延伸可能なポリマーに対して、幅広い厚み範囲で適用できる

　1998年からこの技術は生産機として使われているので、いろいろな樹脂のフィルムに対して対応可能である（図20）。

　上記したメリットは、対称的なモノレール軌道装置によって可能になる（図21）。クリップは、8つのロールベアリングで動かされ、軌道装置に固定されたリニアモーター固定子の反対側には、永久磁石がクリップの上部と下部に埋め込まれている。各クリップが稼動、加速し、フィルム

の延伸に必要な力は、同位相のリニアモーターの原理に従う永久磁石の磁場と固定子との相互作用によって生じる。この場合、リニアモーター固定子の移動する磁力波は、調整可能な周波数ドライブによって供給される電流によって発生する。一方、電流の振幅は力を表し、周波数は磁力波の速度を表す。リニアモーター固定子は、集積された水配管によって冷却される。従って、熱いオーブン内の厳しい状態にも長時間耐えることができる。機械装置はクリーンルーム仕様に設計されているので、装置の上下部から油を遮蔽する保護部が装着されている。

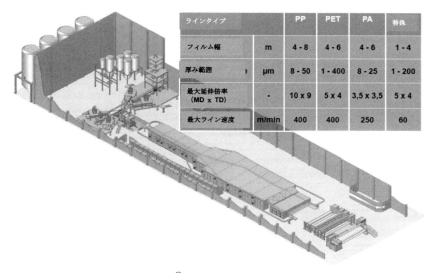

ラインタイプ		PP	PET	PA	特殊
フィルム幅	m	4 - 8	4 - 6	4 - 6	1 - 4
厚み範囲	μm	8 - 50	1 - 400	8 - 25	1 - 200
最大延伸倍率 (MD x TD)	-	10 x 9	5 x 4	3,5 x 3,5	5 x 4
最大ライン速度	m/min	400	400	250	60

図20　LISIM®(リニアモーター同時延伸)技術

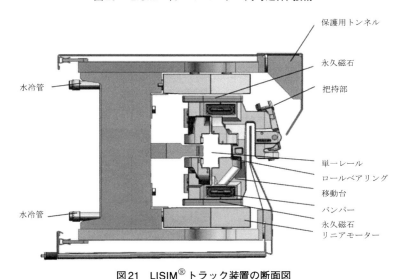

図21　LISIM®トラック装置の断面図

クリップ間に機械的な連結がないという設計上の特徴があるので、速度パターンと縦延伸倍率に関して非常に自由度がある。それは、装置全体の至る所にあるクリップ間の局所的な距離

を決められるからである。この延伸パターンの自由度はフィルム特性を大幅に向上させる（**図22**）。

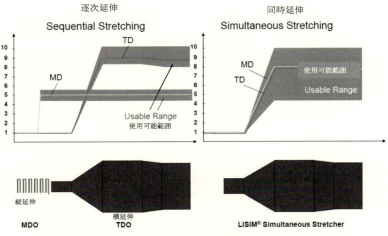

図22　二軸延伸PPの逐次延伸と同時延伸の延伸カーブの比較

　図に、二軸延伸PPのプロセスで、逐次延伸と同時延伸の比較した例を示す。逐次延伸の場合、縦・横の延伸倍率はそれぞれ対応する機械のプロセス上の制約で決められるが、同時延伸プロセスでは、より広範囲の縦・横の延伸倍率を可能とする。この場合の優位性は、逐次延伸とは異なり縦方向により高い機械的特性となるように縦延伸倍率を横延伸倍率より大きくすることができることや、各特性が等方性になるように縦と横の延伸倍率を調整できることである。この延伸パターンに自由度があるもうひとつの特徴は、フィルムの縦方向の収縮率を調整することに効果的な縦方向の弛緩が可能ということである。

　生産ライン用のリニアモーター装置の設計のために、目的とする製品に対して、装置の各ゾーンに要求される力を知っておくことが必要である。その目的のために、有限要素法を用いて試算される。同時延伸プロセス中の各原料の応力・ひずみの関係が基礎となる。モデルでは、ある状態での温度、ひずみ速度と延伸倍率を用い、所定のクリップ位置での縦と横方向の力はもちろんのこと、応力と厚みの二次元分布を計算する（**図23**）。

　この計算モデルと計算結果は、実際のプロセスでクリップにロードセルを取り付け測定された力のデータとの比較で検証することができる（**図24**）。この比較は、二軸延伸PETの188 μmフィルムの試作ラインと生産ラインのデータで示されている。横方向の力の計算は、延伸ゾーンの端まで徐々に増加することを示すのに対して、必要なモーターの力に対応するレール方向の力は装置全体を通して、プラスになったりマイナスになったりする。プラスの力はクリップが引っ張られることを意味し、マイナスの力はリニアモーター駆動装置の設計の基礎となる延伸ゾーン後に到達した最大力を引き止める力を意味している。力は、各ゾーンの温度パターンと同様にMDとTDの延伸パターンを調整することにより、広い範囲に影響される。

第9章 二軸延伸フィルム技術

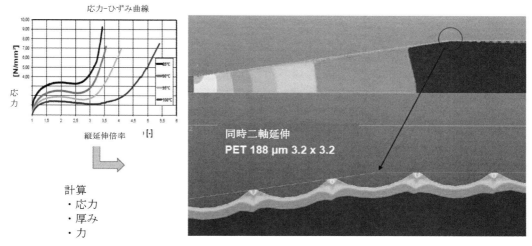

図23 同時二軸延伸プロセスのFEMシミュレーション

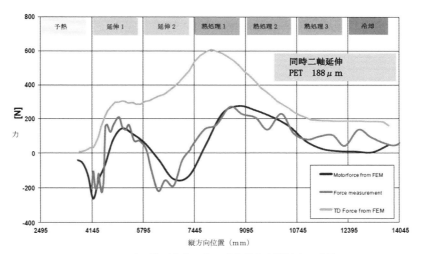

図24 同時二軸延伸中の力の計算値と実測値との比較

　自由度の高い同時延伸技術のメリットは、要求特性と高機能化のため、種々の製品に対して異なり、それぞれに特長を付与できることにある。

　二軸延伸PPの場合、それぞれMDとTDの延伸パターンの調整により、MD方向の収縮率が高く、TD方向に低い収縮率が要求されるフィルムは、縦シュリンクラベル用に製造されている。その他の例としては、異なる原料が共押出され、適切な延伸条件（延伸倍率、温度、ひずみ速度）で一緒に延伸される。この効果は、酸素と水蒸気バリア性を高めて両方の優れたバリア特性を融合するために、エチレン含有量の低いエチレンビニルアルコールとポリプロピレンを一緒に延伸することにより達成出来る。

　二軸延伸PAでは、同時延伸と同時弛緩とを連動させることにより、等方性で非常に低い収縮

率のフィルムを得ることができる。この特性は、二軸延伸PAの後加工、すなわちPEフィルムとのラミネーションで非常に重要である。この場合、ラミネートしたフィルムが充填と殺菌のプロセスで温度の影響を受けた時にも、同時延伸フィルムのゆがみは非常に低く抑えられる。

二軸延伸PETでは、生産スケールで2つの場合に使われている。高い機械的特性を持ち、等方性のフィルム特性を持つ極薄フィルムは、最も薄いフィルム用途であるコンデンサー用に、0.5 μmの薄さまで製造できている。光学用の厚物フィルムの場合の長所は、図25に要約されている。

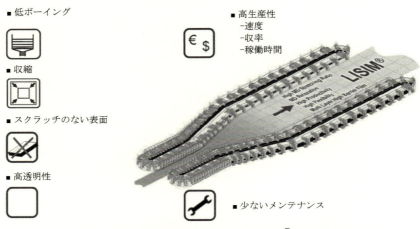

図25　光学用二軸延伸PETに対するLISIM®技術の長所

平面ディスプレイ用の高品質の光学フィルムにとって、高い透明性はもちろんのこと、分子配向角、等方性で低い収縮率、傷のないフィルム表面は非常に重要である。これらの全ての特性は、適した延伸プロファイルによる同時延伸技術を用いて得ることができる。そのような高品質のフィルムは、今では400 μmまで作られている。収益性は、基本的に高い生産能力、高品質フィルムの収率、高い稼働率によって決まり、この技術で達成できる。

その他の経済的な長所は、要求される全ての機能が同時延伸プロセスに組み込まれているので、次の加工プロセスが必要ないということである。MD・TD方向に非常に低い収縮率が要求される厚物の二軸延伸PETフィルムで、収縮率を最小限にするためのオフラインによる熱処理がその一例である。この場合、縦方向の収縮率を大幅に下げるために、熱処理ゾーンの最後にMD弛緩される（図26）。

ある用途で、すなわち有機エレクトロニクス用基板に要求される収縮率をゼロ近くにするには、最低6%の弛緩率が必要である。いくつかの光学用フィルムは、延伸パターンによって広い範囲で影響を受ける分子配向角に関して特別な特性が要求される。

第9章　二軸延伸フィルム技術

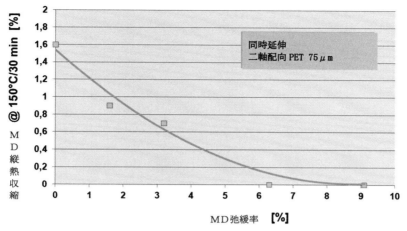

図26　MD弛緩のMD熱収縮に及ぼす影響

2　プロセス制御

連続した品質管理のみならず、適切な機能と二軸延伸フィルムラインの全ての要素の同期は、図27に示されたモジュール設計による統合したプロセス制御装置（IPC）によって保障されていなければならない。

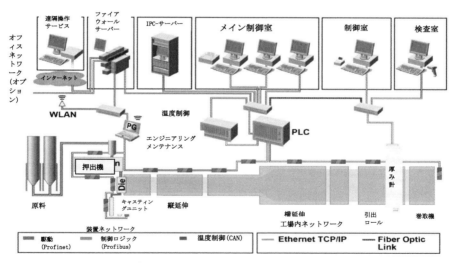

図27　二軸延伸ラインの統合したプロセス制御装置（IPC）

駆動、温度制御と制御ロジックは、専用のバスシステムによって行われる。駆動バスシステムでは、定常状態の作業時だけでなく、プロセスを中断することなくラインの立ち上げや製品の銘柄変更する時に必要な各機能を徐々に上げていく時にも、全てのライン要素は非常に正確に同期されていなければならない。温度制御と制御ロジックは応答時間の速いPLCで行われる。

ラインを操作するために、生産ラインに沿って数台のPCがEthernetネットワークによるワークステーションで連結される。ユーザーインターフェースは、設定箇所を変えたり、主なデータトレンドを観察したり、製品データや配合を編成したり、警報管理システムからの明確な情報を見ることができる。ユーザーインターフェースは、母国語にすることができる。機械もプロセスも非常に複雑で膨大なデータが制御されなければならないので、作業中に失敗しないように作業員を指導することが必要である。これは、プロセスを中断することなく製品の銘柄変更する、あるいは機能を徐々に上げていくために、予め設定されたパラメーターを次のパラメーター変更する単純な押しボタン操作で行われる。その結果、ラインの稼働時間は最大にされ、それは総生産コストに対して重要な要因となる。ラインでトラブルが発生した場合、警報管理システムからの緊急メッセージに加えて、遠隔操作サービスも得ることができ、インターネットを使うことでラインの全てのパラメーターにアクセスできる専門家による素早い対応がとれる。

　厚み制御は完全にIPCシステムに統合されていて、自動ダイを制御するために引取ロール装置に設置された厚み計の信号に基づいて行われる（図28）。

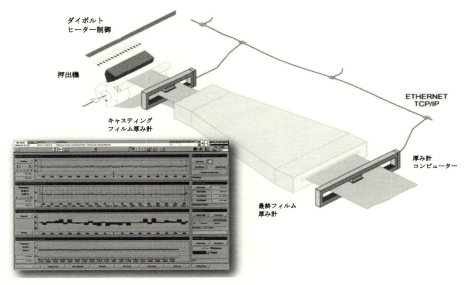

図28　厚み制御システム

　厚み制御システムの目標は、製品の全幅で±1％の範囲で一定の厚みにすることであり、これは、非常に正確な最終フィルムの厚み測定と高性能な制御ループによってのみ可能である。これを達成するために、段階的な制御ループが実行される。つまり、最終フィルムの厚み計の信号を基に押出ダイのダイボルトの温度設定の計算を行う。内部制御ループは、対応する設定温度に従って各々のダイボルトの実際の温度を制御する。その目的のために、個々のダイボルトを最終フィルムの対応する箇所に、正確に割り当てる必要がある。これは、自動的に自己学習

式ボルトマッピング機能により実行される。そのマッピング機能は、キャスティング、縦延伸、横延伸間で非線形的に割り当てられている。

制御のための必要条件は、最終フィルム厚みの正確で信頼性の高い測定である。その厚みは、ラインのタイプや製品の種類により、1から500μmの範囲にある。一般に、二軸延伸フィルムラインの要求に適したいろいろな方法がある。表2に、それぞれのシステムの長所と短所が記述されている。

表2　厚み計の比較

ベータ線	X線	赤外線
長所	長所	長所
+操作が簡単	+操作が簡単	+非常に精度が高い
+一つのみの値（密度）補正	+一つのみの値（密度）補正	+ギャップが大きい
+精度が高い	+精度が高い	+周囲の条件に左右されない
	+測定範囲が広い	+機械的に耐性がある
	+横方向の解像度が高い	+多層フィルムの測定ができる
	+ライセンスは不要	+ライセンスは不要
		+メンテナンスコストが低い
短所	短所	短所
−周囲の温度、空気圧の影響を受けやすい	−周囲の温度、空気圧の影響を受けやすい	−二つの因子の補正
−垂直方向のギャップの変化の影響を受けやすい	−パスラインのエラーが大きい	−原料変化の影響を受けやすい
−パスラインのエラーが大きい	−ギャップが小さい	−黒（色の濃い）フィルムは測れない
−ギャップが小さい	−メンテナンスコストが少し高い	
−放射線汚染される箇所がある		
−放射線のライセンスが必要		
−メンテナンスコストが高い		

かつては、要求される厚み範囲によって線源がPM147かKR85のベータ線を用いた放射線厚み測定装置が最も広く使われていた。長所は、原料のベータ線吸収特性に基づいて安定した測定ができることである。放射線源の取り扱いは、作業するために特別なライセンスが必要で、安全教育も求められかつ線源の寿命が限られているので、ベータ線厚みシステムは他の代替方法に置き換えられている。1つの代替方法は、多くの国で5kV以下であればライセンスが必要ないエネルギーの低いX線を使うことである。一方、X線はフィルム中の配合や添加剤の変化や周囲の温度変化の影響を非常に受けやすい。その他の方法は、赤外線吸収法である。その赤外

光の吸収は特定の周波数帯で測られ、完全な吸収スペクトルの解析に使われる。赤外吸収スペクトルに大きな違いがあれば各層の区別ができるので、個々の樹脂のいろいろな吸収特性は、共押出による多層フィルムの測定も可能とする。

連続的な品質管理のためにできるだけ多くの品質データをインラインで測れることは非常に魅力的である。局所的測定のできる測定装置は、フィルムの全幅のデータを得るために厚み測定で横方向に移動するヘッドに取り付けられる。この方法では、特にヘーズ、グロス、複屈折のような光学データを得ることができる。例として図29に、データ処理速度の速い複屈折センサー[4]を使って最終フィルムの分子配向角を全幅で測定する方法を示す。ボーイング効果で生じる全幅で、一定でない分子配向角の情報で最適化することは、フラットパネルディスプレー用の特殊光学用フィルムにとって非常に重要である。この用途では、分子配向角を限度以下にすることが必要である。

インライン品質管理の他の例は、フィルム中あるいは表面の欠点を検知するために使われる幅検査機である。速いデータ処理と高解像度のスキャナーの組み合わせで、ゲル・傷・内部異物・汚れなどの欠点に分類されて記録され、生産中に文書として記録される。

ラインの制御と品質のインライン測定の他に、適用されているソフトウェアーで生産効率を最適化することもできる。集積されたプロセス制御システムで全ての必要なプロセスと品質データにアクセスできるので、インテリジェントライン管理システム（ILS）は生産効率を最適化するために使うことができる（図30）。ロールデータ履歴モジュールは、製造された各ロールの粗原料の配合やプロセスデータを含む全ての生産データを集めて、後でデータ処理するために蓄えられる。品質データ管理システム（QDM）では、検査室で測られた機械的特性、光学的特性、収縮率、表面特性などのデータが、適切なデータベースに蓄えられる。生産計画システム（PPS）は、製品変更によるロスを最小にする助けになる。スリット最適化システム（CUT）は、スリット収率を高めるのに特化されている。コンピューター化されたメンテナンスシステム（CMS）は、ライン稼働率を最大化するのに使われる。この場合、メンテナンス停止となる時間あるいは行事で、長時間の計画外のライン停止を避けることで稼働時間を最大にすることができる。各生産ラインの運転状況にいつでもアクセスできるようにするために、主な運転状況の指標をスマートフォンやI-Padsに転送するモバイルソルーション手法（MOS）が使われる。そのために生産あるいはトップマネジメントは、いつでも各生産ラインの稼働時間や生産能力や収率に関する情報を得ることができる。

第9章　二軸延伸フィルム技術

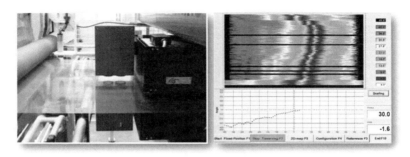

設定
■分子配向角の測定
■複屈折センサー
■横方向に移動する厚み計に装着

解析
■全幅にわたる分子配向角
■プロセスパラメーターの影響
■トレンド解析
■インラインでの品質のモニタリング

図29　インラインでの分子配向角の測定

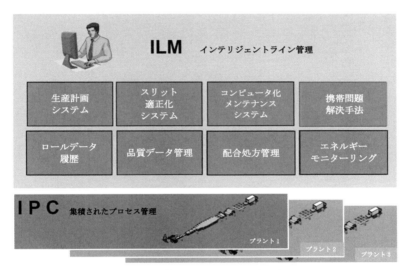

図30　インテリジェントライン管理（ILM）システム

3　二軸延伸フィルムの開発環境

　二軸延伸フィルムの多様性と市場の大きな変化という点から、フィルム生産者だけでなく原料供給者や機械生産者は、研究開発を継続することが必要である。二軸延伸フィルムのほとんどの生産者は、テスト用設備のインフラもしくはパイロットラインを持っていない。そこで問題は、新しいフィルムの開発のために必要な試作をどのようにして行うかである。ある場合は、プロセス条件の設定を変更して処方の違うもののテストを既存の生産ラインで行われる。この場合の欠点は、貴重な生産時間のロスと原料を大量に使うことである。この状況は、小さくてより機動的なパイロットラインの利用で改善できる。押出と延伸がもっと小さい設備で行われ、

新しい開発が最小限の原料消費と生産を阻害することなく行われる。延伸フィルム業界の要求に応えるために、ブルックナー（Brückner Maschinenbau GmbH & Co. KG, Germany）は、顧客がレンタルで施設を使うことができる技術センターを運営している。結果のデータを得て、新規開発フィルム用の生産ラインの設計のために必要な情報を得るために3段階の研究開発用試作が行われる（**図31**）。

方法
■プロセスウィンドーの評価
■フィルム特性の最適化
■延伸力の測定
■FEM法によるシミュレーション
■生産スケールへの拡大

実験室の延伸装置

パイロットライン

生産ライン

利点
■フィルム延伸の基礎研究開発
■新しいフィルムの開発
■LISIM技術の実演
■市場評価用のサンプルロール作成

図31　R＆Dとスケールアップの手法

第1段階は、連続生産ラインを想定するために設計された実験用の延伸装置を使ったバッチ延伸テストである。その実験用の延伸装置の特徴（**図32**）は、

・最大10×10の延伸倍率
・収縮延伸、弛緩可能（＜1）
・光学フィルム用のMDリターデーション（MDX＜1、一方TDX＞1）
・3槽の加熱炉
・400℃の高温での操作

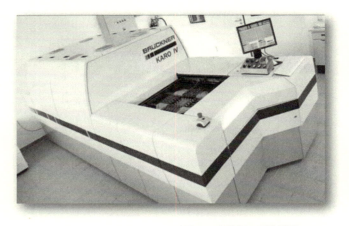

図32　実験用の延伸装置Karo Ⅳ

第9章 二軸延伸フィルム技術

このバッチ延伸用のキャストフィルムは、多層ダイで実験用押出機を使って成形される。実験用の延伸装置で得られた延伸フィルムサンプルは、代表的なフィルム物性測定により評価され、実験室で化学的特性、物理的特性、電気的特性、収縮率、バリア特性などが評価される。温度、延伸倍率と速度のようなプロセスデータは、フィルム延伸ラインの連続プロセスに適用される。

どのような構造のフィルムでもつくれるように、パイロットラインは、多機能で最も適応性があるように設計されている。生産安定性、厚み精度、製品特性のような重要な情報は、そのような連続テストで得ることができる。パイロットラインは、MD・TD延伸を逐次延伸・同時延伸ともにできるように設計されている（図33）。ほとんど全ての押出可能な樹脂に対する適応力のある押出システムと共押出による多層フィルムとの組み合わせで、多くの構造を持つフィルムを得ることが可能である［5］。

さらにインラインコーターを使い、下地処理、ブロッキング防止、離形性付与、保護、バリア性付与、光学特性や他の特性の向上のために、薄くコーティングすることができる。フィルムの配向は、多段MD延伸とそれに続くTD延伸か同時延伸LISIM®技術を使って得られる。この技術は、新しい開発フィルムに要求される特性を満たすために、延伸倍率、延伸カーブ、緩和カーブとプロセス温度を最も柔軟に調整することができる。

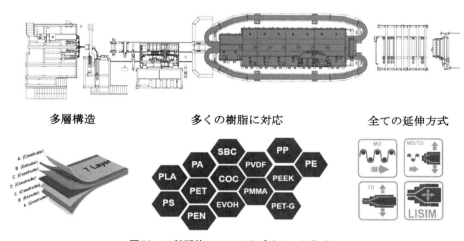

図33　二軸延伸フィルムのパイロットライン

特に、3層、5層、さらに7層といった多層二軸延伸フィルムの特徴は低生産コストで高付加価値を持ったフィルムを製造できることである。図34に要約されたこのパイロットラインを使って、これまで多くのフィルム銘柄が開発され、テストされている。

二軸延伸 PP
■バランスフィルム
■縦強化フィルム
■低 SIT フィルム
■縦収縮ラベルフィルム
■発泡フィルム (SynPa)
■通気性フィルム
■7層バリアフィルム
■コンデンサーフィルム

二軸配向 PET
■縦強化フィルム
■極薄フィルム
■厚物フィルム
■光学用フィルム

二軸延伸 PE
■ディスプレイ用収縮フィルム
■収縮ラベルフィルム
■収縮包装フィルム
■通気性フィルム

二軸延伸 PA
■低ボーイングフィルム
■低収縮フィルム
■高バリアフィルム

バッテリーセパレーター
■ HDPE Semiwet
■ PP Dry

レコードジャケット
■ MOPS
■ MOPET
■ MOPLA

その他
■ BOPLA
■ BOPS
■ BOCOC

■ BOPVDF
■ BOPEN
■ BOPEEK

図34　パイロットラインでの実績

　これらの実績により、この開発環境は今後の延伸フィルムの開発に最も良い手法であることがわかる。それらのいくつかは、生産ラインでの専用ライン設置のために基本的延伸データを使ってパイロットスケールから生産スケールに移行されている。

4　二軸延伸フィルムの市場

　非常に経済的に生産できると同時に、優れた物性を有する二軸延伸フィルムは工業用だけでなく包装用に幅広く普及した。全世界で得られる生産能力に加えて、延伸フィルムに使われる原料の内訳を図35に示す [6]。

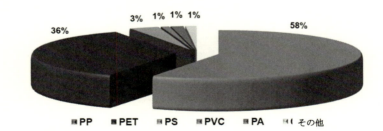

Raw material	PP	PET	PS	PVC	PA	その他	合計
x1000 トン/年	11,520	6,600	603	170	322	230	19,450

公称生産能力　2013

図35　二軸延伸フィルムの全世界での生産能力

　二軸延伸PPは、全世界で年間1千万トンの生産能力があり、全ての延伸フィルムの約60％を占める。二軸延伸PPの大部分は包装用に使われていて、その他にコンデンサーや工業用にも使われている。その理由は、魅力的なコストと総合的に優れた特性を持ち$0.905g/cm^3$の低密度で

より製品効率が高いことから、非常に二軸延伸フィルムとして優れた材料であるからである。包装用途は非常に多種多様で、単層と多層フィルムがある。例えば、単層フィルムは花の包装用に使われるが、より頻繁に他のフィルムとラミネートされたり、接着テープ用に加工される。両方のフィルムの優れた機械特性と穴あき耐性を得るため、二軸延伸PPとキャストPPのラミネートフィルムの代表的な用途として、麺の包装がある。多層二軸延伸PPは、多くの場合、様々な製品に最大限の対応がとれるように各層毎に押出機を使った共押出で製造される。最も汎用の3層共押出二軸延伸PPフィルムのコア層はPPのホモポリマーで、表層には低融点のPPコポリマーである。それにより、ほとんどの包装用に使われるヒートシールで、コア層を変形させることのない温度範囲で表層のヒートシールが可能となる。5層共押出技術は、さらなる光学特性の向上あるいは不透明性を付与する場合だけでなく、コア層の代わりに薄い中間層に高価な添加剤を入れることによりコストの優位性をもたらす。透明性を要求される用途以外には、不透明な白色フィルムがお菓子の包装やラベルに使われる。

長年、二軸延伸PPの市場は、年率6%以上の安定したペースで成長している（図36）。

東アジアで急激な成長が見られる。特に中国で全二軸延伸PPの44%が生産されている。この傾向は現在進行中の都会化の波によるものである。人口の増加している地域の生活水準の高まりが消費動向に影響を与え、包装したものをより多く使用するようになったためである。

二軸延伸PETフィルムは、時を越えて違った市場が形成されていった。全てのキャリアとして二軸延伸PETフィルムが使われていたオーディオ、ビデオ、コンピューターテープやフロッピーディスクのような磁気記録媒体の落ち込みは、包装用途の成長で相殺されている。

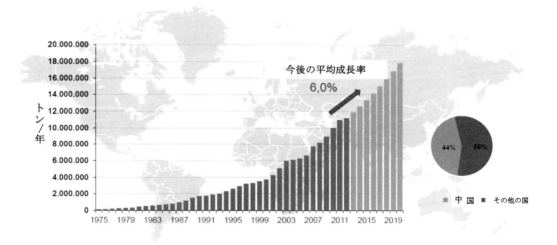

図36　二軸延伸PPの市場動向

包装業界で使われる以外に、コンデンサー、電気絶縁、熱伝導フィルム、フラットパネルディスプレー用の光学フィルム、太陽電池のバックシート、有機ELの基板のような工業用にもまた幅広く使われている。工業用と包装用とも、年率8.9%で安定に成長していて、今後もまた同じ

ように成長すると見込まれる。二軸延伸PPと同様に、主体となる地域はどんどんアジア地域に移っており、特に中国には世界の二軸延伸PETの42％の生産能力が備わっている（**図37**）。

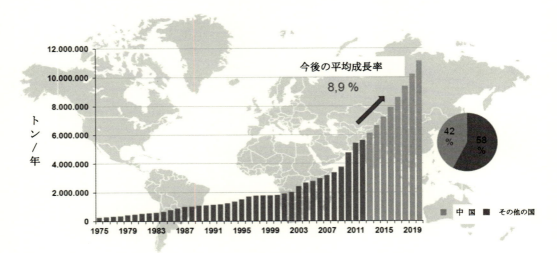

図37　二軸延伸PETの市場動向

　二軸延伸フィルムのその他の樹脂の市場は非常に小さい。二軸延伸PAの生産能力は年間267,000トンで、最も一般的な用途は包装分野である。特に優れた酸素とにおいのバリア性と穴あき耐性のために、二軸延伸PAが、肉、ソーセージ、チーズ、魚と液体の柔軟な包装に好まれて使われる。典型的な厚み範囲は12–25 μm である。二軸延伸PAフィルムは、逐次延伸、同時延伸、チューブラー延伸法で製造される。

　二軸延伸PSフィルムは、2つの分野で使われる。30–150 μm の薄物は、封筒の窓用フィルムと写真アルバム用フィルムとして使われている。一方、150–800 μm の厚物は、主に高い透明性の包装容器の熱成型シートとして使われている。特殊なものとして、再生可能な樹脂の代表である二軸延伸PLAがある。延伸後の光学的特性と機械的特性は優れているが、水蒸気バリア性と熱安定性が悪いこと、原料が高いことにより幅広い展開が制限されている。パンや野菜の包装のようにある程度水蒸気透過が要求される用途では、二軸延伸PLAの特性は有利となる。

　その他の延伸フィルムとして、主にシュリンクフィルムとして使われる二軸延伸PEがある。各用途で、収縮率、収縮力、機械特性、バリア性の適した特性を持つフィルムが使われる。二軸延伸PEのシュリンクフィルムは、主にチューブラー延伸法で製造されている。

　二軸延伸フィルムの今後の見通しと個々の用途における市場開発は有望である。包装された商品の消費の増加につながる食料品や他の消費材の流通経路の変化が起きているので、人口増加が大きく、都会化が継続している地域で、全包装分野で大きな成長が見込まれる。

　CO_2 排出を減らすための特定の拘束力のある対応措置をとる結果になる、大気中への CO_2 排出に関するこれまでの多くの議論とそれに関する政治的指針によって、別の動向も見て取れる。将来、このようなことが、全包装業界に、したがって二軸延伸フィルムに大きな影響を与える

第9章　二軸延伸フィルム技術

だろう。いくつかの国で、例えばフランスで、消費される包装フィルム・容器にCO_2温室効果ガス排出量に関する情報を明記する法的義務が課せられるだろう。包装用フィルムのCO_2温室効果ガス排出量は、主に使用される原料に依存するので（二軸延伸PPでは、樹脂が85％のCO_2バランスを生じる）、CO_2温室効果ガス排出量を減少するためにフィルムを薄くすることは理にかなっている。原理的に、最少の原料で最大の包装効果をもたらすことができるので、薄くすることは二軸延伸フィルムにとって好ましいことである。さらなるCO_2温室効果ガス排出量を改善するには、包装用に貼り合せられた各層を共押出や二軸延伸フィルムをベースにした蒸着された高バリアフィルムに変更することも可能である。

　二軸延伸フィルムの一般包装用途での安定した成長とは別に、将来市場で大きな成長が見込まれる新しい工業用途がたくさんある。市場でのいくつかの変化は、技術開発あるいは飛躍的創造によってもたらされる。数年以内に、これまで存在しなかった二軸延伸フィルムの具体化された製品が市場に出てくるに違いない。典型的な例は、188 μmから400 μmの厚物の二軸延伸PETフィルムだけでなく、その他のCOC、PC、PMMA、TACなどのフィルムにも莫大な市場を形成したフラットディスプレイ用の光学フィルムである。世界的にCRT画面がフラットディスプレイ（液晶、プラズマ、有機EL）に置き換えられたことにより、この傾向は今後数年続き、先に述べたフィルムタイプのそれぞれの需要が生まれるだろう。フレキシブル電子デバイスの分野で、別の革新的開発が起こることが期待されている。ロールtoロール加工で製造されるこの電子デバイス用途で、大きな可能性が見込まれている。これらは、フレキシブル太陽電池パネル、電子ペーパー、フレキシブルディスプレー、フレキシブルプリント基板、平面イルミネーションデバイスなどである。

　その他最近出てきた傾向は、環境にやさしい自動車に対する要求である。ハイブリッド車や電気自動車は自動車産業界で重要な役割を果たす。今後20年間、燃焼エンジンは電気モーターに置き換えられていくものと予測されている。世界的にこの分野での開発は、バッテリー技術がコスト対普及の比率の鍵であり、今後の伸びが期待される。求められる性能データが既存技術で得られるので、リチウムイオン電池は、大きな市場シェアーを得る可能性が非常に高い。全てのリチウムイオン電池は、主要部分は二軸延伸された膜であるセパレーターフィルムを含んでいる。従って、この種の特殊膜は大きな成長が期待されている。材料コストの20％を占めるので、セパレーターは、現在まで全コストの大きな割合を占めている。総括すると、バッテリー技術は十分に安くならなければならないので（当面の目標は総コストを半減することである）、高い生産性で効率的にバッテリーセパレーターフィルムをつくるプロセスが要求されている。リチウムイオン電池に対するさらなる可能性は風力や太陽エネルギーのような再生可能エネルギー源を通じて推進される安定したエネルギー貯蔵のような新しい用途はもちろんのこと、ノートブックや携帯電話なども現在からさらに将来の成長市場として期待される。

参考文献

1) Jabarin, S. A. "Orientation and Properties of Polypropylene," presented at The Society of Plastic Engineers Annual Technical Conference, May (1992)
2) Briston, J. H., Katan, L. L., Plastic Films (1989) 3rd ed., Longman Scientific & Technical, Harlow
3) Breil, J., "Added Value Speciality Films Produced with Sequential and Simultaneous Stretching Lines," Special Plastics Film Conference, 18 th Annual World Congress, Zurich, Switzerland, October 29–30 (2002)
4) Koerber, A., Lund, R., Langowski, H.-C., "Geometrical Bowing and Molecular Orientation Angle in Biaxially Stretched Poly (ethylene terephthalate) Films," J. Appl. Polym. Sci. (2013) 127, pp.2928–2937
5) Breil, J., "Oriented Film Technology," Multilayer Oriented Films, Wagner, John R. (Ed.) (2010) Elsevier, Amsterdam
6) Brueckner Sales Data Base

第10章

チューブラー延伸技術

KT Polymer　金井　俊孝
元出光ユニテック株式会社　高重　真男

はじめに

　延伸プロセスには、テンター法逐次二軸延伸および同時二軸延伸フィルムプロセスとチューブラー延伸フィルムプロセスがある。チューブラー延伸フィルムプロセスは、テンター法二軸延伸フィルムプロセスと比べて成形機のコストが比較的安価で、経済的なプロセスである。多軸同時延伸であり、かつ分子量の大きな樹脂での延伸が可能なため、延伸時の応力が大きく、優れた収縮特性や優れたバランスした物性を有するために広く用いられている。また、逐次二軸延伸では縦延伸で、すでに結晶化が進行しやすい、もしくは水素結合が強くて製造しにくい樹脂にも延伸できる。

　例えば、チューブラー延伸フィルムは食品、PETボトル、電気部品用の収縮フィルムやレトルト食品などの包装用フィルムとして利用されている。

　チューブラー延伸フィルムプロセスは例えば、ポリ塩化ビニリデン樹脂（PVDC）、ポリエチレンテレフタレート樹脂（PET）、ポリフェニレンスルフィド樹脂（PPS）、ポリアミド6樹脂（PA6）、エチレンビニルアルコール樹脂（EVOH）、ポリプロピレン樹脂（PP）、ポリエチレン樹脂（PE）など幅広い樹脂での研究が行われている。

　J. L. White[1]はこれらの樹脂を使用した技術トレンドや代表的な応用例について説明している。高重と金井[2]はポリアミド6を使用してチューブラー延伸プロセスの延伸応力解析及びスケールアップ則に関して報告している。

　一方、S. Ree[3]はポリアミド6-12を用いたチューブラー延伸プロセスの成形性と構造解析を調べている。K. Song[4]はポリブチレンテレフタレート（PBT）とPETのブレンドにおけるチューブラー延伸の成形性について研究している。

　チューブラー延伸法によるシュリンクフィルムとしては、延伸性が良好で比較的安価なポリプロピレンが広く使用されている。チューブラー延伸におけるポリプロピレンの最初の使用はデュポンのGoldmanが1958年11月6日の特許で記載している。その後、ポリプロピレンを使用したチューブラー延伸技術及び関連特許[6〜10]が多く出願されている。

　最も広く用いられているチューブラー延伸フィルムは、食品包装、持ち帰り袋、ラップ、シュリンクフィルム、レトルトフィルム等に使用されており、その理由はチューブラー延伸法は延伸性が良く、設備的にも比較的安価であることである。

　最近では、この用途の収縮フィルムには美麗な仕上がり、高強度が、要望され、収縮性が高く、衝撃強度なども強い直鎖状低密度ポリエチレン（LLDPE）を使用した延伸シュリンクフィルムの需要が増加している。

　LLDPEのチューブラー延伸収縮性フィルムは高い収縮特性と優れた機械的強度を有し、多くの特許[11〜15]がLLDPEチューブラー延伸フィルムとして出願されている。しかし、LLDPEについてはPPに比べて、結晶化速度が速く、また延伸成形可能領域が狭く、チューブラー延伸しにくい欠点がある。近年、LLDPEの延伸性の改良が検討され、ポリオレフィンの延伸成形性や、物性に及ぼす樹脂設計や加工条件の研究が上原らによって報告されている[16〜19]。

また、環境問題が包装資材産業において問題視されるようになった。脱塩素や、廃棄物処理の問題が産業界において深刻化してきている。そのため、薄肉化も重要なテーマであり、例えば、スタンディングパウチの製造などにおいて、薄くて高強度な二軸延伸ポリアミド6フィルムが不可欠であり、二軸延伸ポリアミド6フィルムの要求が増えてきている[2,20~25]。

高強度、バリアー性、易裂性等の高機能化の要望も高い。従来は食品向けが主体であったが近年、医薬や電子産業向けの要望も増えている。

1 チューブラー延伸システム

チューブラー延伸プロセスは2段階のバブル形成により構成されている。図8.1にチューブラー延伸プロセスを示す。第一段階でバブルは溶融状態から冷却して成形される。この段階で結晶性樹脂は結晶化度を小さく抑えるために、温度制御された冷却水を用いて水冷リングで急速に冷却して延伸用原反フィルムを成形する。

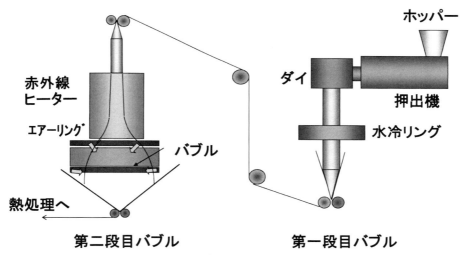

図8.1 チューブラー二軸延伸装置の概略図

最初のバブルは一対のニップロールで扁平状に畳まれた後に、樹脂の軟化温度よりも高い温度に加熱されて、第二段階で所定の幅に膨らませたバブルを形成する。

第二段階のバブルは加熱炉の中で注入されたエアーと引取力により同時に延伸されて、その後空気により冷却される。第二段階のバブルは一般的にフィルム物性バランスの良いフィルムや二次加工時に深絞り性の要求される用途等で使用されるため、機械方向（MD）と幅方向（TD）に同一な倍率で延伸される。第二段階のバブルはまた一対のニップロールにより扁平状に折り畳まれる。

収縮フィルムの場合、延伸後のフィルムを両サイドでスリットして1枚ずつのフィルムとして巻き取る。収縮フィルム用の延伸フィルムでは、第三段階のバブルによる比較的低い温度で熱固定される。一般の包装用フィルムで充分な熱固定が必要な場合には、延伸温度よりも高い

温度で熱固定が行われ、テンターオーブン内での熱処理もしくはバブルでの熱処理が行われ、二次加工時や使用時の熱収縮を防ぐように工夫されている。後工程の印刷、ラミネート、製袋加工により商品化される。

2 チューブラー延伸システムの理論解析

2.1 理論解析 加熱・冷却

第一段階目の原反成形時の冷却解析は、通常のフィルム・シート成形時の冷却工程と同じである。図8.2に一例として、LLDPEの温度分布を示す。温度のプラトー領域の形成は結晶化による発熱と冷却がバランスしていることを示している。冷却水温度条件を変化させ場合のプラトー領域の平均経過時間が冷却解析から計算することができる[26]。解析結果はヘイズや密度、球晶サイズなどいろいろな実験値と密接な関係を示している。予熱装置は赤外線ヒーターにより未延伸シートの適切な温度への加熱に使用される。このプロセスにおいて、結晶性樹脂は結晶化する。

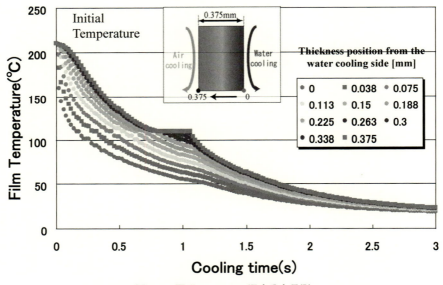

図8.2 原反フィルムの温度分布予測

予熱装置を通しての温度や結晶化度分布は下式によって予測できる。熱バランス方程式と結晶化方程式はフィルムにおける時間軸dzによる熱移動や結晶化変化により誘導される。熱バランス方程式は次のように示される。

$$\rho C_P Q dT = 2\pi R_r \sigma \varepsilon_r T_r^4 F \gamma_p \alpha_{pz} dz - 2\pi R dz \sigma \varepsilon T^4 + \rho Q \Delta H_c dx - 2\pi R dz h_a (T - T_{room}) \quad (8.1)$$

ここで、ρ：フィルム密度、C_p：比熱、Q：押出量、R：フィルム半径、
H：フィルム厚み、v：フィルム速度、R_r：赤外線ヒーター半径、T：フィルム温度、T_{room}：室温

σ：ステファンボルツマン定数、ε_r：赤外線ヒーターの輻射率、F：形態係数、γ_p：赤外線照射エネルギーの効率、α_{pz}：熱吸収率、ε：フィルム放射率、ΔH_c：結晶化エンタルピー、h_a：熱伝達係数を示す。

結晶化方程式を次に示す。

$$x(t) = x(\infty)[1 - \exp\{-(\int_0^t K(T)dt)^n\}] \tag{8.2}$$

ここで、$x(\infty)$：極限結晶化度、K：非等温の結晶化速度定数、n：アブラミ指数、t：時間、そして$K(T)$は次に示すPatelらが導出した式、

$$K(T) = \left[\exp\left(A - \frac{BT}{(T-T_g-51.6)^2} - \frac{CT_m^0}{T(T_m^0-T)}\right)\right]^{\frac{1}{n}} \tag{8.3}$$

ここでT_gはガラス転移温度、T_m^0は平衡融点、A、BとCはポリマー定数である。

導入された方程式は、Runge-Kutta法を用いて計算される。フィルム成形過程の解析結果により解析された予熱工程での温度と結晶化度を**図8.3**に示す。実験値との比較から、この理論解析による温度や結晶化度は予測できることがわかる。バブル速度が増加するにつれて温度変化や、結晶化度の変化は緩やかになる。

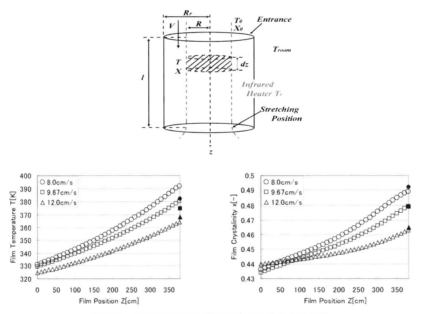

図8.3　予熱炉における樹脂温度と結晶化度の予測

フィルム生産における温度や結晶化度の変化は理論的に予測され、これらの結果は、安定成形や適切な生産条件の設定に応用される。この解析から、結晶化度を減らすためもしくはヘイズを低く抑制するための予熱条件を知ることができる[26]。どのような延伸倍率や延伸温度でバブルを延伸するかは後工程の収縮や熱成形等に及ぼす影響を知ることが非常に重要である。イ

ンフレーションフィルムやチューブラー延伸フィルムは異なる温度で延伸され、その延伸応力は一桁以上レベルが異なっている。

しかし、基本的にチューブラー延伸プロセスの理論方程式は、金井らが報告[25]したようなインフレーションプロセスと同じである。応力－歪解析データ、樹脂特性、加工条件は力のバランス式、エネルギー方程式、レオロジーデータ等に入れられ、変形挙動が予測できる。

二軸延伸PS(OPS)の延伸挙動を図8.4に示す。この図8.4において、無次元厚みH/H_0、バブル速度V/V_0、バブル半径R/R_0、バブル温度T/T_0、MD、TDにおける歪速度d_{11}、d_{22}、トータル歪速度d、延伸応力σ_{11}、σ_{22}として示した。

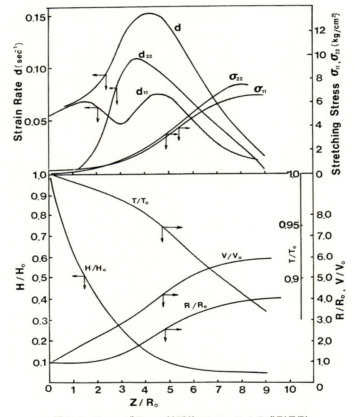

図8.4 チューブラー二軸延伸PSフィルムの成形予測

延伸工程の応力や温度履歴は、次工程の熱成形等に影響を及ぼす。延伸応力が低い時は、シートの物性は低く、脆い。ポリマー応力履歴としてOPSシートの収縮応力は、最大延伸応力の約75％になっている。賦型性の良好な熱成形容器を製造するには熱成形時の応力（圧力）により賦型性が決まるが、延伸シートの残留応力が賦型時の応力（圧力）よりも高過ぎると深絞りの形状やコーナー部の賦型の良い容器が成形できない（図8.5）。

第10章 チューブラー延伸技術

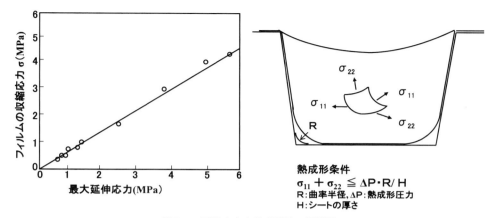

図8.5 延伸応力と熱成形性の相関性

収縮フィルムの場合、延伸時の応力が収縮フィルム内に記憶されているため、良好な収縮特性を発揮するには、非常に重要な値になる。最近、より広い温度範囲で延伸可能で、収縮特性の勝れたポリオレフィンフィルムが求められている。そのために、樹脂組成（多段重合や配合）等の工夫がなされている。後ほど詳しく紹介する。

2.2 延伸応力の解析

チューブラー延伸におけるバブルの形状やフィルム特性は、延伸温度や延伸応力により影響される。延伸引取ロールのトルクやバブル内圧力、フィルム厚み等から計算される最大延伸応力は方程式(8.4)(8.5)から計算され、図8.6に示される方法で可能である。チューブラー延伸プロセスの第2バブルは金井により報告された[25]インフレーションフィルムプロセスと同様な式で取り扱われる。

フィルムの物性と密接に関係する最大延伸応力 σ_{MDmax} と σ_{TDmax} はバブル径が最終径と等しくなる最終延伸点において得られる。

$$\sigma_{MDmax} = \frac{F_L}{2\pi R_L H_L} \tag{8.4}$$

$$\sigma_{TDmax} = \frac{R_L \cdot \Delta P}{H_L} \tag{8.5}$$

ここで H_L：最終フィルム厚み、F_L：バブル張力、R_L：最終バブル径、ΔP：バブル内圧力を示す。

3 変形挙動の解析

3.1 ポリオレフィン樹脂の変形挙動の解析[16]

上原らは、ポリオレフィン樹脂のチューブラー延伸挙動を詳細に解析している[16]。バブルの変形挙動の解析のために、延伸可能な領域での最大延伸応力と最小延伸応力の時の実験が行なわれている。延伸応力とバブル形状の関係を図8.7に示す。その写真から、延伸応力が高くなるとバブル角度 θ が大きくなることがわかる。写真において、バブルのネッキング現象におけ

る不均一延伸が**図8.8**に示されている。各々のバブルの変形挙動を調べるために格子状の線（標線）をつけた。バブルの変形挙動は延伸後のバブルの格子（標線）の変化によって定量化される。その結果は**図8.9**に示す。

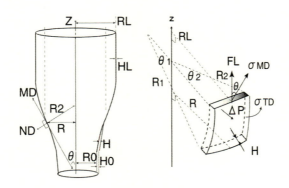

$$F_L = 2\pi RH\sigma_{MD}\cos\theta + \pi(R_L^2 - R^2) \cdot \Delta P \qquad (1)$$

$$\frac{H \cdot \sigma_{MD}}{R_1} + \frac{H \cdot \sigma_{TD}}{R_2} = \Delta P \qquad (2)$$

フロストライン位置： $R=R_L$, $\theta=0$, $R_1=0$, $R_2=R_L$

$$\sigma_{MDmax} = \frac{F_L}{2\pi R_L H_L} \qquad \sigma_{TDmax} = \frac{R_L \cdot \Delta P}{H_L} \qquad (3)$$

図8.6　膜理論によるチューブラーバブルの力のバランス方程式

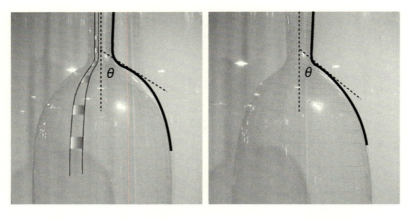

σ MD = 15.8 MPa
σ TD = 14.0 MPa

σ MD = 9.6 MPa
σ TD = 8.5 MPa

図8.7　延伸条件の異なる第二延伸バブルのバブル形状

第10章 チューブラー延伸技術

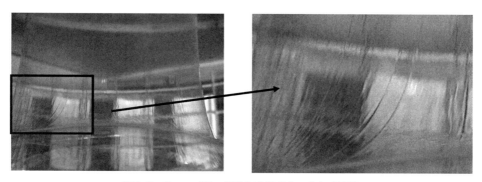

図8.8 チューブラー延伸におけるネッキング現象

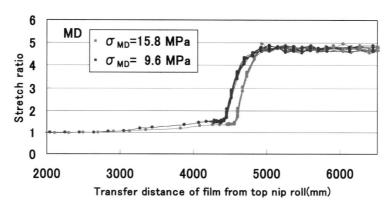

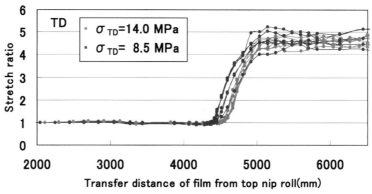

図8.9 異なる延伸応力条件下での変形挙動

そのグラフは、延伸応力が大きい時（延伸温度が低い時）に均一な延伸倍率が得られていることを示している。延伸倍率の不均一性は図8.8から延伸開始段階で既に発生していることがわかる。つまり、ネック延伸がネック部で既に発生している。また、図8.10に示すMD、TDの歪パターンの比較より、延伸はMD（機械方向）がTD（幅方向）よりも先に延伸が開始されていることがわかる。

これはチューブラー延伸法が必ずしも全くの同時二軸延伸ではないということで、多少の延

伸時のずれがあることを示しいている。延伸バブルは予熱炉で延伸が開始されるため、高温下で、MDに予備延伸され易くなることが影響している。図8.10はバブルに沿った位置での標線の長さの変化から、バブルの速度や歪速度を計算することが可能である。これらの図から延伸応力が高くなるにつれて、TDにおける最大歪み速度も速くなることを示している。これは延伸温度が低いと、バブル内部圧力ΔPが高くなることに伴い延伸応力が高くなることに起因する。

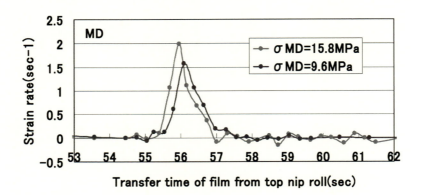

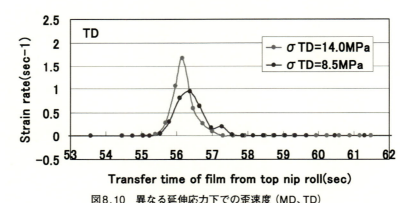

図8.10 異なる延伸応力下での歪速度 (MD、TD)

また、図8.7に示すバブル角度θが大きくなることにより、最終的に変形時間が短くなる。より延伸応力が高いこと（延伸温度が低いこと）は延伸フィルムにおいて、均一な厚み精度を得るためにも重要である。

4 フィルム特性

図8.11は延伸応力と、LLDPE樹脂におけるフィルムの特性である、引裂強度と衝撃強度の関係を示す。延伸応力、収縮率、それから引裂強度はMDとTDの特性の平均として評価するため相乗平均をとって表わした。延伸応力が高い程、引裂強度と衝撃強度共に強くなっている。これらはいずれも延伸応力の高い方が、MD、TD方向における延伸が効果的に行われ分子配向が強くなっていることによると考えられる。安定したバブルの成形条件の範囲内で、引裂強度は

118から150mNまで変化し、衝撃強度は0.63から0.81Jまで変化している。このことは優れた物性のフィルムを得るためには、延伸条件、特に延伸応力（延伸温度の制御）を制御することが非常に重要であることを示している。

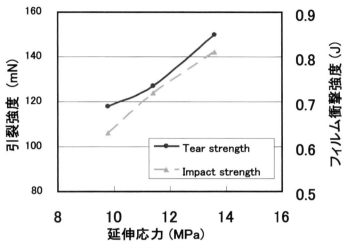

図8.11　延伸応力とフィルム物性の関係

　収縮特性は延伸を通して非晶部の歪みの状態によって決定される。収縮特性は収縮開始温度100～110℃において、延伸応力を増加（延伸温度の低下）させることにより改良される。その温度範囲では容易に延伸ができる。この条件下ではフィルムの透明性やヘイズも良好になり、商品価値も上がる。

5　チューブラー延伸とテンター二軸延伸試験機との比較[16]

5.1　バブル変形挙動と延伸応力

　図8.12に、LLDPEにおけるチューブラー延伸（チューブラー延伸）とテンター二軸延伸試験機（テンター二軸延伸）における歪速度の違いを示す。チューブラー延伸においては、延伸直後に歪み速度が最大になるのに対して、テンター延伸においては引張速度が一定であるため、歪速度が緩やかに遅くなっていて、歪み速度は徐々に減少する。

　変形挙動の違いはデーターから非常に明確であり、テンター二軸延伸の歪速度はチューブラー延伸に比べて明らかに小さい。図8.13は延伸倍率と延伸力の関係を各延伸温度において示す。低い延伸温度は高い延伸力となっている。これは降伏力や最終延伸力からわかる。更に低温延伸はS-S曲線の立上り度（最終延伸応力／初期の降伏応力）が大きくなっていることから、フィルムの厚み精度が向上することを示唆している。

　延伸荷重とテンター二軸延伸の延伸応力の関係を表8.1に示す。テンター二軸延伸試験機では延伸応力が約2.5から15MPaの範囲で延伸が可能となっている。一方、チューブラー延伸では延伸安定領域として延伸応力が表8.2で約9から18MPaと示されており、これよりチューブラー

延伸の延伸応力範囲はテンター二軸延伸よりも狭く、これはバブルの安定性と連動する。チューブラー延伸の最大延伸応力はテンター二軸延伸のそれよりも高い。なぜならばチューブラー延伸は非等温下で延伸されることによる。図8.14に延伸温度と延伸応力の関係を示す。この図からも低い温度は大きな延伸応力になることが示されている。

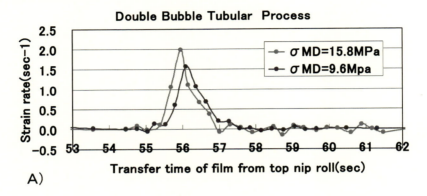

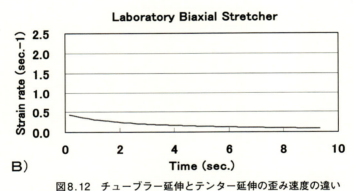

図8.12　チューブラー延伸とテンター延伸の歪み速度の違い

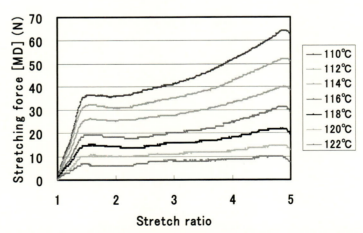

図8.13　LLDPEの各種温度下での延伸倍率と延伸力の関係（テンター試験機）

第10章　チューブラー延伸技術

表8.1　実験用テンター延伸装置の延伸条件（厚み12μ品）

			1	2	3	4	5	6	7	8	9
延伸温度	℃	–	108 broken	110	112	114	116	118	120	122	124 melt
最大延伸力 延伸倍率＝5	N	MD	–	–	64.1	52.1	40.0	31.4	22.1	14.7	9.8	–
		TD	–	–	64.5	53.3	42.8	34.9	28.9	18.4	11.8	–
最大延伸応力	MPa	MD	–	–	15.3	12.4	9.52	7.47	5.25	3.50	2.33	–
		TD	–	–	15.4	12.7	10.2	8.31	6.88	4.39	2.80	–

表8.2　チューブラー二軸延伸フィルムの生産条件

		1	2	3	4	5
LLDPEブレンド率		LL-A　70% LL-B　15% LL-C　15%				
延伸倍率MD×TD	–	5×5				
延伸フィルムの厚さ	μm	15				
予熱ヒータの平均温度	℃	289	298	307	313	319
延伸ヒータの平均温度	℃	101	107	130	140	145
予熱ヒータ通過後のフィルム温度	℃	107	112	116	120	127
延伸トルク（引取ロール）	Nm	71.0 (burst)	52.2	44.9	38.4	31.2 (不安定)
延伸力	N	676	497	428	366	297
バブル内部圧力	Pa	–	0.53	0.43	0.37	–
MD延伸応力 σ_{MD}	MPa	19.1	14.1	12.1	10.4	8.4
TD延伸応力 σ_{TD}	MPa	–	13.2	10.8	9.2	–

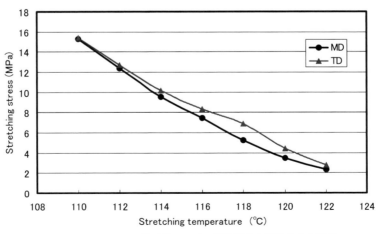

図8.14　テンター二軸延伸における延伸温度と延伸応力の関係

5.2 LLDPEにおけるチューブラー延伸とテンター二軸延伸の物性比較

図8.15にチューブラー延伸とテンター二軸延伸の収縮特性の比較を示す。いずれのフィルムにおいても、低温で延伸されるほど優れた収縮性を示している。また、チューブラー延伸フィルム（DBTF）の方がテンター二軸延伸フィルム（LTSF）よりも優れた収縮特性を有している。これはチューブラー延伸の方がテンター二軸延伸よりもより延伸効果（配向効果）が高いことを示している。

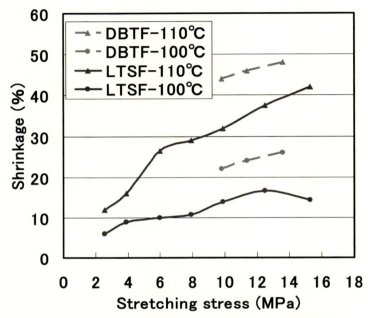

図8.15　チューブラー延伸品とテンター延伸品の収縮率の比較

この理由としてはテンター二軸延伸が等温延伸に対して、チューブラー延伸は非等温延伸されていることによると考えられる。それ加えて、チューブラー延伸はテンター二軸延伸よりも歪み速度が速いことも延伸効果を高めた要因と考えられる。チューブラー延伸とテンター二軸延伸の引裂強度の比較を**図**8.16に示す。これによると延伸応力が高くなる程いずれのフィルムも引裂強度が強くなっている。これはテンター二軸延伸でも同じ挙動を示す。

図8.17に延伸応力とヘイズの関係を示す。テンター二軸延伸において延伸応力が8から15MPaの範囲ではヘイズが良好で安定している。これに対して、延伸応力が8MPa以下ではヘイズは悪くなっている。それは延伸応力が8MPa以下の時、延伸温度が高くなり過ぎて、フィルム表面が溶融し、その表面が再度冷却される際にフィルム表面は肌荒れ状態となり、ヘイズが悪化すると考えられる。

第10章 チューブラー延伸技術

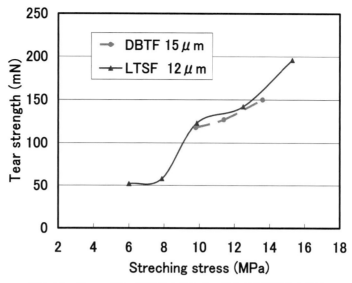

図8.16 チューブラー延伸品とテンター延伸品の引裂強度比較

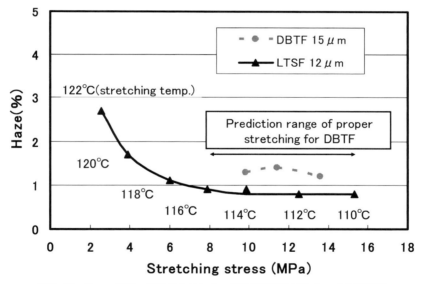

図8.17 チューブラー延伸品とテンター延伸品の延伸応力とヘイズの関係

6 ポリオレフィンのための樹脂設計[17、18)]

　チューブラー延伸における最も重要なポイントは成形安定性と成形可能温度範囲にある。成形安定性と成形可能温度範囲はMFRや樹脂組成に大きく影響される。TREF(昇温溶離分別法)によって測定されるLLDPEの組成分布は、図8.18に示すように溶出分率と密接に関係する。
　バブルの安定性を得るためには高い溶融張力を必要とする。しかし、高過ぎる溶融張力(延

伸応力)はバブル破壊を引き起こすので、適切なMFRの設定が重要である。なぜならば赤外線ヒーターによる均一加熱によるTD方向におけるバブル温度分布の均一性を厳密に制御することは困難である。そのため、より広い組成分布を有する樹脂であることが、より安定した延伸成形を可能とする。これらの情報を基に樹脂設計が報告されている[17, 18]。

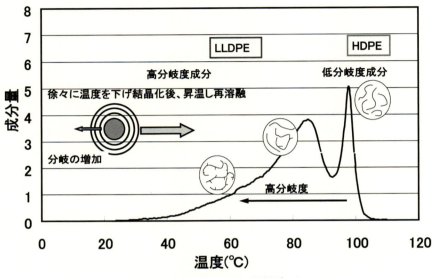

図8.18　LLDPEのTREF分析データ

6.1　ポリエチレン

チューブラー延伸法でLLDPEの成形を安定して行うための改良のため、LLDPE樹脂のブレンド検討がなされている。3種類の密度の異なるLLDPE樹脂のブレンドが行われ、異なる密度、分子量分布、組成分布を有する数種類のフィルムを成形した。ブレンドサンプルのTREF（昇温分別法）による溶出温度と可溶成分の関係を図8.19に示す。図8.20にTREFの溶出成分積算値をそれぞれ示す。

結果として、異なる密度のLLDPEをブレンドすることによって、チューブラー延伸用グレードとしてLLDPEの延伸可能温度領域を広くする効果があることが判明している。ブレンドすることによって、組成分布が広がり、延伸に必要な半溶融温度範囲を広くすることが可能となっている。低密度成分は延伸応力を低下させ、低温度下での延伸領域を広げる。高密度成分は高い延伸応力を維持することができる。ただし、そこには二つのLLDPEブレンド品の延伸性の改良のために必要な条件が次に示す2点ある。図8.21に示すように、第一はTREF40-70における（全体に占める溶出組成の比率が40から70%である）傾きが2.5%/K近辺が延伸性良好となっていること。そして第二はブレンド後のフィルム密度としては0.915g/cm3になるようにすることである。LLDPEのチューブラー延伸の樹脂デザイン適正は、フィルムの成形安定性やフィルムのヘイズを考慮しながら小型テンター試験機により評価できる。

第10章　チューブラー延伸技術

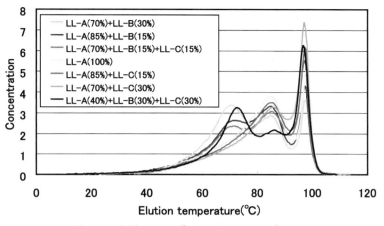

図8.19　各種LLDPEブレンド品のTREFデーター

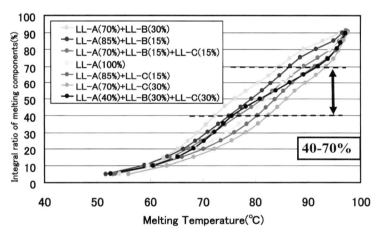

図8.20　各種LLDPEブレンド品の溶出温度と溶出割合を積算した関係

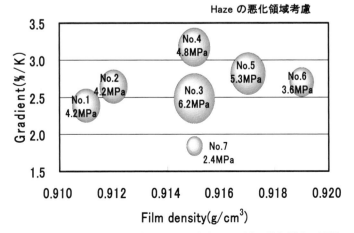

図8.21　ヘイズの悪化及び延伸応力を考慮した延伸可能領域との関係

6.2 ポリプロピレン[19]

ポリプロピレンはチューブラー延伸において、その優れた延伸安定性や低温収縮性、優れた物性と比較的安価な樹脂価格から最も広く使用されている。それらは、MFR、エチレン含有率、チューブラー延伸の延伸成形性（安定性）と関連がある。MFRが2で、エチレン含有率が4.0%のランダム樹脂は良い延伸成形性を有している。

図8.22はMFRや組成分布等の樹脂設計の関数として延伸成形性を示している。例えば、円指標の大きさは延伸成形可能領域の広さを示している。チューブラー延伸における最適なPPは次の条件を満足しているものである。ポリプロピレンの延伸成形性について、MFRが2.2が最も優れる。この値を超えたPPはバブル安定性が悪く、MFRが2.2を下回るPPは延伸成形性に劣る。MFRが高くなると延伸範囲が狭くなる。これは、MFRが高くなると半溶融時の張力が低くなり、延伸応力が低くなるためと考えられる。

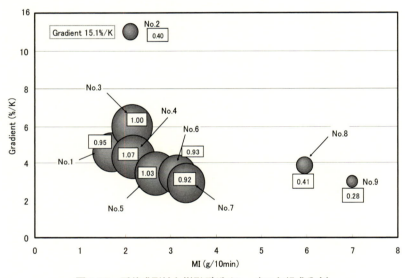

図8.22　延伸成形性と樹脂デザイン　（MIと組成分布）

逆にMFRが低くなり過ぎても延伸成形範囲が狭くなる傾向が見られる。これはMFRが低くなり過ぎても伸び難くなるため、延伸成形性を阻害するためと考えられる。延伸成形可能範囲は昇温分別法（TREF）における40～70%の溶出組成積算成分の傾きが減少する程、広くなる傾向にある。MFRがほぼ同等であれば組成分布の広い方（TREF積算成分40-70%の傾きが小さい方）が良好な延伸性を示す。フィルムのMFRはおよそ2.2である。高い溶融張力はバブルを安定化させるために必要であるが、溶融張力が高過ぎる場合には延伸バブルは破袋しやすくなる。

7　ポリアミド6樹脂の変形挙動並びにフィルム厚み精度[20〜24]

7.1　ポリアミド6樹脂のバブル変形挙動と延伸応力の解析

これまでのポリオレフィン樹脂と異なり、ポリアミド6樹脂（ナイロン6樹脂）はその分子構

第10章 チューブラー延伸技術

造面でポリアミド結合を有することから、分子構造的に水素結合を形成し易い特徴を有している。そのため、他樹脂にない特殊な成形性やフィルムとして高強度な特性等を有する。バブル内圧と引取力から延伸応力を算出して比較評価した。

図8.23に延伸温度（加熱炉ヒーター温度）変更時の延伸応力と成形性の関係を、図8.24に延伸倍率（MD＝TD）変更時の延伸応力と成形性の関係を示す。このように延伸温度の低下、及び延伸倍率の増加につれて、延伸応力はMD、TD共に増大する傾向を示した。チューブラー二軸延伸成形においては最適な延伸応力範囲が存在する。130MPaを越えるとバブルが破壊し、60MPaを下回ると不安定な成形となる。

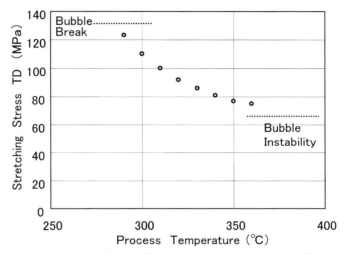

図8.23　延伸温度（赤外線ヒーター設定温度）と延伸応力の関係

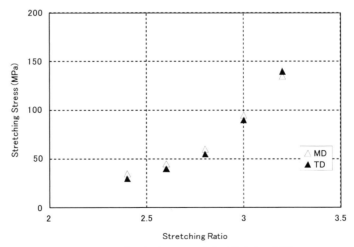

図8.24　延伸倍率（MD＝TD）と延伸応力の関係

これに対して延伸速度（変形速度）の増加につれて、MDの延伸応力は低下するが、TDの延伸応力は増加する特異的な挙動を示す。図8.25に延伸速度（変形速度）変更時の延伸応力と成形性の関係を示す。同様に最適な延伸応力範囲が存在する。先程の延伸温度や延伸倍率においてMDとTDは同様の挙動を示したのに対して、延伸速度変更品ではMDとTDで逆行する特異現象が見られる。

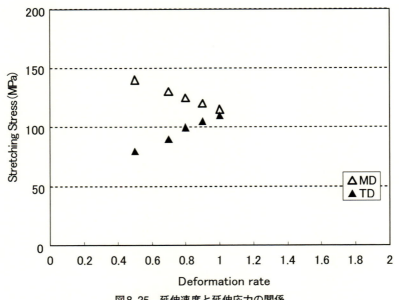

図8.25　延伸速度と延伸応力の関係

　ここでこの延伸速度の異なる2サンプルについて詳しく評価した。延伸速度Dfは1000%/秒の変形速度を1.0として無次元化した。代表的な延伸速度Dfが1.0と0.6の2種類を選択し、延伸変形途上の停止バブルサンプルを入手して実測により、各方向のバブル径変化や厚み変化を計測して、延伸倍率変化パターンや歪速度変化、複屈折変化などを計測した。

　図8.26に延伸速度を変化させて停止サンプルを採取して延伸倍率変化パターンを評価した結果を示す。延伸成形途上の変形バブル評価結果より、各条件下での変形の仕方が解明された。延伸速度Dfが0.6では、延伸速度Dfが1.0に比べるとTD方向の延伸倍率の増加の仕方が遅くなる傾向を示した。どの延伸速度条件下でも、MD方向の延伸倍率は延伸開始後急激に増加するのに対して、TD方向の延伸倍率の増加の仕方に大きな違いが見られた。

　図8.27に歪み速度パターンの比較評価結果を示す。延伸速度Dfが0.6では、延伸速度Dfが1.0に比べるとMD方向、TD方向共に歪み速度の値が小さいことが確認された。特にMDの歪み速度が速く、TD方向が遅れて速度変化が生じている。

　図8.28に偏光板観察の比較評価写真を示す。二枚の偏光板の偏光面を縦方向、横方向にセットして下から光を当ててバブルの変形状態を評価できるようにして、各種延伸成形条件を変更したサンプルの観察評価を行なった。各々のサンプルは高感度フィルムを用いて写真撮影を行なっ

た。延伸速度D_fが0.6では、延伸速度D_fが1.0に比べると、着色領域が長くなり、異方性を示す時間が長く、MDとTDの延伸倍率がバランスするのに時間を要することが確認された。

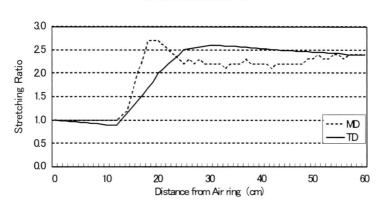

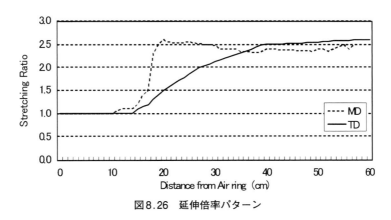

図8.26　延伸倍率パターン

　図8.29に複屈折パターン比較評価結果を示す。延伸速度D_fが0.6では、延伸速度D_fが1.0に比べるとMD方向・TD方向共に複屈折の値の大きい領域が長く継続していることが確認された。つまり延伸速度D_fが遅くなるとMD優先配向であることを意味している。

　二軸延伸成形途上のバブルの変形挙動を停止サンプルで評価することにより、定量化できた。特に、延伸速度変更品では顕著な挙動を示した。延伸速度が遅くなるとTD方向の延伸倍率の増加の仕方が遅くなる傾向を示した。どの延伸速度条件下でもMD方向の延伸倍率は延伸開始後、急激に増加するのに対して、TD方向の延伸倍率の増加の仕方には大きな違いが見られた。チューブラー延伸が同時多軸延伸法と言われるが、条件設定によっては、若干ではあるが逐次二軸延伸的な挙動をとることが確認された。バブルの形状が変化することが最大延伸応力のレベル変化を招いたものと考える。

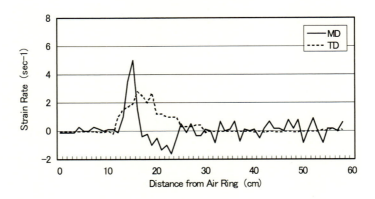

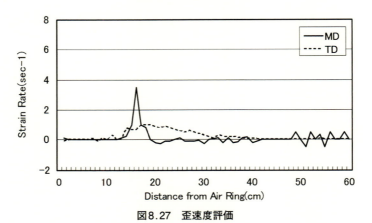

図8.27 歪速度評価

〈Defomation rate 1.0〉　　〈Defomation rate 0.6〉

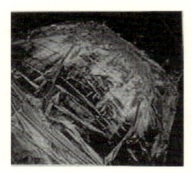 

図8.28 偏光板観察（延伸速度の違い）

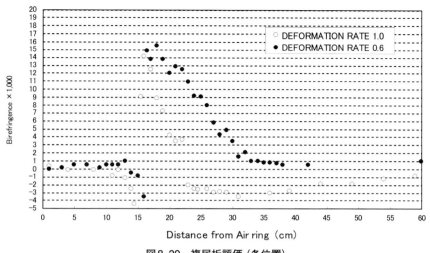

図8.29 複屈折評価（各位置）

7.2 フィルム厚み精度（支配要因解析）[22]

　フィルムの厚み精度は、次工程の印刷加工やラミネート加工などにおいて重要なものであり、精度の向上化が求められている。チューブラー二軸延伸により得られたフィルムの厚み精度に関す研究がPA6樹脂を用いて行われている。チューブラー二軸延伸成形においては最適な延伸応力範囲が存在し、130MPaを越えるとバブルが破壊し、60MPaを下回ると不安定な成形となるが、延伸応力が高いほど厚み精度が向上化することが確認されているが、延伸応力が高過ぎると破壊するので上限がある。

　厚み精度の支配要素として、延伸温度、延伸倍率等が影響する。その効果確認について具体的に偏光板観察を実施した。図8.30に延伸温度（加熱炉温度）変更時の偏光板観察写真を示す。延伸温度が高いと円周方向での厚み精度ムラが顕著であり、厚み精度が悪いこと示す。延伸温度を低くすると、つまり延伸応力を高くするとフィルム厚み精度が向上する。図8.31に延伸倍率（TD方向）変更時の偏光板観察写真を示す。延伸倍率（TD）が小さいと円周方向での厚み精度ムラが顕著であり、厚み精度が悪いこと示す。

　延伸倍率を高めるとフィルム厚み精度が向上する。つまり、延伸応力を高くするとフィルム厚み精度が向上する。偏光板の観察から、フィルムの幅方向で変形の均一性を評価することができる。結果として、短い区間で延伸変形が完了する条件が偏肉精度を向上させる条件である。

　最適な条件下において、それはプロセス温度が310℃で、TDの延伸倍率が3.2の条件において、図8.32、図8.33に示すように、未延伸フィルムの厚み精度に対して延伸後のフィルムの厚み精度は約2倍に悪化することが判明している。

　そして、適切な条件での延伸は、高温度延伸やTDの低倍率に比べてかなり良い偏肉精度のフィルムが得られることを示している。未延伸フィルムの偏肉精度は延伸フィルムの厚み精度に大きく影響を与える。実際に延伸原反フィルムの厚み精度を高めると延伸後の厚み精度が向上する。これより未延伸原反フィルムの厚み精度を良くすることが非常に重要である。

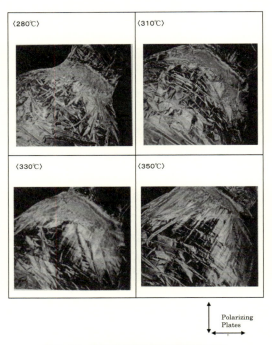

図8.30 延伸温度変更時の偏光板観察

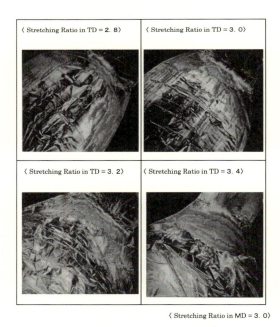

図8.31 延伸倍率変更時の偏光板観察

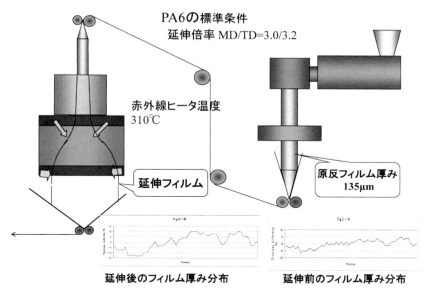

図8.32 未延伸フィルムと延伸フィルムの厚み精度

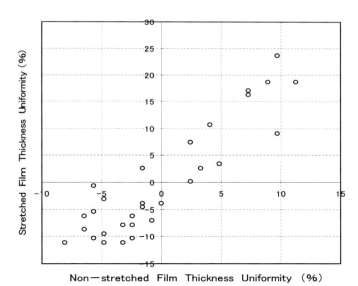

図8.33 未延伸フィルムと延伸フィルムの厚み精度分布

　実際の延伸倍率、それは局所的な延伸倍率はフィルム幅方向では平均倍率よりも重要で、特に引張弾性率や引張強度に影響を及ぼす。フィルム内での均一な物性を得るためにも、フィルムの厚み精度を良くすることは重要である。もし厚い部分が存在すると、加熱炉の中での通過時のフィルム温度上昇速度が遅れてしまう。結果としてその厚い部分は弱い延伸効果となる。そしてより薄い部分はより延伸されてしまう。つまり延伸効果が大きくなる。延伸フィルムの厚み精度は、延伸が高い時に改善され、しかもバブルの安定性も向上する。厚み精度に伴う局

所実延伸倍率の変化は、局所的な物性値の変化を引き起こし、厚み精度が悪いと物性の均一性も低下する。

8 高付加価値商品開発への応用展開〈特殊応用技術〉

市場において、環境問題対応や高齢化社会問題（バリアーフリー化）対応等が要望されている。これらの現状を受けて包装資材に対する改良開発要望も高まっている。とりわけ、ブレンド延伸や多層延伸による応用化技術の拡大が期待されている。ここでチューブラー延伸技術を用いたフィルムの開発製品の中からポリアミド6樹脂を用いた特殊な開発事例について以下紹介する。

チューブラー延伸プロセスで、PA6とMXD6のブレンド延伸フィルムの成形性やフィルム物性に関する文献について紹介する[24, 30, 35～37]。

Poly(m-xylene adipamide)(MXD6)のブレンド比率が増加すると、延伸応力は低下する傾向にある（図8.34）。これは水素結合がMXD6樹脂の立体障害により阻害されることによるが、ブレンド物は安定して延伸できる。図8.35に示すようにMXD6樹脂のブレンド量が増加することによりPA単体フィルムに比べて酸素ガスバリアー性能が向上する。更なるハイバリアー性能を得るために、例えば、多層化で外層が30％ブレンド、中間層がMXD6 100％の構成品などが優れた酸素ガス透過度を示し、高いバリアー性を確保している。

図8.36に示すようにブレンド延伸品のTEMの観察より、MD方向にプレート状シリンダー構造を形成しており、これは未延伸段階から形成されていることが判明している。このシリンダー構造がフィルムの直線カット性を生み出している。高い衝撃強度はチューブラー二軸延伸成形されることにより達成されている。

PA6とMXD6樹脂のブレンド延伸からなる多層フィルムは、高強度、易裂性と酸素ガスバリアー性という相反する性能の両立を達成している。そして、環境問題やバリアーフリー問題の解決に大きく貢献している。

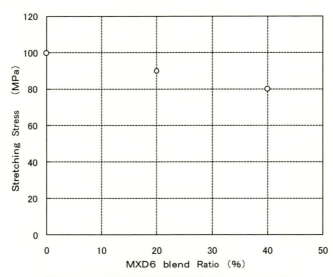

図8.34　MXD6配合比率と延伸応力（PA6＋MXD6）

第10章　チューブラー延伸技術

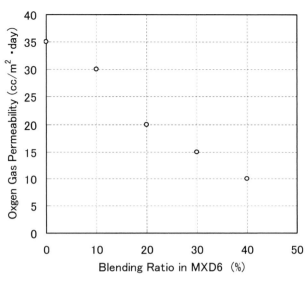

図8.35　MXD6の配合比率と酸素ガス透過度

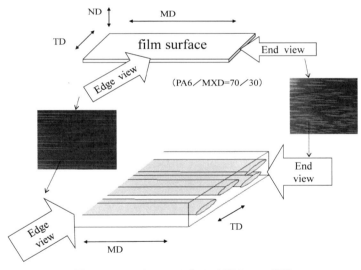

図8.36　PA6とMXD6ブレンド品のTEM観察

　これは高強度と易裂性の要望を両立させたもので、チューブラー延伸技術と二元樹脂ブレンド延伸技術による相分離構造の形成により、高強度を有しながら、製袋品のシール部に切り目があれば、真直ぐに小さい抵抗で開封ができるというものである。つまり、高強度でかつ裂け易いという、相反する性質を一枚の表基材フィルムで達成できるのが最大の特徴である。
　各種配合比率（MXD6配合量10％、20％、30％、40％）を変化させた延伸フィルムのTEM写真を図8.37に示す。フィルムの染色はリンタングステン酸を用いて観察し、明るく見える領域がMXD6である。結果として、写真に示すようにPA6樹脂中にシリンダー構造を有することが確

認される。このシリンダー構造はフィルムの流れ方向に伸びている。特にプレート状のシリンダー構造が層状に配列していることが確認された。MXD6樹脂の配合比率が多くなる程、シリンダー構造の数が増える傾向にある。しかも、MXD6のドメインがMD方向にしっかりと配列していることが確認された。

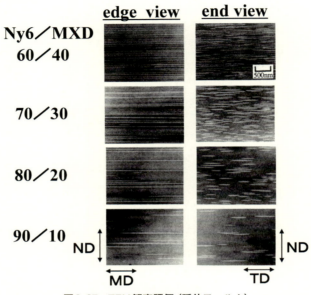

図8.37　TEM観察評価（延伸フィルム）

　MXD6樹脂の添加量が10%ではMD方向のシリンダー構造の数が減り、かつシリンダー構造の長さが十分に形成されず、直線カット性が劣る傾向を示す。これよりMXD6配合量としては15%以上、好ましくは20%以上の添加量が必要であることがわかる。PA6の海状態に対して、第二成分のMXD6が島状態を形成する相分離構造を形成し、かつフィルムの流れ方向にプレート状シリンダー構造が配列していることが確認される。

　図8.38にPA6単体フィルムとブレンド延伸フィルムの光散乱強度評価写真を示す。
　二元ブレンド延伸フィルムのみにMD方向と垂直なTD方向に強いストリークが観察され、MD方向にシリンダー構造が形成されている。
　上記の通り、電子顕微鏡写真（TEM）と光散乱強度試験（SALS）より、プレート状シリンダー構造の形成が確認でき、この構造形成が易裂性の発現機構であることが裏付けられている。
　図8.39に二元ブレンド延伸による各種特性の発現機構を模式的にまとめた。MXD6樹脂層が電子顕微鏡観察（TEM）や光散乱強度評価（SALS）より、プレート状シリンダー構造を形成していることが確認され、この構造に伴って直線カット性、酸素ガスバリアー性などの機能が発現している。またベースとなるPA6層が連続層を形成することによってフィルムの衝撃強度など実用特性を向上させている。特にチューブラー法同時二軸延伸（個人的には同時多軸延伸と考える）によるバランス性により、薄くても高度な強度を有することができる。上記のとおり、

PA6とMXD6の2種類のポリアミド樹脂を特殊条件下で二元ブレンド延伸することにより、高強度と易裂性・直線カット性という、相反する性能を両立させたフィルムを開発することができている。

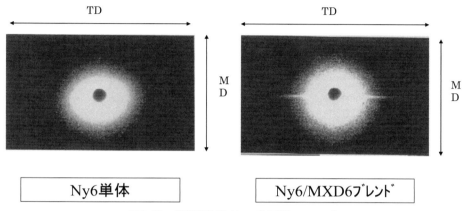

図8.38　光散乱強度（SALS）（延伸フィルム）

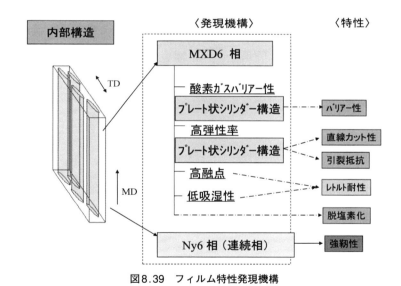

図8.39　フィルム特性発現機構

9　スケールアップ理論解析

6章のインフレーション成形の中でも述べたが、チューブラー延伸フィルム成形でも同様なスケールアップ則が成立し、実際に活用されている。チューブラー延伸フィルムの力のバランスは膜理論から求められる。膜理論は図8.40に示される位置Zと引取り位置Lにおける力の釣り合いから導かれる。

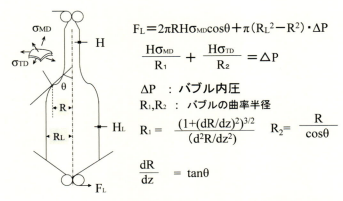

図8.40 膜理論による理論式

$$F_L = 2\pi RH\sigma_{MD}\cos\theta + \pi(R_L^2 - R^2)\cdot\Delta P \tag{8.6}$$

応力 σ_{MD} と σ_{TD} はバブル内圧 ΔP と次の関係式が成り立つ。

$$H\cdot\sigma_{MD}/R_1 + H\cdot\sigma_{TD}/R_2 = \Delta P \tag{8.7}$$

ここで F_L はバブル張力、R_L は最終バブル半径、そして R_1 と R_2 はバブルの曲率半径を示す。

$$R_1 = ((1+dR/dz)^2)^{3/2}/(d^2R/dz^2) \tag{8.8}$$

$$R_2 = R/\cos\theta \tag{8.9}$$

最大延伸応力 σ_{MD} と σ_{TD} はフィルムの物理特性と密接に関係がある。最終延伸における最大延伸応力はスケールアップの設定（証明）に用いられる。延伸最終部においてはバブルの径は最終バブルの径と等しくなる。

$$\sigma_{MD} = F_L/2\pi R_L H_L \tag{8.10}$$

$$\sigma_{TD} = \Delta P\cdot R_L/H_L \tag{8.11}$$

H_L は最終フィルム厚みである。

無次元解析を行なうことによって、応力 σ_{MD} と σ_{TD} は次の式で表される。

$$\sigma_{MD} = [(A+B(R_L/R_0)^2)/2\pi]\cdot(Q\eta_0/R_0R_LH_L) = G_1\cdot Q\eta_0/R_0R_LH_L \tag{8.12}$$

$$\sigma_{TD} = (B/\pi)\cdot(Q\eta_0/R_0^3H_L) = G_2\cdot\eta_0R_L/R_0^3H_L \tag{8.13}$$

ここで、Qは押出量、η_0は粘度、R_0初期バブル半径、Z_Lは延伸開始点と延伸終了バブルの軸からの距離を示す。

同一樹脂で、一定ブロー比（TD延伸倍率）R_L/R_0、一定ドローダウン比（MD延伸倍率）V_L/V_0、かつ延伸終了点距離の無次元数Z_L/R_0が一定の条件下ではA、Bの値は一定となる。更にTDの延伸倍率とMDの延伸倍率が同じ場合にG_1とG_2は定数となる。これらの結果が**図8.41**にまとめられている。

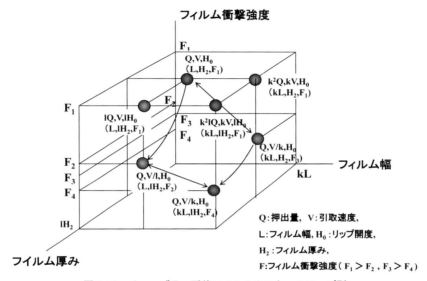

図8.41　チューブラー延伸フィルムのスケールアップ則

チューブラー二軸延伸プロセスにおけるスケールアップの研究において、次に示す結論が得られている。

① スケールアップ則の適応において、押出量とフィルム厚みや幅等のコントロールされた小型装置と大型生産装置を用いることにより、理論的に確認された。

スケールアップ則によると、バブル半径Rとフィルム厚みHをkR、ℓHに変化させた場合、小型機におけるバブル半径Rとフィルム厚みHそして押出量Qは大型機におけるバブル半径kRとフィルム厚みℓHそして押出量$k^2\ell Q$にそれぞれ相当することになる。

② 同じ変形速度を保持された場合、小型装置と大型生産装置の両方において、同じ成形安定性、同等な延伸応力、同等な複屈折パターン、そして同等な結晶構造パターンをとることになる。

③ バブルの偏光板観察においても同様な変形パターンをとることが確認される。これより理論的に設定されたスケールアップ則によって、小型パイロットプラントで少量の樹脂量で実行された実験を行えば、大型のチューブラー延伸装置におけるフィルムの物性とバブルの成形安定性を予測設定することができることを意味する。

10　異なる延伸プロセスでの性能比較評価

ポリアミド6樹脂の特性により、特殊な結果が得られているので紹介する。樹脂の特性として水素結合を形成するため、延伸成形性やフィルム物性がポリオレフィンとは異なる。

チューブラー延伸プロセス、テンター法同時二軸延伸プロセス、そしてテンター法逐次二軸延伸プロセスの3種類の延伸プロセスについて比較してみたい。図8.42に3種類の延伸プロセスの概要を示す。二軸延伸フィルムの物性について、チューブラー延伸とテンター延伸の同時二軸延伸と逐次二軸延伸による3種類のフィルムサンプルを比較する。

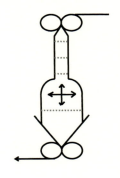
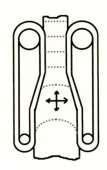
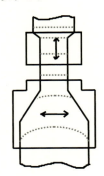

チューブラー法　　　　テンター法　　　　　テンター法
同時多軸延伸　　　　同時二軸延伸　　　　逐次二軸延伸
MD=TD　　　　　　　MD=TD　　　　　　　MD ⇒ TD

図8.42　ナイロンフィルムの製造方法比較（簡略図）

表8.3　二軸延伸ナイロンフィルムの物性比較

特性	装置・システム		チューブラー法二軸延伸	テンター法二軸延伸		試験規格
			同時多軸延伸	同時二軸延伸	逐次二軸延伸	
引張弾性率	MPa	MD TD	2,400 2,100	2,400 2,200	2,700 1,700	ASTM-D882
引張強度	MPa	MD TD	260 290	260 270	250 320	ASTM-D882
伸び率	MPa	MD TD	130 110	100 90	110 80	ASTM-D882
フィルムの衝撃強度	J/m		91,000	58,000	75,000	出光法

表8.3に引張特性比較を示す。テンター法延伸フィルムは、MDとTDにおいて引張特性で異方性が大きい。この結果は後工程の延伸、つまりTD方向の延伸の影響を強く受けていること

を意味する。特にPA6フィルムにおいては、引張強度と引張弾性率ではMDとTDで延伸条件（方向）と逆の傾向を示した。

　チューブラー延伸フィルムは特に熱収縮率や衝撃強度において良いバランスの特性が確認される。図8.43に収縮特性比較を示す。テンター法同時二軸延伸ではMD方向の収縮率がTD方向よりも大きい特徴を示した。これに対してテンター法逐次二軸延伸フィルムでは、TD方向の収縮率がMD方向よりも大きい収縮率を示した。これに対してチューブラー法同時二軸延伸フィルムは面内でバランスしている。

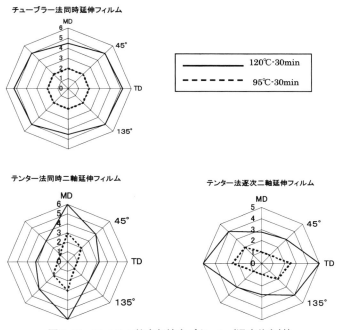

図8.43　フィルム熱水収縮率パターン（温度依存性）

　図8.44に衝撃強度の温度依存性を示す。チューブラー延伸フィルムは、テンター二軸延伸フィルムに比べて、−25℃から23℃の環境下において、高い衝撃強度を有している。この結果はバランスした収縮率と関係するものと考えられる。

　図8.45に引張特性におけるS-Sカーブを示す。チューブラー二軸延伸フィルムは引張特性におけるS-Sカーブ（応力―歪曲線）において優れたバランス性を有している。これに対して、テンター二軸延伸フィルムは、MDとTD並びに対角45°において、アンバランスである。この特徴は高い衝撃強度や良い熱成形性を有する要因となる。

　図8.46に結晶配向評価結果を示す。チューブラー延伸品はバランス性が現れている。これに対してテンター法二軸延伸法では同時二軸、逐次二軸に関わらず、MD方向に優先配向することが確認された。

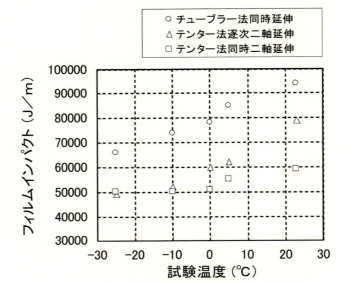

図8.44　フィルムインパクト（衝撃強度）の温度依存性

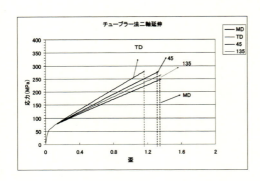

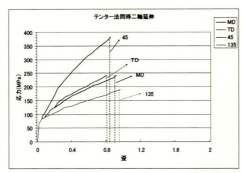
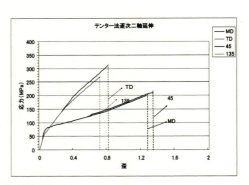

図8.45　応力－歪曲線（S－S曲線 面内パターン）

　図8.47に蛍光偏光評価結果を示す。蛍光偏光評価が示す非晶部の配向評価はチューブラー二軸延伸がどの方向にも均一な配向をもたらすのに対して、テンター二軸延伸プロセスでは直行配向の傾向（異方性）を示す。この非晶部の配向状態は先述の衝撃強度の強さに影響するも

のと考える。

　以上の結果が示すように、PA6樹脂の二軸延伸成形の場合、その特異性から製造方法が3種類存在し、結果としてフィルム性能も大きく異なる。総合的にチューブラー延伸技術がフィルムの物性面でもテンター法に比べてかなりバランスした特性を示すことが確認され、その特徴を生かした用途での活用が実施されている。

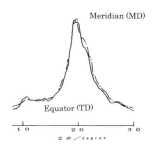

チューブラー法同時延伸

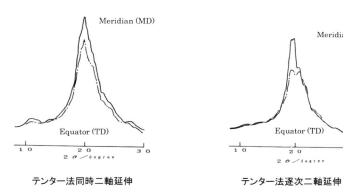

テンター法同時二軸延伸　　　　　テンター法逐次二軸延伸

図8.46　広角X線回折（WAXD）

蛍光偏光強度の角度分布

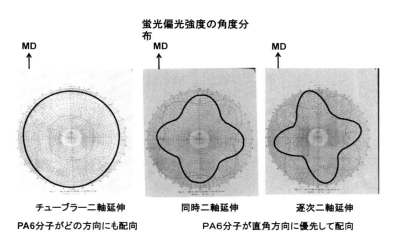

チューブラー二軸延伸　　　同時二軸延伸　　　逐次二軸延伸
PA6分子がどの方向にも配向　　　PA6分子が直角方向に優先して配向

図8.47　蛍光偏光強度（フィルム面内）

まとめ

　延伸フィルムの延伸特性と延伸応力との間には強い相関関係がある。より大きな延伸応力やより高い歪み速度はより高い収縮特性や物性を導く。チューブラー延伸はテンター二軸延伸よりもより高い延伸応力とより高い延伸歪み速度を有するために、チューブラー延伸はテンター二軸延伸よりも優れた収縮特性を有している。さらに、チューブラー延伸は非等温で延伸されるのに対して、テンター二軸延伸は延伸機内において等温下で延伸が行なわれる。チューブラー延伸成形法において、延伸温度は非常に重要な要素である。バブル安定性と優れたフィルム厚み精度はバブル破壊の起こらない範囲で低い延伸温度下での製膜により得られる。チューブラー延伸は予熱炉で若干延伸がかかるために完全な同時多軸延伸ではない。機械方向と幅方向での延伸バランスを確保するために、低い温度での予熱がメリットを与える。チューブラー延伸成形における最も重要なポイントはバブルの安定性と延伸可能な温度範囲の確保である。バブルの安定性や延伸可能温度範囲は樹脂のMFRや組成分率と大きな相関性がある。組成分布の広がりと延伸可能な温度幅とは密接に関係がある。広い組成分布の樹脂は広い成形可能領域を有する。理論的に構築されるスケールアップ則は試験機でのバブル半径、フィルム厚み、押出量と大きなサイズの生産機のそれぞれの数値と関係がある。

　スケールアップ則はフィルム物性やバブル安定性などの予測手段として、理論的に活用できるものである。一度小型装置で少量の樹脂を利用して試作検討しておけば大型生産機での成形性、物性が予測できる。

　樹脂の組み合わせなどで更にその性能が有効に活かされている。市場の要望に対応したポリアミド6への応用例も記載したが、チューブラー延伸技術と連動した、各種特徴のある性能を有効に活かす技術なども明確になり、チューブラー延伸成形の特徴を紹介した。

　チューブラー延伸法には収縮率の面内バランス性、フィルムの高強度特性など特徴があり、これらを有効に活かせる用途を選定して効果的に応用展開できる可能性がある。

引用文献

1) White, J. L, : Editor Kanai. T., Campbell. G. A., Film Processing, Hanser Publishers, p.412（1999）
2) Takashige, M., Kanai, T. : Int. Polym. Process. V, p.287（1980）
3) Ree, S., White, J. L. : Int. Polym. Process. XVI, p.272（2001）
4) Song, K., White J. L. : Antec proceeding 57 p.1650（1999）
5) U. S. Patent 2, 979, 777（1961）, Goldman, M.
6) U. S. Patent 3, 300, 555（1967）, Blid, F., Robinson, W.
7) U. S. Patent 3, 260, 776（1966）, Lindstrom, C. A., William, M. A., Baird, G., Bosse, A. L.

8) U. S. Patent 3, 510, 549 (1970), Tsuboshima, K., Kanho, T.
9) U. S. Patent4, 112, 034 (1978), Nash, J. L., Polich, S. J.
10) U. S. Patent 4, 279, 580 (1981), Hayashi, K., Morihara, K., Nakamura, K.
11) U. S. Patent 4, 551, 380 (1985), Schoenberg,. Julian, H.
12) U. S. Patent 4, 617, 241 (1986), Walter, B., Mueller
13) U. S. Patent 4, 837, 084 (1989), Thomas, C., Warren
14) U. S. Patent 4, 226, 905 (1980), David, A., Harbourne
15) U. S. Patent 5, 059, 481 (1991), Stanley, Lusing, Nancy. M., Mack, Jeffrey, M., Schuetz
16) Uehara, H., Sakauchi, K., Kanai, T., Yamada, T., : Int. Polym. Process., 19 (2), 155 (2004)
17) Uehara, H., Sakauchi, K., Kanai, T., Yamada, T., : Int. Polym. Process., 19 (2), 163-171 (2004)
18) Uehara, H., Sakauchi, K., Kanai, T., Yamada, T., : Int. Polym. Process., 19 (2), 172-179 (2004)
19) Kanai, T., Uehara, H., Sakauchi, K., Yamada, T., Int. Polym. Process., 21 (5) 449-456 (2006)
20) Takashige, M., Kanai, T., : Intern. Polym. Proc., 5, 287 (1990)
21) Takashige, M., Kanai, T., Yamada, T., : Int. Polym. Process., 18 (4), 368-375 (2003)
22) Takashige, M., Kanai, T., Yamada, T., : Int. Polym. Process., 19 (1), 47-55 (2004)
23) Takashige, M., Kanai, T., Yamada, T., : Int. Polym. Process., 16, (1) 56-63 (2004)
24) Takashige, M., Kanai, T., : Int. Polym. Process., Int. Polym. Process 19 (2), 147-154 (2004)
25) Kanai, T., and Campbell, G. A. : Film Processing 3.1, Hanser Publishers (1999)
26) Matsuzawa, N., Yamada, T., Kanai, T., Sakauchi, K., Uehara, H., : Seikeikakou'05 p225 (2005)
27) Matsuzawa, N., Kamatani,Y., Yamada, T., Kanai, T., Uehara, H., Sakauchi, K., : 22th Polymer Processing Society Annual Meeting Proceedings (2006)
28) Kanai, T., Takashige, M., Iwai, A., : Seni-Gakkaishi, 41, T-271 (1985)
29) Kanai, T., Tomikawa, M., White, J. L., Shimizu, J. : Sen-i Gakkaishi 40 [12], T-465 (1984)
30) Takashige, M., Kanai, T., : Int. Polym. Process 20 (1), 100-105 (2005)
31) Yamada, T., and Matsuo, T., : Proceedings of 'CHISA'98, E. 6.5, Praha (1998)
32) Yamada, T., Yoshida, T., Fujii, M., and Yoshii, T., : PPS-16, P203-204, P651-652 (2000)
33) Nakamura, K., Watanabe, T., Katayama, K., Amano, T., : J. Polym. Sci., 16, 1077 (1972)
34) Kanai, T., Uehara, H., Sakauchi, K., Yamada, T., Int. Polym. Process., 18 (5) 449 (2006)
35) Takashige, M., Kanai, T. : Int. Polym. Process. 21, p.86 (2006)
36) Takashige, M., Kanai, T. : J. Polym Eng 28, p.179 (2008)
37) Takashige, M., Kanai. T., J. Polym. Eng., 31 (1) 29-35 (2011)
38) Kanai, T., and Campbell, G. A. : Film Processing2, 11.2, Hanser Publishers (2013)

第11章

延伸性評価技術

KT Polymer　金井　俊孝

はじめに

フィルムには未延伸フィルムと延伸フィルムがある。未延伸フィルムの成形法としてはTダイキャスト法やインフレーション法があり、これらの成形性とレオロジーの関係に関しては、第5章と第6章の中で述べた。

一方、延伸フィルムの製造法として、テンター二軸延伸法（逐次二軸、同時二軸）とチューブラー延伸法がある。テンター二軸延伸法およびチューブラー延伸法に関しては本書の第7章および第8章やそれらの成形法に関する専門書[1,2]を参照していただき、ここでは多くのフィルムが製造されている延伸フィルムの開発で重要な少量サンプルによる迅速な延伸性評価法およびその延伸試験機について紹介する。

従来、延伸フィルムグレードを開発するには、大量の試作サンプルをパイロットプラント等で製造し、かつ連続の二軸延伸機を利用して、多くの人、時間、費用をかけて、検討してきた。しかし、このような開発ではなかなか新規グレード開発に結び付けるのに、かなりの困難が伴う。また、フィルムを製造する上で、最適な延伸条件を探索するためには、かなりの時間が必要である。そこで、少量のサンプルと短時間でかつ簡便に、延伸性や構造変化を観察しながら、評価する方法について、延伸用樹脂として最も広く使用されているPPを中心に、例に上げて紹介する。

1　一軸延伸による延伸性評価

一軸延伸の評価では、恒温槽内での引張り試験機であるオプトレオメータに光散乱装置を取り付けた一軸延伸評価機（図1）により、応力−ひずみ曲線と高次構造変化（図2）を評価した例について紹介したい[3,4]。

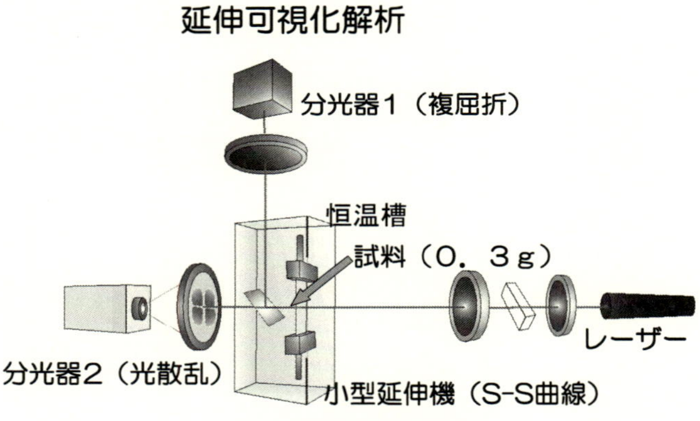

図1　一軸引張試験装置

延伸ポリプロピレン（PP）フィルム成形に重要な基礎データとなる延伸温度における応力−ひずみ特性に関して、迅速かつ低コストで延伸性を評価する方法である。実験室レベルの少量サンプルを用いて、一軸引張試験と同時に複屈折や光散乱を「その場（In-Situ）」観察することにより、フィルム延伸時における延伸機構を解明し、フィルムの延伸性を評価する。

延伸サンプルとしてアイソタクチックPPフィルムを使用し、立体規則性の異なるPPに関する評価結果を図3に示す。横軸に真歪み、縦軸に真応力をとり、プロットしたデータを示している。

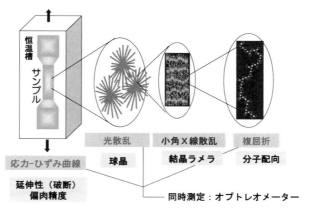

図2　延伸時の構造変化観察

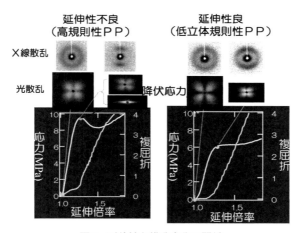

図3　延伸性と構造変化の関係

高立体規則性PPは、延伸が難しく、偏肉が発生しやすい。原反成形時に結晶化速度が速く、結晶化度が高く、延伸初期に明瞭な降伏値を有し、複屈折は降伏値直後から急激な変化を示している。光散乱による球晶構造の観察では、延伸初期には球晶に特徴的な明瞭なクローバーパターンが観察されているが、応力の降伏値を過ぎた後、急激な変化を示し、クローバー状の散乱は消失する。降伏値が大きく、かつ球晶の構造変化が急激であり、延伸部でネック延伸が発生しているため、球晶構造の観察結果が光散乱のレーザーの当たる位置によって異なり、データが安定していない。また、複屈折の変化も同様に不安定である。

一方、延伸用グレードである低立体規則性PPでは、真応力表示では降伏値もあまり明瞭でなく、スムーズな応力の上昇と初期の応力の変曲点を越えた地点から複屈折が急激に上昇し、小

さな球晶がほとんど崩壊し、大きな球晶のみが残存し、その後消失する。ラメラ構造の結晶部の配向も徐々に進行する。その結果、光散乱像も安定し、複屈折の変化もスムーズに変化する。

表1に示すように、立体規則性（A～C）だけでなく、分子量分布（B、D、E）や標準サンプルに超低立体規則性PP（F）、および超立体規則かつ超低分子量サンプル（G）を少量添加してPPの結晶化速度を遅くした系など、構造の異なるサンプルを用いて、PPの一軸延伸過程における応力－ひずみ曲線の計測と同時に、in-situで複屈折と光散乱を同時に測定し、延伸過程における高次構造の変化を観察した[4]。そこで、延伸過程の球晶の崩壊する様子や配向状態の変化を考察し、さらに構造論的な考察を加えるために、小角X線散乱法を用いた測定を行った。その結果、以下のことが分かる。

表1 樹脂性状

サンプル名	高←立体規則性→低			広分子量分布		超低立体規則性	
	A	B	C	D	E	F	G
MFR	3.2	3.0	3.1	3.0	3.2	1.9	1000
$Mn \times 10^{-4}$	8.2	8.7	8.4	6.8	6.6	19.3	1.7
$Mw \times 10^{-4}$	31.8	37.7	37.7	35.6	36.9	43.0	3.1
Mw/Mn	3.9	4.3	4.5	5.3	5.6	2.2	1.8
mmmm NMR/%	97.7	90.0	88.7	90.5	89.7	45.0	45.0
Tm(℃)	166	161	160	162	162	70	70

1) 立体規則性は結晶化度に影響を与えるため、応力－ひずみ曲線の降伏値の大小を左右する重要なパラメータで、立体規則性の小さいPPほど初期の変曲点の応力値が小さくなり（図4）、分子量分布は降伏値には影響しないが、延伸後期の応力に影響する（図5）。延伸では、立体規則性をある程度下げる制御を行なうことが良好なフィルムを得るために重要で、かつ効果的である。

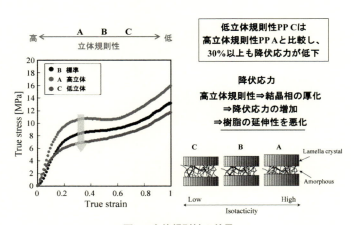

図4 立体規則性の効果

2) 標準サンプルに超低立体規則性PPおよび超低立体規則性で超低分子量のサンプルを少量添加してPPの結晶化速度を遅くした系では全体的に延伸応力が下がる傾向にあり、初期の変曲点の応力値が20～30%低下する（図6）。

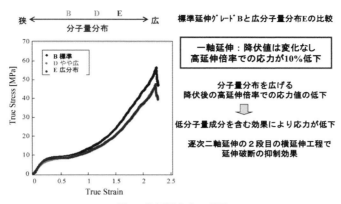

図5　分子量分布の効果

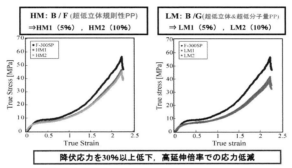

図6　超低立体規則性成分添加効果

3) 標準延伸グレードPPと高立体規則性PPの延伸応力、複屈折、光散乱および小角X線の解析結果の比較を図7に示すが、初期の応力値の変化に差が観察される。
4) 応力－ひずみ曲線を構造変化の様子から3つの領域に分け（図8）て考察すると、延伸初期は球晶が残っており配向の大きな変化は起こらず、降伏値にて球晶が破壊され崩壊した後、ラメラが回転することでラメラの結晶層が急激に延伸方向に配向する。その後にひずみ硬化が起こり、応力値が増加し、この領域では分子鎖はゆるやかに配向していく。

以上のことから、一軸引張試験と同時に光散乱、複屈折をin-situで観察し、応力－ひずみ曲線に対して高次構造変化を評価することで、実機での高速延伸成形時の破断に関連する応力値や、超薄膜延伸する際のフィルムの厚み精度などに重要な制御因子を評価し、そのメカニズムを推定できる。また、その評価を迅速かつ少量のサンプルにより延伸性を評価できる。

これらの評価をさらに進めるために、連続の延伸結果、解析技術、二軸延伸テーブルテンター試験機を組み合わせて評価する方法について、次に述べる。

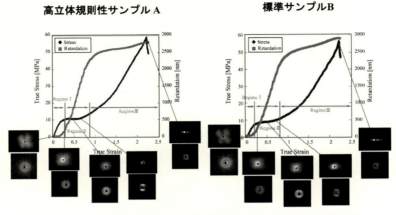

図7　延伸における構造変化（高立体規則性PP　A、標準サンプルB）

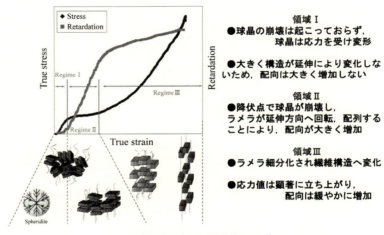

図8　延伸時における構造変化モデル

2　テーブルテンター試験機による延伸性評価

二軸延伸フィルムでは厚み精度の向上、配向の均一性、表面平滑性などが要求され、さらにコストダウンのための高速化が進み、高速条件でも破断なく連続延伸成形が可能であることが重要となっている。こういったことに対応するため、実機の二軸延伸性の予測や品質上から樹脂の良し悪しの選定技術と樹脂改良技術、少量サンプルでの実用評価技術の確立が重要となってきている。

テンターオーブン内のTD延伸の概念図を図9に示す。

まず最初に、延伸フィルムの生産に広く使用されている連続のテンター法逐次二軸延伸機を用いて二軸延伸実験を行った。縦延伸はロールで延伸し、そのサンプルを幅方向に一定間隔で、マジックで印をつける。その縦延伸サンプルを、テンター内で予熱後、テンター延伸過程中のサンプルを採取すると図10のようなサンプルが採取できる。延伸サンプルのテンター内での変形状態を観察すると、PPでは延伸初期では延伸されている部分と延伸が進行していない部分が存在する。逐次二軸テンター法延伸では一般的なPPではTDの延伸倍率が低い場合にはこのような延伸ムラが発生し、延伸倍率が7倍を超えた時点から延伸フィルムは全体的に均一になり、厚薄のムラが消失する。このような延伸をネック延伸と呼ぶ。

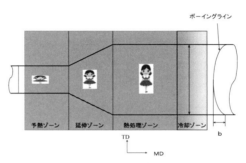

図9　二軸延伸の横延伸ゾーンの概念図

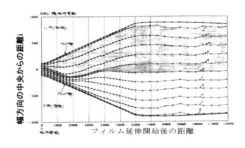

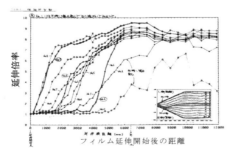

図10　テンターオーブン内のフィルムの延伸挙動

このような結果と同時に、二軸延伸試験機により得られる延伸倍率と公称応力による延伸力をプロットする。その結果、降伏値が一旦下がるタイプはネック延伸が発生していることと相関性があり、その後延伸応力が上昇するとこのネック延伸状態が緩和され、延伸応力が降伏値

を超えた倍率からネック延伸状態が解消される。

また、延伸可能な温度領域はPPの組成分布に大きく依存し、延伸性や偏肉精度は分子量分布や立体規則性に依存する。これらの因子はそれぞれ高延伸倍率での応力の立ち上がり度や延伸初期の降伏値に影響している。

樹脂性状に対応し少量サンプルでのテーブルテンターのデータや理論解析により延伸性の予測の検討が行なわれている。**図11**に示すようなフィルム延伸成形挙動を予測する解析技術が有効である[1, 5, 6]。

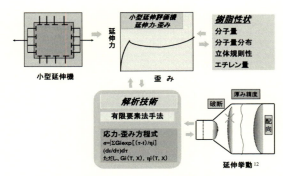

図11　二軸延伸フィルム成形過程の解析方法

力学モデルとして、樹脂性状をモデル的に変化させたサンプルに関して、粘弾性の多要素モデルを仮定した理論解析結果とテーブルテンターの実験結果の応力－歪み曲線との対応から多モードの弾性率、粘性項の値および結晶化による粘度の上昇率を決定する。これらの物性データ、構成方程式や有限要素法を活用することにより、延伸過程の変形挙動の予測が可能となる。**図12**に、PPフィルムのテンター内の変形パターン(a)および応力パターン(b)の一例を示す。ボーイング現象や延伸中の応力変化がわかる。

多モード粘弾性パラメータを考慮できるモデルを利用し、それらのパラメータであるη_iおよびG_i($i=1、2、3$)をそれぞれ変化させることにより、得られたテンターでの歪み－応力曲線およびフィルム厚みの偏肉を予測した結果の一例を**図13**に示す。横軸は延伸倍率、縦軸は延伸力を示す。なお、図中の偏肉の値は、延伸前の偏肉が10%存在した場合の延伸後の偏肉精度を示す。

図14は長時間側の緩和時間が長くする（①→②→③）と右肩上がりになり、また偏肉精度が向上することを予測している。緩和時間が長くなる因子、つまり高分子量成分や長鎖分岐が存在すると、高延伸倍率では分子鎖同士の絡み合いが生じ、延伸後期に延伸力の立ち上がりが生じると考えられ、偏肉精度の観点から良好であることを示している。

原反成形時には結晶化速度が遅く、延伸時には長時間緩和成分の寄与が大きく、延伸後期に配向結晶化が促進される樹脂デザインほど偏肉精度が良好で、かつ薄膜化あるいは高速成形性が良好になると予測される。

第11章　延伸性評価技術

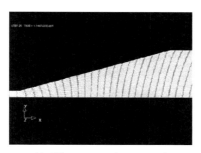

図12-a　二軸延伸テンタープロセスの変形解析結果

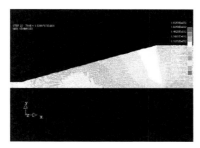

図12-b　二軸延伸テンタープロセスの応力解析結果

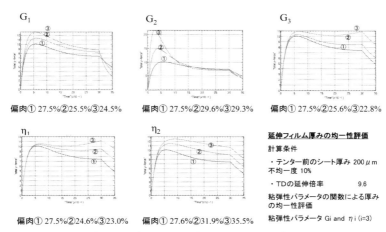

偏肉① 27.5%②25.5%③24.5%　　偏肉① 27.5%②29.6%③29.3%　　偏肉① 27.5%②25.6%③22.8%

偏肉① 27.5%②24.6%③23.0%　　偏肉① 27.6%②31.9%③35.5%

延伸フィルム厚みの均一性評価
計算条件
・テンター前のシート厚み 200μm
　不均一度 10%
・TDの延伸倍率　　　　　9.6
粘弾性パラメータの関数による厚みの均一性評価
粘弾性パラメータ Gi and η_i (i=3)

図13　粘弾性の各パラメーター変更によるS-S曲線、偏肉の関係

　この理論解析の結果から偏肉精度の考え方を模式化したのが図15である。右図の厚み不良の曲線のように、初期の延伸力が上がり、降伏値が高く、この後の延伸力が大きく低下する系では変形が進む（厚みが薄くなる）ほど、延伸力が小さくなるため、より薄い部分ほど変形が進みやすくなり、偏肉が助長される。特に、延伸倍率が低い場合にはネッキング変形が起こる。

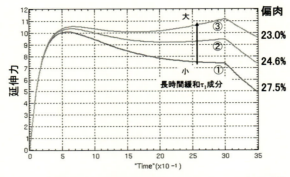

図14　理論解析による延伸力曲線とフィルムの偏肉の関係

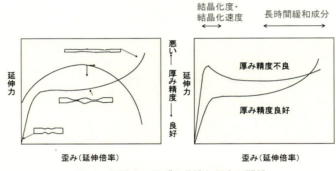

図15　延伸力−ひずみ曲線と偏肉の関係

　一方、延伸倍率と延伸力の関係で、右肩上がりの傾向を示す場合は変形が進むほど延伸力が大きくなるので、薄い部分は変形に抵抗するので、ネッキング現象は発生しにくく、低延伸倍率でも厚みの均一化の方向に働く。

　そのため、右肩上がりの変形パターンが偏肉精度向上としては好ましい。さらに、延伸温度の変化にも大きな応力変化が少ない樹脂は延伸可能な温度幅が広く、延伸温度の応力変化が小さいため、テンターオーブン内の延伸温度分布による偏肉への影響が小さいため、延伸しやすい。

　例えば、PPの場合、低立体規則性や低エチレンランダム共重合PPは結晶化を乱す方向に作用するため、結晶サイズや結晶化度が低下し、結晶化速度を遅くするため、図15に示した延伸倍率−延伸応力の初期降伏値が低下する。そのため、低立体規則性や低エチレンランダム共重合PPは図16に示したように延伸前の厚みが均一と仮定した場合（上図）と局所的に偏肉が存在した場合（下図）、延伸後の厚み均一性は両方のケースで共に、標準サンプルよりも良好になる結果が得られており、また延伸初期の降伏値の応力も小さい。立体規則性を下げる、もしくはエチレンを共重合させて結晶化を抑制すると、剛性は下がる傾向に働く。全体の延伸応力を下げるには延伸温度のアップや延伸速度を下げるだけでなく、分子量の大きさで変化する。そのため、高速延伸条件下では、延伸応力が高くなりやすいため、図17に示したように、分子量を比較的低めに設定したほうが、延伸応力が下がり、破断の頻度は少なくなる。

　変形パターンの解析結果からボーイング現象も予測され、また応力分布も同時に得られるため、

成形破断の予測にも繋げることができる。

また、このような解析から高速化における二軸延伸の成形性や偏肉精度の予測、二軸延伸に適した応力−歪みパターンやチャック近傍の引き残し量などの予測が可能となる。

図18に一般的に広く使用されているテーブルテンターの試験機の写真を示す。図19には延伸試験機から得られた各種PPの延伸応力−延伸倍率曲線を示す[1, 7, 8]。低立体規則性PPや微量エチレン共重合PPは高立体規則性PPに比較して結晶化速度を遅くするため、初期の降伏値を下げる。また、低温融解成分も増加し、組成分布も広がるため、延伸可能な温度領域も広がる。

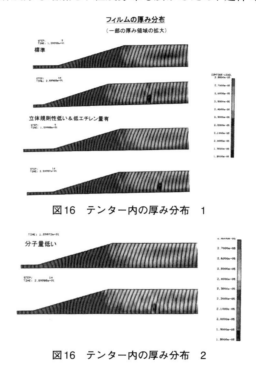

図16　テンター内の厚み分布　1

図16　テンター内の厚み分布　2

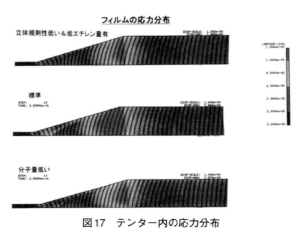

図17　テンター内の応力分布

一方、メタロセン触媒PPはチーグラナッタ触媒PPと比較し同じ立体規則性で比較すると、結晶化速度がかなり遅いため、降伏値が低くなり、S-S曲線の立上り度が顕著である。同時に、組成分布も狭いために、延伸可能な温度領域も狭い。そのため、融点の異なるPPとのブレンドもしくは多段重合等で、組成分布を広げる必要があるものと推定される。

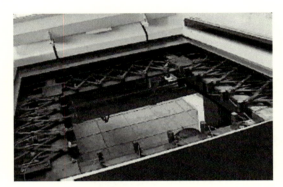

図18　テーブルテンターでの延伸実験

　分子量分布の広いPPは**図20**に示すように、高延伸倍率で分子鎖の絡み合いが強くなり、応力が大きくなるために、厚み精度が向上する。
　これらの情報から歪み硬化性を有するパターンが偏肉精度や延伸性を向上させるために好ましいことがわかる。さらに、応力の温度依存性が小さいほど延伸可能な温度領域が広くなり、良い延伸性が得られる。
　延伸応力を下げるには延伸条件としては延伸温度を上げる、延伸速度を下げること、樹脂性状からは低立体規則性か微量エチレンの共重合、分子量を下げることで調整できる。樹脂性状に対する偏肉精度の関係を**図21**に示す。
　上記結果を**図22**にまとめて記載し、良い延伸条件を以下に列挙した。
a)　広い分子量分布
b)　低立体規則性か低エチレン量の共重合
c)　広い組成分布
d)　高速延伸条件では高めのMFR
e)　両面急速冷却により原反成形時および予熱時に低結晶化度に維持

　二軸延伸PETフィルムの場合、延伸温度において応力-歪み曲線が歪み硬化パターンを示すため、延伸性や厚み精度が良く、薄い延伸フィルムの製造可能である。このような理由から弾性率や引張強度が延伸により改善され、OPETは包装用フィルム、磁気テープ、コンピュータメモリー、コンデンサーフィルム、太陽電池のバックシート、光学用フィルムなどに広く利用されている。

第11章 延伸性評価技術

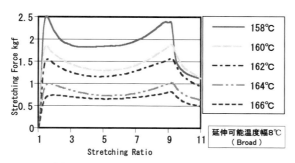

図19(a) OPPグレードの延伸倍率－延伸力の関係

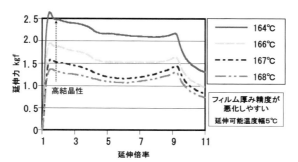

図19(b) 高立体規則性PPの延伸倍率－延伸力の関係

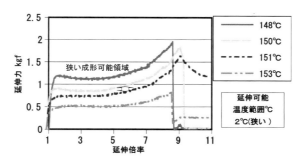

図19(c) メタロセンPPの延伸倍率－延伸力の関係

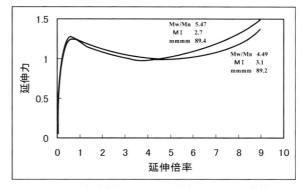

図20 異なる分子量分布の延伸倍率－延伸力曲線

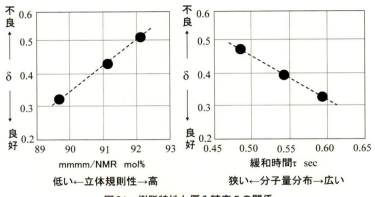

図21　樹脂特性と厚み精度δの関係

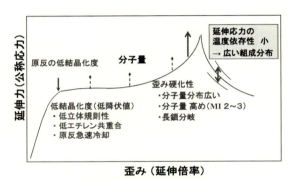

図22　延伸性良好な延伸応力と延伸倍率曲線

3　高次構造同時計測可能な二軸延伸試験機による延伸性評価

　フィルムは広く二軸延伸フィルムが使用されているため、迅速に二軸延伸性を評価し、同時に延伸中の高次構造変化が追跡可能な二軸延伸試験機を開発した[1, 9, 10]。この二軸延伸試験機は図23に示したように、延伸中の延伸倍率-延伸応力曲線が採取できるだけでなく、3軸の屈折率が評価できるように垂直および斜めから入射させた2つの光弾性変調器（PEM）を有する光学系、球晶構造の変化を観察できる光散乱装置を取り付けている（図24）。また、延伸したフィルムの位相差分布および光軸を迅速に測定可能な設備を一体化し、かつ任意な多段延伸、延伸後の応力緩和の測定や弛緩率を任意に制御できる仕様になっており、短時間に大量の情報がin-situで評価できる。この装置はエトー㈱で販売している。

　これらのin-situによる実験観察に、X線による構造観察を加えることにより、延伸過程における延伸性や構造変化が追跡できる。

　この試験機を使用してPA6を延伸したサンプルの状態とその配向評価した結果の一例を示す[11]。PA6は縦延伸により結晶化速度が速く、かつ水素結合を形成しやすいため、縦延伸した後、横延伸するとキンク延伸になりやすく、延伸フィルム内に延伸が局所的に起こる領域と延伸が進行しない領域が発生する（図25）。その結果、三次元配向を測定するとTD延伸中に配向が進む

領域と配向があまり変化しない領域ができることがわかる（図26）。

さらに、PA6に水素結合の形成を乱すMXD6などを少量ブレンドする、もしくは縦延伸後、横延伸をすぐに行うと、このキンク延伸状態が緩和されることがわかってくる。

オートクレーブなどの少量サンプルでも二軸延伸性能が評価でき、かつ延伸条件の影響、縦延伸後の横延伸開始までの延伸間の緩和時間の影響や多段延伸効果が評価できる。さらに、樹脂の違いによる同時二軸や遂次二軸延伸の適用性の判断にも、構造面と延伸性の面から評価可能である。

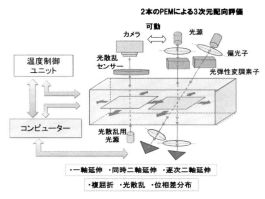

図23　二軸延伸フィルム試験機

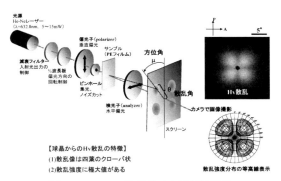

図24　In-situで取り付けた光散乱装置

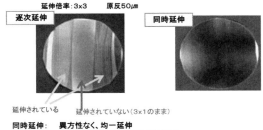

図25　PA6の評価例

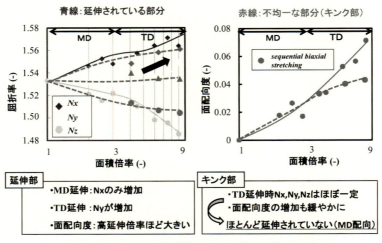

図26　PA6の逐次二軸延伸の3軸の屈折率変化（配向）

　テンターオーブン内で通常の延伸グレードPPのTD延伸を行った時の実験から観察された状態を図10に示したが、明らかにネック状変形が起こっている。位置により延伸開始位置が異なっており、延伸倍率が5倍以上、好ましくは7倍以上で均一なフィルムが得られている。図10の上の図はTD延伸オーブン内の延伸パターンを示しており、下の図はそれぞれの場所でどのような延伸が行われているかを図示している。このネッキングパターンは応力−歪み曲線と密接な関係がある。延伸応力が降伏値を過ぎると徐々に減少し、ネッキング挙動が観察される。

　モデルサンプルの延伸性の結果を示す前に、簡単に応力−面倍率曲線と延伸性について説明したい。図に逐次二軸延伸時のTDの応力−面倍率曲線の延伸性モデルを示した。応力−面倍率曲線には延伸性不良パターンと延伸性良好パターンがあり、降伏値が高く、降伏後応力が低下する挙動はネック延伸を示し、延伸性不良パターンとなる（図27）。降伏値が低く、その後の応力が低下せず、立ち上がるような延伸はフィルムが均一に延伸され、延伸性良好パターンとなる。延伸倍率と公称応力の関係が1つの延伸性を評価する目安になる。また、延伸性向上のためには降伏値を低下させることが重要となる。

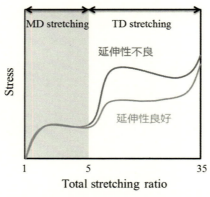

図27　応力−面倍率と延伸応力のモデル図

第11章 延伸性評価技術

 結晶化速度を抑制できる超低立体規則性PP(LMPP)[12]を通常のPPにブレンドした系での二軸延伸の検討結果を述べる。標準サンプルに超低立体規則性PP、および超立体規則かつ超低分子量サンプルを少量添加してPPの結晶化速度を遅くした系などのサンプル(**表2**)を用いて、縦延伸後のTD延伸過程の高次構造変化を観察し、定量的な延伸性への影響を測定した。

表2　評価した樹脂の性状

サンプル名	樹脂	MFR [g/10min]	Mw	Mw/Mn	Tm [℃]
A	i-PP	3	3.8×10^5	4.2	161
L1	LMPP	60	1.3×10^5	2.2	70
L2	LMPP	60	1.3×10^5	2.2	60
L3	LMPP	7	2.3×10^5	2.2	70

L1：基準の低立体規則性PP(LMPP)、L2：超低立体規則性PP(LMPP)、L3：高分子量低立体規則性PP(LMPP)
ブレンドサンプル：二軸延伸PPグレードAにL1、L2、L3を5wt%ブレンド
　　　　　　　→厚み500μmの原反A/L1、A/L2、A/L3を押出成形により製膜

 L1は標準的な低立体規則性PPで、L2はL1よりもさらに立体規則性の低い超低立体規則性LMPP、L3はL1と比較して立体規則性は同じで分子量が約2倍高いLMPPを用いた。ブレンドするLMPPの立体規則性や分子量の違いが延伸性や高次構造にどのように影響するのかを調査するためL2、L3をL1の比較として用いた[13, 14]。

 横軸に面倍率、縦軸にTDの公称応力をとった。赤線のAの挙動は降伏値が高く、Aと比較するとA/L1(L1ブレンドサンプル)、A/L2(L2ブレンドサンプル)は降伏応力値が約30%低減され、延伸後期の応力も大きい結果となっている(**図28**)。

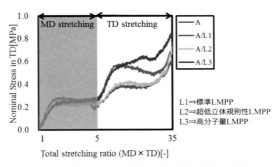

図28　公称応力－面倍率曲線 (延伸温度159℃)

 A/L3(L3ブレンドサンプル)の降伏応力値はほぼ変わらないが、分子量が大きいLMPPのため、分子鎖同士の絡み合いで延伸後期の応力が大きくなることがわかる。L1、L2のブレンドは破断防止効果があり、偏肉精度の向上も期待できることが考えられる。

 延伸性に影響する因子として、原反内部に球晶が存在するが、その球晶径を光散乱で測定した(**図29**)。A/L1(L1ブレンドサンプル)、A/L2(L2ブレンドサンプル)ではLMPPブレンドによ

り結晶化速度を抑えることで、大幅に球晶径を抑制させている。A/L3（L3ブレンドサンプル）は高分子量のLMPPであるため応力の抑制効果は低く、全体的に応力が大きくなる傾向になるため、降伏値は同じレベルで、後半に応力が一番大きくなったと推定される。この結果より、結晶化速度を抑制するLMPPが球晶径の抑制や延伸性向上に影響しているのではないかと考えられる。

各原反のDSC測定を行い、図30に融解熱量ΔHと融点Tmを求めた結果とDSC曲線による融解ピークを示した。LMPPブレンドにより融点は一定に保ったままΔHの値が低下したことから結晶化度を抑制していることがわかる。

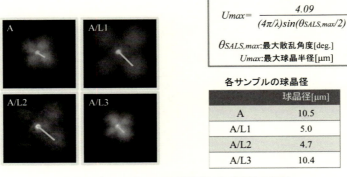

図29　各サンプルのHv光散乱による球晶の観察

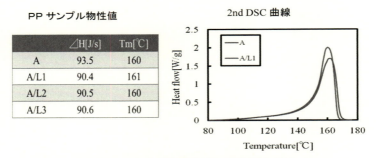

図30　DSCによる結晶化度および融点の測定

融点はラメラの結晶相の厚みによって決まるため、LMPPのブレンドは結晶相の厚みに影響はなく、非晶相に溶け込むことで結晶化度を抑制していると推定される。

小角X線散乱装置を用いて結晶構造の解析を行なった。小角X線散乱測定（SAXS）で求めた最大散乱角2θよりブラッグの式から算出した各サンプルの長周期を示した。Aと比較して3つのLMPPブレンドサンプルはラメラの長周期が長くなっていることがわかる。先ほどのDSC測定結果でPPにLMPPをブレンドすると融点は一定のまま、結晶化度を抑制させ、降伏応力値を低減しているため、LMPPが非晶相に溶け込み可塑剤として作用することで延伸性が向上したのではないかと考えられる（図31）。

各サンプルの降伏応力、最大応力、立ち上がり度、偏肉精度標準偏差を示した。立ち上がり度

は（最大応力／降伏応力）で定義し、横軸に立ち上がり度、縦軸に偏肉精度標準偏差をプロットしたグラフを**図32**に示す。この図から立ち上がり度と偏肉精度には相関性があることがわかり、立ち上がり度を上げることで偏肉精度は改善されることが示唆される。

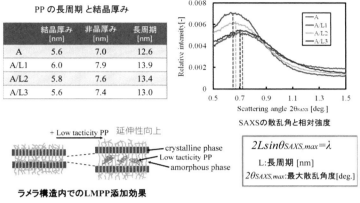

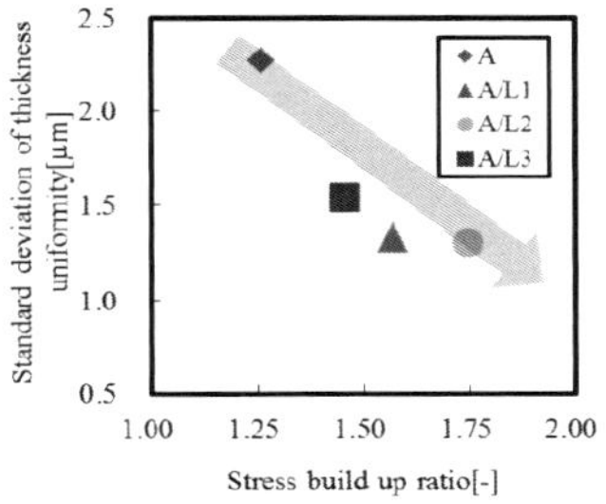

PPの長周期と結晶厚み

	結晶厚み [nm]	非晶厚み [nm]	長周期 [nm]
A	5.6	7.0	12.6
A/L1	6.0	7.9	13.9
A/L2	5.8	7.6	13.4
A/L3	5.6	7.4	13.0

SAXSの散乱角と相対強度

$$2L\sin\theta_{SAXS,max}=\lambda$$

L:長周期 [nm]

$2\theta_{SAXS,max}$:最大散乱角度[deg.]

ラメラ構造内でのLMPP添加効果

図31　小角X線散乱装置を用いて結晶構造の解析

PPサンプルの延伸特性

	降伏応力 [MPa]	最大応力 [MPa]	立ち上がり度 [-]	偏肉精度 [μm]
A	0.57	0.72	1.26	2.28
A/L1	0.35	0.55	1.57	1.33
A/L2	0.40	0.70	1.75	1.30
A/L3	0.56	0.83	1.46	1.53

立ち上がり度＝（最大応力÷降伏応力）で定義

立上り度とフィルム厚み精度の関係

図32　立ち上がり度と偏肉精度の関係

PPの結晶化速度を抑制するLMPPの添加は、降伏応力を低下させることで立ち上がり度が上昇し、延伸過程において原反の厚い部分が均一に延伸され、偏肉精度の標準偏差が小さくなったと考えられる。

各延伸温度で延伸したフィルムの偏肉精度の標準偏差をプロットした**図33**を示す。フィルム製膜の現場ではテンター内に温度分布があるためこの延伸可能温度幅が広いほど温度分布影響なく延伸できる特性がある。

延伸可能温度幅Aの延伸可能温度幅が158～163℃と6℃であるのに対し、LMPPブレンドサンプルは156～163℃と8℃で低温側に広がる結果となり、かつA/L1（L1ブレンドサンプル）とA/L2（L2ブレンドサンプル）は広い温度範囲で偏肉精度標準偏差が良好になっている。

LMPPのブレンドにより低温で融解する成分量が多くなり、かつ延伸過程で結晶化速度を抑制することで低温領域でも延伸を可能にしていると考えられる。

PP延伸において、MD5倍、TD6倍の逐次二軸延伸では、MD延伸過程ではMDの屈折率Nxが大きく、TD延伸後期でTDの屈折率NyがNxより大きくなり、最終的にNyの配向が少し強くなっ

ている（図34）。厚み方向の屈折率Nzは面延伸倍率が大きくなると小さくなる。

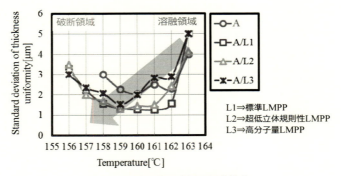

図33 延伸可能温度幅と偏肉精度

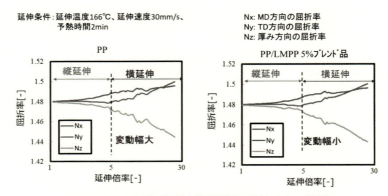

図34 3次元屈折率（超低立体規則性PP添加有無の比較）

1) MD延伸ではNxが大きく、TD延伸後期でNxとNyが逆転し、Nyの配向が強い。NxはMDの配向、NyはTDの配向、NzはNDの配向と関係がある。N値が大きな方向に分子鎖が配向する。
2) LMPPブレンドによりMD延伸からTD延伸に移行時の屈折率の不安定な領域での変動幅が小さく、変動の領域も短い。
3) 不安定領域も狭い→ネック延伸領域の狭小化（低立体規則性PPのブレンドはネック延伸を弱める）

　超低立体規則性PP（LMPP）の微量ブレンドによりPPの結晶化速度を遅くすると、MD延伸からTD延伸に移行時の屈折率の不安定領域が抑制され、変動幅が小さく、変動の領域も短くなる。LMPPのブレンドはネック延伸を弱め、不安定領域を狭くして、偏肉精度を向上させていることが評価できる。また、光散乱がin-situ測定できるため、球晶の変形や崩壊などの高次構造変化も同時にわかる。延伸終了時の位相差分布が観察できるため、光学均一性や偏肉精度も同時に測定結果として得られる。

　また、延伸後のサンプルに対して、PEMによる位相差の測定位置を移動させながら位相差を数百点測定することにより、位相差分布およびその標準偏差が求められ、同時に光軸も測定で

きるため、偏肉測定や配向分布の評価することに繋がる（図35、図36）。

S-S曲線、三次元配向、球晶構造変化とも合わせて評価することで、樹脂性状、延伸中の構造変化や偏肉精度などの関係も評価できる。

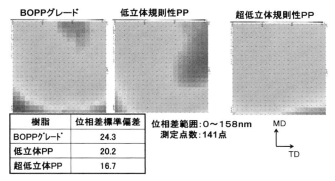

図35　位相差分布測定

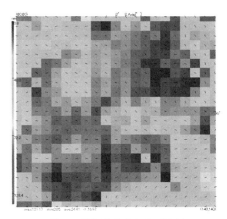

図36　位相差分布および光軸

この二軸延伸試験機を用いて、PP[13, 14]、PE[15, 16]、PA6[11]等の延伸性改良のための樹脂デザインや延伸条件などを検討してきたが、その他の多くの樹脂でも同様な検討結果が可能である[17]。今後の二軸延伸フィルムの樹脂設計や延伸条件を探索する上で、有力な評価手段になると期待される。

参考文献

1) T. Kanai, G. A. Campbell (Eds.) Polymer Processing Advances, (2014) Hanser Publications
2) T. Kanai, G. A. Campbell (Eds.), Polymer Processing, (1999) Hanser Publications
3) 山口秀明、金井俊孝、松澤直樹、武部智明、山田敏郎、プラスチック成形加工学会、成形

加工シンポジア '07(2007)
4) 山口秀明、金井俊孝、武部智明、山田敏郎、プラスチック成形加工学会、成形加工シンポジア '08(2008)
5) T. Kanai, 17th Polymer Processing Society Annual Meeting, 17, CD-ROM(2001)
6) 金井俊孝、成形加工、18、53(2006)
7) 田村聡、倉本格、金井俊孝、プラスチック成形加工学会、成形加工シンポジア '09(2009)
8) Tamura S., Ohta K., Kanai T., J. Appl. Polym. Sci., 124, 2725(2011)
9) "フィルムの機能性向上と成形加工・分析・評価技術" 第二巻 序論
   監修　金井俊孝　株式会社Andtech出版2013.3
10) "機能性包装フィルム・容器の開発と応用"、第一章
    監修　金井俊孝、CMC出版、東京(2015)
11) 奥山佳宗、中山夏実、山田敏郎、高重真男、金井俊孝、要旨集p113-114、成形加工シンポジア2012
12) 武部智明、南　裕、金井俊孝、成形加工21、(4)202-207(2009)
13) 大野智是、山田敏郎、武部智明、藤井望、金井俊孝、プラスチック成形加工学会秋季シンポジア'13(2013)
14) T. Kanai, S.Ohno, T. Yamada, T. Takebe, Improvement of Polypropylene Biaxial Stretchability by Crystallization Control, AWPP-2014 Proceedings(2014)
15) 中村宣夫、山田敏郎、金井俊孝、武部智明、プラスチック成形加工学会年次大会(2013)
16) 中村宣夫、金井俊孝、武部智明、田村和弘、多田薫、プラスチック成形加工学会秋季シンポジア'14(2014)
17) T. Kanai, Chapter 8 in Polymer Processing Advances, T. Kanai, G. A. Campbell(Eds.)(2014)Hanser Publications

第12章

高次構造解析

山形大学　伊藤　浩志

はじめに

　高分子フィルムは電子情報部材を支える重要な基板部材であり、この特性を理解して、より安価に短時間で高品質のフィルムを作製する技術が求められている。特に、フラットパネルディスプレイ（FPD）には数多くの光学フィルムが使用されている。液晶ディスプレイに使用される代表的なフィルムには、偏光フィルム、位相差フィルム、光学補償フィルム、反射防止フィルム、光拡散フィルム（シート）などが挙げられる。これらフィルムには、使用箇所毎に各々の機能を有しており、それに対する要求特性も異なってくる。高分子フィルムは、分子配向や結晶化（高次構造）に依存して、様々な物性（力学、光、耐薬品性など）などが著しく変化する。この成形加工プロセスの加工条件によって高次構造が変化するため、形成される高次構造と加工条件関係を明らかにすることは非常に重要である。高分子フィルムでは、その延伸方法や様式、延伸条件などによって、その発現する高次構造は変化する。ここでは、フィルムの高次構造解析として、光学補償として重要となる光学的異方性の概念、異方性の大小を示すリターデーション（位相差）および複屈折の評価、分子配向評価の1つである赤外分光法およびラマン分光法、広角X線回折や密度測定などによる結晶化度評価について取り上げる。

1. 光学的異方性の概念

　高分子フィルム中の分子配向は、成形加工における流動や変形を通じて形成されるが、これによって、力学的性質ばかりではなく、様々な性質に異方性が生じる。その代表例が屈折率の異方性である。この屈折率の異方性（光学的異方性と呼ぶ）を利用して分子配向を解析する手法がある。まず、光学的異方性と複屈折の関係について整理しておくと次のようになる。光学的異方性を有する物体を観測する際に重要なことは、①二つの屈折率が観測されること、および②二つの屈折率の値が観測方向に依存して変化することの2点である。この観測される二つの屈折率の差が複屈折として定義される。二つの屈折率を持つということは、光学的異方性を有する物体の中では光が二つの異なる速度で進むことを意味する（物体に光が斜めに入射した場合は、異なる屈折角を示す）。このとき二つの光は直線偏光となり、その偏光面は互いに直交している。従って、偏光板を利用して特定の偏光面を持つ光だけを観測すれば、それぞれの偏光面に対応する屈折率を個別に測定することができる。

1.1　リターデーション（位相差）および複屈折の評価

　ここで、二つの屈折率の観測方向依存性について説明する。ある材料の光学的異方性の状態を表現するのに、互いに直交する方向に三つの主屈折率n_x, n_y, n_zをもつ屈折率楕円体が用いられる。主屈折率の値（楕円体の形状）は、材料の種類やその中の分子の配列状態に依存する。一軸延伸フィルムの場合、一般に分子配向は延伸軸に対して対称性をもつため屈折率楕円体はラグビーボールのような形となり、光学的一軸性を示す（**図1**）。このとき、フィルムを真横から観測すると最大の複屈折が得られ、観測方向を延伸軸方向に近づけていくと、複屈折Δnは徐々に低下し、観測方向が延伸軸と重なったとき、その値はゼロ（$\Delta n = 0$）となる。一方、等二軸延

伸フィルムの場合、屈折率楕円体はフィルム面法線を対称軸とする一軸対称性を示すが、一般にフィルム面内の屈折率が面法線方向に比べて高いため、円盤状の屈折率楕円体となる（図1）。これに対し、機械方向（MD）と幅方向（TD）で延伸倍率の異なる二軸延伸フィルムの場合は、三つの主屈折率がそれぞれMD、TDそしてフィルム面法線方向（ND）と一致する光学的二軸性の屈折率楕円体となる。

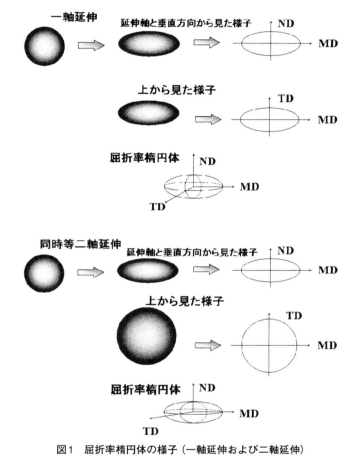

図1　屈折率楕円体の様子（一軸延伸および二軸延伸）

　光学的異方性による複屈折現象を最も簡単に可視化する方法として、二枚の偏光板の間に試料を挟んで透過光強度を観察する方法がある。
　一対の偏光板を利用して複屈折を観察する原理を簡単に説明すると次のようになる。
① 　入射光は偏光板（偏光子）を通過することにより直線偏光となる。
② 　直線偏光が光学的異方性を有する試料に入ると、二つの屈折率に対応した互いに直交する二つの直線偏光に分かれて進む。
③ 　二つの直線偏光は異なった屈折率に対応した速度で試料内を進む。従って、試料を出る時点で、二つの直線偏光の位相にずれが生じる。屈折率が高い方が光の進む速度が遅いため位

相は遅れる。

④　試料を出た光を別の偏光板（検光子）を通して観測する。このとき、二つの直線偏光の、検光子の方向の成分を互いに干渉させた結果を、光の強度として観測することになる。

　以上の基本原理は、偏光板の偏光面の方向や試料の屈折率異方性の方向に関わらず適用できるが、最もコントラストの高い干渉縞を観測するために、二枚の偏光板は互いに直交させ（これをクロスニコルとよぶ、互いに平行な場合は平行ニコル）、試料の二つの屈折率を示す偏光面の方向を偏光子に対して45度にするのが一般的である。

　クロスニコル下で観測される光の強度に関しては、次に示す関係が重要である[1,2]。

$$\Delta n \times t = k\lambda \cdots\cdots \quad 暗 \tag{1}$$

$$\Delta n \times t = \left(k+\frac{1}{2}\right)\lambda \cdots\cdots \quad 明 \tag{2}$$

ここでΔnおよびtは試料の複屈折と厚み、λは光の波長、kは整数である。左辺の複屈折と厚みの積の値をリターデーション（光学遅延）と呼ぶ。すなわち、クロスニコル下では、試料を通過する光のリターデーションが波長の整数倍では暗く、これと半波長ずれた場合は明るく観測される。試料が光学的異方性を持たない場合は$k=0$に相当し、当然暗くなる。

　入射光が単色光の場合は、上記の関係が単純に成り立つが、入射光として白色光を用いる場合は、いろいろな波長の光が含まれているため、リターデーションがゼロの場合以外は暗くならず、様々な干渉色が観測される。干渉色が生じるのは、式(1)、(2)の関係に基づいて、特定の波長の光が消失するためである。リターデーションと干渉色の関係については、成書[3]を参照されたい。

　複屈折を定量的に計測する方法は、屈折率の測定を経由する方法と、光学遅延を直接測定する方法に大別できる。複屈折を有する物体内では光が互いに直交する二つの振動面をもつ直線偏光に分かれて進むことを利用する。すなわち、屈折率を計測する何らかのしくみに偏光板を組み合わせれば、その二つの偏光面に対する屈折率が計測できる。このとき入射する光の偏光面は試料がもつ二つの屈折率の方向に合わせる必要があり、観測される屈折率の差が複屈折となる。一方、光学遅延を直接測定する方法では、二枚の偏光板の間に試料を挟むことによって測定を行うが、試料以外に幾つかの光学機器を偏光板の間に設置することによって、様々な測定法が実現されている（図2）。ここでは、偏光板を利用した複屈折の測定について解説する。

　互いに偏光面を直交させて配置した偏光板（クロスニコル）の間に光学的異方性を有する試料を挟んだ場合に観測される光の強度について、もう少し詳しく記述すると、任意の光学遅延に対する透過光強度Iは次式で与えられる[3]。

$$I \propto \sin^2\left(\frac{\Delta n\, t}{\lambda}\pi\right) \tag{3}$$

ここで、Δn、tはそれぞれ試料の複屈折と厚みであり、両者の積が光学遅延となる。またλは光の波長である。すなわち、単色光による測定の場合、複屈折の増加あるいは試料厚みの増加によっ

て光学遅延が連続的に増加すると、透過光量は周期的に変化する。従って

$$\Delta nt = k\lambda + \delta, \quad 0 \leq \delta \leq \lambda \tag{4}$$

とおくと、透過光強度が示す情報はδのみであり、干渉次数kは、別途何らかの方法で決定する必要があることがわかる。

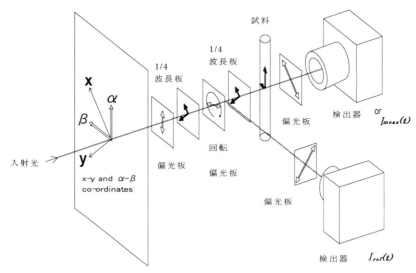

図2 回転する偏光板を用いた光学遅延計測用の光学系

　偏光板を利用した複屈折の評価方法では、偏光顕微鏡を用いた評価がもっとも一般的で、解析精度の点でも信頼される。偏光顕微鏡では、二枚の偏光板（偏光子、検光子）の間に様々な光学的異方性体を挟むことにより、複屈折の定量解析を行うことができる。偏光顕微鏡の使用方法や解析方法は成書を参照されたい[4]。さらに、偏光板を利用した方法には、回転する偏光板を用いて評価する方法[5,6]や、分光光度計を用いる方法などが挙げられる[7]。これらの方法を実際の延伸プロセスや成形プロセスに取り入れて、製造過程をモニタリングすることも報告されている。

2. 赤外（Infrared；IR）吸収分光法による分子配向

　光学異方性測定（複屈折測定）による成形品の分子配向評価とは別に、核磁気共鳴法（NMR）、赤外吸収分光法、ラマン分光法などが挙げられる。ここで、赤外吸収の2色性を用いて2次の配向関数を求めることができる。これは吸収に寄与する結合の方向を観測していることになる。赤外吸収分光法は可視光よりは長くマイクロ波よりは短い0.8〜1000 μmの赤外領域の電磁波（光）を用いる分光法で、得られる情報と測定装置上の相違によって、近赤外（0.8〜2.5 μm）、赤外（2.5〜25 μm）、遠赤外（25〜1000 μm）の3つの波長領域で測定が行われる。最もよく利用される電磁波の領域は2.5〜16 μmの波長範囲で、この領域の吸収スペクトルは、分子の基準振動のうち、

双極子モーメントの変化を伴う振動によって生じ、振動スペクトルとも呼ばれる。高分子材料ではスペクトル中に現れる多くの吸収帯を全て同定することは困難である。赤外吸収スペクトルは大きく分けてグループ振動数領域（2.5〜6.6 μm）と指紋領域（6.6〜15.4 μm）に大別される。前者には、X、Yを炭素、窒素、酸素などの原子として、X–Hのように水素原子を含む結合や、X＝Y、X≡Yなどの結合の伸縮振動が現れ、隣接する部分の結合（C–C、C–O、C–Nなど）の振動数と離れているためにその影響を受けにくく、固有の波数領域に吸収帯を示す。一方、指紋領域のスペクトルは、隣接基のわずかな変化によっても敏感に変化するため類似構造の化合物でも互いに異なるスペクトルを与える。詳細な理論や特性吸収帯については成書を参照されたい[8〜10]。

高分子フィルムの分子配向の検討には赤外二色性の測定が有効である。試料に偏光した赤外線を入射した時、入射光の電場ベクトルの方向が分子振動の遷移モーメントの方向と一致すれば強く吸収され、逆に直交すれば吸収は生じない。このことから、分子配向や特定の化学結合の配向に関する有効な知見を与える。

試料中の光強度I_1が、距離l(cm)進んで強度I_2となる時に次のランバート－ベール（Lambert–Beer）則が成立し、吸光度A（または光学密度）は次式で表すことができる。

$$A = \log(I_1/I_2) = \varepsilon c l \tag{7}$$

ここで、εはモル吸光係数（cm^2・mol^{-1}）、cは吸収を起している物質のモル濃度（mol・cm^{-3}）である。つまり、吸光度は量、濃度に比例することが分かる。

成形プロセスにおける機械軸方向（MD）とその垂直方向（TD）に偏光された赤外線により測定した成形品の吸光度を$A_{//}$と$A_\perp$とすると、赤外二色比Dは、

$$D = \frac{A_\perp}{A_{//}} \tag{8}$$

で定義される。

ここで、一軸延伸の場合、延伸方向に対する分子振動の遷移モーメントの配向関数F^Dは赤外2色比Dを用いて次のように表すことができる。

$$F^D = \frac{1-D}{1+2D} = \frac{a_{//} - a_\perp}{a_{//} + 2a_\perp} \frac{3\langle\cos^2\theta\rangle - 1}{2} \tag{9}$$

ここで、$a_{//}$, $a_\perp$は吸収異方性単位の主吸収係数、θは単位の回転対称軸が延伸軸となす角である（図3）。また、この吸収異方性単位と高分子鎖との配位が角φに従って関係づけられると、分子鎖の配向関数fと$<\cos^2\theta>$とは次式の関係が成り立つ。

$$\frac{3\langle\cos^2\theta\rangle - 1}{2} = \frac{3\cos^2\varphi - 1}{2} f \tag{10}$$

すなわち、式(9)と(10)を組み合わせることにより、2色比Dの測定を通じて分子鎖の配向関数の決定が可能となる。

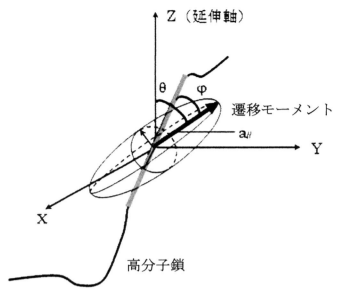

図3 直交座標における分子鎖セグメントの配向状態と遷移モーメントの関係

　一方、同時等二軸延伸フィルムやバランスした逐次二軸延伸フィルムについてはフィルム面と垂直に偏光赤外線を入射した場合、赤外2色比は示さない。この場合、フィルムを延伸軸に垂直な面内で薄片化し、その切断面に垂直に赤外線を入射させることによって、延伸軸方向とフィルム面法線方向の振動成分を直接区別できる。しかし、薄いフィルムにおいて、薄片化は非常に困難な作業であり、この解決法として面偏光した赤外線を試料に傾角入射することで配向関数を算出する方法も提案されている[10~12]。赤外二色比より分子配向を議論している成書、論文は数多くあり、詳細は文献を参照されたい[13~18]。

　実際にフィルムの赤外吸収スペクトルを測定する場合、吸収に応じて数～数十mmの厚さにする必要がある。マイクロトームによって薄片とし、透過法によってこの薄片試料の吸収ピークの位置および吸収強度を測定する。特に注意すべきことは、大気中、試料中の水分の存在である。試料に水分が含まれると水の強い吸収（水素結合の吸収は3300cm^{-1}付近）のためにスペクトルが不明瞭となる。

　測定装置には多くの種類があるが、スペクトル測定という立場から回折格子を用いた分散型分光光度計と干渉光を用いたフーリエ変換型分光光度計（FT-IR）の2種類に大別される（図4）。分散型分光光度計の場合、入射された光はプリズムや回折格子によって種々の方向に波長毎に分散される。プリズムや回折格子を適当な角度回転することによって、異なる波長の光を一定方向に固定した検出器に導くことができる。フーリエ変換型の場合、全波数成分を同時に検出器に導いている。また、FT-IRには分散型のようなスリットがなく、光源量をより有効に利用することが可能となる。FT-IR法では測定時間が数秒オーダーであるが、周期的変形下の試料については、さらに速いマイクロ秒オーダーの変化を追うために、He-Neレーザーと干渉計、得られた正弦波のデータ解析を工夫することで、時間分解能を高める方法も提案されている[19]。

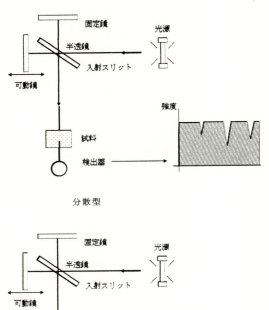

図4 赤外分光器の概略

この方法を用い、PPフィルムの周期的な延伸、緩和のサイクル過程での瞬間的なスペクトル変化が測定されている。さらに、薄片化の困難な試料については、成形品の表面の吸収を測定する方法として、全反射吸収スペクトル法（Attenuated total reflection；ATR法）がある。赤外領域において透明で屈折率が高い媒体（ZnSeやGeなど）と試料との界面で全反射が起きる条件下で反射スペクトルを測定すると、赤外吸収のない領域では光はそのまま全反射するが、赤外吸収のある領域ではその吸収の強さに応じて反射エネルギーが低下し、結果として透過スペクトルとほとんど同様の赤外全反射吸収スペクトルが得られることになる。測定上注意すべきことは、測定の深さが次式に従うことで、高屈折率媒質と試料との密着性、ならびに適切な入射角の選択が重要となる。

$$d_p = \frac{\lambda_1}{2\pi[\sin^2\alpha - (n_2/n_1)^2]^{1/2}} \tag{11}$$

ここで、d_pは侵入深さ、αは入射角、λ_1は高屈折率媒質中の波長、n_1、n_2はそれぞれ高屈折率媒質と試料の屈折率である。

3. ラマン分光法による分子配向評価

　ラマン分光法は赤外分光法と並んで、分子の振動スペクトルの最も汎用的な測定手段である。ラマン分光法において試料の受ける電磁波（光）は可視あるいは紫外光であり、試料からの散乱光も同様である。試料に照射された励起光により摂動を受けるのは、第一に分子の電子状態である。この電子状態の乱れに伴い、振動状態−電子状態のある種の相互作用により二次的に誘起されるのがラマン効果である。すなわち、ラマンスペクトルは励起光の波数（ν_i）から分子の基準振動（ν_0）だけ低い側（ストークス（Stokes）線）あるいは高い側（反ストークス（anti-Stokes）線）へシフトした波数に現れる散乱光のスペクトルである。一般にはストークス線の方が強いので観測に利用される。

　ラマンスペクトル測定の基本原理は、試料に励起光を照射し、試料から発する散乱光をモノクロメーターのスリットのなかに送り込んで分光測定することであり、通常、励起光源としてAr^+レーザーを用いている。ここで注意しなければならないのは、励起光の強度を1とした時、励起光と波数を同じくする散乱光、すなわちレーリー散乱光の強度はおよそ10^{-5}であり、ラマン散乱はこのレーリー散乱光の1％以下であるため、測定波長領域に他の光が迷光として入り込むと測定上重大な妨害となることである。したがって、モノクロメーターの迷光レベルに関する要求は極めて厳しい。モノクロメーターには普通回折格子を用いた分散型のものが用いられるが、蛍光などによる背景強度を除くためにフーリエ変換（FT）型の普及が進んでいる。また、一般にラマン光は、極めて微弱なために高感度でS/N比の大きな信号を得るために、光電子増倍管に代わって、ダイナミックレンジが広く、スキャニングより波数分布と一次元の空間分布に関する情報が直接得られる二次元電荷結合素子（CCD）が普及している。

　ラマンスペクトルには、伸縮振動が変角振動より強い、共有結合の方がイオン結合より強い、共有結合では単結合→二重結合→三重結合の順に強いなどの特徴がある。また、赤外吸収分光では弱い等核結合（$C-C$、$C=C$、$C\equiv C$、$S-S$など）の伸縮振動が、ラマンスペクトルでは強く現れる。

　ラマン分光法の特徴として測定波数範囲が広く（4000〜10cm^{-1}）、また試料の形態に多様性が許されることが挙げられる。このことは赤外吸収分光法のような試料の薄膜化などが不要であり、プラスチック成形品の評価には適している。さらに、レーザーを使用すること、および使用波長が短いことから顕微測定（ラマンマイクロプローブ法）や表面測定（全反射法、表面増強ラマン分光（SERS）法）を高精度で行える。ラマンマイクロプローブ法は、試料室として光学顕微鏡を用いた分光法であり、主に顕微鏡の光学系の焦点深度で測定可能な深さが決定される。従って、光がモノクロメーターやCCDに入る直前のレンズの絞りを共焦点系にした場合、共焦点ラマン顕微分光となり深さ方向の空間分解能が約2μmとなる[20]。励起レーザー光の波長が試料の可視・紫外部の吸収帯の波長領域に入った場合、ラマン散乱強度が異常に大きくなる共鳴ラマン効果が観察される。この効果を利用すれば非常に高い感度を持ち、かつ振動スペクトル法固有の優れた選択性をもつ分析法が得られる。

ラマン分光法を用いたプラスチック成形品の分子配向評価について以下に簡単に紹介する。一般に分子鎖の振動モードはそのラマンテンソル（分極率の変化率のテンソル）に方向性を有している。従って、偏光ラマンスペクトルを測定することにより、分子配向を評価できる。
　ラマンスペクトルの解析法はBowerによって報告された方法が良く用いられる[9,21]。ラマンスペクトルの強度I_Sはラマンテンソルを$\alpha_{ij}(i,j=1,2,3)$、試料固定座標系$O-X_1X_2X_3$に対する入射および散乱光の偏光方向の方向余弦をそれぞれl_1, l_2, l_3およびl_1', l_2', l_3'とすると、

$$I_S = I_0 \sum_{i,j}(\sum l_i' l_j \alpha_{ij})^2 \tag{12}$$

となる。ここで、I_0は装置定数および入射光強度を含む定数である。上式より分子配向の情報として、一軸延伸試料の2次および4次モーメントの配向関数$P_2(\cos\theta)$、$P_4(\cos\theta)$を求めることができる。試料は分子鎖軸$O-u_3$のまわりに選択的な配向がないと仮定し、テンソル量α_{ij}の主軸が$O-u_1u_2u_3$の構造単位とする時、以下の関係が成り立つ。

$$\sum \alpha_{ij}\alpha_{pq} = 4\pi^2 N_0 \sum_l M_{l00} A_{l00}^{ijpq} \tag{13}$$

ここでN_0はラマン強度に寄与する構造単位数、A_{l00}^{ijpq}はBowerによって与えられたラマン分極率$\alpha_i(i=1,2,3)$の2次形の加算式、M_{l00}はLegendreの多項式より、

$$M_{l00} = \frac{1}{4\pi^2}\sqrt{\frac{2l+1}{2}}\langle P_l(\cos\theta)\rangle \tag{14}$$

で与えられる。上式より配向関数は以下のようになる。

$$P_2(\cos\theta) = \frac{3\langle\cos^2\theta\rangle - 1}{2} \tag{15}$$

$$P_4(\cos\theta) = \frac{3 - 30\langle\cos^2\theta\rangle + 35\langle\cos^4\theta\rangle}{8} \tag{16}$$

θは参照主軸に対する分子鎖軸のなす極角である。詳細な理論および式の展開は文献[9,21]を参照されたい。
　一軸延伸PETフィルムの分子配向をラマン分光法により詳細に議論した報告は多い[21~23]。ベンゼン環の伸縮振動に対応する波数1616cm^{-1}を用いて、偏光したラマン分光法で求めた配向分布$\langle\cos^2\theta\rangle$と複屈折の間には良い直線関係（**図5**）があり、この関係を用いることによりラマンスペクトルの測定から配向度を容易に推定することができる[21,22]。さらに、荷重試験やクリープ試験中に測定したラマンバンドのシフトや変化量から分子配向を議論することで、成形品の応力分布などを解析できる[23]。

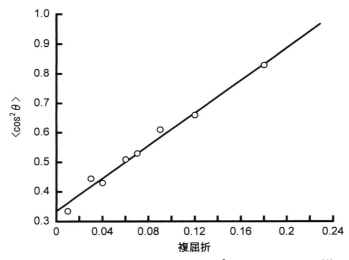
図5　ラマン分光で得られた配向分布＜$\cos^2\theta$＞と複屈折の関係[22]

4. 広角X線回折や密度による結晶化度評価

　高分子材料は、結晶化することのできる結晶性高分子と一般的な条件では結晶化しない非晶性高分子に分類される。結晶性高分子材料は、溶融状態から温度を低下させていくと、熱力学的に結晶相が非晶相に比べ安定になるが、分子鎖が長いために特殊な条件での結晶化を除いて完全に結晶化させることはできない。そこで、材料全体の中で結晶化した部分の占める割合を結晶化度と定義する。結晶の分率を体積の割合で表したのが体積分率結晶化度、重量の割合で表したのが重量分率結晶化度である。一般に結晶相の密度は非晶相より高いため、重量分率結晶化度は体積分率結晶化度より大きい値となる。

　ここで、結晶相は三次元的な周期性をもった構造として定義できるが、含まれる欠陥や乱れの程度によりその状態は異なる場合がある。非晶相の定義は一層曖昧であり、まわりの結晶の状態、分子配向の程度などによりさまざまな状態を取り得ると考えられる。さらに、実際の材料中の構造は結晶相と非晶相という2種類に完全に分離できるわけではなく、中間的な領域の存在する、より連続的なものである。従って、上で定義した結晶化度は、あくまで構造の状態を表す一つの指標として理解すべきものであり、過度に絶対的な意味を持たせて考えるべきではない。また、定義自体が曖昧であることから、結晶化度の値は測定法により異なる場合があっても不思議ではない。このような点を踏まえた上で、以下に結晶化度の解析法について概説する。

4.1　X線回折法

　X線回折法は、最も一般的な結晶化度の評価方法である。広角X線回折（WAXD）測定において重量分率結晶化度X_cは、一般に全散乱強度から非晶ハローの強度を差し引くことにより決定され、全結晶散乱強度と全干渉性散乱強度の比で表わされる。

$$X_c = \frac{\int_0^\infty s^2 I_c(s)ds}{\int_0^\infty s^2 I(s)ds} \tag{17}$$

ここで$I_c(s)$、$I(s)$はそれぞれ結晶、全体からの散乱強度である。sは散乱ベクトルの大きさであり、$s = 2\sin\theta/\lambda$ (θはBragg角、λはX線の波長) である。実際には積分範囲をゼロから無限大までとることはできないが、この積分範囲についての条件は厳密ではなく、I_cの評価さえ正しければ、銅ターゲットのX線源から発生するCuKα線 (波長$\lambda = 0.15418$nm) で$2\theta = 5°\sim35°$(or~50°) 程度の積分範囲でもかなりの精度で計算できる。しかし、上式で得られるX_cは真の結晶化度よりも小さくなる傾向がある。これは一般に高分子材料の微結晶サイズは小さく、結晶内にひずみや乱れなどを多く含むことや原子の熱振動の影響により、結晶による散乱線は広がるため、結晶部から散乱されるX線強度の一部がピークから失われてバックグランドの散漫散乱として現れI_cが弱められる。また、積分範囲の下限値s_1を固定すると、積分範囲の上限値s_2の増加に伴いX_cは減少するが、この散乱強度の減少の度合いは広角側で大きくなるため、式(17)で得られるX_cは、積分範囲の下限値s_1を固定すると積分範囲の上限値s_2の増加に伴い減少する。詳細な理論および式の展開は文献[24]を参照されたい。次に簡便法の一例を示す。

測定は透過法により、試料θ、カウンタ2θ回転の等角傾斜法で回折強度を測定する。この時、$2\theta = 5°\sim35°$(or~50°) の角度範囲で強度を測定し、必要な強度補正を行う。結晶ピークを分離し、次式により結晶化度を求める。

$$X_c = \frac{\int_{2\theta_1}^{2\theta_2} I_c(2\theta)d(2\theta)}{\int_{2\theta_1}^{2\theta_2} I(2\theta)d(2\theta)} \tag{18}$$

結晶ピークの分離においては、カーブ・フィッティングのプログラムを使用し、複数の結晶ピークをGauss関数、Cauchy関数などを用いて分離する。また結晶化度が高い場合は、ピークとピークの間の強度が最小な部分を滑らかに連ねて結晶と非晶散乱を分離すればよい。完全非晶の試料が得られる場合は、その散乱曲線の形を利用して非晶による散乱を分離することができる。

高分子フィルムは強い配向の影響が存在する。つまり、分子鎖の配向、結晶軸・結晶面の配向などの異方性を有している。図6には、ポリエチレンテレフタレート (PET) の一軸配向試料の広角X線回折像に現れる層線の理想図を示す。ここで、回折像の中心を通り配向軸と平行な線を子午線、垂直な線を赤道である。(hkl)面反射のうち、面指数lがゼロの$(hk0)$面はc軸に対し平行になるため、面法線ベクトルは配向軸に対し、垂直方向を向き、面法線ベクトルの終端の円は一つに重なる。複数の回折面について考えると、$(hk1)$、$(hk2)$…のように、指数lの値が同じ値を持つ回折面は図に示すように同じ曲線上に並ぶ。これを第1層線、第2層線などと呼ぶ。PET繊維をはじめとする幾つかのポリエステルの一軸配向試料で、結晶反射の位置がこの層線からわずかに上下にずれて観測される場合がある。WAXD測定によってX_cを求める場合、この配向性を三次元的にランダム化させる必要がある。繊維やフィルムの場合、細かく切断し、薄めた糊剤で固めてX線測定用の試料とするが、繊維の太さ、あるいはフィルムの厚み程度の大

きさまで小さくしないと、固める際に面配向性が生じてしまうので注意が必要である。図7に微粉化することにより配向の影響を除いたPET繊維の広角X線回折強度分布と、これを結晶および非晶からの散乱強度に分離した結果を示す。なお、配向の影響をなくすことを意図して、試料を入射X線の光軸を中心に高速回転させながら回折角方向強度分布を測定する場合もあるが、これはEwaldの反射球を用いて考えると[25]、面法線ベクトルの終端が描く球面上の小円まわりの平均化を行っていることになり、3次元的なランダム化は出来ていない。例えば一軸配向した繊維の測定において、繊維軸に対して垂直方向からX線を入射し、この軸周りに繊維を回転させながら強度分布を測定すると、赤道付近の反射強度を過小評価することになる。一軸配向試料の場合は、方位角φを少しずつ変えて$\theta-2\theta$等角傾斜法で回折角方向の強度分布を測定し、それぞれに$\sin\varphi$の重みを掛けて足し合わせるのが一つの合理的な測定法である。

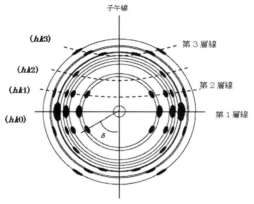

図6　PETの一軸配向した繊維の広角X線回折像に現れる層線

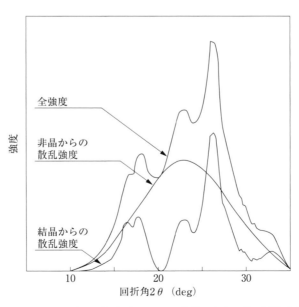

図7　微粉化して配向の影響を除いたPET繊維の広角X線回折強度分布

4.2 密度法

密度の測定結果を用いると、体積分率結晶化度X_c^Vおよび重量分率結晶化度X_cを次式から求めることができる。

$$X_c^V = \frac{\rho - \rho_a}{\rho_c - \rho_a} \tag{18}$$

$$X_c = \frac{\rho_c}{\rho} \frac{(\rho - \rho_a)}{(\rho_c - \rho_a)} \tag{19}$$

ここで、ρ、ρ_c、ρ_aはそれぞれ試料、結晶および非晶の密度である。ρ_cは、格子定数および単位格子内の繰返し単位数から計算できる。ρ_aは、ガラス転移温度が室温より十分高いプラスチックについては、溶融物の急冷によりほぼ理想的な非晶状態の試料を作製してその密度を測定する。一方、結晶性が高くまたガラス転移温度が室温以下の試料については、溶融状態での密度測定から熱膨張係数を考慮して外挿し、室温での値を求める。代表的高分子材料のρ_c、ρ_aの値は成書を参照されたい[26, 27]。

高分子フィルムには、成形条件に依存して複数の結晶形（結晶多形）を示すものがある。このとき結晶構造の違いにより結晶密度が異なるため、複数の結晶形が混在する試料の結晶化度を密度測定の結果のみから厳密に議論することは難しい。しかし、WAXD測定の結果を併せると、原理的には以下のような方法で、各々の結晶形の結晶化度を求めることができる[28, 29]。

まず二つの結晶形α晶、β晶から測定しやすい結晶面を選び、その反射ピークの積分強度I_α、I_βを測定する。試料間の比較を可能にするため、積分強度の値は試料の吸収係数を用いて基準化しておく。α晶、β晶の結晶密度および重量分率結晶化度をそれぞれρ_α、ρ_βおよびX_α、X_βとする。また試料の密度および非晶密度をρ、ρ_aとすると、次式が成り立つ。

$$\frac{1}{\rho} = \frac{X_\alpha}{\rho_\alpha} + \frac{X_\beta}{\rho_\beta} + \frac{1 - X_\alpha - X_\beta}{\rho_a} \tag{20}$$

一方、積分強度は結晶化度に比例するから、

$$X_\alpha = \Psi_\alpha I_\alpha, \quad \Psi_\beta = Y_\beta I_\beta \tag{21}$$

ここで、Ψ_α、Ψ_βは定数である。式(20)と式(21)より次式が得られる。

$$\frac{1}{\rho} = \left(\frac{1}{\rho_\alpha} - \frac{1}{\rho_a}\right) I_\alpha \Psi_\alpha + \left(\frac{1}{\rho_\beta} - \frac{1}{\rho_a}\right) I_\beta \Psi_\beta + \frac{1}{\rho_a} \tag{22}$$

ここで、ρ_α、ρ_β、ρ_aは既知の値であるとすると、α晶、β晶分率の異なる複数の試料についてρ、I_α、I_βを測定し、式(22)に最小自乗法を適用すればΨ_α、Ψ_βの値が定まり、従って任意の試料のX_α、X_βが求められることになる。

密度測定には、湿式または乾式により成形品の体積を測定し、重さを天秤で秤量して算出する方法、さらに湿式法には密度が既知の液体と比較する方法などがある。特に、プラスチック成形品の密度測定は、JIS K7112「プラスチックの密度と比重の測定」により規定[30]されており、水中置換法、ピクノメータ法、浮沈法、密度勾配管法などの湿式法を用いる。浮沈法は試料を非

膨潤性の混合液体中に入れ、液体の混合割合を変えることによって、試料の密度と釣りあわせ、この時の混合液体の密度をもって試料の密度とする方法である。液体の密度はピクノメータを用いて測定する。一方、ピクノメータ法は、粉体などの形の定まらない試料に適用される方法で、試料を液体とともにピクノメータ（比重びん）に入れ秤量後に液体を蒸発させ試料の重量を求めて密度を算出する。

4.3 熱分析

熱分析の1つである示差走査熱量計（DSC）で試料単位質量当たりの融解吸熱量ΔH_eを測定（JIS K7122）すると、結晶相の融解熱ΔH_m^0との比から結晶化度X_cが求められる。

$$X_c = \frac{\Delta H_e}{\Delta H_m^0} \tag{23}$$

ここで試料の結晶化が十分に進行している場合、$\Delta H_e = \Delta H_{melt}$となる。しかし、試料が十分に結晶化していない場合、昇温過程で結晶化による発熱が生じ、式（23）の融解熱ΔH_eはΔH_{melt}から結晶化発熱ΔH_cを補正した値（$=\Delta H_{melt} - \Delta H_c$）となる。DSCでは用いる試料量を重量で規定することから、結晶化度は重量分率結晶化度になる。高分子フィルムの場合、通常は完全結晶体を得ることができないので、熱分析と密度測定を組み合わせ、融解熱を密度の関数として、異なる結晶化度のもとで測定し、結晶密度ρ_cの値に外挿することで完全結晶融解熱ΔH_m^0を求める。代表的高分子材料の完全結晶の融解熱ΔH_m^0を表1に表す。詳細は成書を参照されたい[26, 27]。

表1　代表的な結晶性高分子材料の熱因子・融解熱ΔH_m^0・密度

	平衡融点（℃）	ガラス転移温度（℃）	融解熱ΔH_m^0（kJ/mol）	密度（g/cm³）	
				結晶	非晶
ポリエチレン（PE）	141	－125	4.10	1.000	0.855
ポリプロピレン（PP）	188	－10	6.94	0.946	0.850
ポリエチレンテレフタレート（PET）	280	70	30.70	1.501	1.336
ポリオキシメチレン（POM）	184	－83	9.96	1.491	1.215
ポリアミド6（N6）	263	40	24.30	1.235	1.084

DSCによる結晶化度測定の問題点として、完全結晶の融解熱ΔH_m^0値の信憑性と、融解熱を測定するために試料に熱をかけることで構造変化が生じることが挙げられる。DSC測定において、一定昇温速度に周期的温度変調を重ね合わせた機能を有するDSCシステムが注目され、盛んに活用されている。この動的DSCは昇温速度、温度変調の周期および振幅を変化させることが可能となり、高分解能と高感度を両立させることが知られている。

おわりに

本章では、フィルムの高次構造解析として、光学補償として重要となる光学的異方性の概念、

異方性の大小を示すリターデーション(位相差)および複屈折の評価、分子配向評価の1つである赤外分光法およびラマン分光法、広角X線回折や密度測定などによる結晶化度評価について取り上げた。光学フィルムの物性を決定するこれら高次構造を解明し、物性と高次構造の相関を理解することは、高付加価値・高品質フィルムの製造に必要不可欠である。本章が、フィルム成形品の高次構造を理解する上で多少でも役に立てば幸いである。

参考文献

1) 近田淳雄、高分子物性の基礎(高分子学会編)、422(1993)、共立出版
2) 鞠谷雄士、高分子の構造(2)散乱実験と形態観察(高分子学会編)、481(1997)、共立出版
3) 岡島三郎、高分子の物理Ⅱ(高分子学会編)、77(1961)共立出版
4) 粟屋裕、高分子素材の偏光顕微鏡入門(2001)アグネ技術センター
5) Kikutani, T., Nakao, K., Takarada, W. and Ito, H., Polym. Eng. Sci., 39, 2349(1999)
6) Born, M., Wolf, E., Principles of Optics, 6th ed., 703(1980) Pergamon Press
7) Ajji, A., 成形加工、11, 115 (1999)
8) 高分子分析ハンドブック(日本分析化学会編)、(1985)朝倉書店
9) 第4版実験化学講座6、分光Ⅰ(日本化学会編)、(1991)丸善
10) Structure and Properties of Oriented Polymers, Ward, I.M. ed.：1997, Chapman & Hall, London
11) Tadokoro, H., Tatsuka, K., Murahashi, S.：J.Polym. Sci., 59, 413(1962)
12) Schmidt, P. G.：J. Polym. Sci., Part A, 1, 1271 (1963), J. Appl. Polym. Sci., 9, 2661(1965)
13) 高分子実験学：高分子の固体構造Ⅰ、Ⅱ(高分子学会編)、(1984)共立出版
14) 日比貞夫、前田松夫、牧野昭二、野村春治、河合弘廸、繊維学会誌、27, 246(1971)
15) Samanta, S. R., Lanier, W. W., Miller, R. W., and Gibson Jr., M. E.：Appl. Spectroc., 44, 286 (1990)
16) Salem, D. R., Weigmann, H. D.：J.Polym. Sci., Part B, Polym. Phys., 29, 765(1991)
17) Furuhashi, Y., Ito, H., Kikutani, T., Yamamoto, T., Kimizu, M., and Cakmak, M.：J. Polym. Sci., Part B, Polym. Phys., 36, 2471(1998)
18) Cole, K. C., BenDaly, H., Sanscharin, B., Nguyen, K. T., and Ajji, A.：Polymer, 40, 3505 (1999)
19) Fately, W. G., Koenig, J. L.：J. Polym. Sci., Polym. Lett. Ed, 20, 445(1985)
20) 村木直樹、石田英之、成形加工、11, 89(1999)
21) Bower, D. I.：J. Polym. Sci., Part B, Polym. Phys., 10, 2135(1972)
22) Purvis, J., Bower, D. I.：J. Polym. Sci., Part B, Polym. Phys., 14, 1461(1976)
23) Fina, L. J., Bower, D. I., Ward, I. M.：Polymer, 29, 2146(1988)

24）仁田勇監修：X線結晶学、上（1959）、下（1961）、丸善
25）鞠谷雄士、伊藤浩志：成形加工、12、556(2000)
26）成形加工におけるプラスチック材料（プラスチック成形加工学会編）、付表（1998）、シグマ出版
27）Brandrup, J., Immergut, E. H.：Polymer Handbook, 3rd Ed.,(1989), Wiley-Interscience Pub.
28）Furuhashi, Y., Ito,H., Kikutani,T., Yamamoto,T., Kimizu,M., Cakmak, M.：J. Polym. Sci., Part B, Polym. Phys., 36, 2471(1998)
29）Miyata, K., Ito, H., Kikutani, T., Okui, N.：Sen'i Gakkaishi, 55, 542(1999)
30）JISハンドブック11−プラスチック−、1997、日本規格協会

第13章

ラミネート加工方法の種類と各部での ポイントおよびトラブル対策
（ラミネート、コーティング、巻取、接着）

松本技術士事務所　松本　宏一

はじめに

ラミネーティング（またはラミネーション）は、「ある基材に同種または異種の基材をラミネートする（貼り合わす）ことによって、基材そのものが持つ特徴を活かすと同時に欠点を補たり、新たな機能を付け加える加工法」と定義できる[1]。

例えば、基材である各種フィルム、紙、アルミニウム箔などを何層かに積み重ねることをいう。
① 熱可塑性樹脂材料を基材表面に塗工あるいは含浸させて、または基材と基材の間に接着性樹脂フィルムを挿入させて、熱によって貼り合わせる方法
② 基材と基材の間に接着剤を塗工させて貼り合わせる方法
③ 熱溶融樹脂を介して基材と基材を貼り合わせる方法
などがある。

①の熱により貼り合わされるサーマルラミネーション。②の接着剤を使用して貼り合わされるホットメルト、ノンソルベント、ウエット、ドライラミネーション。

②の熱溶融樹脂で貼り合わされる押出、共押出ラミネーションが代表的である。

本稿では、それぞれの加工方法の概要とそこで生じる加工上でのポイントとトラブル、および貼り合わせた製品に生じる問題点を挙げ、その対策を概説する。

1. 各種ラミネート加工方法の種類と加工工程

1.1 サーマルラミネーション（thermal lamination）

サーマルラミネーションは、熱ラミネーションともいわれる。この方法は、ラミネートしたい基材を加熱ロールで圧着してラミネート（積層、貼り合わせ）し、冷却させて巻き取る方法である。
① 基材フィルム自体に熱溶着する基材を使用して熱で貼り合わせる
② 熱溶着性タイプの樹脂を基材に塗工あるいは含浸させた基材を使用して熱で貼り合わせる
③ 基材層間に接着性樹脂を挟みながら加熱圧着する
などの方法がある。

これらは各基材との相溶性（親和性）、塗工・含浸樹脂、接着性樹脂フィルムとの相溶性が接着力に大きく影響を与え、この層間で接着の良否が決まる。

1.2 ホットメルトラミネーション（hot melt lamination）

ホットメルトラミネーションは、ワックスラミネーションともいわれる。基材に熱で溶かしたワックス状の接着剤を塗工し、他の基材を貼り合わせた後、瞬間に冷却させて、接着剤を固化させて、貼り合わせて巻き取る方法である。

1.3 ノンソルベントラミネーション（non-solvent lamination）

ノンソルベントラミネーションは、溶剤を全く含有しない接着剤を80～100℃で加熱し、粘度を下げた状態で基材に塗工し、乾燥工程を通らず、もう一方の基材を加熱ロールで圧着し、巻き取る方法である。接着剤はドライラミネーション用接着剤と同じ熱硬化型反応機構で促進されるが、加熱による低粘度の加工性を持たすために、接着剤の分子量は低く設計されている

ために、基材への濡れ、接着剤自体の凝集力不足から、接着強度の優れる製品は得られにくい。

1.4 ウエットラミネーション (wet lamination)

ウエットラミネーションは、基材に水性または水分散（エマルジョン）型の接着剤を基材に塗工し、水を含んだ状態でもう一方の基材（多孔質：紙、不織布、布）と貼り合わせられた後、乾燥し、巻き取る方法である。接着剤は澱粉類、ポリビニールアルコール類などによる水性タイプ、ポリ酢酸ビニル、EVAなどのエマルジョンタイプが使用されるので、強い接着力は期待できず、耐水性も劣る。多孔質材料の層間強度、接着剤の凝集力の大きさが接着強度に大きく影響する。

1.5 ドライラミネーション (dry lamination)

ドライラミネーションは、有機溶剤に溶かした接着剤を基材に塗工し、乾燥炉で溶剤を蒸発乾燥（ドライ）させ、その後もう一方の基材と加熱ロールで圧着、貼り合わせる方法である。

1.3のノンソルベントタイプと同じ熱硬化型反応接着剤が使用されるので、反応促進状態、基材との接着力、接着剤との相溶性によって接着の良否が決まる。表1にラミネート用接着剤を示した。

表1 ラミネート用接着剤（ウエット、ホットメルト、溶剤系、無溶剤系）

接着剤	成分	使用される代表的な構成	主な用途
ウエット・接着剤	（水溶性）でん粉、カゼイン、PVA、他 （エマルジョン）PVAC、EVA、他	Al箔／接着剤／紙 紙：上質紙、薄葉紙、グラシン紙 他	たばこ、チューインガム、ビスケット、バター、マーガリン、ラベル・シール、石鹸、他
ホットメルト・接着剤	天然ワックス、合成ワックス、EVA、EMA、EMMA、粘着付与剤、可塑剤、酸化防止剤、滑剤	Al箔／接着剤／基材 基材：防湿セロハン、紙、OPP 他	チューインガム、キャンデー、チョコレート、スナック菓子、石鹸、他
ソルベント・接着剤（溶剤系・ドライラミネート）	（一液反応型）ポリエーテル・ポリイソシアネート ポリエステル・ポリイソシアネート （二液反応型）ポリエステル・ポリオール ポリエーテル・ポリオール ジイソシアネート	OPP／接着剤／CPP PET／接着剤／LDPE又はL・LDPE ONY／接着剤／EVA又はL・LDPE PET／接着剤／Al／接着剤／CPP	菓子、キャンデー、液体スープ、ジャム、冷凍食品、レトルト食品、他
ノンソルベント・接着剤（無溶剤系ラミネート）	（一液反応型）ポリエステル・ポリイソシアネート （二液反応型）ポリエステル・ポリオール ポリエーテル・ポリオール ジイソシアネート	OPP／接着剤／CPP OPP／接着剤／アルミ蒸着CPP ONY／接着剤／L・LDPE 他	アイスクリーム、スナック菓子、米袋、氷袋、他

PVA：ポリビニルアルコール　　PVAC：ポリ酢酸ビニル　　EVA：エチレン・酢酸ビニル共重合体
EMA：エチレン・メチルアクリレート共重合体　EMMA：エチレン・メチルメタアクリレート共重合体

1.6 押出コーティング・ラミネーション (extrusion coating lamination)

押出コーティング・ラミネーションは、押出コーティングと押出ラミネーションに大きく分けられ、押出コーティングは、溶融樹脂をTダイと呼ばれるスリットダイからフィルム状に押し出した溶融樹脂フィルムを直接基材に圧着塗工する方法である。押出ラミネーションは、基材上に押し出した溶融樹脂フィルムのもう一方から、他の基材を供給して、同時に圧着貼り合わせる方法である。この溶融樹脂フィルムが接着剤の代わりになり、この方法を押出サンドイッチラミネーションとも呼ばれる。

この方式には、Tダイが1基のシングルラミネート機、2基のタンデムラミネート機がある。それぞれ種々基材、種々樹脂原料が用途により選定される。基材と溶融樹脂間には接着強度向上のためのAC剤（アンカーコーティング剤、下塗り剤）が塗工され、接着強度の向上が図られる場合が多い。押出溶融樹脂の加工温度、AC剤の選定によりその接着力の良否が決まる。

1.7 共押出コーティング・ラミネーション (co-extrusion coating lamination)

共押出コーティング・ラミネーションは、1-6の押出コーティング・ラミネーションのTダイに数種、数層の樹脂を同じフィルム状に押し出し、コーティングおよびラミネートする方法である。同じくシングルラミネート機、タンデムラミネート機がある。また、ダイ口が円形の丸ダイ共押出ラミネート機もある。

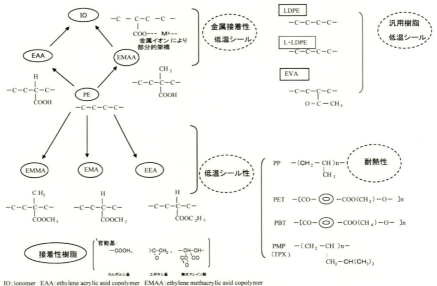

図1 代表的な押出コーティング用樹脂

共押出される樹脂は、共押出層間の相溶性（親和性）により、よく接着する場合と接着しない場合があり、後者の場合には層間に接着性樹脂が使用されている。押出溶融樹脂の加工温度、押出樹脂の親和性、AC剤の選定により、その接着力の良否が決まる。図1に代表的な押出コーティ

第13章 ラミネート加工方法の種類と各部でのポイントおよびトラブル対策

ング用樹脂、**表2**にラミネーション7つの加工法と課題を示し、**表3**にAC剤の主な特徴と用途および構成を示した。

表2 ラミネーション7つの加工法と課題

ラミネーション加工方法	構成例	課題
1）サーマルラミネーション 加工スピード(VS)：60〜70m/min	A　　　C　　　B 紙/接着性フィルム/不織布	・耐熱材料に限られる ・加工速度に限度がある
2）ホットメルトラミネーション VS：100〜150m/min	A　　　CB セロハンor紙/接着剤/AL AL：アルミニウム箔 C：ホットメルト接着剤	・接着剤の加温装置が必要である ・冷却装置が必要である ・接着力・耐熱性は劣る ・塗布量は10〜30g/m²
3）ノンソルベントラミネーション VS：150〜200m/min	A　　C　B ONY/接着剤/PE ONY：二軸延伸ナイロンフィルム PE：ポリエチレンフィルム C：無溶剤型接着剤	・接着剤溶融温度管理 ・接着剤塗工量管理0.7〜2.0g/m² ・初期接着力が小さい（トンネリングの発生） ・エージング管理 ・接着剤洗浄技術
4）ウエットラミネーション VS：100〜250m/min	A　C　B AL/接着剤/紙 C：ウエット型接着剤	・片側材料が多孔質であること ・高乾燥熱量を要す ・接着剤塗工量管理2〜3g/m²dry
5）ドライラミネーション VS：100〜250m/min	A　C　B ONY/接着剤/CPP CPP：無延伸ポリプロピレンフィルム C：溶剤型接着剤	・残留溶剤管理 ・エージング管理 ・接着剤塗工量管理　2.0〜4.0g/m² ・溶剤排出処理 ・労働作業環境管理
6）押出コーティング・ラミネーション シングルラミネーター タンデムラミネーター VS：80〜250m/min	A　　C　B OPP/AC/PE/CPP OPP：二軸延伸ポリプロピレンフィルム AC：アンカーコーティング剤（下塗剤） PE：ポリエチレン樹脂 ―――――――― A　　　C　B C セロハン/AC/PE/AL/PE	・高温加工技術と管理 ・樹脂交換洗浄技術 ・厚みコントロール技術 ・接着力場技術 ・AC剤選択技術
7）共押出成形ラミネーション 共押出タンデムラミネーター VS：80〜200m/min	A　　C　B　C PET/AC/PE/AL/IO/PE PET：ポリエチレンテレフタレート IO：アイオノマー樹脂	・層間接着技術 ・厚みコントロール技術 ・加工温度技術と管理 ・樹脂交換洗浄技術 ・AC剤選択技術

表3 アンカーコート（AC）剤の主な特徴・用途及び構成

AC剤＼特徴	初期接着強度	接着強度	耐水性	耐熱性	耐油性	耐アルカリ性	耐酸性	耐ボイル性	用途	構成
有機チタン系	△	○	×	○	△	△	△	×	医薬品包装 布粘着テープ	セロハン/AC/PE 布/AC/PE
イソシアネート系	×	◎	◎	◎	◎	○	○	◎	液体スープ、餅、冷凍食品、味噌、こんにゃく、ボイル食品 粉末ジュース	ONY/AC/EVA ONY/AC/L・LDPE PET/AC/PE
ポリエチレン・イミン系	○	○	×	×	○	×	○	×	インスタントラーメン 米菓子、スナック食品、乾燥のり、	OPP/AC/PE OPP/AC/PE/CPP
ポリブタジエン系	○	○	△	×	△	△	×	×	スナック菓子、インスタント食品、お茶	セロハン/AC/PE/AL/PE 紙/AC/PE

7つのラミネート加工方法では、何に使用されるか、どのラミネート加工方法を採用するか、フィルム・樹脂、接着剤、AC剤に何を使用するかでその製品機能・特性が生まれてくる。図2にそれぞれのラミネート加工方法の各部での加工上の主なポイントを挙げた[2]。

2. 各種ラミネート加工方法の各部での加工上の主なポイント

図2からは、それぞれのラミネート加工方法の各工程の流れが分かり、そこでの主なポイントを挙げた。繰出部では加工面とその表面状態、繰出張力。接着剤塗工部では、種類、濃度、塗工量など。乾燥部では、炉内温度、炉長など。第2繰出部では加工面と表面状態、繰出張力。ラミネート部ではロール温度、溶融樹脂温度、加工スピードなど。巻取部では巻取条件など注意すべき項目が示されている。どの工程でも最適加工条件のもとで生産されている。

3. 各種ラミネート加工方法の主な塗工方法

すでに主な7つのラミネート加工方法の特徴を挙げ、使用される基材と同種または異種の貼り合わせるための加工技術として樹脂の含浸、フィルムの熱加工あるいは接着剤の塗工によりラミネートが行われていることを述べてきた。ここでは各方法として主に使用されている塗工方法を図3に挙げ、各方法に用いられている主な塗工法の例をあげた。

塗工方法は基材の種類、接着剤の種類、塗工量、加工性、作業性、製品品質などに合わせて選定される。

接着剤の組成、形状からは水溶性、エマルジョウン（水分散）、無溶剤、溶剤、固形フィルムなどに大きく分けられ、その塗工方法も異なり、使用される基材、構成により選定されなければならない。

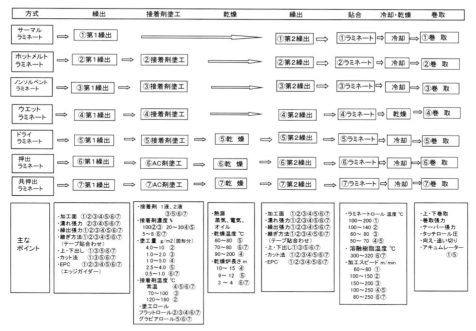

図2　各種ラミネート加工方法の各部での加工上の主な加工上の主なポイント

塗工ロール方法 ＼ ラミネート加工方法	コート／含浸	リバースコート	グラビアダイレクト	チャンバードクター	4本ロール	5本ロール	コート又は含浸／熱圧着
1 サーマルラミ	○						○
2 ホットメルト ラミ	○ コート	○ 10～40 g/m²	○ ＋スムージング 2～20 g/m²				
3 ノンソルベント ラミ					○ 0.7～2.0 g/m²	◎	
4 ウエットラミ	◎ コート	○ 2～3 g/m² dry					
5 ドライラミ		△ 4～10 g/m² dry	◎ 2～4 g/m² dry	○ → ◎			
6 押出ラミ (AC)	◎ ロールコート 0.8～1.0 g/m² dry		○ 1.0～1.2 g/m² dry				
7 共押出ラミ (AC)	◎ ロールコート 0.8～1.0 g/m² dry		○ 1.0～1.2 g/m² dry				

◎:優　○:良　△:可　→:導入増　塗工量: g/m²　(dry: 乾燥後)

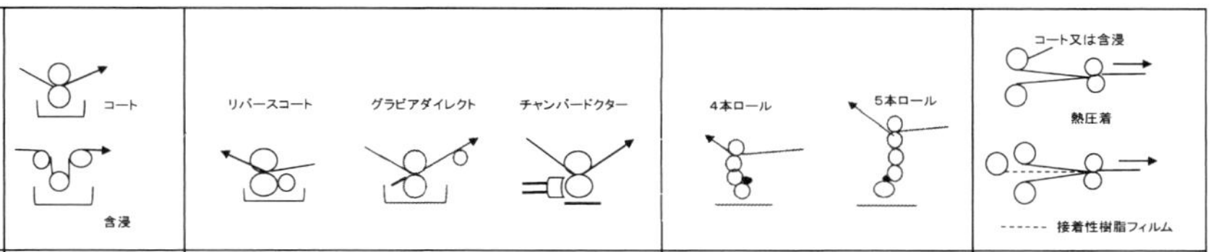

図3　代表的なラミネート接着剤塗工方法

4. 印刷・ラミネート製品の巻芯シワの原因と対策

ここでは、印刷・ラミネートの巻取工程で発生する不具合の中で最も多く発生し、ロス金額の大きい巻き締りシワを中心に取り上げ、その原因と対策を述べて行く。尚、ここでは印刷・ラミネート加工の巻取方式としては、一般的な巻取部の軸が駆動する中心駆動巻取方式(センタードライブ)を取り上げ、実際に現場作業として可能となる具体的な問題点と手法を示し、どの

ように考えれば効果を生むことが出来るかを述べて行く。

4.1 巻取部のスタートで考えるべき基本的対策
4.1.1 紙管を原因とする巻芯シワの発生
(1) 紙管の歪

現場で常に使用される紙管は、外からの購入基材に使われている紙管の再利用が行われている（紙管の肉厚は7mm）。そのために巻芯に紙管の歪による横シワが発生する。

(2) 紙管のカット跡

購入基材・フィルムに使用されてきた基材の残フィルム原紙をカッターで切り取り、そこに生じるカッター跡（えぐられたカッター跡）が基となり、巻芯シワの発生となることがある（巻き取るフィルム厚みにもよるが100～200mのシワ不良が発生する）。

カッターを使用した紙管のカット跡は、使用前に表面をきれいに削り取り使用することが必要である。

(3) 紙管上の粘着テープ

切り換え時に紙管に巻き付ける紙粘着テープの残テープを紙管に貼り付けたまま、次の製品をその上に巻き取ると、この段差をきっかけに巻芯シワが発生する。取り除いて使用することが大切である。

(4) 紙管の肉厚差による巻芯シワの発生（3インチ紙管で、紙管肉厚7mmと10mmを使用した比較）

図4に示した①と②のOPP 25/印刷工程では、スタートでの巻径が大きい分だけ②のシワロスが少なくなる傾向が見られる。また、③と④のOPP 20/CPP 30のラミネート工程でも紙管肉厚の厚い④の方が菊模様（スターリング　starring）が発生しない傾向が見られる。しかし、①～④の巻芯にはいずれも巻取スタート時に発生する巻き締りシワが100～200m発生し、十分な最適巻取加工条件で行われたことにならない。巻芯シワの改善されるスタートの基本的生産条件は、後述4-1-3（図6）の項で合わせて述べる。

以上は、作業スタートで必ずすべき主な作業をあげた。

4.1.2 巻取部のカット方法による巻芯巻き込みシワの発生原因と対策
図5に現在採られている3種の巻き換えカット方法をあげた。1の追い切り法は、従来から採用されて方式であるが、切り換え直後の折り返し部を巻き込み巻かれるために、シワが多く発生する。この対策としては、切り換え時に加工スピードを低速（例えば50m/min）に落として、カットするとロスは、約1/10に低減することが出来る、あるいは追い切りを2の迎え切りに改造することにより、良い結果が得られる、ただ改造費が発生する。

2の迎え切りは、切り換え直後の切り口をきれいに巻き込むために、シワは発生しない（この方法の導入が増えている）。

3の横切は、ラミネート部と巻取部の中間にアキュムレータを据え付け、フィルムを一旦停止状態で、カッターで横切し、巻き込むためにシワは発生しない。しかしアキュムレータの装備でラインの長さが2～3m広がることを考える必要がある。

第13章 ラミネート加工方法の種類と各部でのポイントおよびトラブル対策

紙管 肉厚 7 mm

OPP 25 μ ／ 印刷

幅　1,000 mm　VS　130m/min
巻　4,000 m　Φ　380 mm
巻取張力スタート　60 N
テーパー張力　30 %
タッチロール圧　5.2 kg-m
（ゲージ圧≒0.13 MPa）
巻き芯シワ不良
①450 m　＞　②400 m

紙管 肉厚 10 mm

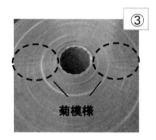

菊模様

紙管 肉厚 7 mm

OPP 20 μ ／ CPP 30

幅　1,000 mm　VS 150 m / min
巻　2,000 m　Φ　365 mm
巻取張力スタート　200 N
テーパー張力　70 %
タッチロール圧　14 kg-m
（ゲージ圧 ≒ 0.22 MPa）
側面 菊模様
③　＞　④

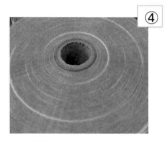

紙管 肉厚 10 mm

図4　印刷とラミネート製品の巻取で、巻き取る紙管肉厚の影響

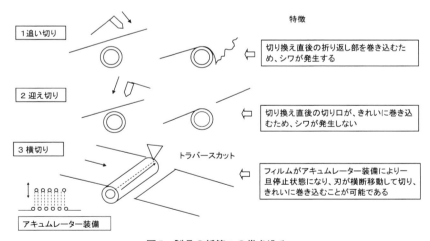

図5　製品の紙管への巻き込み

4.1.3　印刷・ラミネートでのテーパー張力設定による巻芯シワ不良の発生原因と対策

　巻取機に使用される紙管径は、3インチまたは6インチ紙管が主に使用される。高精度、厚手フィルム、高価なフィルム・基材には6インチ紙管が使用され、一般用には3インチ紙管が使われている。当然、3、6インチ紙管のスタート点でのテーパー張力設定は異なることになる。

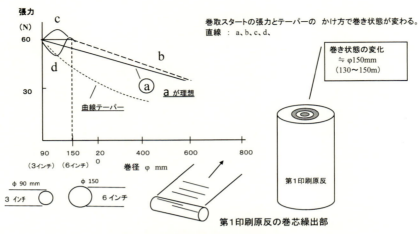

図6 ラミ前の印刷原反の巻芯シワ対策
巻取り開始時の張力・テーパー(勾配)の設定)

図6の3インチ紙管のスタート点は、巻径90mmに合され、6インチ紙管のスタート点は巻径150mmに合される。それぞれの巻取り位置でテーパー張力が働くようにされなければならない。ところが現場のほとんどの機械は、巻径150mmからテーパーが働くように設定され巻き取られる機械が多くみられる。たとえば、3インチ紙管（φ90mm）を使用する印刷・ラミネートでの巻取機のテーパー張力は、直線テーパーbで設定されているケースが多く、スタートから巻径が150mmになるまでテーパー張力は働かず、スタートから巻径150mmになるまでは強く巻かれ、150mmになってはじめてテーパー張力が働き巻かれていく。この間は基材にもよるが、巻芯シワが発生し易いことが考えられる。

図4の①、②でも同じように、紙管の肉厚差から生まれる巻芯シワの発生差は、bの直線テーパーを使用した場合には、それほど差となって現われてこないのである。テーパー直線bで印刷された製品原反を次工程のラミネートで繰出し、印刷原反の巻芯に近づいたところでは、200～300mの印刷工程での巻芯シワが発生しているのを良く見かける。

原因は印刷巻取機でテーパーが、図6のbで生産されていることが多く、この印刷機の巻取直線テーパーをaに調整し直すと、巻芯でのシワは極端に削減する。

この調整は、ラミネート機の巻取部でも同じことがいえる。テーパー直線、c、dのケースもあるが、どちらもbより強い巻芯シワが発生する。現在、テーパー直線bで設定されている巻取機では、3インチより6インチ紙管を使用して生産した方が、当然、巻芯シワが少なく、現場では、一般製品にも6インチ紙管を使用したがる担当者が多い。先ず、現在の巻取機のテーパー張力がどの直線で設定されているかを確認する必要がある。

4.1.4 巻芯シワと巻中・波状シワの発生と対策

ラミネート製品には、構成、厚み、フィルムの表裏の滑り、幅などによって製品の巻芯にシワが多く発生した製品原反、および製品の巻中に大きい波状のシワが発生した製品を見かける。

図7の巻芯シワのトラブルは、スタート時の設定の張力が強く、次の生産では張力を弱くして巻き込む、張力の調整は微調整、10N単位で最適条件を捜し出す（日報に記録）。テーパー張力は調整しないで巻取張力で最適条件が得られればベストである。巻中・波状シワのトラブルは、製品原反の巻中に波状の大きなシワが発生する。これはスタート時の張力を10N単位で強くして行き、巻シワ状態を確認して、巻芯シワの発生が見られるようになった時点で、張力の調整は終了し、大きな巻中・波状シワの状態を調整限界として、製品を良品として扱う（大きな巻中・波状シワは製品としての問題は発生しない）。4-1-1の紙管に関する項は、生産スタートの事前準備として必ず行う必要がある。

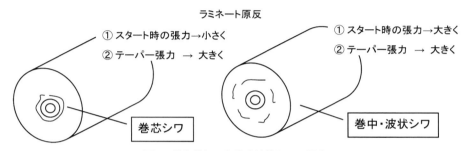

図7　巻き芯シワと巻中波状シワの発生

4.2　巻取部での最適巻取設定条件の求め方（巻取条件8要因）

巻取加工の条件として、考えるべきことは、

① 基材の表裏の滑り　② 巻取張力　③ テーパー張力
④ タッチロール圧　⑤ 加工速度　⑥ 製品幅
⑦ 製品の厚み（腰）　⑧ 生産機

の8要因が有る。この中で現場作業者がコントロールできる要因は、

② 巻取張力（N）　③ テーパー張力（％）　④ タッチロール圧（MPa）　⑤ 加工速度（m/min）
の4要因である。

他の基材の滑り、幅、総厚、生産機は、注文、構成が決定されてから決まってくる。

ここで、巻き取られる製品の巻取条件は、大きく分けると、製品が、

Ⅰ　良く滑る製品の巻取
Ⅱ　滑りが一般的な製品の巻取
Ⅲ　まったく滑らない製品の巻取
Ⅳ　滑らず柔らかい製品の巻取

のケースに分けられる。これらを**表4、5**に例を挙げて示した。

表4　巻取部の巻取条件No1

巻取条件項目　⑧要因

No 1

1. 巻き締まりシワ（巻芯シワ）　　μ：静摩擦係数　　3インチ紙管　　⑦厚み、⑧機械					
基材 ①フィルム面滑り	②巻取張力 N	③テーパー（勾配） %	④タッチ圧 MPa	⑤加工速度 m/min	⑥幅 mm
Ⅰ．滑る／滑る μ：0.2～0.25 OPP/CPP マットOPP 4,000m巻き	140～250 (200) 強く	70 4,000m φ：510mm	0.2～0.25 (12～17kgf) 14.5kg(0.22MPa)	150～200 速くできる	500～1,000
Ⅱ．一般／一般 μ：0.35～0.4 OPP/CPP 4,000m巻き	160～200 (180) 少し弱く	70 4,000m φ：510mm	0.2 (12kgf) 13.0kg(0.21MPa)	150～180 少し速くできる	500～1,000

巻芯シワ・ロス目標　4,000 m巻：1ステップ＝100m　2ステップ＝40～50m　3ステップ＝5m以下

表5　巻取部の巻取条件　No.2

No 2

2. 巻き締まりシワ（巻芯シワ）　　μ：静摩擦係数　　3インチ紙管　　⑦厚み、⑧機械					
基材 ①フィルム面滑り	②巻取張力 N	③テーパー（勾配） %	④タッチ圧 MPa	⑤加工速度 m/min	⑥幅 mm
Ⅲ．滑らず／滑らず μ：0.45～0.6／ ／0.5～0.8 PET/VMCPP ONY/VMLLDPE 及び無添加PE	110～120 (110) 弱く (11kg)	70 2,000m巻き φ：370mm	0.2～0.25 (12～17kgf) 17kg (0.25MPa) 強く押す	140～150 低速	500～900
Ⅳ．滑らず／軟らかい ONY/LLDPE μ：0.4～0.5 ／0.3～0.6	100～110 (110) 弱く	70 2,000m巻き φ：370mm	0.15 7.0kg (0.15MPa) 弱く押す	140～150 低速	500～900

これらの製品の巻芯シワの少ない巻き取れる特徴をあげると、

　Ⅰは巻取張力を強く、テーパー張力は一定（ここでは70％）、タッチロール圧は高く、加工速度は速くしても巻きズレの無い、巻芯シワの少ない製品が得られる。

Ⅱは I より少し張力を弱く、テーパーは一定（ここでは70％）、タッチロール圧は I よりやや弱く、加工速度は I より少し低速で行うと、巻芯シワは少なくなり、加工条件を都度日報に記録し、最適加工条件を求めて行けば、巻芯シワロスは5～30mの再現性のある製品が得られてくる。

Ⅲ（表5）は表裏の滑らないフィルムの巻取で、一度巻き取ったフィルム面は、巻取張力の大小により、滑らないフィルム面が張力の強弱に対応出来ずに、歪を発生させてしまう。張力を下げ、加工速度を下げ、さらにはタッチ圧を強く押し付け、その時点で原反に巻き固定することにより、歪を発生させず、シワのない巻取が可能である。

ⅣはⅢと同じ条件で、タッチロール圧を下げた条件で巻き取るとシワの少ない結果が得られ、再現性が生まれる。

ⅢとⅣは共に巻取張力または加工速度をわずかに変化させるだけでも、すぐに200～300mの巻締りシワを発生させてしまう。注意を要す。

ここで I の滑るフィルムとは、フィルムに滑剤が多く含有されていて、手で触れてと良く分かるほど良く滑る（静摩擦係数 μ：0.2～0.25）。Ⅱの一般的に滑るとは、滑剤が少し含有されていて、I に比べてやや滑らない（μ：0.35～0.4）フィルムである。Ⅲのまったく滑らないとは、無添加CPP・LLDPE・PE・EVAに見られるように、触れるだけでも滑らないフイルムとわかるフィルム表面である。Ⅳの滑らない、柔らかいフィルムは、ONYとLLDPEの構成に見られる。

Ⅰ～Ⅳは、現場で作業前にフィルムの表裏に手を触れるだけで、判断できる。この4種の分類を頭に入れて、生産し、各原反の加工条件を生産日報に正しく記録し、次工程の巻芯状態を観察して、最適条件を求めて行く。

同製品の生産、同構成での生産は、生産日報と次工程の結果を参照して最適条件を求めて行く。ちなみに巻径は、

3インチ紙管：$\pi(D^2-d^2)/4=Lt$でDを求める、D巻径、d紙管径　L長さ　t総厚（cm）

4.3　巻取スタート時の巻取張力とタッチロール圧の最適条件の設定

ここでは、スタート時の巻取張力がテーパーによって何Nに低下して、製品カットに入ったかを求め、この時点に示す巻取張力と同じ数値をタッチロール圧とする。図8は、機械の最大巻取径を800mmとして（中には600mmの場合もある）、横線を巻径（mm）、縦線をスタートの巻取張力（N）とする。縦・横線をそれぞれ10等分して、縦には設定巻取張力を等分に記し、横には巻径を示し、テーパー張力は、ここでは70％としている。巻芯シワの低減が得られない場合は、テーパーを120、140％にするケースもある。

印刷・ラミネート機のタッチロール圧は、ほとんどゲージ圧としてMPaまたはkg/cm^2で計器に表示されている。しかし巻取張力は、N-mで表示されているのでタッチロール圧もkg-mに換算して表す関係をゲージ圧とタッチロール圧で示し、その換算を図8の中に示した。

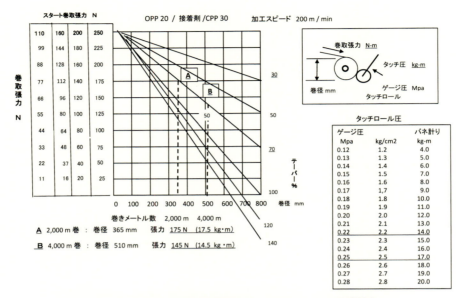

図8 巻取スタート時の巻取張力とタッチロール圧の最適設定

　ゲージ圧とタッチロール圧の関係はバネ測りでそれぞれを測定したものである。2,000m（A）、4,000m（B）巻に切り換えた時点の巻取張力（N）をバネ測り値として、換算し、変換ゲージ圧（MPa）とする。この得られた値以下でタッチロール圧を設定すると、バランスの良い、巻芯シワ発生の少ない条件になる。タッチロール圧をこれ以上に高く設定すると、巻内の歪、巻ズレの原因となる。低くすると巻の弱い製品が出来上がる。この条件は、**表5**のⅢの滑らないフィルムには、当てはまらないので、注意を要す。巻取機のスタート巻取張力とテーパーおよびタッチロール圧と製品結果を求めて行くと、最適巻取条件が得られることになる。

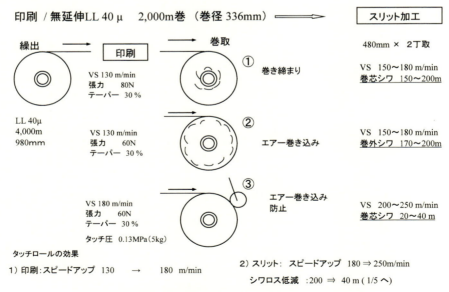

図9　LLDPEの印刷製品のスリット加工での巻芯シワの低減

第13章 ラミネート加工方法の種類と各部でのポイントおよびトラブル対策

4.4 印刷原反のシワ不良対策の一例

4.4.1 LLDPEフィルムの印刷製品のスリット加工での巻芯シワの低減（図9①、②、③）

無延伸フィルムの印刷加工は、出来上がる巻取製品に、巻き状態のバランスが悪く、次のスリット加工で印刷原反の巻芯にシワを発生させたり①、巻外に弱い巻の不良を発生させたりしている②。これらの原反は、スリット後の製品に不良、スリット製品の巻きズレ、巻直し工程等、生産性の悪い結果を招いている。

単体・無延伸フィルムの印刷では、軽くタッチロールを当て、印刷をすることにより、印刷・スリット・巻芯シワの改善を大きく図ることが出来る。

4.4.2 印刷原反の弱巻き製品に、次工程（ラミネート）で巻締りシワの発生源になっているその対策

印刷工程でバランスよく巻かれた原反は、次工程のラミネートでもスムーズに印刷原反が繰出されて、きれいな巻き状態でラミネート製品が出来上がる。ところが印刷工程で弱く巻かれた印刷原反は次のラミネート工程で印刷原反の巻芯に多くの巻き締りシワを観察することが有る。この原因としては、①印刷工程の巻き始めに巻取張力を強くして印刷時に巻芯シワを作ってしまった場合、②図10のNS加工第1繰出部のA、およびDL加工の第1繰出部Bの印刷原反に印刷工程で原反を弱く巻き取ってしまったA、Bが、繰出し途中に巻き締りを起こし新たに巻芯シワを発生しまうケースが見られる。

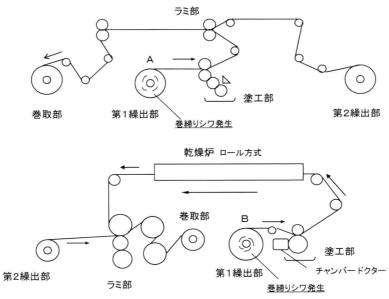

図10 印刷原反の弱巻き製品の巻き芯シワ発生（NS & DL）

①の場合は、印刷工程でスタートからバランスの良い巻取を行えば良いことで、②の場合も巻の弱い製品を作らないことに重点を置いて生産する必要がある。①は印刷工程で最適巻取条件を捜しだすことがポイントとなる。

②はラミネート第1繰出部で、巻締りがどの地点で始まっているのか、巻が弱い場合は印刷工程にフィードバックをかけ、最適巻取条件を捜しだす必要がある。このように、前工程で、次工程が上手く生産できる製品を作り込むことの出来る最適巻取条件を見つけることが重要になる。

5．ラミネート加工における接着の発生

ラミネート製品を作り上げるためには、すでに述べてあるようにどの加工法を採用し、使用される基材、接着剤、樹脂に何を選定するかにより、その最終製品用途が決まってくる。ラミネーティング（積層）は基材と基材および樹脂を貼り合わせる技術なので、そこでは接着の良否が大きなポイントとなり、トラブルの主な原因として挙げられることが多い。材料と材料を貼り合わせるには、一般に接着剤が必要である。その場合、使用される接着剤には次の機能が要求される。

① 使用時に良く流れること
② 材料（被着体）表面を良く濡らすこと
③ 固化、硬化して強い凝集力と他の材料との強い接着力を持つこと即ち、接着剤は良く流れて、良く濡らし、強く固まり、よく接着することである。これらが十分でないとトラブルが発生することになる。

接着の基本的理論は、濡れ、表面張力、投錨（とうびょう、アンカー）効果、溶解度パラメーター（SP）、双極性能力、溶解、浸透、吸着、拡散、固化、粘性、流動などが挙げられる。ここでは濡れ、表面張力、投錨効果、溶解度パラメーター、吸着、拡散をあげる。

5.1 濡れ

濡れとは、固体表面に液体が広がる現象である。たとえば、フィルム上に液体を垂らすと丸い液滴が発生する場合と、薄く広がり膜状の液膜を観察できる場合がある。前者はこれを濡れていない状態といい。後者を濡れている状態という。

接着剤を塗工した場合も同じ現象が見られる。図11に示すようにAは接着剤が基材に濡れた状態で貼り合わせが行われていることが分かるが、Bは基材への濡れが悪く、接着剤が部分的に広がり貼り合わせが行われている状態である。

図11　接着剤の濡れ現象

Bの状態でのラミネート製品は、接着不良が発生するために、Aの状態になるような表面設計が必要である。

第13章 ラミネート加工方法の種類と各部でのポイントおよびトラブル対策

5.2 表面張力

ポリエチレン（PE）フィルム上の水滴に見られるように、液体には自ら表面積をなるべく小さくしようとする性質がある。これは液体の表面に液体内部に向かおうとする引力、表面張力が作用するからである。

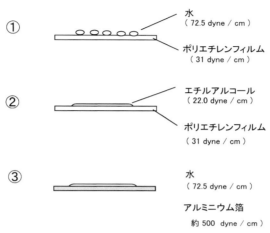

図12　濡れ状態と表面張力

　これが液体の持つ凝集力である。また、この張力は固体表面にも見られ、図12に示すように、①のPEフィルムは水より表面張力が小さいために、水が強く丸くなり、濡れない状態になる。②のPEフィルムはエチルアルコールを強く引張り濡れた状態にする。③の水とアルミ箔では、水はアルミ箔面上の大きな表面張力により、アルミ箔に強く引張れ、濡れた状態になるが、アルミ箔の表面が油などで汚れた状態になると、濡れが悪く接着の強度低下が生じる。表6に主な液体・固体の表面張力をあげた。

5.3 アンカー・ファスナー効果

接着剤が被着体表面の凹凸の隙間に侵入して、固化して、錨（いかり）、釘あるいは楔（くさび）のような働きをすることをアンカー効果または投錨効果という。凹凸部に弾性的にめり込んでファスナーのように接着効果が発生する場合もある。図13にこれらの概要図を示した。

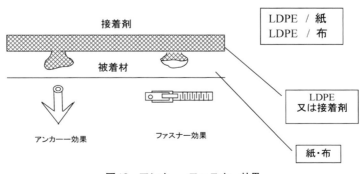

図13　アンカー・ファスナー効果

表6　主な液体・固体の表面張力

①主な液体の表面張力

液体	表面張力 (dyne/cm) 20℃
エチルエーテル	17.0
ヘキサン	18.4
メチルアルコール	22.6
エチルアルコール	22.6
アセトン	23.7
酢酸エチル	23.9
メチルエチルケトン	24.6
シクロヘキサン	25.0
酢酸	27.7
トルエン	28.5
ベンゼン	28.9
エチレングリコール モノエチルエーテル	30.0
アニリン	42.9
ホルムアミド	58.0
グリセリン	63.4
水	73.0
水銀	480

②主な固体の表面張力

固体 (*臨界表面張力)	表面張力 dyne/cm
テフロン	18.5
シリコーン	20
ポリエチレン	31
ポリプロピレン	32〜33
ポリスチレン	32〜33
ポリ酢酸ビニル	36.5
ポリビニールアルコール	35〜37
ポリ塩化ビニル	39
ポリ塩化ビニリデン	40
ポリエチレンテレフタレート	43
ナイロン	45〜46
エポキシ樹脂	50
木材	40〜50
鉛	約410
アルミニウム	約500
亜鉛	約760
銀	約940
金	約1,140
銅	約1,360
鉄	約1,720

*臨界表面張力：表面張力が判明している液体を固体表面に濡らし、接触角がゼロに相当する表面張力をその固体の臨界表面張力という。

この接着機構は紙、布、木材などの多孔質材料との接着に見ることが出来る。このアンカーやファスナー効果による接着は、接着剤が材料の凹凸内部に侵入し、固化して発生するもので、接着強度は接着剤や被着体の材料強度に左右される。紙、布、木材などの材料自体の強度（凝集力）はあまり強くなく、大きな強度は期待できない。この接着機構では、凹凸に流れ込んだ接着剤、溶融樹脂が隅々まで入り込まなければ十分な効果が得られないために、先ず濡れることが大切である。不十分な時には細孔内に気泡が残り強度が得られないことになる。強い強度を得るためには接着剤、被接着自体の強度（凝集力）を向上させる必要がある。

5.4　溶解度パラメーター（SP solubility parameter）

表面張力の力よりも強く、固体と液体との間で引き合う力、即ち親和力が働いているとすると、表面張力とは、液体の方から見ると、その液体の収縮する力と考えられ、これは液体内部にある分子がお互いに引き合っている力、即ち凝集力である。一方で親和力とは固体と液体とがお互いに引き合う力である。内部同士の引き合う力が表面張力であり、外部との引力が親和力といえる。この分子集団の引力を表示した値を溶解度パラメーターという。

この値は分子間の凝集エネルギー密度（CED　cohesive energy density）の平方根で表される。CEDは1ccの液体を蒸発させるのに必要なエネルギー量を表す。それぞれの蒸発熱量を測定して計算するとSP値が得られる。

SP値は分子間の力を表すので、SP値が近いもの同士は溶解したり、相溶したり、良く接着する。**表7**に主な溶剤とポリマーのSP値を示した[3]。SP値が近いほど良く混ざり、接着すると考えられるので、基材と樹脂、基材と接着剤、基材とインキ材料などに応用することが出来る。たとえば、共押出ラミネートあるいはサーマルラミネートでは、ポリエチレン（PE　SP：8.1）とナイロン-6（PA　SP：12.7）はSP値差が大きいので接着は不可能に近い。

この層間に接着性樹脂を入れると接着性の改善が図れる。

5.5　吸着と拡散

接着は吸着と拡散から起こるといわれている[4]。**図14**に概要図を示した。物質AとBがあると、AとBが近づきA・Bが吸着し、Cという拡散現象を起こし接着するという考え方である。分かりやすい現象である。

表7 溶解度パラメーター（SP solubility parameter）

主な溶剤のSP値

	√	
n-ヘプタン	49	7.0
n-ヘキサン	53	7.3
シクロヘキサン	67	8.2
ベンゼン	85	9.2
トルエン	79	8.9
キシレン	77	8.8
エチルベンゼン	77	8.8
ナフタリン	98	9.9
クロロホルム	96	9.8
四塩化炭素	74	8.6
クロロベンゼン	90	9.5
水	538	23.2
フェノール	210	14.5
エチレングリコール	246	15.7
グリセリン	272	16.5
メタノール	210	14.5
エタノール	161	12.7
アセトン	100	10.0
メチルエチルケトン	86	9.3
シクロヘキサノン	94	9.7
酢酸メチル	92	9.6
酢酸エチル	83	9.1

主なポリマーのSP値

		√	
ポリエチレン	(PE)	66	8.1
ポリプロピレン	(PP)	62	7.9
ポリスチレン	(PS)	83	9.1
ポリイソブチレン	(PIB)	61	7.8
ポリイソプレン		66	8.1
ポリブタジエン		71	8.4
ポリ四フッ化エチレン	(PTFE)	38	6.2
ポリ塩化ビニル	(PVC)	90	9.5
ポリ塩化ビニリデン	(PVDC)	90	9.5
ポリ酢酸ビニル	(PVAC)	72〜90	8.5〜9.5
ポリアクリロニトリル	(PAN)	144〜196	12〜14
酢酸セルローズ	(CA)	119	10.9
ニトロセルロース	(CN)	106〜132	10.3〜11.5
ポリエチレンテレフタレート	(PET)	115	10.7
ナイロン-6	(PA)	161	12.7
ナイロン-66	(PA)	185	13.6
ポリウレタン	(PUR)	100	10.0
エポキシ	(EP)	112〜123	10.6〜11.1
ポリカーボネート	(PC)	90〜112	9.5〜10.6
ポリビニルアルコール	(PVA)	144〜169	12〜13
シリコーン	(SI)	53	7.3
フェノール	(PF)	132	11.5

固体のSP値

		√	
マグネシウム	(Mg)	2,500	50
アルミニウム	(Al)	5,476	74
珪素	(Si)	6,724	82
チタニウム	(Ti)	5,476	74
ゲルマニウム	(Ge)	6,400	80
銀	(Ag)	6,561	81
金	(Au)	9,025	95
鉄	(Fe)	13,225	115
コバルト	(Co)	12,769	113
ニッケル	(Ni)	12,769	113
銅	(Cu)	11,236	106

√＝凝集エネルギー

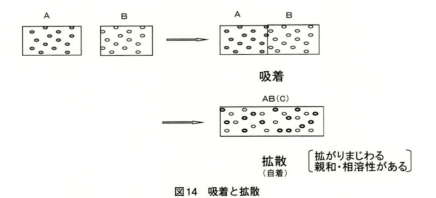

図14 吸着と拡散

　吸着した状態では剥がすことができ、この界面で剥がれる場合は強く接着した状態でなく、Cの拡散の状態では強い接着が発生するのである。A・Bの吸着の状態ではABの界面の剥離が見られ、Cの拡散状態での剥離は凝集破壊（内部破壊）が発生したことになる。吸着状態と拡散状態で剥離される接着力は大きく変わってくる。

6. ラミネート部の接着および剥離現象

ラミネート製品の接着・剥離状態、即ち、どこの界面、層間で剥離現象が発生しているかを明らかにすることにより、トラブル対策が行いやすくなる。図15にラミネート複合材料の剥離現象の概要図を示した。

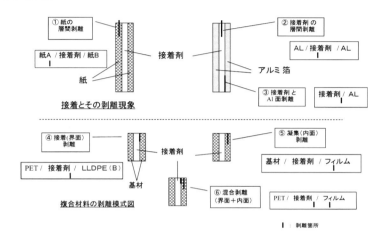

図15 接着剤および材料の 接着界面・層間の強さ

①の紙、②の接着剤の剥離現象では、いずれも紙（繊維層間）、接着剤（凝集力）の強度改善を図る必要がある。

③の接着剤とアルミ箔（AL）との接着（界面）剥離、④の接着剤と基材Bとの接着（界面）剥離現象では、それぞれアルミ箔の濡れの改善、基材Bの表面活性の向上を図る対策が必要である。⑤の接着剤の凝集（内面）破壊、フィルムの凝集破壊では、接着剤自体の凝集力の向上、フィルム、たとえば、CPP（PP/PP/PP）の共押出では、剥がれる層間の接着強度を向上させる対策が必要である。⑥の混合破壊では、接着剤とフィルムとの界面接着力の向上、フィルムの層間強度の向上を図る必要がある。

以上の例のように、ラミネート部の剥離箇所により、接着力改善方法が異なる場合が多く、どこで剥がれているかを正確に明らかにすることにより、適切な対策を図ることが可能である。

7. 各種ラミネート加工方法の主なトラブルと対策

ラミネート製品のトラブルの発生は、使用材料が原因となる場合、作業の方法、手順が原因となる場合、加工条件が原因となる場合と大きく分かれる。表8に各種ラミネート方法の主なトラブルと対策を挙げた。

各ラミネートにおけるトラブルは、接着強度不足、シワ不良、カール不良、塗布量バランス不良に集中している。

製品設計段階でのトラブル対策、加工段階でのトラブル対策、使用材料の選定段階での対策

が重要である。

表8 各種ラミネート加工方法の主なトラブルと対策

加工方法	主なトラブル	主な原因と（対策）
1. サーマルラミネーション	①ラミネート接着強度不足	①ラミネートロール熱不足（昇温） ②プレヒート温度不足（昇温） ③貼り合せフィルムの選定ミス（確認） ④高速加工（速度下降）
	②部分接着不良	①基材表面不活性（活性化） ②ラミロール左右圧力バランス不良（ニップ圧調節） ③ラミロール熱不足（昇温）
	③デラミネーション	①貼り合せフィルムの不適（剥離層面のチェック） ②加工面ミス（面チェック）
	④シワ不良	①フィルムのタルミ（張力・繰出方向調整） ②投入角不良（角調整） ③ニップ圧不良（バランス調整）
	⑤カール不良	①繰出張力不均一（基材張力のバランス調整）
2. ホットメルトラミネーション	①接着不良	①溶融温度不適（接着剤の温度調整） ②塗布量不足（塗布量を上げる） ③基材のぬれ不良（基材の表面処理、接着剤の変更、接着剤の粘度調整） ④冷却不足（速度を下げる） ⑤接着剤の不適（接着剤の変更） ⑥加工面のミス（面チェック）
	②トンネリング	①基材張力のバランス不均一（バランス調整） ②接着剤の初期接着力不足（接着剤の変更） ③接着剤粘度を下げる（温度を下げる） ④冷却不十分（速度を下げる） ⑤加工面ミス（加工面チェック）
	③ブロッキング	①接着剤の滲み出し（基材の変更、接着剤の粘度を高くする） ②冷却不足（速度を下げる、冷却効果を上げる） ③巻取張力が強い（張力をゆるめる） ④高温保管（保管温度を下げる）
	④シワの発生	①繰出・巻取張力強過ぎ（調整する） ②ロールのたわみ（調整・交換） ③ロールバランスの不均衡（調整） ④基材の熱ジワ（接着剤、ラミロールの温度低減）
	⑤カール不良	①基材の張力バランス不均衡（調整） ②ラミ時の温度差（適正温度調整） ③高速加工（速度の低減） ④ガイドロールが重い（注油、軽量ロールの使用）
	⑥ワックス臭	①接着剤の過加熱（低温加工、低臭タイプの選定） ②酸化臭（過加熱接着剤の使用を控える）
3. ノンソルベントラミネーション	①塗工ムラ	①塗工ロールの左右平行不良（調整） ②塗工ロールの回転不具合（調整） ③基材の厚み偏肉・タルミ（交換） ④張力不均一（調整） ⑤高速加工（適正速度の検討）
	②塗布量不足	①加工速度-ロール回転の不一致（調整） ②接着剤粘度の変化（均一温度と供給） ③接着剤の濡れ不良（接着剤の温度、基材表面の濡れ向上）
	③カール不良	①張力バランス不良（バランス調整） ②基材のタルミ不良（タルミ・偏肉の少ないものを使用）
	④接着強度不足	①基材面の処理度不足（処理度の向上） ②接着剤の選定ミス（接着剤の検討） ③ラミ熱不足（高温設定） ④保温不足（保温温度・時間の厳守） ⑤接着剤混合ミス（作業基準の徹底）
	⑤トンネリング	①接着剤の初期接着力不足（初期接着力の良いものを選定） ②張力バランス不良（最適条件加工出し） ③巻取条件不適（最適巻取条件出し） ④基材のタルミ不良（タルミ・偏肉の少ない基材の使用）

(つづく)

第13章　ラミネート加工方法の種類と各部でのポイントおよびトラブル対策

(つづき)

加工方法	主なトラブル	主な原因と（対策）
4．ウエットラミネーション	①接着不良	①基材の濡れ不足（基材表面の活性化）　②接着自体の強度不足（接着剤の選定）　③乾燥不足（炉内温度の昇温、低速加工）　④塗布量不足（塗布量の適正化）　⑤ラミ温不足（温度の昇温）
	②シワ不良	①張力不均一（張力の調整）　②ラミロールの圧不均一（圧バランス調整）　③塗布量不均一（バランス調整）　④巻取条件不適（最適条件出し）　⑤パスライン不適（ガイドロール芯出、平行出し）
	③外観不良・ウキ	①基材のぬれ不足（基材表面の活性化）　②接着剤の異物（接着剤のろ過）　③塗布量不足（塗布量の適正化）
5．ドライラミネーション	①接着強度不足	①基材と接着剤不適（ぬれ、基材／接着剤の親和性の検討）　②塗布量不足（塗布量の適正化）　③接着剤成分の不適（適正成分の選定）　④乾燥温度不足（適正温度の選定）　⑤保温不足（保温時間・温度の厳守）
	②残留溶剤トラブル	①乾燥不足（炉内温度、加工速度の管理）　②溶剤測定法の不徹底（測定法の見直し、作業手順の確立）　③残留溶剤トラブルの再発（真因の解明と対策、印刷・ラミ工程）
	③外観不良・ウキ、カスレ	①塗布量不足（塗布量向上）　②印刷面不良（塗布量向上、インキ／接着剤不適・改善）　③塗工部での不良（版交換、原紙のタルミ・偏肉・良品の使用、スムージングロールの不・使用）
	④カール不良	①基材張力のバランス不良（張力の適正化）　②炉内温度の高過ぎ（適正温度の設定）　③基材のタルミ不良（タルミ偏肉の少ない基材の使用）　④高速加工（加工速度の適正化）
	⑤巻芯シワ	①巻取条件不良（条件の最適化）　②高速加工による不良（最適速度の設定）
6．押出コーティングラミネーション	①接着強度不足	①低樹脂温（樹脂温の昇温）　②AC剤の不適（用途別選定）　③基材の処理不良（基材面の処理向上）　④基材の強度不足（基材の選定）　⑤樹脂強度不足（樹脂の選定）
	②厚み偏肉不良	①Tダイ温度設定不良（樹脂に合う設定）　②ダイクリアランス不適（クリアランスの調整）　③樹脂の適正不良（樹脂の選定）
	③耳高不良	①大きいネックイン樹脂の使用（低ネックイン樹脂の採用）　②ダイ両端部での不良（Tダイディッケルによる調整）　③両端耳上がり不良（両端部のトリミング）
	④流れピッチ不良	①印刷ピッチ不良（基材繰出張力調整、AC-ラミロール間張力調整）　②ラミロール表面の高熱（バックアップロールによる表面冷却）　③樹脂落下点の不適（落下位置の最適化）
	⑤カール不良	①第2基材張力の強過ぎ（低張力化）　②高速加工（低速加工）　③高樹脂温加工（樹脂温を下げる）
	⑥外観不良（炭化物混入）	①炭化物の混入（押出機-Tダイ内洗浄不足）　②投入原料袋からの異物混入（原料袋の表面の清掃）　③ゴミ混入（機械周りの清掃）
7．共押出コーティングラミネーション	①接着強度不足	①低樹脂温（樹脂温の昇温）　②AC剤の不適（用途別選定）　③基材の処理不良（基材面の処理向上）　④基材の強度不足（基材の選定）　⑤樹脂強度不足（樹脂の選定）
	②樹脂層間強度不足	①共押樹脂の親和性不足（接着性樹脂の採用）　②樹脂の不適（樹脂の選定）
	③層間流れ不良	①樹脂の溶融流れ違い（同粘性温度の検討）　②樹脂流れ不良（ダイ共押出法の検討）　③作業の不慣れ（作業の共有化）
	④作業の難しさ	①再現性に劣る（作業手順の作成）

おわりに

　ラミネート加工というロールからロールへの連続生産工程では、不具合のない最終製品を得るため、生産スタート時点から良品を作り込む必要がある。そのためには使用材料・基材の特性、採用するラミネート加工方法、機械の特徴を十分知り、さらにどの製品においてもロスの少ない再現性のある最適条件をつかみ、作り込んでいくことが大切である。

参考文献

1) 松本宏一　誰でもわかるラミネーティング　加工技術研究会　1998 P24
2) 松本宏一　コンバーテック 36(9) 54 2009　加工技術研究会
3) 沖山聡明　加工技術　8(9) 12, 13 1967
4) 井本立也　接着のはなし　日刊工業新聞社　1984 P59

第14章

添加剤

元出光ユニテック株式会社
田中　義勝

はじめに

　ポリプロピレンおよびポリエチレンなどのポリオレフィンには、触媒残渣や添加剤、更には充塡材などが含まれる。添加剤は、樹脂特性（分子量、分子量分布、融点など）と同じように、成形加工性、物性や外観などの製品品質、耐久性などを左右し、ポリオレフィンにとっては必要不可欠な存在である。添加剤が添加されない場合、下記のような様々な不具合が発生する。

- ・成形機や金型などの金属腐食を引き起こす。
- ・色相が悪くなる。
- ・成形加工時、高温長期使用、太陽光の下での使用において、品質が低下する。
- ・フィルム製袋品の口が開かない、滑らない。
- ・ホコリの付着により商品価値が低下する。

　添加剤は、「安定性付与」と「機能性付与」の役割で分類できる。前者には中和剤（塩素捕捉剤）、酸化防止剤、光安定剤（耐候剤）および金属不活性剤などがあり、後者にはアンチブロッキング剤、スリップ剤、造核剤、帯電防止剤、防曇剤、加工助剤、分解剤・架橋剤および難燃剤などがある。

　本章においては、ポリプロピンおよびポリエチレンなどのポリオフィレンのフィルム用途に使用されている中和剤、酸化防止剤、アンチブロッキング剤、スリップ剤、帯電防止剤、光安定剤、造核剤および加工助剤について、その種類と作用機構を述べる。

1. 中和剤

　ポリオレフィン中に含まれる触媒残渣は脱水反応時に、塩化水素を生成する。この塩化水素を安定化（捕捉）しない場合、押出機のバレルやスクリュー、ダイおよび金型などの金属腐食、更には成形品の色相悪化などの不良現象を引き起こす。

　中和剤は、触媒残渣に起因する残留塩素（塩化水素）を捕捉し、上記の不良現象を抑える働きを持っている。中和剤としては、金属セッケンが一般的であるが、その他にハイドロタルサイト類（商品名DHT-4A）、エポキシ系中和剤も使用されている。

1.1　金属セッケン

　金属セッケンとしては、ステアリン酸カルシウムが一般的である。ステアリン酸カルシウムには直接法タイプと複分解法タイプがあり、フィルム用には複分解法タイプが一般的に使用される。直接法タイプは粗粒を一部含み、二軸延伸PPフィルムでは、延伸時に樹脂界面から剥離しボイドといわれる外観不良を引き起こすことがある。

　ステアリン酸カルシウムの主原料は、豚脂または牛脂から精製されたステアリン酸であるが、国によっては宗教上の問題から使用を禁止されることがあり、パーム系油脂も使用されている。ステアリン酸カルシウムによる残留塩素の捕捉は下記のような中和反応で行われ、その添加量は一般的に残留塩素の重量濃度に対して9～10倍量が目安となる。

$(C_{17}H_{35}COO)_2Ca + 2HCl \rightarrow 2C_{17}H_{35}COOH + CaCl_2$

　ステアリン酸カルシウムの防食効果と色相改良効果の一例を図1に示す。この例のHDPEパウダーに必要なステアリン酸カルシウム添加量は、防食の観点から1000ppm、色相改良の観点から500ppmとなるが、実際の添加量は安全を見て1000ppm以上となる。

　参考として、金属腐食試験方法の概要を図2に示した。

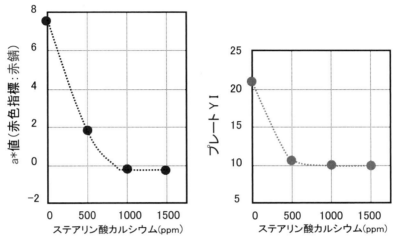

図1　ステアリン酸カルシウムの防食効果と色相改良効果
（試料：HDPEパウダー＋フェノール系酸化防止剤）

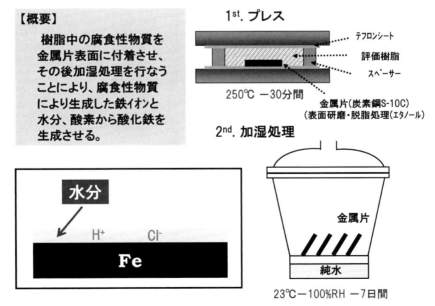

図2　金属腐食試験方法

1.2 DHT-4A（ハイドロタルサイト類）

ハイドロタルサイトは、ロシアのウラル地方やノルウェーのスナルムでわずかに産出される天然鉱物である。1966年協和化学工業が世界で初めてハイドロタルサイトDHT-4Aの工業化に成功した。最初は塩素捕捉剤としてではなく、医薬用の制酸剤として世界の製薬メーカーによって使用され始めた。

DHT-4Aによる残留塩素の捕捉は下記のような反応で行われ、その添加量は一般的に残留塩素の重量濃度に対して7～8倍量が目安となる。

$$Mg_{4.5}Al_2(OH)_{13}CO_3 \cdot 3.5H_2O + 2HCl \rightarrow Mg_{4.5}Al_2(OH)_{13}Cl_2 \cdot mH_2O + H_2O + CO_2$$

DHT-4Aは金属セッケンのような内潤・外潤効果を有していないため、単独で使用されることは殆どなく、ステアリン酸カルシウムなどの金属セッケンと併用される。併用系であってもその添加量が多い場合、ダイ内での流動性を阻害し、即ち壁面滑り速度が低下し、ダイ表面に付着物が生じてフィルム外観（ダイライン）を損なうことがある。DHT-4Aとステアリン酸カルシウムの併用の利点は、含有水分量（塩化カルシウム$CaCl_2$の結晶水に起因）とステアリン酸の低減にある。残留塩素量が少ない原料では、塩化カルシウムおよびステリアン酸の生成量が少ないため、併用の意味は殆どない。むしろステアリン酸カルシウム単独系が好ましい（**図3**）。

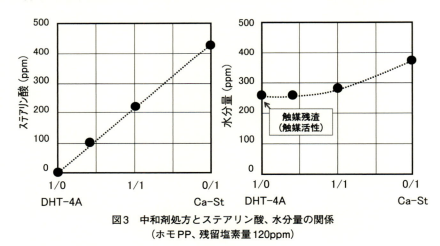

図3 中和剤処方とステアリン酸、水分量の関係
（ホモPP、残留塩素量120ppm）

1.3 その他の中和剤

金属セッケンやハイドロタルサイト以外の中和剤としては、12-ヒドロキシステアリン酸カルシウム、12-ヒドロキシステアリン酸マグネシウム、およびエポキシ化脂肪酸オクチルエステルなどがあるが、最近は中和剤として殆ど使用されていない。

1.4 DHT-4Aによる厚み精度の向上

HDPEフィルムは一般的にインフレーション成形にて製膜されるが、リサイクルフィルムの配合によって厚み精度が向上することが良く知られている。これは、リサイクルフィルム中の含酸素官能基の影響よってスパイラルダイ壁面での滑りが低下し、溶融樹脂のもれ流れとらせ

ん流れのバランスが良化するためである（**図4**）。

　DHT-4Aにはダイ壁面滑り速度低減効果があり、これを応用してフィルムの厚み精度を向上させることができる。DHT-4Aの添加量は100ppm程度が良く、多くなるとDHT-4Aがダイ壁面に付着し、バブル切れの不良現象が引き起こす（**図5**）。

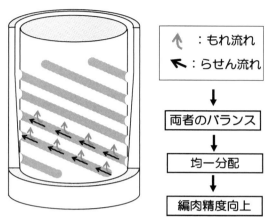

図4　スパイラルダイ中の溶融樹脂の流れ

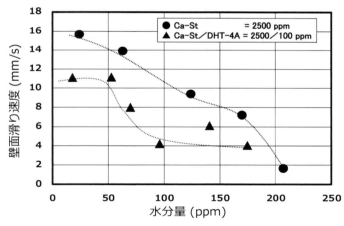

図5　DHT-4A及び水分量と壁面滑り速度の関係
（HDPEインレーション成形）

2. 酸化防止剤

　ポリマーは、熱、光、放射線、機械的摩擦、化学薬品および微生物などの実使用時の環境下で、または成形加工時に品質が低下する。これを一般に「劣化」と言い、酸素が関与するものを特に「酸化劣化」と呼ぶ。酸化劣化を防止して、ポリマーの性能を最初の状態に保ち続けることを「安定化」という。安定化を目的に種々の劣化防止剤が用いられ、下記のような安定性が付与される。なお劣化防止剤は**表1**のように分類される。

表1 劣化防止剤の機能的分類

大分類	中分類	小分類
連鎖開始阻害剤	紫外線吸収剤	ベンゾフェノン系 サリチル酸系 ベンゾトリアゾール系
	HALS	ヒンダードアミン系
	消光剤	ニッケル系
	金属不活性剤	シュウ酸系 サリチル酸系 ヒドラジド系
	オゾン劣化防止剤	P-フェニレンジアミン系
ラジカル捕捉剤	一次酸化防止剤	ヒンダードフェノール系 アミン系
過酸化物分解剤	二次酸化防止剤	リン系 イオウ系

・プロセス安定性（成形加工時の熱酸化劣化に対する安定性）
・サービス安定性（実使用時の熱酸化劣化に対する安定性）
・耐候性　　　（大気環境条件での物性・外観の経時的な性状保持性）

ここではフィルム成形加工にとって最も重要なプロセス安定性に寄与する酸化防止剤について主に述べる。

2.1 自動酸化反応

酸化劣化は図6のようなスキームで進行する。

ポリオレフィンは、触媒残渣、光、熱および剪断応力などによって、水素Hが引き抜かれてアルキルラジカルR・を生成する。R・は系内に存在する酸素O_2と直ぐに反応しパーオキシラジカルROO・を生成する。ROO・はポリオレフィンからHを引き抜き、パーオキサイドROOHとR・を生成する。ROOHは分解し、RO・と・OHを生成する。これらはポリオレフィンからHを引き抜き、R・を生成する。このように反応が次々と進む。これを「自動酸化劣化」と呼ぶ。ポリプロピレンおよびポリエチレンの酸化劣化のスキームを図7、図8に示した。

2.2 酸化防止剤の種類

酸化防止剤は一次酸化防止剤（ラジカル捕捉剤）と二次酸化防止剤（過酸化物分解剤）に分類される。前者にはヒンダードフェノール系、アミン系があり、後者にはリン系、イオウ系がある。

2.2.1 ヒンダードフェノール系酸化防止剤

ヒンダードフェノール系酸化防止剤は一般的にフェノール系酸化防止剤と呼ばれ、ポリオレフィン用に最も広く使用され、二次酸化防止剤と併用されることが多い。成形加工時および長期保存時の熱安定剤として働く。代表的なものとして、BHT、IRGANOX 1010、IRGANOX 1076、IRGANOX 3114などがある（図9）。

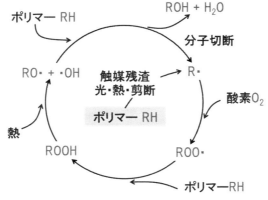

図6 自動酸化反応

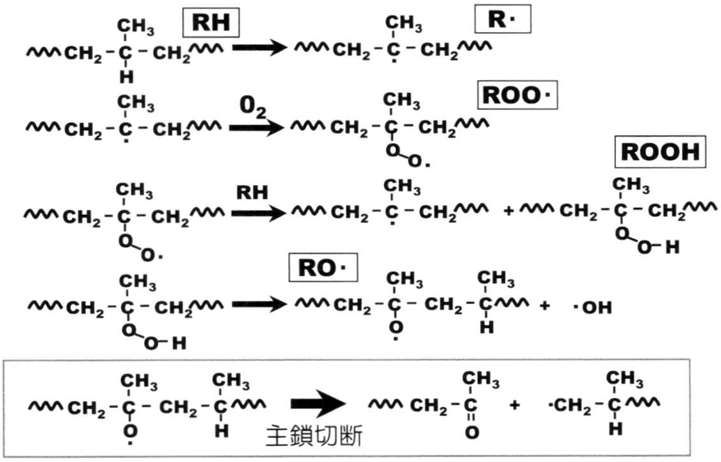

図7 ポリプロピレン酸化劣化

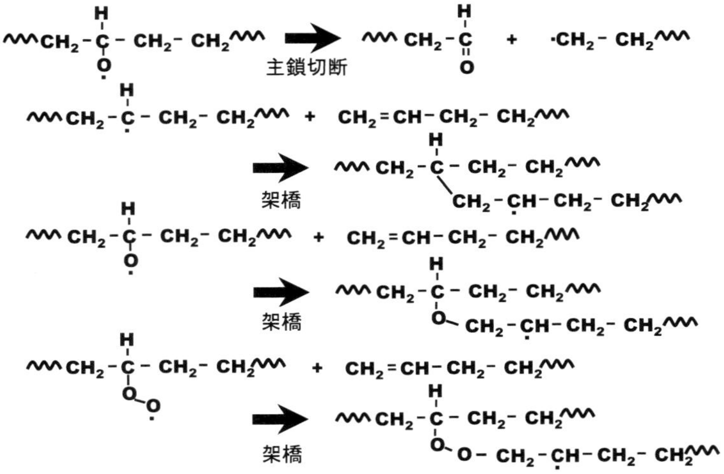

図8 ポリエチレン酸化劣化

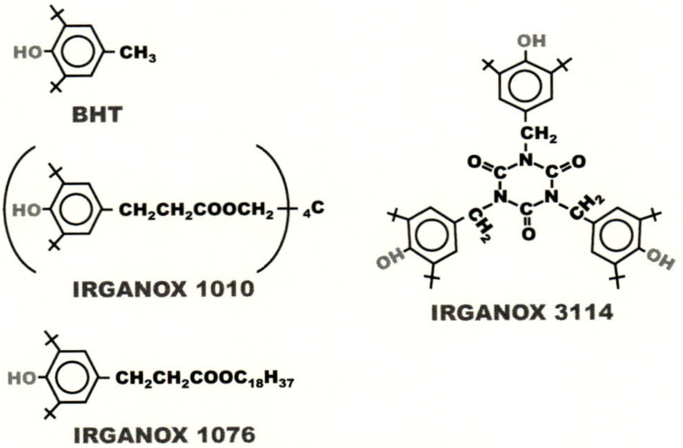

図9 代表的なフェノール系酸化防止剤

フェノール系酸化防止剤によるラジカル捕捉は図10に示すスキームで進む。フェノール系酸化防止剤から生成した水素ラジカルH・によって、ROO・およびRO・はROOH、ROHの形で捕捉され、自動酸化反応は停止する。フェノール系酸化防止剤は酸化されて、キノンの形で安定化するが、黄変の原因となることがある（図11）。

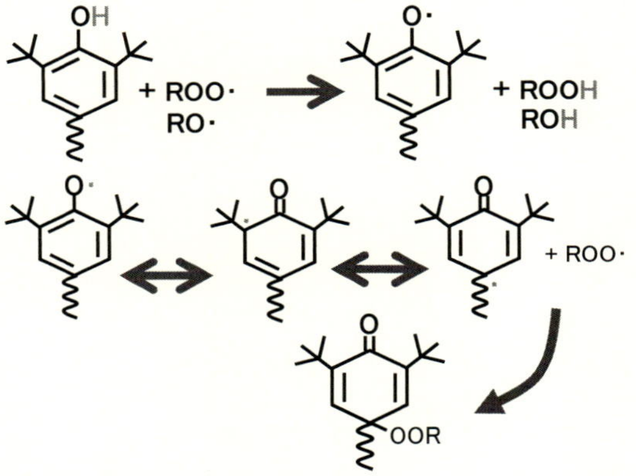

図10 フェノール系酸化防止剤によるラジカル捕捉

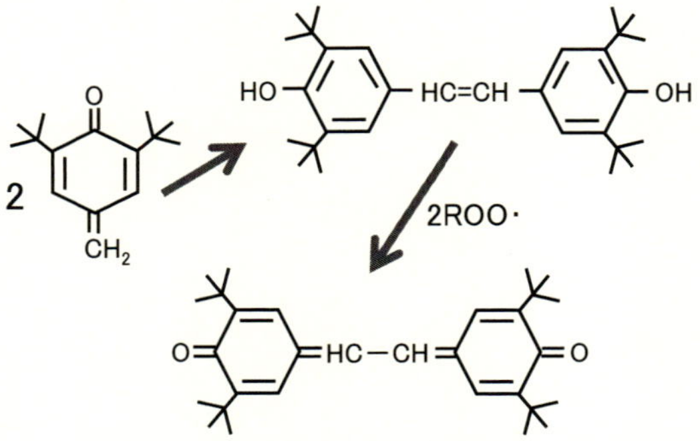

図11 フェノール系酸化防止剤による黄変

2.2.2 リン系酸化防止剤

リン系酸化防止剤は、その作用機構（過酸化物分解）から単独で使用されることは殆どなく、フェノール系酸化防止剤と併用されて初めて優れた効果を発現する。リン系酸化防止剤は成形加工時の安定剤として働くが、高温下の耐熱老化性には効果は殆どない。代表的なものとしては、IRGFOS 168、SandstabP–EPQなどがある（図12）。

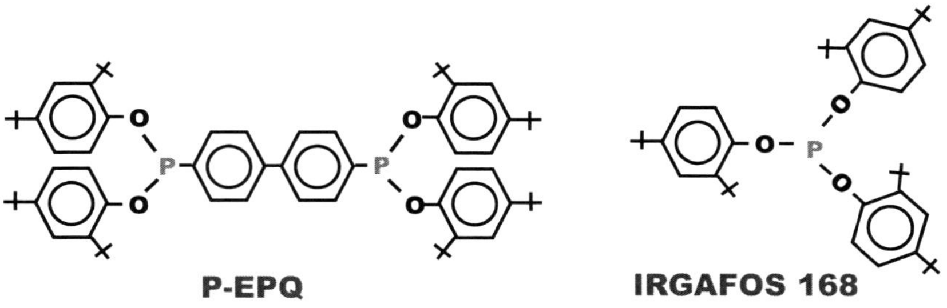

図12　代表的なリン系酸化防止剤

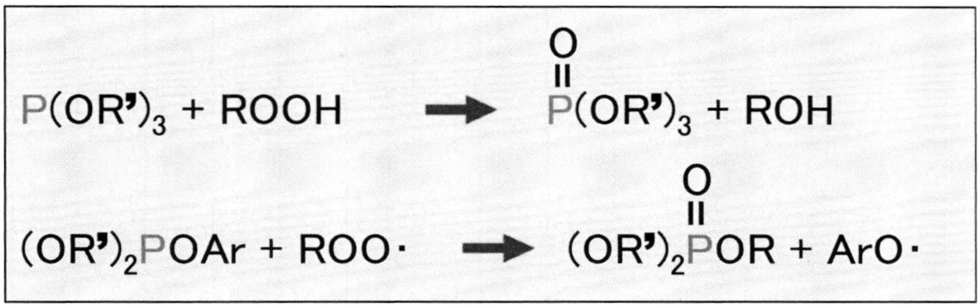

図13　リン系酸化防止剤による過酸化物分解

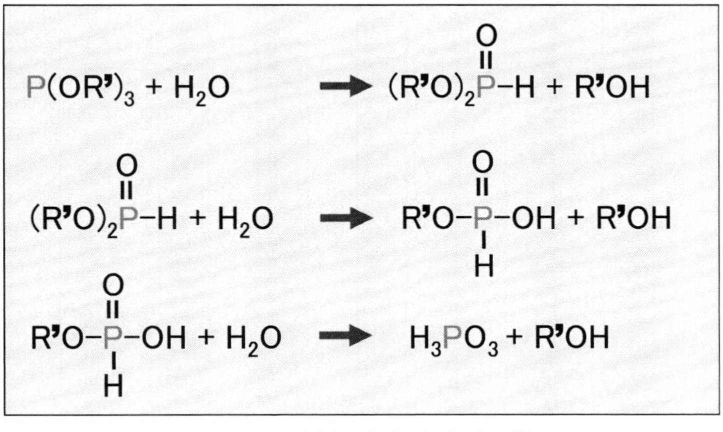

図14　リン系酸化防止剤の加水分解

リン系酸化防止剤による過酸化物分解は図13のようなスキームで進む。三価のリンが過酸化物ROOHから酸素Oを引き抜き、ROOHはROHとなって安定化し、一方リンは酸化され安定

な五価となる。リン系酸化防止剤の欠点は加水分解しやすいことで（図14）、加水分解によって過酸化物分解の能力が落ちるのはもちろんだが、分解生成物であるリン酸によって金属腐食の問題を引き起こすことがある。そのためリン系酸化防止剤の耐加水分解性は処方選定の際、非常に重要な因子となる。

2.2.3 イオウ系酸化防止剤

イオウ系酸化防止剤は一般的に単独で使用されることはなく、フェノール系酸化防止剤と併用される。ただしイオウ系酸化防止剤は成形加工時の劣化防止効果が低く、更には臭気上の問題があるためフィルム用途には殆ど使用されない。

2.3 自動酸化反応と安定化

成形加工時の自動酸化劣化反応、およびフェノール系酸化防止剤とリン系酸化防止剤併用系の安定化のスキームを図15に示す。

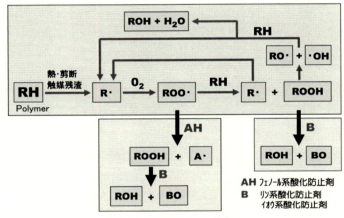

図15　自動酸化反応と安定化

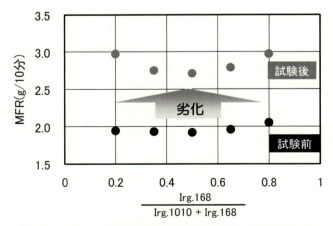

図16　フェノール系酸化防止剤とリン系酸化防止剤の併用効果

ホモポリプロピレンの一例を図16に示す。この例ではフェノール系酸化防止剤とリン系酸化

防止剤の1対1の割合が最も優れた効果を発現する。
- ベースレジン：ホモポリプロピン（MFR＝2g/10分）
- フェノール酸化防止剤：IRGANOX 1010
- リン系酸化防止剤：IRGAFOS 168
- 添加量：IRGANOX 1010＋IRGAFOS 168＝2000ppm
- 試験方法：押出機リサイクル試験（設定温度280℃）

2.4 添加剤処方事例

2.4.1 LLDPE用処方

LLDPEの劣化挙動は架橋タイプであるため、酸化防止性能が不十分な場合、フィッシュアイや焼けが発生し生産性や商品品質を著しく低下させる。図17は、分子量の異なる3種類のLLDPEを用いて押出機リサイクル試験を行った場合のMFR変化を示す。リサイクルの回数が多くなると、MFRが低下し重量平均分子量Mwが増加していることから、架橋が進んでいることが分かる。そのためフェノール系酸化防止剤とリン系酸化防止剤を併用し、高度なプロセス安定性を付与する必要がある。ただし酸化防止剤処方による副作用があってはならない。酸化防止剤の選定時の留意点を表2に示した。相溶性及び加水分解性の観点から、LLDPE用の酸化防止剤はIRGANOX 1076、P-EPQおよびIRGAFOS 168に絞られる。

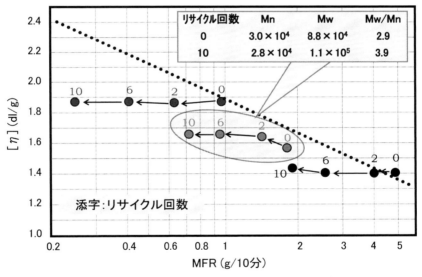

図17　LLDPE押出リサイクル試験（設定温度280℃）

一方、住友化学にて開発されたフェノール系酸化防止剤とリン系酸化防止剤の機能を合せ持ったスミラザーGPは、LLDPEとの相溶性も良く、かつ優れた酸化防止効果を有しているため、最近は広く使用されている（図18）。

表2 酸化防止剤の選定時の留意点

添加剤種類	相溶性	加水分解	その他
フェノール系酸化防止剤			
Irg.1010	×	○	
Irg.1076	○	○	
Irg.3114	×	○	
Cya.1790	×	○	
リン系酸化防止剤			
P-EPQ	○	△	
Irg.168	△	○	
PEP-24	○	×	
PEP-36	○	△〜○	BHT生成

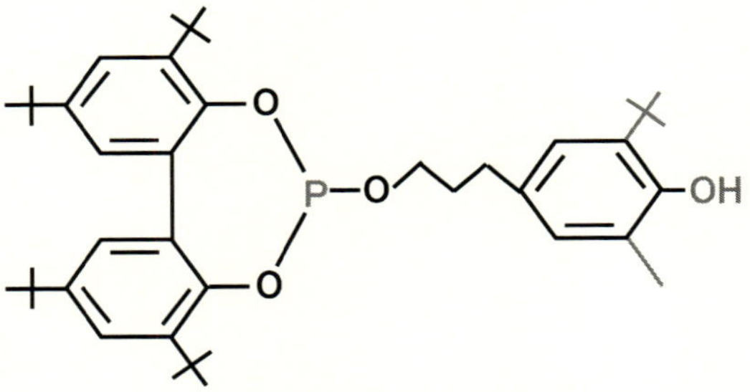

図18 スミライザーGP／住友化学

2.4.2 HDPE用処方

HDPEフィルム用酸化防止剤処方は、IRGANOX 1010、IRGAFOS 168の併用系が一般的である。一方、繊維用途では、黄変のリスクを考慮して、フェノール系酸化防止剤としてはサイヤノックス1790やIRGANOX 3114が使用される（図19、図20）。また温水用途では、温水による分解を考慮して、フェノール系酸化防止剤としてはIRGANOX 1330やIRGANOX 3114が使用される（図19、図21）。

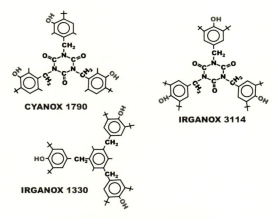

図19 特殊なフェノール系酸化防止剤

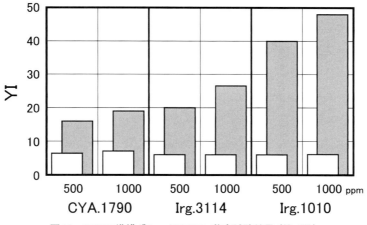

図20　HDPE繊維グレードのNOx黄変試験結果（前／後）

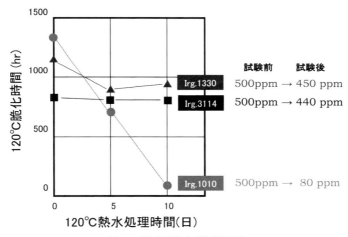

図21　温水耐熱老化試験結果

2.4.3　PP用処方

PPフィルムやシート用の酸化防止剤処方は、IRGANOX 1010とIRGAFOS 168の併用系が一般的である。

3. アンチブロッキング剤

3.1　アンチブロッキング剤の働きと種類

フィルムは何らかの対策を打たなければ、フィルム同士がくっ付き（ブロッキング）、実使用に支障を来す。このブロッキングはフィルム表面の凹凸度合、フィルム剛性およびフィルム表面のベトツキ成分によって影響される。即ちフィルム表面が平滑で剛性が低く、そしてベトツキ成分が多いほどブロッキングしやすく、製袋品の開口不良などの問題を引き起こす。

アンチブロッキング剤はフィルム表面に凹凸を形成し、フィルム同士の接触面積を減少させ

る（図22）。アンチブロッキング剤の添加量が多いほど、フィルム表面の凹凸が多くなるため、ブロッキング性は低下するが（アンチブロッキング性は向上する）、一方光の乱反射が多くなり透明性は低下する。アンチブロッキング性と透明性はトレードオフの関係にある。

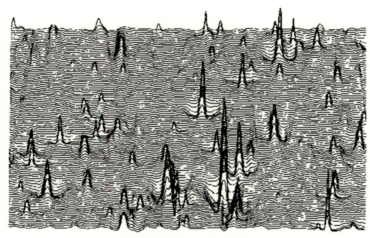

図22　アンチブロッキング剤による凹凸形成
（LLDPEキャストフィルムの表面粗さ）

　アンチブロッキング剤としては合成シリカ、合成ゼオライトおよび珪藻土が一般的である（写真1、2、3）。近年、珪藻土は極微量の結晶シリカを含有していることから日本国内で使用されないようになっている。

写真1　合成シリカ

第14章　添加剤

写真2　合成ゼオライト

写真3　珪藻土

3.2　合成シリカの取り扱い注意

合成シリカ表面には反応性の高いシラノール基（図23）が存在し、下記のような不良現象を引き起こす。

- リン系酸化防止剤の分解（図24）⇒ 酸化防止性能低下、臭気問題、金属腐食
- スリップ剤の吸着（図25）⇒ 滑り性低下

最近では上記のシラノール基を不活性化した表面処理合成シリカが製品化され、幅広く使用されている。

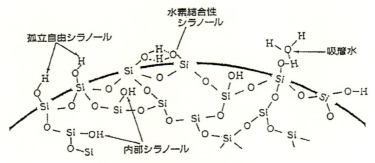

図23　合成シリカ表面のシラノール基

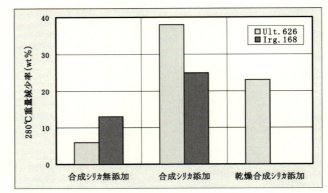

図24　リン系酸化防止剤と合成シリカの拮抗作用に関する示差熱分析

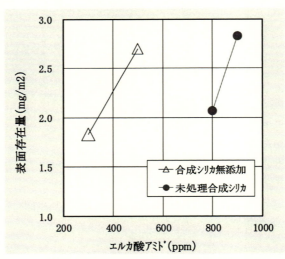

図25　合成シリカによるスリップ剤の吸着
試料：ホモポリプロピレンキャストフィルム（40μm）

3.3 合成ゼオライトの屈折率と透明性の関係

フィルムの透明性はアンチブロッキング剤の添加量によって変化するが、同一添加量および同一形状・粒子径であっても、その屈折率によって変化する。これは樹脂とアンチブロッキング剤の屈折率の差によって、フィルム内部での光の乱反射が影響されているためである。

LLDPEインフレーションフィルムの一例を図26に示す。

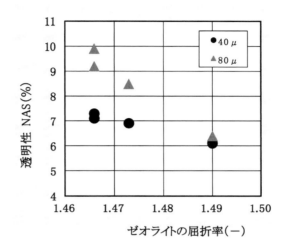

図26 屈折率と透明性の関係
試料：LLDPEインフレーションフィルム（アンチブロッキング剤／ゼオライト）

4. スリップ剤

4.1 スリップ剤の種類と働き

スリップ剤は、フィルム表面に移行しスリップ剤の均一層を形成して、フィルム面同士またはフィルム面と金属面の摩擦を軽減し、滑りやすくするものである。スリップ剤の種類としては、飽和脂肪酸アミド、不飽和脂肪酸アミド、ビス脂肪酸アミドおよび置換脂肪酸アミドなどがある。

飽和脂肪酸アミドとしてはベヘン酸アミド（Tm＝105～115℃）、ステアリン酸アミド（Tm＝99～105℃）、不飽和脂肪酸アミドとしてはエルカ酸アミド（Tm＝79～84℃）、オレイン酸アミド（Tm＝72～77℃）が代表例である。LLDPEフィルムやポリプロピレンフィルムにおいてはエルカ酸アミドが一般的に使用されている（図27）。

【飽和脂肪酸アミド】　　　　　【不飽和脂肪酸アミド】
　Behenamide　　　　　　　　　Erucamide
　　$C_{21}H_{43}CONH_2$　　　　　　　$C_{21}H_{41}CONH_2$
　　　　　　　Tm=105-115℃　　　　　　　Tm=79-84℃
　Stearmide　　　　　　　　　　Oleamide
　　$C_{17}H_{35}CONH_2$　　　　　　　$C_{17}H_{33}CONH_2$
　　　　　　　Tm=99-105℃　　　　　　　Tm=72-77℃

【置換脂肪酸アミド】　　　　　【ビス脂肪酸アミド】
　N-Stearylerucamide　　　　　エチレンビスオレイン酸アミド
　　$C_{21}H_{41}CONHC_{17}H_{33}$　　　　$C_{17}H_{33}CONHCH_2CH_2NHCOC_{17}H_{33}$
　　　　　　　Tm=70-80℃　　　　　　　　Tm=118℃

図27　スリップ剤の種類

4.2　スリップ剤表面移行の考え方

　フィルムの原料および保管温度によって、各スリップ剤には固有の飽和溶解度および拡散速度がある。従って添加量が飽和濃度を超えないと、フィルム表面にスリップ剤は存在しない。添加量の影響、保管温度の影響を模式図的に**図28**、**図29**に示す。

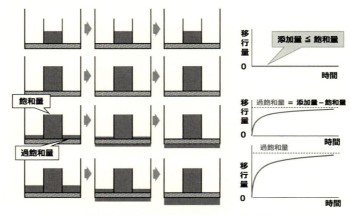

図28　スリップ剤の表面移行の考え方(1)

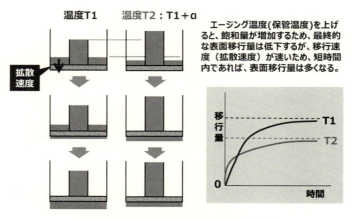

図29　スリップ剤の表面移行の考え方(2)

4.2.1 2段階移行モデル

図30に添加剤のブリード現象の概念図を示す。添加剤はフィルム中の非晶部に、ある飽和溶解度（Cs）まで溶解するが、それ以上の過飽和な成分は非晶部に溶解できなくなり、フィルム表面にある移行速度を持ってブリードすると考えられる。

PPフィルムには球晶と非晶部が存在し、球晶には折りたたみ鎖状結晶部と結晶部間非晶部が存在する。添加剤のうち飽和溶解度以下の成分は非晶部に溶解する。添加剤の過飽和成分の一部は球晶中の結晶部間非晶部に取り込まれ、一次速度式に従ってゆっくりと球晶間非晶部に移行する。次に球晶間非晶部に移行した過飽和成分は拡散速度に従ってフィルム表面に移行すると考える。また、もともと球晶間非晶部に存在した過飽和成分は結晶部の影響を受けず、フィルム表面に直接移行すると考える。以上の結晶間非晶部と球晶間非晶部の移行を考慮した2段階移行モデルを考えた[1~3]（図31）。

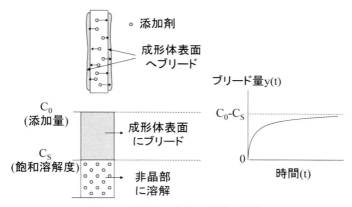

図30　添加剤のブリード現象の概念

ブリード量y(t)

$$y(t) = C_{ex}\{\alpha_i + (1-\alpha_i)(1-\exp(-kt))\}\left(1-\frac{1}{4l}\left(\int_{-l}^{l} c(x,t)dx\right)\right)$$

　　　　　　　　一次速度項　　　　　拡散項

ただし
c(x,t)は拡散方程式の解

$$c(x,t) = erf\left(\frac{l-x}{2\sqrt{Dt}}\right) + erf\left(\frac{l+x}{2\sqrt{Dt}}\right)$$

$C_{ex}=C_0-C_s$: 過飽和量
C_0: 　　　添加量
C_s: 　　　飽和溶解度
D: 　　　拡散係数
k: 　　　一次速度係数
α_i: 　　　拡散寄与率
l: 　　　膜厚の1/2

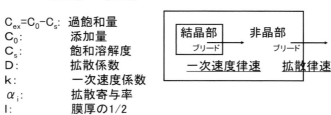

図31　2段階移行モデル

4.2.2 添加剤のブリード実験

下記のようにサンプルを作製し、フィルム表面のブリード量を定量した。

- ・樹脂　　　　　　　ホモPP
- ・成形体　　　　　　キャストフィルム
- ・添加剤　　　　　　各種スリップ剤
- ・サンプルの調整　　所定量のスリップ剤をドライブレンドし200℃で混練。酸化防止剤としてIrganox1076：500ppm及びIrgafos168：500ppmを添加。40mmキャスト成形機を用いて、厚さ50μmに成形
- ・ブリード物の定量　良溶媒でフィルム表面を洗浄後、ガスクロにて定量

4.2.3 2段階移行モデルを用いたスリップ剤のブリート解析

2段階移行モデルを用いた40℃、50℃、60℃におけるエルカ酸アミドのブリード解析結果を図32、図33、図34に示す。

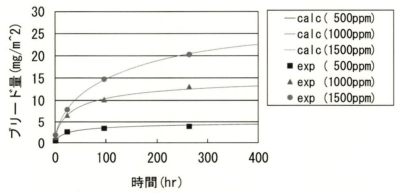

図32　40℃におけるPPフィルム中のエルカ酸アミドのブリード解析結果

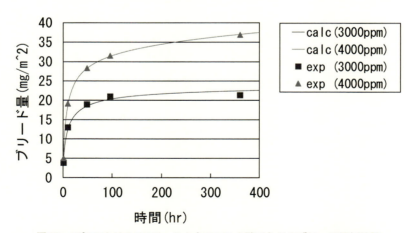

図33　50℃におけるPPフィルム中のエルカ酸アミドのブリード解析結果

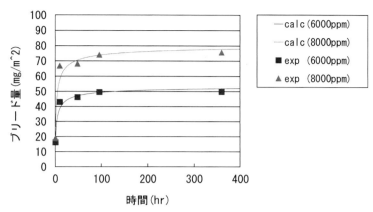

図34　60℃におけるPPフィルム中のエルカ酸アミドのブリード解析結果

表3　2段階移行モデルより得られたスリップ剤のパラメータ

スリップ剤	温度 ℃	飽和溶解度 Cs, ppm	拡散係数 D, m^2/s	一次速度定数 K, 1/s
エルカ酸アミド	40 50 60	250 1,900 3,600	5.2×10^{-15} 1.6×10^{-14} 5.7×10^{-14}	1.6×10^{-6} 3.3×10^{-7} 0
ベヘン酸アミド	50 60 70	0 0 0	4.5×10^{-15} 2.3×10^{-14} 6.4×10^{-14}	8.7×10^{-8} 8.9×10^{-7} 4.2×10^{-7}
ベヘン酸	50	4,200	9.1×10^{-14}	7.2×10^{-6}

　2段階移行モデルより得られたパラメータを表3に，飽和溶解度のブリード温度依存性および拡散係数のアレニウスプロットをそれぞれ図35，図36に示す。エルカ酸アミドの飽和溶解度は温度の上昇とともに増加が見られたが，ベヘン酸アミドは50〜70℃の範囲でゼロであった。ベヘン酸アミドの飽和溶解度は高温でもゼロに保たれるのでベヘン酸アミドのスリップ性能は高温でも発現する。一方，エルカ酸アミドの飽和溶解度は温度の上昇とともに大きくなり，高温ではフィルム表面のエルカ酸アミドがフィルム中へ再溶解するので，エルカ酸アミドのスリップ性能が低下する。また同一温度でエルカ酸アミドの拡散係数とベヘン酸アミドの拡散係数を比較すると，エルカ酸アミドの拡散係数の方が大きい値となっており，エルカ酸アミドの方がスリップ性能をより早く発現できることがわかる。

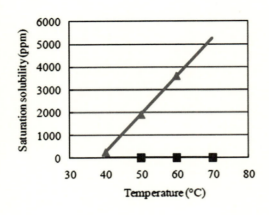
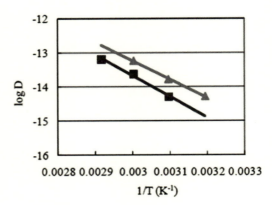

図35　飽和溶解度の温度依存性　　　図36　拡散係数の温度依存性（アレニウスプロット）

4.3　ドライラミ後の滑り性低下原因と対策

LLDPEフィルムやポリプロピレンフィルムはシーラントフィルムとして、ナイロンフィルムなどの表基材とウレタン接着剤などによってドライラミネートされる。原反では十分な滑り性を有していても、ドライラミネート後に滑り性が著しく低下することがある。これはシーラントフィルム内部のスリップ剤が接着剤側に移行し、それに伴い表面上のスリップ剤がスリップ剤濃度の低下したフィルム内部へ移行するためである（図37）。

ドライラミ後の滑り性低下を抑えるために、接着剤との親和性の低いスリップ剤、例えばベヘン酸アミドやエチレンビスオレイン酸アミドが使用される。これらのスリップ剤は原反での滑り性がエルカ酸アミドほどに良好でないため、実用処方ではエルカ酸アミドが併用される。

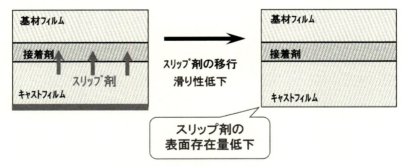

図37　ドライラミ後の滑り性低下メカニズム

5．帯電防止剤

5.1　帯電防止剤の働き

プラスチックの表面に界面活性剤（帯電防止剤）の分子会合層が最稠密配列し、この会合層

に空気中の水が配位することによって導電のチャンネルが形成され、帯電防止性が発現する（図38）。理論的には、プラスチックの表面に単分子層でも最稠密配列しておれば帯電防止効果は発現してくる筈であるが、実際には20分子層程度の重なりが存在しないと効果が発現しない。これは、界面活性剤がプラスチック表面で理想的な単分子層最稠密配列をとることは困難であり、ある程度界面活性剤が重なることにより、はじめて導電性のチャンネルが形成されて、効果が急激に発現するものと考えられる。

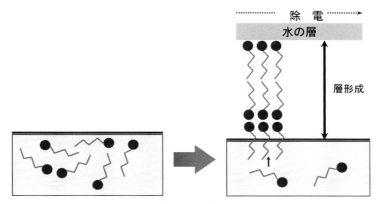

図38　界面活性剤による帯電防止の作用機

5.2　帯電防止剤の種類

ポリオレフィン用帯電防止剤としては、図39のようなモノグリ類A、アミン類B、アミンエステル類C、アミド類D、アミドエステル類Eおよび高級アルコール類Fなどがある。市販の帯電防止剤は混合物であり、モノグリ類A、アミン類B、アミンエステル類Cの三成分系が各メーカーのノウハウとして種々の割合で配合されている。

帯電防止剤は溶融状態で放置されると、各成分間および同一成分内でエステル交換反応を起こし、帯電防止性の低下や発泡（吸水）などの不具合を生じる。

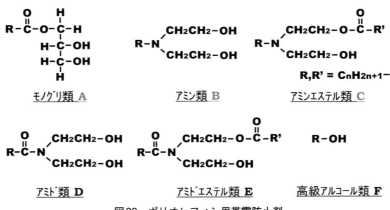

図39　ポリオレフィン用帯電防止剤

5.3 帯電防止性能への影響因子

帯電防止剤は練込型と塗布型があり、ポリオレフィンの場合は練込型が一般的である。練込型帯電防止剤の表面移行および帯電防止効果に対する影響因子として、下記のような因子が挙げられる。

(1) プラスチックと界面活性剤の相溶性

相溶性が良いほど練り込みやすくなるが、表面への移行性が少なくなり、帯電防止性能が低くなる。逆に、相溶性が悪いと、練り込みにくくなるだけでなく、混合しても界面活性剤が一時に表面に移行しすぎて持続性が劣ったり、表面特性に悪影響を及ぼしたり、極端な場合には成形加工ができなくなったりする。

(2) プラスチックの分子運動性（ガラス転移温度、使用時の温度）

プラスチックのガラス転移温度が室温より高いか低いかということが、界面活性剤の表面への移行を支配する。ガラス転移温度が室温よりも低いプラスチックでは、室温でもかなり大きな分子運動をしているため、その運動の助けにより界面活性剤は成形後の放置期間中に徐々に表面まで移行してくる。また、洗浄などにより一度界面活性剤が表面から除去されても、経時で再度帯電防止効果が復活する。ガラス転移温度が室温より高いプラスチックでは、分子運動が凍結状態にあるため界面活性剤の移行が抑えられ、経時的に効果の発現してくる可能性は低いし、洗浄後の効果の復活も期待しにくい。

(3) プラスチックの結晶性（結晶化度、配向）及び親和性（ブロックPPのゴム部）

プラスチックに練り込まれた界面活性剤は、そのポリマーの非晶部分に存在すると考えられる。従って、ポリマーの結晶化度や結晶の配向状態が変われば、界面活性剤の表面への移行状態も異なってくるため、帯電防止効果の発現に差が出てくる。たとえば、極性がほぼ同じと考えられるHDPEとLLDPEに同一の帯電防止剤を練り込んだ場合、結晶化度の低いLLDPEの方が帯電防止剤の必要量が少なく済み、かつ成形後の効果の発現も速い（**図40**）。

結晶の配向性の影響は二軸延伸PPの例に顕著に認められる。射出成形PPでは充分に効果が発揮する帯電防止剤でも、二軸延伸PPでは非常に効果が発現しにくくなる。

ブロックPPの場合、ゴム部と界面活性剤の親和性が高く、ホモPPやランダムPPよりも多量の帯電防止剤の添加が必要である。スリップ剤においても同様な事象がある。

(4) 他の添加剤の影響（スリップ剤、着色剤、充填剤）

スリップ剤の表面移行が帯電防止剤のそれよりも優先的に先行し、帯電防止剤の表面への移行が遅れることがある。また、滑剤によって帯電防止剤の連続層が途切れたり、帯電防止剤の連続層の上を覆ったりして効果が発現しない場合がある。

(5) コロナ処理（含酸素官能基）、エージング温度・時間

コロナ処理等の表面処理を施しフィルム表面に含酸素官能基を導入することによって、帯電防止性能が向上する。OPPフィルムにおいては、コロナ処理なしの場合、帯電防止性能は発現しない。含酸素官能基は、帯電防止剤をフィルム表面に引っ張り出す働きを有する。

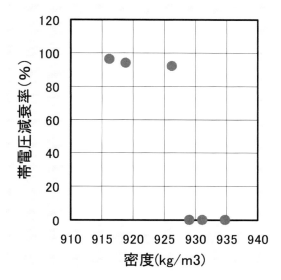

図40 帯電防止性能の密度依存性
（LLDPEフィルム　100μm）

(6) 保管環境（気温、湿度）

　界面活性剤が表面状態で存在していても、それだけでは充分な効果は現れず、空気中の水分を吸着することが必要である。従って、界面活性処理をしたプラスチックの帯電防止効果の発現状況は、空気中の湿度と深い関係がある。空気中の湿度は、界面活性剤の平衡吸湿量に影響を及ぼし、更には水の吸着量と表面固有抵抗値には明確な関係が認められている。

5.4　帯電防止性能の測定方法

材料本来の導電性の程度は一般に体積固有抵抗値で表されるが、帯電防止剤を添加したプラスチックでは材料本来の抵抗値を改善するわけでなく、表面に薄い導電層を形成して電荷を漏洩させることにより静電気障害を防止しているため、その性能評価では表面の電気的性質の測定が主となり、これに実用評価が併用される。

① 電気的性質の測定
  ・表面固有抵抗値
  ・帯電圧半減期（スタチック・オネストメーター）
  ・摩擦帯電圧（ロータリースタチックテスター）
② 実用的試験
  ・ホコリ付着（感覚的方法、ダートチャンバーテスト）
  ・くっつき
  ・ひろがり
  ・放電
  ・電撃

6. 光安定剤（耐候剤）

太陽光の波長は0.7～3,000nmであり、有害な紫外線のほとんどは大気に遮断されるが、一部紫外線領域も含まれる290nm以上の光が地球表面に到達する。

高分子が光化学反応を起こすためには、光エネルギーを吸収し得る官能基、すなわち発色団が高分子中に存在しなければならない。ところが、一般に多くの高分子は無色で可視光に吸収がないため、増感剤や着色した不純物がない限り、可視光は重要でなく、紫外線領域の光のみが問題となる。実用上問題になる太陽光の場合には、地球に到達する光の波長は290nmより長いため、この領域の光を吸収し得る発色団をもっている高分子のみが、光劣化を受けることになる。290nmよりも長波長領域の光を基準におくと、高分子の光劣化機構は2つに大別できる。

① 290nmより長波長の光の吸収はないが、異種構造や不純物が発色団となり、光劣化が開始される高分子（PE、PP、PVCなど）
② 高分子を構成する単位や官能基によって290nm以上の光を吸収し、直接光劣化が開始される高分子（PS、PC、PETなど）

6.1 光安定剤の種類とその作用機構

光安定剤には、紫外線遮断剤、紫外線吸収剤、消光剤およびHALSがある。図41に光安定剤による安定化メカニズムを示す。

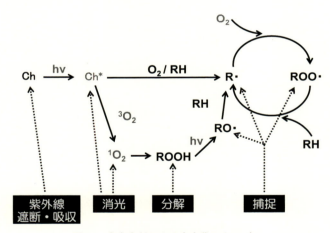

図41　光安定剤による安定化メカニズム

6.1.1 紫外線遮断剤（UV Screener）

紫外線遮断剤は、ポリマーが光劣化を起こす光を遮断することによってポリマーを保護する。従って紫外線遮断剤は光劣化の予防薬のようなものである。代表例としてフィラー（酸化チタン、炭酸カルシウム）、カーボンブラックなどがある。

6.1.2 紫外線吸収剤（UV Absorbers）

紫外線吸収剤は、ポリマーが光劣化を起こす光を吸収することによってポリマーを保護する。

従って紫外線吸収剤は光劣化の予防薬のようなものである。紫外線吸収剤は紫外線を自ら吸収し、その吸収した光エネルギーを熱のような無害な形に変換し、入射光が光劣化開始拠点である発色団に到達するのを防ぐ作用を持っている。ただ表面保護（クラック）や非常に薄い成形品（フィルムや繊維）には効果が低い。紫外線吸収剤は、ベンゾフェノン系とベンゾトリアゾール系が一般的である。前者の代表例としてはChimassorb 81、Sumisorb1 130などがある（**図42**）。後者の代表例としてはTinuvin 326、Tinuvin Pなどがある（**図43**）。

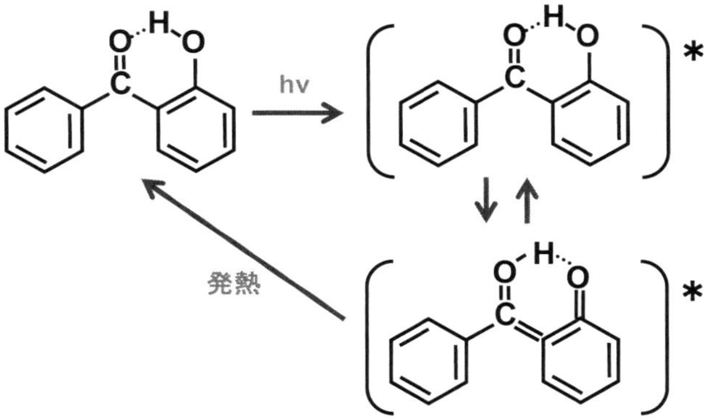

図42　2-ヒドロキシベンゾフェノンの光安定化機構

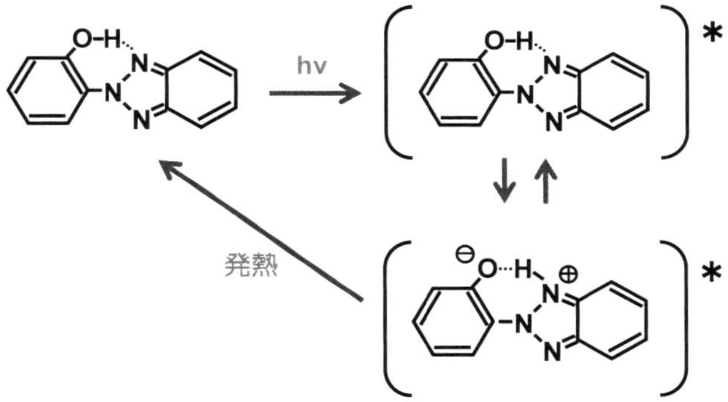

図43　ベンゾトリアゾールの光安定化機構

6.1.3　消光剤（Quenchers）

ポリマーの光劣化はポリマー中の発色団が光を吸収し、励起状態を経て起こる。この励起エネルギーを消光剤に移し、基底状態に戻ればポリマーの光反応は開始されない。消光剤はNi化合物であり、代表例としてはChimassorb N-705などがある。

6.1.4　HALS

HALSはヒンダードアミン系光安定剤と言われるように、2、2、6、6-テトラメチルピリジン構造を基本骨格とする化合物である。代表例としてはTinuvin 770、Tinuvin 622、Chimassorb 944などがある。

HALSは1970年代に見いだされた化合物であるが、その作用機構は安定化の構造が複雑で未

だ解明されていない。一般にはHALSは自身が酸化されることによって生成するニトロキシラジカル（＞NO・）などの活性種が、ポリマーの劣化の過程で生成するラジカルを効果的に捕捉することによって安定化すると考えられている。特にニトロキシラジカルはラジカル捕捉能力が高く、重合禁止剤などにも使用されている。またHALSは図44に示すようなサイクルの作用機構で安定化していると考えられており、HALSが他の酸化防止剤と異なり、長期にわたって安定化に貢献する理由と言える[4]。

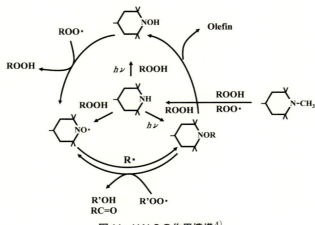

図44　HALSの作用機構[4]

6.2　フィルム用光安定剤

光安定剤は、農業フィルム用途以外のフィルム用途に使用されることはあまりない。厚みの薄いフィルム用途では紫外線吸収剤は効果が弱く、一般的にHALSが使用される。HALSの中でも高分子量タイプのChimassorb 944が一般的に使用される[5]（図45）。

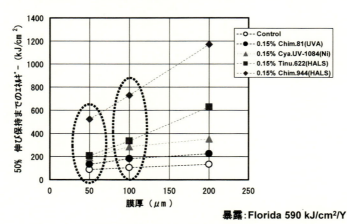

図45　LLDPEインフレフィルムの耐候性[5]

7. 造核剤

7.1 造核剤の働きと作用機構

要求に合った性能・機能を発現させるためには、高分子の一次構造（分子量、分子量分布、組成分布、立体規則性など）および最終加工品の高次構造（結晶構造、非晶構造、分子配向、相構造など）の制御技術が必須である。前者においては重合技術（触媒、製造プロセス）、後者においてはアロイ技術、加工技術（延伸など）などを駆使し、高分子自身の高性能化を実現している。一方、添加剤も種々の物性を付与するが、とりわけ造核剤が高次構造を制御する添加剤処方として広く用いられている。今回はポリプロピレンにおける代表的な造核剤の種類と特徴について紹介する。

ポリプロピレンは溶融状態から冷却されると、融点以下に過冷却された後、徐々に結晶化して固体となる。このプロセスは結晶核生成と結晶核からの結晶成長に分けられる。造核剤を添加しない場合、分子末端、触媒残渣、ダストなどが結晶核になる。これらの数が少なく、かつ結晶核としての働きが不十分なため、不均一に分布した数少ない結晶核から結晶が成長する。そのためポリプロピレン中に不均一で大きな結晶が生成する。一方、造核剤を添加した場合、造核剤が系中で均一に微分散して数多くの安定な結晶核として働く。結晶核数が多くなるため、全体の結晶化速度を上げ、結晶化度を上げるとともに均一で微細な結晶を生成させる。結晶化度が高く均一な結晶ができることから、機械的強度が上がる。また光の波長に近い微細な結晶ができる場合は、光の散乱が抑えられて透明性が向上する。

7.2 造核剤の種類と特徴

7.2.1 リン酸エステル金属塩類

リン酸エステル金属塩類には、ADKSTAB NA-11、ADKSTAB NA-21がある（**図46**）。これらは結晶化温度の上昇、曲げ弾性率・熱変形温度などの機械物性を大幅に改善する効果がある。更にADKSTAB NA-21は透明性の向上効果も併せ持つことから、機械物性と透明性の両方を要求されるような用途への応用が期待される。ポリプロピレンが溶融状態から結晶化する際、初めに生成する結晶が一次核である。この一次核が少ない場合、個々の一次核は大きく成長し球晶にまで成長すると言われている。一方、ADKSTAB NA-11、ADKSTAB NA-21を添加した場合、造核剤が一次核の成長を促し、これが成長して均一なサブミクロンの微細結晶が多数できると考えられている。この微細結晶構造により可視光の透過率が上がり透明性が向上するだけでなく、機械物性も向上すると考えられる。

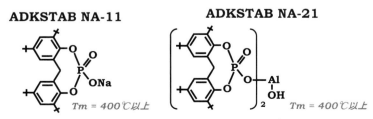

図46 リン酸エステル金属塩類造核剤[2]

7.2.2 ベンジリデンソルビトール類

ベンジリデンソルビトール類に分類される化合物としては、EC-1、Gelall MD、NC-4等があり、ソルビトールと置換ベンゾアルデヒドとの縮合構造とフリーの水酸基を基本骨格として持っている（図47）。これらの化合物は水素結合を中心に分子間で集合体を形成して三次元ネットワーク構造をとり、ゲル化する能力を有する。このゲル形成は温度依存性があって高温域ではゾル化して分散し、低温域でゲル化する性質があり、ポリプロピレンの結晶化時にはゲル化したネットワークが形成されて結晶核生成を促すと考えられている[6]。

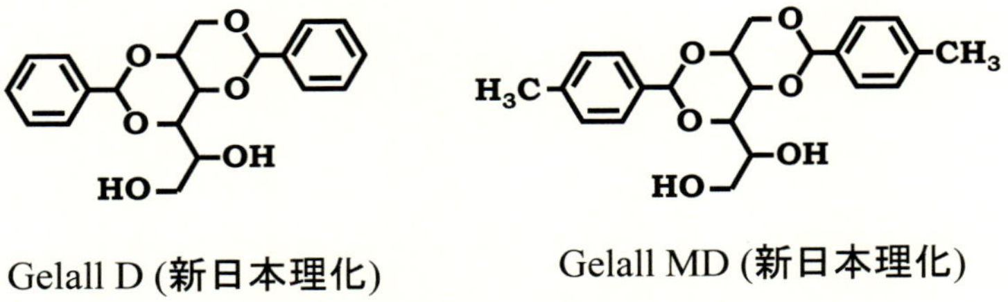

Gelall D (新日本理化)　　Gelall MD (新日本理化)

図47　ベンジリデンソルビトール系造核剤

7.2.3 カルボン酸金属塩類

カルボン酸金属塩類はポリプロピレンに対して造核効果を示すことは古くから知られており、各種有機カルボン酸金属塩が広く検討されている。この中で安息香酸金属塩、p-t-ブチル安息香酸アルミニウムは物性改良効果が比較的高く、商品化されている。日本国内では、安価で剛性向上効果が比較的高いことから、p-t-ブチル安息香酸アルミニウム（AL-PTBBA）がよく用いられる。欧米では、食品用途の規制の点から、主に安息香酸ナトリウムが用いられている[7]。

8. 加工助剤

8.1 12-ヒドロキシステアリン酸マグネシウム（EMS-6P）

12-ヒドロキシステアリン酸マグネシウムはフィルムやシートの成形時の見かけの溶融粘度を低減させ、目ヤニやダイラインなどの不良現象を抑える。一般的なステアリン酸は直鎖状であるのに対し、12-ヒドロキシステアリン酸はOHが付加している部位でカギ型に折れ曲がっているため、極性のないポリオレフィンとも相溶性に優れ、成形後のフィルム、シートなどの成形品の表面にブリードアウトするようなことはない。

EMS-6Pの目ヤニ防止効果を**写真4**、**写真5**に示した[8]。

8.2 フッ素系ポリマー添加剤（Dynamar™ PPA）

PPAは、成形体の物性を下げることなく成形性を向上させる加工助剤である。ダイ金属壁面に付着し、樹脂の流れとの間に潤滑層を形成し樹脂の見かけ溶融粘度を低減し、成形品の表面品質や物性を向上し、高速成形を可能にする[9]（図48）。

1) 加工試験　　使用樹脂：PP樹脂（MI = 1.0〜1.5）+グレー顔料
　　　　　　　　押出機：φ65mm ダイス230℃〜240℃

1-1 無添加

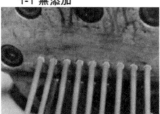
始動30分, 約50kg

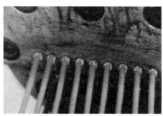
始動60分, 約100kg

1-2 EMS-6P 0.2%添加

始動30分, 約50kg

始動60分, 約100kg

写真4　押出機によるEMS-6P目ヤニ防止試験[8]

樹脂：HDPE（MI = 0.07）　ダイリップ部写真

START時

HDPE単体　60分後

HDPE + EMS-6P 0.2%　60分後

写真5　インフレ成形によるEMS-6P目ヤニ防止試験[8]

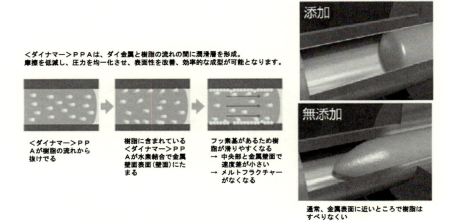

図48 〈ダイナマー〉PPAの摩擦低減メカニズム[9]

引用文献

1) M. Wakabayashi, T. Kohno, T. Kimura, S. Tamura, M. Endoh, S. Ohnishi, T. Nishioka, Y. Tanaka, T. Kanai, J. Appl. Polym. Sci, 104, 3751–3757（2007）
2) M. Wakabayashi, T. Kohno, T. Kimura, S. Tamura, M. Endoh, S. Ohnishi, T. Nishioka, Y. Tanaka, T. Kanai, J. Appl. Polym. Sci106, 1398–1404（2007）
3) M. Wakabayashi, T. Kohno, Y. Tanaka, T. Kanai, Intern. Polymer Processing 24（2）, 133–139（2009）
4) 根岸由典、プラスチックエージ、Vol.61, Page 68–69（2015）
5) Hans Zweifel, Plastics Additives Handbook 5th Edition, p.300, Table2. 83（2001）
6) ポリファイル、Vol.39, No.1, Page 36–41（2002）
7) 化学工業、Vol.50, No.8, Page 586–591（1999）
8) 勝田化工㈱技術資料「EMS-6P 脂肪酸金属塩系目ヤニ防止剤」
9) 3Mホームページ「DynamarTH ポリマー加工助剤」

第15章

機能性フィルムの最近の技術動向と成形加工・評価技術

KT POLYMER代表　金井　俊孝

はじめに

　包装用フィルムや容器として、レジ袋、ごみ袋、お菓子、おむすび、繊維の包装、PETボトルやカップ麺などのシュリンクフィルム、レトルトパウチ、詰め替え用パウチ、電子レンジで温めるだけの食品用フィルムが広く使用されているが、最近では、ガラス瓶代替のワイン、日本酒、焼酎、ウイスキーなどの酒類もバリアPETボトルで販売され、金属缶代替のプラスチック缶も出始めている。日本の核家族化が進み、高年齢化、一人暮らし、食事にかける時間の短縮化などの環境の変化で、食生活の様式も大きく様変わりし、それに伴い、包装用プラスチックフィルムの使用量も多くなっている。これにはプラスチック材料を使用し、高度できめ細かな技術開発が長年に渡って、行われてきたためである。
　さらに、包装分野では食品包装だけでなく、携帯電話やxEV車用のLiイオン電池パッケージ、医薬品包装に至るまで、膨大な量の包装フィルム・容器が使用され、日常生活する上で、なくてはならない存在になっている。
　プラスチックフィルム・容器は食品の内容物の保護だけでなく、食品の酸化による劣化防止や賞味期間を長くする（Long life）機能も果たす目的で、さらに重要な役割を果たしている。また、最近では電子材料である有機EL、LCD、太陽電池などは微量の水分の存在により、ダメージを受け、寿命が大幅に短くなるため、電子部材の保護もフィルムの機能として、重要になってきている。
　自動車分野では、今後ガソリン車からEV車への移行が進めば、電池用セパレータやパッケージ、さらにコンデンサーフィルムの需要が高まると予想される。さらに、環境対策として無塗装化が進行すれば加飾フィルムの重要性が高まると考えられ、内装材だけでなく、外装材用としての開発も期待され、その応用として、建材分野にも適用可能となる。
　ディスプレイ・照明やIT分野でも高機能性フィルムが開発され、液晶や有機EL用のディスプレイフィルム、有機薄膜太陽電池などに使用される機能性フィルム、家電、スマートフォン用の加飾フィルム、高集積回路用高放熱フィルム、エネルギー効率を高める遮熱フィルムなどが注目されている。
　最近では、バックライトが不要で固体素材で構成されている有機ELディスプレイを使用した折り曲げスマホの動向も注目されている。日本でも5G通信が開始され、通信速度の高速大容量化に伴い高周波特性に優れたフレキシブル基板の期待が高まり、コロナ禍では通信の高速化、大容量化の重要性が高まっている。
　一方、環境問題として、ゴミ問題やマイクロプラスチックの海洋汚染問題なども深刻化しており、リサイクル技術、海洋でも自然崩壊可能な素材や植物由来の素材を用いたフィルム・容器なども注目されており、ポリ乳酸（PLA）、セルロースナノファイバー（CNF）の研究も盛んに行われている。
　そこで、本章では、機能性フィルムを題材に、食品、飲料、医療品、IT機器などの包装フィルム、特に包装により内容物を長持ちさせるために、バリア性を高めた食品包装フィルム・容器、電

第15章　機能性フィルムの最近の技術動向と成形加工・評価技術

子レンジ用耐熱容器、薬品包装、電池用フィルム、ディスプレイ用フィルム、環境対応フィルム、加飾フィルム、高速通信用フレキシブル基板などを取り上げ、さらにフィルムの成形加工・評価技術についても述べる。

1. 包装・容器の出荷動向およびフィルムの生産動向

内容物を長持ちさせる包装用フィルムであるバリアフィルムの開発により、食品の賞味期間のLong life化が可能になった。ガラス瓶代替のバリアPET容器（日本酒、焼酎、ワイン、炭酸飲料等）、新鮮生醬油の包装容器などは、バリア層として、例えば、酸素バリア層となるEVOH層を共押出層に挿入、蒸着やコーティング層の付与、酸素吸収層（アクティブバリア）を設ける工夫等がなされている。

フィルムの中でも製造能力の高い二軸延伸フィルムは、1900年代は欧米や日本がフィルム製造の中心であったが、現在は中国を中心に東南アジアに製造基地がシフトし、大きく様変わりしている。PETフィルムも従来は記録用磁気テープが大きな割合を占めていたが、現在では包装用、光学フィルム用や太陽電池のバックシートなどにシフトしている。

2017年の日本の包装・容器の出荷統計実績を図1および表1に示した[1]。表に示されたように、全体の出荷金額は5兆6,528億円、その内、プラスチック製品は1兆5,622億円、全体の出荷数量は1,944万トン、その内、プラスチック製品の数量は372万トンとなっており、最近の3年間では、日本での包装・容器分野での出荷量に大きな変化はない。

コスト面で2000年代初期から日本の円高の問題もあって、世界の包装分野の生産は東南アジアでの製造が増えている傾向にあるが、日本のフィルム・容器の研究開発力は依然として優位な立場にある。

プラスチックフィルムは用途別に見るとプラスチック全体の約39％を占め、非常に大きな割合となっている。その中でも、二軸延伸ポリプロピレンフィルム（BOPP）は包装フィルム用途を中心として、2013年の実績では、世界のBOPPの製造能力は1,152万トン、BOPETの製造能力は660万トン、全体では1,945万トンになっており（図2）[2]、その後もこの分野の年間平均伸長

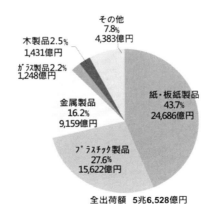

図1　平成29年度包装・容器出荷金額[1]

表1　平成29年　包装・容器出荷数量

	出荷金額		出荷数量	
	出荷金額（億円）	構成比（％）	出荷数量（千トン）	構成比（％）
紙・板紙製品	24.686	43.7	12,584	64.7
プラスチック製品	15,622	27.6	3,721	19.1
金属製品	9,159	16.2	1,363	7.0
ガラス製品	1,246	2.2	1,197	6.2
木製品	1,431	2.5	579	3.0
その他	4,383	7.8	注）	
包装・容器　合計	56,528	100	19,444	100

注）数量単位が異なり、合計値に加算せず

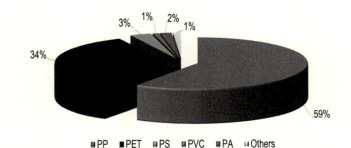

図2　二軸延伸フィルムの世界の生産能力[2]

率は約5％で順調に伸長している。

　最近、機能性フィルム・シートとして、活発に研究開発が進められている興味ある高機能フィルムのテーマの一覧表を**表2**に示す。

2. 機能性包装用・医療用・IT用フィルム・シート

2.1　包装用延伸フィルム

　食品、タバコ、繊維包装などに多く使用されているポリオレフィン樹脂のフィルムの研究開発が行われている。例えば、PPでは高速化が進行し、最近の二軸延伸機は有効幅8.4m幅、巻取速度約525m/minが中心になっており、1機で3万トン／年の生産量に達しており（**図3**）、（**表3**）[2]、さらに600m/minで10m幅を超える成形機も販売されている。今後は包装用途として、更なる高速化による高生産性やコンデンサーフィルムに代表されるような薄膜・均一化・高次構造制御による表面凹凸制御技術、セパレータなどの均一で微細な孔径制御されたフィルムの開発な

第15章 機能性フィルムの最近の技術動向と成形加工・評価技術

表2 高機能フィルムテーマ

フィルム種類	高機能フィルム	用途	要求特性	生産上の課題
液晶用	偏光、雛型位相差視野拡大、反射プリズム、拡散プロテクト、	大型TV パソコン 携帯電話 PDA	高透明 寸法精度 低残留応力 低位相差 輝度・長期寿命 耐熱・透明薄膜 低異物 ハイバリア	厚み均一性 コーティング転写性 配向均一性歩留まり 良表面外観 低ボーイング 表面処理技術
表示用	有機EL用超ハイバリア	携帯、TV、照明		
	導電性フィルム	タッチパネル		
	電子ペーパー	電子書籍		
電池関係	バックシート	太陽電池 (無機、有機)	対候性、耐熱、反射性、低吸水	
	封止材シート		耐光性、耐熱、低温封止、低吸水	
	セパレーター	Liイオン電池	均一孔径、融点、自己修復	
	ソフトパッケージ		高強度、ヒートシール、深絞り、バリア	
	超薄膜フィルム	大容量コンデンサー	薄膜、BDA、凹凸	連続成形性 厚み均一性 加工安定性
環境対応	PLA、生分解性植物由来材料、CNF	ゴミ袋、農業資材スピーカーコーン、微細発泡体	加工性、生分解 高弾性、高強度	
食品包装	ハイバリア包装	長期保存食品	ハイバリア、透明性	
	レトルトフィルム	レトルト食品	易裂性、衝撃性、ボイル特性	
透明包装・トレイ	高透明フィルム	文具、化粧品パッケージ 電子レンジ対応トレイ	高透明、剛性	急冷、結晶制御 熱成形性
加飾	加飾フィルム	家電、IT自動車、バイク	高透明、印刷性、耐傷付性、耐候性	賦型性 厚み均一性
医療	ハイバリア	PTP(両面ハイバリア)輸液バック	ハイバリア、成形性 透明性、安全性	賦形性 異物フリー
通信	フレキシブル基板 (FPC)	高速通信5G等	高周波特性、高耐熱性 低線膨張係数、低吸湿性	配向バランス寸法・厚み精度

どが注目されている。また、バリア性を有する樹脂を共押出したBOPPフィルムの開発も行なわれている。

　また、最近ではPPだけでなく、直鎖状低密度ポリエチレン(LLDPE)の二軸延伸フィルムではチューブラー延伸法(図4)による高強度なシュリンクフィルムが製造されている。これは密度の異なる樹脂のブレンドで組成分布を広げることにより、延伸可能な温度範囲が狭いLLDPE

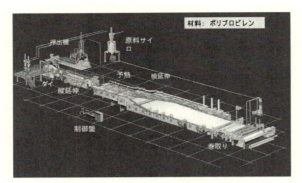

図3 二軸延伸PPフィルム製造装置の概略図

表3 主な樹脂の二軸延伸フィルムの製造能力[2]

Line Types		PP		PET				PA
		Capacitor	Packaging	Capacitor	Packaging	Industrial/Optical		Packaging
						Medium	Thick	
Max. Line Width	m	5,8	10,4	5,7	8,7	5,8	5,8	6,6
Thickness Range	μm	3–12	4–60	3–12	8–125	20–250	50–400	12–30
Max Production Speed	m/min	280	525	330	500	325	150	200
Max. Output	Kg/h	600	7600	1100	4250	3600	3600	1350

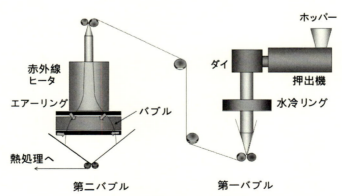

図4 チューブラー延伸フィルム装置の概念図

第15章　機能性フィルムの最近の技術動向と成形加工・評価技術

の延伸性を改良し、突刺強度や衝撃強度の高いシュリンクフィルムが開発されている[3,4]。また、高強度、耐ピンホール性、吸湿寸法安定性の優れたPBT二軸延伸フィルムも開発されている[5]。

これらポリオレフィン樹脂の延伸フィルムは、お菓子、麺類、タバコなどの一般包装やシュリンクフィルムを中心に、幅広く利用されているが、拡販するにはコストも重要な因子になっている。

さらに、生産性の高い逐次二軸延伸テンター法で、PPやPETだけでなく、PA6やLLDPEの延伸フィルムが生産されている。LLDPEの延伸フィルムは未延伸の溶融キャストフィルムと比較し、薄膜化30％でも、衝撃強度が高く、引張特性も高いため、PEフィルムとしてだけではなく、PEシーラントとして展開されている。最近では、HDPEを用いた二軸延伸フィルムの開発も進められている。

同時二軸延伸テンター法は、逐次二軸延伸では水素結合が強く、結晶化速度が速く延伸しにくいPA6やEVOHなどのフィルムの生産に利用されている。

また、PETボトル用シュリンクフィルムでも、低融点の共重合PETなどを利用し、逐次二軸延伸の製造方法を工夫することにより、MDとTDの物性バランスを保ちながら、MDにシュリンクし易いPETフィルムが開発されている[6]。

2.2　バリアフィルム

バリア性能を有するフィルムは、長年食品包装を中心に要望されてきたフィルムである。食品の長期保存、医薬品を安全に長期保護できるシート、有機ELや電池パッケージなどに代表される電子・工業用途での高度なバリア性フィルムはその代表例である。

バリアフィルムには、パッシブバリアとアクティブバリアある。パッシブバリアは包装内部に侵入してくる酸素等を遮断する包装技法であり、一方アクティブバリアは積極的に酸素等のガスを吸収し、取り除くタイプの包装技法である。

ハイバリア性樹脂と呼ばれるPVA・PVDC・PANは、どれも融点と分解点が接近しているため、熱溶融加工に難点があった。この点をもっとも有利に克服して実用化されたのがエチレンとビニルアルコールの共重合体EVOHである。多層フィルムのバリア層として、最初の応用分野である食品包装市場への導入から始まった用途は、医薬品や非食品包装など中身の多様化や、対象ガスの種類も酸素だけでなく二酸化炭素や匂い成分・有機蒸気などと種類も増し、さらには包装以外の自動車（ガソリンタンク）・建材・地球環境関連などの分野にも広く応用範囲を拡大している。EVOHの二軸延伸フィルムはラミネート基材としても利用されている。表4に、EVOHと他の樹脂の酸素バリア性の比較、表5にEVOHのエチレン共重合比率と酸素バリア性能およびフィルム物性の関係を示した[7]。EVOHは他の樹脂よりも酸素バリア性が優れており、またエチレン共重合比率が低いほど、酸素バリア性が優れていることがわかる。ただし、エチレン量が低くなると、融点と分解温度が近くなるため、成形温度領域は狭くなる。

最近ではEVOHのバリア性を維持しながら延伸性や熱成形性を向上させたグレードも開発されている。

表4 EVOHの酸素ガスバリア[7]

(単位：cc.20pmlm^2・day・atm)

素材	酸素ガスバリア性 (25°C, 65%RH)
EVOH	1.0～3.5
PVDC	3.0～18
延伸PET	50
延伸ナイロン6	40
LDPE	8250
HDPE	3000
延伸PP	3000
ポリスチレン	7000

表5 エバール樹脂の主な銘柄と性質[7]

項目	単位	測定法・条件	L171B	F171B	H171B	E105B	G156B
エチレン共重合比率	mol%	—	27	32	38	44	48
密度	g/cm^3	ISO 1133-3	1.20	1.19	1.17	1.14	1.12
融点	℃	ISO 11357	191	183	172	165	160
ガラス転移温度	℃	ISO 11357	60	57	53	53	50
破断点強度	MPa	ISO 527	50	34	27	29	22
破断点伸度	%	ISO 527	13	15	15	11	14
ヤング率	MPa	ISO 527	3000	2700	2400	2300	2300
酸素透過度 (25°C, 65%RH)	cc.20μm/m^2・ day・atm	ISO 14663-2	0.2	0.4	0.7	1.5	3.2

機械特性は射出成形品で測定、条件：23℃・50%RH、エバールはクラレのEVOHの商標名

　また、親水性の粘土と水溶性バインダを混合し、プラスチックフィルム表面に薄いコーティングや印刷によるガスバリア層の塗工により、酸素バリア性を高めることが可能になっている。
　さらに、水蒸気バリア性を持たせた技術としては、粘土の層間イオンをアンモニウムカチオンに交換し、アスペクト比の高い（約3,200）粘土を用い、さらに余剰イオンを低減させた（8ppm以下）ペーストをPENフィルムに0.7マイクロメートルの厚さで塗布し、180℃で2時間熱処理することにより、6x10^{-5}g/m^2・dayの水蒸気バリア性を実現した例が報告されている[8]。

2.3　易裂性・バリアフィルム

　易裂性フィルムは各社から上市されている。その中の一例として、易裂性ナイロンフィルム

第15章 機能性フィルムの最近の技術動向と成形加工・評価技術

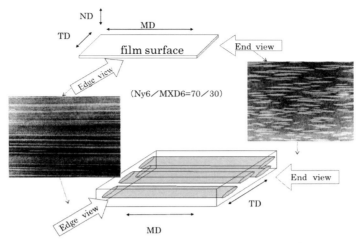

図5 易裂性PA6延伸フィルムの透過型電子顕微鏡観察（TEM）

はPA6にバリア性を有するMXD6をブレンドすると、ダイス内でMXD6の縦方向に配向したドメインを形成し、その後延伸することにより、高強度と直線カット性を有する延伸フィルムが開発されている（図5）[9]。易裂性ナイロンフィルムを使用することにより、易裂性と高強度を単層のフィルムで満足できるため、2層構成のラミ・製袋品で目的を達成することが可能となっている。これにより、ラミネート層数を減らすことができコストメリットもあり、かつバリア性も付与することができる。また、共押出多層インフレーション成形で両外層にPE、中間層にポリエチレン系易カット樹脂から構成されるPE直線カット性フィルム[10]やポリオレフィンにCOCをブレンドして直線易カット性を付与したフィルムなども開発されている[11～14]。

2.4 コート、蒸着 PVDCコート（K-コート）、PVAコート、防曇性（冷凍食品）

PVDCコートはK-コートと呼ばれ、二軸延伸PP、二軸延伸ナイロンフィルムなどの種々のフィルムの表面コートに広く使用されている。環境問題で、脱塩素化が進んでいるため、他の方法でのバリア化も進んでいる。

アルミ蒸着フィルムはガスバリア性や水蒸気バリア性に優れており、バリア性を要求される分野に広く用いられている。ただし、不透明であり、プラスチックのリサイクル化が難しい問題がある。

透明性が要求される分野にはシリカ（SiO_x）やアルミナ（AL_2O_3）をコートしたフィルムが幅広く使用されている。また、PVAコートしたBOPPも販売されている。ただし、高湿度下ではガスバリア性は低下する。

防曇性の付与は野菜や果物などの包装には重要である。フィルム表面に水滴がつくと、商品の外観が悪くなり、腐敗にも繋がるため、脂肪酸エステルなどの表面活性剤が使用されている。樹脂の結晶化度や添加剤の量により防曇性能が変化し、また単層よりも多層構成の方が防曇性能に優れているという結果が報告されている[15]。

2.5 チャック袋　易開封性、再利用

易開封性があり、再利用が可能なチャック袋も、多く利用されるようになった。パッケージ開封後も簡単に再密封でき、必要量に応じ内容物を無駄なく使う事が可能である。用途に合わせて、PE系やPP系フィルムに利用可能で、異形押出、共押出の押出技術を利用し、汎用ジッパーから、特殊・多層ジッパーまで幅広く供給されている[16]。

2.6 医療用フィルム

医薬品包装には還元鉄と塩化ナトリウム触媒を樹脂にブレンドした酸素吸収バリア材（例：オキシガード®）フィルムやアルミラミネートフィルムが使用されている。医薬品の点滴剤には、アミノ酸製剤、高カロリー栄養剤、酸素の影響で変質してしまう薬剤などがある。食品のプラスチック容器の場合、パッシブガスバリア材やアクティブバリア材と複合化する方法が一般に適用されている。

しかし、医薬品包装の場合、薬事法の関係で、使用できる材料に制約がある。このため、ポリエチレン製輸液ボトルを両面アルミ箔構成の外装パウチに入れ、脱酸素剤を封入する方法やアクティブバリア機能をもつ外装パウチを適用する方法が採用されている。このアクティブバリア外装パウチの構成は、一方がPET／アルミ箔／オキシガードフィルム／シール層であり、他方はPET／パッシブバリア層／シール層で、透明多層フィルムが用いられている[17]。

今後、錠剤のPTP包装はバリア性でさらに厳しい要求が求められており、図6で示したAl・ONYラミネート／オキシキャッチ層／シール層からなる多層シートなどが検討されている。

2.7 Liイオン電池用フィルムとコンデンサーフィルム

Liイオン電池（LIB）の世界全体の市場規模は約3兆2,000億円（2017年実績）で、今後の平均

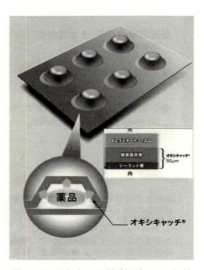

図6　ALラミネート酸素吸収PTP包装

第15章 機能性フィルムの最近の技術動向と成形加工・評価技術

成長率は18％／年程度が見込まれ、2022年には2017年比2.3倍の7兆3914億円に拡大すると見ている[18]。モバイルパソコン、スマートフォンやタブレット端末などに代表されるスマートデバイスの台頭による小型LIBの需要に加え、自動車の電装化の進展・普及に伴う大型LIBの需要増大が期待され、将来的に大きく伸びが期待できる分野であり、注目されている。IHS Automotiveの予測ではEV車の世界販売台数が2015年に35万台だった台数が2025年に256万台に急増すると見込んでいる。LIB電池市場は2017年には車載用がモバイル用を抜き、車載用の急速な伸びにより、電池容量も2025年（570GWh）には2018年（140GWh）対比で、4倍以上の伸びが予想されて、素材企業の投資が活発化している。

吉野彰氏がノーベル賞を受賞されたが、Liイオン電池の構造は図7[19]のようになっており、その内、フィルム部材に関連するセパレータは2,000億円規模になっており、2018年のセパレータ出荷量実績を図8[20]に示す。LIBに使用されるセパレータの開発・製造・低コスト化が益々重要になってきている。LIB用部材の生産は中国が大きなシェアーを持っているが、延伸フィルムが用いられているセパレータやパッケージに関しては日本が優位な立場にある。

東芝機械はLIB用湿式セパレータフィルム製造ライン（SFPU-32014XW）を2017年同社のソリューションフェアで一般公開している（図9）[21]。

また、日本製鋼所やブルックナー社からも販売され、日本製鋼所が開発した成形機（図10）も報告されている[22]。特徴は基材樹脂である超高分子量HDPEと一緒に、多量の流動パラフィン（LP）を供給して均質化する点にある。LPの役割は、HDPEを膨潤させて可塑化を容易にしたり、LPを除去した後に形成される微細孔を形成させたりする点である。流動パラフィンの配合比率は60～70wt％と高いため、HDPEと均一に混練分散させるために混練性能の高い二軸スクリュ押出機TEXを採用している。最近の報告では、疎水化処理しさらに界面活性剤を用いて解繊を促進させたセルロースナノファイバーを超高分子量HDPEと複合化させたセパレータは、突刺

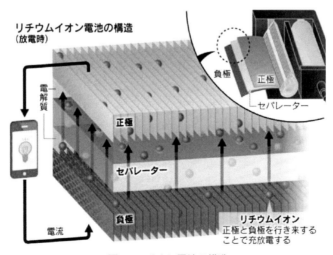

図7　Liイオン電池の構造

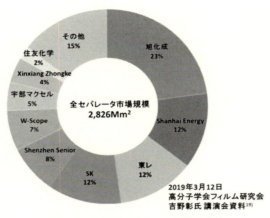

図8　2018年のセパレータ出荷量実績

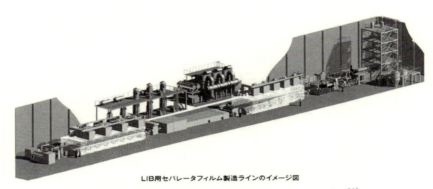

図9　東芝機械のLiB用セパレータ製造ラインのイージ図[21]

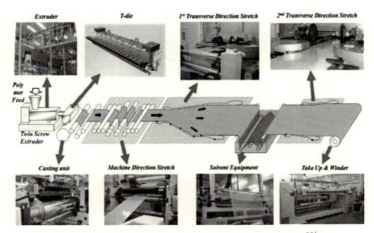

図10　日本製鋼所 セパレータ製造ラインの装置構成[23]

第15章 機能性フィルムの最近の技術動向と成形加工・評価技術

し強度の1.5倍の向上、耐熱性の向上や電解液との親和性が向上したとの報告がされている[23]。

　二軸延伸フィルム成形機製造メーカー最大手のブルックナー社もセパレータ用延伸機を開発し、テスト機を設置し、試作体制も整っている。

　電池セパレータ（図11）は微細な孔（0.01～0.1 μm）を均一に配置する構造になっており、EV車への移行に伴い、多くの需要が見込まれる。LIBの熱暴走を抑えるため、融点130℃付近のHDPEのセパレータが用いられており、微細孔を閉じるシャットダウン機能も備えているが、安全性の観点から膜形成を維持できなくなるメルトダウン温度とシャットダウン温度の差（セーフティーマージン）を大きくする検討も行われており、PPとの共押出技術によりメルトダウン温度を上げたり、コーティング技術で表面層に耐熱層を形成することで、メルトダウン温度を上げる検討もされている。

　LIB包材向けアルミラミネートのソフトパッケージ（図11）は高強度、ハイバリア性が要求される用途に適しており、市場規模は、今後電気自動車（EV車）が本格化すれば、急激な需要量になると期待されている。ラミネートフィルムとして、車載用はPET12 μm／ONy15 μm／AL40 μm／PP 80 μmのフィルム構成であるが、薄肉・軽量化の要望が強く、年々薄肉化傾向にある。PPのヒートシール層の構成やシール条件にノウハウがある[24]。PPは内部の圧力に強いが、長時間の圧力には弱い。PPのシール性は安全面からも非常に重要であり、またナイロンフィルムは、バリア層としてのAL層に対し、強度・熱成形性を付与し、変形追随性を持たせ深絞り性を向上させる機能を付与することであり、フィルムのすべての方向での伸び、強度の均一性が必要である。国際的な企業間での競争が激化しており、水面下では、大きな資本をかけての開発競争が激化している。

　今後のラミネートフィルムは、EV車以外にも、スマートフォンやタブレット端末などのモバイル機器、ノートパソコン、電気自転車、ゲーム機、ロボット、ロケット、電動工具等は着実に成長している。

　PETは延伸性に優れため、電子材料用、薄膜フィルムにも適しており、0.5 μmのコンデンサーフィルムの成形が可能である。PPは耐電圧性能に優れているために、ハイブリッド車やEV車用などに薄膜フィルムが使用されており、高静電容量のため、2.5～3.0 μmレベルの薄膜が製造

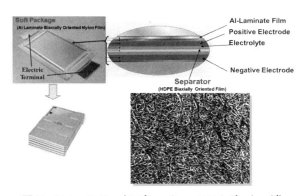

図11　Li-ion Battery（セパレーター、ソフトパッケージ）

可能になっており、現在では2.0μmの開発も進められている。コンデンサーフィルムに関する樹脂の特許も出願されている[25]。PPコンデンサーは表面凹凸形成も重要であり、クレーター構造を有する構造も報告されている（図9）[26, 27]。

2.8　IT・ディスプレイ用フィルム
2.8.1　液晶ディスプレイと有機ELディスプレイ

　液晶ディスプレイ（LCD）が開発され、携帯電話、ノートパソコンなどのモバイル機器に幅広く応用され、TVではさらに高視野角フィルムの開発により、どの方向からでも良く見えるようになり、ブラウン管からプラスチック製の光学フィルム部材からなる液晶ディスプレイに切り替わり、さらに薄型になったことにより大型の画面で大量生産により低コストで、入手できるようになった。LCDは使用しているプラスチックの光学部材により、光の導光、反射、拡散、プリズム効果、偏光、視野拡大、反射抑制技術などを巧みに制御している（図12）。東洋紡はPETの延伸フィルムで超複屈折による虹むらを解消したフィルムを開発し、液晶ディスプレイの偏光子保護フィルムとして、採用が拡大している[28]。

　現在は、コストダウン化がさらに求められており、部材の統合化やフィルム生産ラインの広幅化による歩留まりの向上などが進められている。

　図13に有機ELディスプレイの構成を示している。有機EL材料は自発光のため、バックライトが不要であり、LCDよりシンプルな構造で、必要とする光学フィルムの数も少ない[29]。

　スマートフォンの大手3社のSamsung（韓国）、Huawei（中国）、Apple（米国）はスマートフォンに有機ELディスプレイ（OLED）の機種を発売し、LCDからOLEDへのシフトが進んでいる。有機ELの特徴を生かしたバックライトがなく、薄膜化・軽量化・フレキシブルの機能を利用した折り曲げタイプのスマートフォンも開発されている[30]（図14）。OLEDはLCD以上にハイバリア性能が要求されるため、フレキシブルの特徴を生かすため、有機・無機ハイブリッドバリアフィ

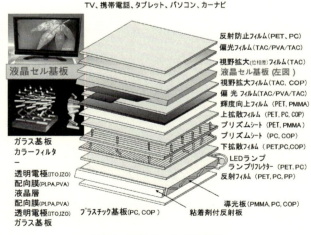

図12　LCDフィルムの構成

第15章 機能性フィルムの最近の技術動向と成形加工・評価技術

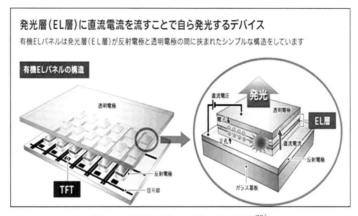

図13 有機Elディスプレイの構成[29]

図14 折り曲げスマホ[30]

ルム等を各社開発している。

　スマートフォンの技術を牽引するSamsung、Huawei、Apple社が有機ELを採用することで、パネル産業の世界市場の勢力図が変化する可能性が高い（図15）[31]。また、55、65、75インチの大型TVも低コストが進行中である。

　現在、韓国や中国の多くの企業は、真空環境で材料を加熱、気化させてEL層を形成する蒸着方式で製造しているが、日本のJOLEDの有機ELディスプレイは、大気圧環境で製造できるRGB印刷技術を確立し、低コストのプロセスで製造することを目指している。韓国、中国メーカーも同様な研究を進めている。

　有機ELは色鮮やかで、素早い動きもくっきり映し出す鮮明な画像とバックライトが不要なため薄く、軽く、そして光源を常時、光らせておく必要がなく、消費電力も抑えられ、曲げやすい特徴がある[32]（図16）。

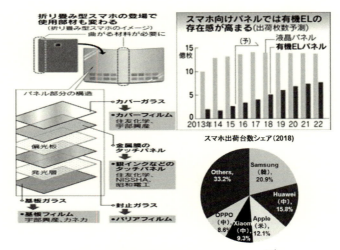

図15　有機ELを利用したスマートフォン[31]

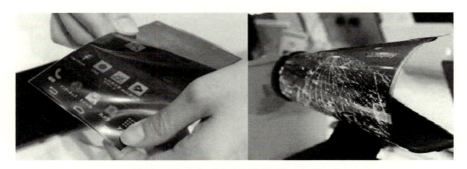

図16　フレキシブルな有機ELディスプレイ

　従来からスマートフォンに要望されてきた超高精細で、薄くて、軽く、そして電池の消費量の抑制が可能になる。
　今後、薄さ、軽さ、そしてフレキシビリティをもつ有機ELディスプレイにするには、実用に供する防湿性の非常に高いバリア膜の開発も重要である。
　さらに、大量生産で低コスト化が進めば、自発光の有機ELのため、液晶ディスプレイのようなLEDバックライトが不要で、軽量に作ることができ、最低限のサポートで天井から吊るすことができる大きな宣伝広告表示用への応用[32]（図17）やデザイン性にメリットがある有機ELの面照明分野も本格化する可能性が現実味を帯びてくる。また、薄くて面照明の為、壁紙が照明の機能を有し、夜でも昼間の感覚（青空感覚等）の照明が実現できる。

2.8.2　有機無機ハイブリッド超バリアフィルム

　有機ELのディスプレイ・照明用途への最新技術動向も見逃せない。低消費電力、高輝度、部材の削減可能、超薄型軽量化可能などの特徴を生かした将来ディスプレイや面光源の特性を生かした照明分野に、広く活用できる非常に高いポテンシャルを持っている。
　韓国のSamsungやLGは有機EL用の量産工場を建設し、高精細、薄い、軽い、割れないこと

第15章　機能性フィルムの最近の技術動向と成形加工・評価技術

図17　天井から吊るす事ができる大型の有機ELディスプレイ

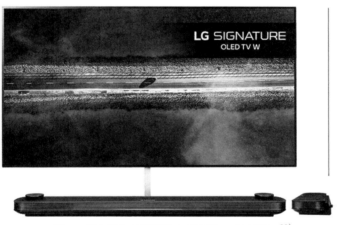

図18　壁に貼れる超薄型LG社有機ELの大型TV[33]

を特徴とし、携帯電話分野で採用している。LGは2015年に日本で65インチの有機ELテレビを発売開始した。大型化しても視野角に問題がなく、自由に形状を変えられる有機ELの特性を活かして没入感のある曲面ディスプレイも製造可能である。現在では壁に張れる厚さ4～6mmの超薄型55～77インチのTVを販売している[33]（**図18**）。有機EL分野は、スマートフォン、タブレットPC、超高画質の4Kや8K TVに、軽量化、フレキシブルや透明性を特徴とした用途に重点を置いた戦略で展開されている。中国国有のパネル最大手のBOEも多額の投資をして有機EL・大型パネル工場を成都に建設し量産しており、更なる工場建設も決定しており、複数の中国企業が有機ELパネルの生産を開始する予定である。

　今後、多くの企業が有機ELディスプレイの生産を開始する模様で、価格競争の時代になると

予想される。2020年には日本でも5Gの高速通信が可能となり、4K、8Kの高画質放送が益々増えていく。高精細で薄くて軽く大型化が可能であるため、大型TVで臨場感のある画像が楽しめることになり、2021年のオリンピックに合わせて、買え替え需要も高まると予想される。

また、Samsung Mobile Displayもフレキシブルのディスプレイとして、水蒸気バリア性10^{-5}g/m^2・dayを達成し、長期間Dark Spotができない無機多層ハイバリア構造のプラスチック材料を開発済であることを発表している。10^{-6}g/m^2・dayレベルの超ハイバリアフィルムが実用化されれば、フレキシブル分野も有機ELの特徴を生かした分野になる。

富士フィルムでは多層塗布技術で、有機・無機のハイブリッド構造によるハイバリアフレキシブルフィルムを開発し、優れた屈曲性（φ10mm×100万回の曲げ回数の繰り返し屈曲試験での水蒸気透過性に変化無）と高バリア10^{-6}g/m^2・dayで有機EL用にも適用可能なレベルのバリアフィルムを開発している[34]。フレキシブル性を持たせるために、無機層を薄膜化し、凹凸の欠陥がない平坦な下地である有機層と緻密な無機層を積層することで、繰り返しの屈曲にも耐えうる柔軟なバリア層の形成を可能としている（**表6**）。

東レもバリア材の開発を行っており、シンプルな単層のバリア層で10^{-4}g/m^2・dayのバリア性を達成している。500回の繰り返しの折り曲げにも品質の保持が可能で、基材の上に塗布によるコーティング層を設けるタイプである。また、電子ペーパー用CNT透明導電性フィルムは2層構造により、CNT同士の凝集を防止し、CNTの分散性を飛躍的に向上させ、ナノオーダーのCNTを独立に分散できる構造にすることで、透明性90％を達成し、0.00044Ω・cmの導電性を達成し、高透明導電性フィルムへの用途展開を行っている。CNTの電顕の分散状態の写真から、CNTの外径は1.5～2.0nmでかつ分散性が良好である。

具体的な用途として、例えば面照明、携帯電話、自動車用ディスプレイ、デジカメ、TVなどの適用例を挙げられる。有機ELの材料は低分子材料が主流になってきており、また蛍光から燐光へと移ってきている。

表6 積層構造と特性発現の概念図[34]

構造	ガス透過パス	屈曲耐性
無機単層	欠陥は直に透過パスとなる	厚い無機膜は割れやすい
有機／無機 積層	迷路効果でガス透過が遅れる	薄い無機膜は割れにくい

図19　フレキシブル有機ELディスプレイ（曲率半径4mmで巻き取りながら写真を表示。動画表示も可能）

ソニーから小さく巻ける有機TFT駆動有機ELディスプレイで極めて柔軟性が高く、厚さ80μm、精細度121ppiの4.1型フルカラーディスプレイの開発に成功したとの発表が新聞や同社のHPのホームページで発表されている（**図19**）[35]。

ディスプレイ用部材の投資計画として、電子デバイス産業新聞調べによると、**表7**[36]に示すようなFPD材料・装置メーカーの設備投資が実施もしくは計画が予定されている。

2.9 太陽電池用フィルム・シート
2.9.1 封止材

太陽電池の封止材として95％がEVAである。EVAはエチレンと酢酸ビニル（VA）の共重合体で、VA量で融点、柔軟性、バリア性等が変化する。太陽電池の封止材としては、VA25－33％、MFR 4～30の範囲で、有機過酸化物の架橋剤とSiカップリン材が添加されている。現在、製品サイズは1800mm幅、4.5mm厚が主流で、一般にはシート成形ラインで、製造されている[37]。

融点70℃のEVAが一般的で、押出成形時には低温成形でシート成形（450μm）し、Si太陽電池セルの封止時に高温下155℃で100％架橋剤を消費させ、架橋反応を起こし、3次元架橋構造にして耐熱性を付与するとともに、Siカップリングさせて、ガラスとの密着性を付与する。耐候性を付与するため、UV吸収剤も添加し、成形時の酸化防止剤も添加するのが一般的である。

長年使用しても黄変せずに透明性を維持することが重要で、水蒸気バリア性、100℃以上の耐湿熱、耐熱性や冬の環境下での耐寒性、絶縁性も重要事項で、EVAはVA含量によっても値段が異なるが、ポリオレフィンの約2倍の低コストということもあり、長年広く使用されて、最近急成長を続けている。

太陽光のエネルギーをすべての波長で有効利用できないため発光効率が低下するが、波長変換するため、封止材に蛍光剤を添加することにより、発電効率が12.93％→13.17％に向上する結果が得られ、そのデータの信頼性の確認と開発品の上市に向け検討されている[37]。

耐候性をさらに高めるために、EVAの代替材料としてエチレン系共重合体も各種検討が行われており、架橋反応、反応による透明性の維持、耐寒性なども考慮した検討も行われている。

2.9.2 太陽電池用バックシート

LCDの反射フィルムの技術を太陽光の半導体パネルの下に設置し（**図20**）、反射効率を上げるフィルムが開発販売されている。原理的には微細多孔のPET延伸フィルムである。封止樹脂

表7 FPD材料・装置メーカーの設備投資計画（電子デバイス産業新聞調べ）[36]

企業名	内容
AGC	中国恵州子会社に10.5G用ガラスの製造窯を日本から移設。投資額約320億円。18年10〜12月期に量産開始
DIC	鹿島工場でカラーフィルター用ブルー顔料の生産能力を1.5倍に。売上高を21年に16年比1.5倍へ。韓国にTFT液晶材料の分析・評価センターを設立
LGイノテック	FPD用フォトマスクを増強。LGディスプレイ向け。17年の30億ウォン、18年に1030億ウォンを投資
LG化学	広州に偏光板新工場。広州開発区と合弁契約締結。1238億ウォン（約126億円）投資、23年までの5年間で最大3200億ウォンを投資。19年以降生産開始。中国子会社2社で偏光板設備投資と小型電池増産に各社284億ウォン、1193億ウォンを追加出資する
Screenファインテックソルーションズ	中国企業と合弁で製造会社設立。中国常熟にFPD製造工場を新設し、18年10月操業開始予定
出光興産	成都の子会社で有機EL材料製造工場を建設。20年1〜3月生産開始、年産12ton
大倉工業	約9億円投じ仲南工場を約630m^{2}増設。光学フィルム設備導入。18年11月稼働
クアンタムマテリアル	香港子会社に量子ドット材料の生産ラインとアプリ開発センターを建設。中国ファンドが約2180万ドルを援助
クラレ	倉敷事業所で光学用ポバールフィルムを3200万m^{2}分増設。投資額は100億円超。19年末に稼働予定。全社で年2億6,400万m^{2}に
コーロンインダストリー	透明PIのサンプル供給開始。16年に900億ウォン投じ亀尾工場に量産ライン構築
住友化学	韓国の東友ファインケムで有機ELパネル用フイルムタッチセンサーの生産能力を3倍に。18年1月から量産開始。中国の偏光板合弁会社を子会社化
積水化学工業	高機能プラスチックカンパニーが上海子会社に材料技術サービスセンター新設
ダイセル	新井工場で銀ナノインク量産設備。年産数ton設備導入。19年1月から稼働開始
大日本印刷	三原工場に広幅対応のコーティング設備導入。約65億円、19年10月稼働。65型向けで従来より面積比1.3倍以上増強。20年度光学フィルムの売上高1000億円
椿本興業	偏光板製造設備を盛波光電から受注。20年2月に納入予定
東洋紡	長瀬産業と合弁。敦賀事業所内にポリイミドフィルム［ゼノマックス］の生産工場新設。投資額約30億円。犬山工場に超複屈折フィルム［コスモシャインSRF］専用設備新設。投資額は100億円で20年5月に量産開始
ニコン	18年半ばから10.5G用露光装置の組立能力を月2台体制に倍増
三菱ケミカル（日本合成化学）	熊本工場で光学用PVOHフィルム年産2100万m^{2}増設。約16%生産能力増強。全社で年1億2,700万m^{2}に。広幅対応。20年1〜3月に完工。同所で5ライン目、全体で8ライン目
日本ゼオン	高岡製造所でモバイル用光学フィルムの原反製造ラインを増強。19年10月稼働。敦賀製造所で大型テレビ用位相差フィルム製造ライン5000万m^{2}増設。20年4月に量産開始。広幅対応。全生産能力は1億6900万m^{2}に
日本ピグメント	埼玉県にカラーフィルター用液体分散体の工場新設。投資額25億円で生産能力4倍に。19年春稼働開始予定
日立化成	中国重慶にディスプレー部材の信頼性評価などを行う施設を18年6月に開設
日立金属	約90億円投じ安来工場を増強。有機ELパネル用スパッタリングターゲット材は21年度に17年度比約3倍にする
平田機工	熊本本社工場を建て替え。延べ床面積約2万1000m^2。投資額は約70億円。20年に操業予定。有機EL製造用蒸着装置などを生産
ブイ・テクノロジー	山形県米沢市に子会社VETの工場新設。21年までに約50億円。有機EL用マスクの製造と技術開発を行う
フォトロニクス	中国合肥にFPDフォトマスク工場を新設。22年までに1.6億ドルを投資。19年春に稼働予定
マクセル	九州事業所内に有機EL蒸着用マスクの専用ライン整備。18年初頭から試作。ジャパンディスプレイに供給
三菱ケミカル	中国無錫子会社で液晶TVの偏光板用リリースフィルムを増強。投資額は約15億円。19年4月に商業生産開始
メルク	上海パイロット自由貿易区に有機EL技術センター開設

第15章　機能性フィルムの最近の技術動向と成形加工・評価技術

図20

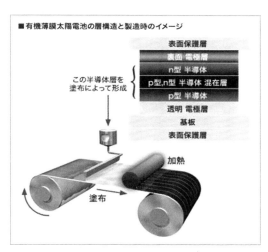

図21　有機薄膜太陽電池[39]

と一体接合されるので、耐候性、水蒸気・ガスバリア性、電気絶縁性、接着性等の特性が重要であり、種々な機能を満足させるために多層フィルム構成になっている[38]。

2.9.3　有機薄膜太陽電池

最近ではシリコン系だけでなく、フラーレン誘導体を利用した有機薄膜太陽電池のエネルギー変換効率も10%のレベルに達し、現実味を帯びてきている。有機化合物を利用しているために、軽量かつフレキシブルな太陽電池ができる。印刷技術を応用して太陽電池ができるため、簡単なプロセスで太陽電池ができる[39]（**図21**）。

モバイル・自動車・窓ガラス・建材などにも応用可能であるため、従来にない太陽電池分野の活用が可能である。今後は長寿命で、高効率な有機薄膜太陽電池の開発が期待され、薄膜でフレキシブルな電池にするには、バリア性、特に水蒸気バリア性や耐候性の優れた基材も必要と

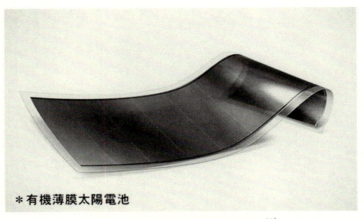

図22　フレキシブル有機薄膜太陽電池[39]

なる[39]（図22）。

2.10　ウェアラブルデバイス用フィルム

コンピューターの小型化、軽量化に伴い、スマートフォンの普及によるモバイルネットの環境整備が整い、身につけて利用するウェアラブルデバイスが注目を集めている。例えば、Apple Watchなどに代表される腕時計デバイス、メガネ型デバイス、衣服に埋め込み型デバイスなどが開発されている。

薄くて良く伸びる特徴を生かして、肌着の裏地に貼って心拍数などを測れるフィルム状の素材を開発し、体の状態がわかるスポーツウェアや医療分野での利用などが想定されている。肌に接する部分で筋肉の微弱な電気信号をとらえ、スマートフォンなどにデータを送って表示する。心拍数のほか、呼吸数や汗のかき具合など、メンタルトレーニングや居眠り運転の防止などへの応用展開が期待される。

東京大学 染谷 隆夫教授らのグループから発表された超柔軟な有機LEDの研究は、超柔軟な有機光センサーを貼るだけで血中酸素濃度や脈拍の計測が可能となる皮膚がディスプレイになる[40]。

この超柔軟有機LEDは、すべての素子の厚みの合計が3μmしかないため、皮膚のように複雑な形状をした曲面に追従するように貼り付けることができ、実際に、肌に直接貼りつけたディスプレイやインディケーターを大気中で安定に動作させることができるという。極薄の高分子フィルム上に有機LEDと有機光検出器を集積化し、皮膚に直接貼り付けることによって、装着感なく血中酸素濃度や脈拍数の計測に成功している。開発のポイントは、水や酸素の透過率の低い保護膜を極薄の高分子基板上に形成する技術で、貼るだけで簡単に運動中の血中酸素濃度や脈拍数をモニターして、皮膚のディスプレイに表示できるようになった結果、ヘルスケア、医療、福祉、スポーツ、ファッションなど多方面への応用が期待される（図23）[40]。

第15章　機能性フィルムの最近の技術動向と成形加工・評価技術

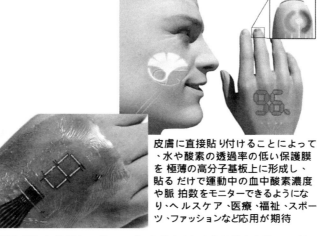

図23　東京大学染谷隆夫 教授らのグループから発表された超柔軟な有機LED（素子の厚み3μm）

2.11　加飾フィルム

　加飾フィルムは自動車部品、家電製品、住宅設備、スマートフォン／タブレット端末など、幅広い用途に展開され、現在1,112億円規模の市場になっている[41]。

　成形方法としては射出成形によるインモールド成形が主であるが、成形品に後から貼合、転写させるオーバーレイ法が開発され[42]、形状適応性がさらに広がっている。インモールド成形はさらにインモールドラミネーションとインモールド転写に分類される。

　印刷、塗装、真空蒸着、着色などで加飾したフィルムあるいはシートを用いて、フィルムを成形品表面に貼合せる、あるいは印刷、塗装、真空蒸着などの加飾面を転写させる加飾技術はモバイル機器、通信機器、ソフト感を必要としない自動車内装品などに適用しやすい。本物の木の外観を出すために、3Mがインテリアトリムフィルムを開発し、真空圧空成形により基材に貼り付ける方式をとり、すべての曲線にフィルムが追従できるようになっており、印刷パターンはあらかじめ伸ばされた状態で木に見えるように設計されている[43]。Mercedes Benzは車のボディーをフィルムでラッピングすることで意匠性をもたした車を発表している（図24）[44]。加飾技術の利用により、各種のパターン、色などを施すことができ、活発な動きのある技術である。

　上越新幹線の現美新幹線にも加飾フィルムが使用され、鮮やかにデザインされた車体が注目を浴びている。デザイナーによる現代美術を新幹線に持ち込むことで、洗練された、よりインパクトの高いものに完成されている[45]。

　今後、環境問題や省力化、付加価値向上、軽量化の観点からますます自動車産業における塗装代替加飾フィルムの要求が大きくなり、塗装ラインやメッキラインがいらなくなる自動車製造も近い将来実現する可能性が高い。将来、自分でデザインした加飾フィルムを外装に用いることも可能になる時代がくるかもしれない。また、建材としても内装だけでなく、外装への展開が期待され、耐傷付性、耐スクラッチ性、耐候性の向上が重要となる。

図24　Mercedes-Benz SLS AMG Electric Drive：Paris 2012[44]

2.12　高周波特性の優れたフレキシブルプリント基板（5G用FPC）

　第5世代（5G；5th Generation）移動通信システムは高周波数の電波の利用により、遅延を少なくし、大幅な情報量の受送信を可能にした通信革命が起こることが期待されている。例えば、スマートフォン、ウェアラブルデバイス、自動運転車、家電製品、産業用ロボット、遠隔医療診断や遠隔手術、各種センサー、高齢者や子供の見守り機器など、多くの分野で応用が検討されている。車の衝突防止レーダーの広がりや2020年以降に予定される5G高速通信かつ処理データ量の向上による安全かつ確実に実現する為、誘電特性が優れた絶縁材料に注目が集まっている。

　優れた誘電特性とは、絶縁材料のもつ誘電特性の物性値が小さいことを意味し、このことは銅張積層板における信号の伝送損失に関する下記の3つ関係式[46]から理解でき、比誘電率や誘電正接に影響される。

$$\alpha = \alpha_1 + \alpha_2 (dB/cm) \qquad \alpha：伝送損失、\alpha_1：導体損失、\alpha_2：誘電損失 \qquad (1)$$

$$\alpha_1 \propto R(f) \cdot (dB/cm) \qquad R(f)：導体表皮抵抗、\varepsilon：絶縁体の比誘電率 \qquad (2)$$

$$\alpha_2 \propto \cdot \tan\delta \cdot (f\ dB/cm) \qquad \tan\delta：誘電正接、f：周波数 \qquad (3)$$

　図25[47]には各種樹脂の比誘電率と誘電正接の値を示している。そこで期待されているのが、耐熱性に優れ、高周波特性に優れたフレキシブル基板（FPC）であり、樹脂では熱硬化性のPIと熱可塑性樹脂のLCPやフッ素樹脂が挙げられる。熱可塑性樹脂は、通常の押出成形機によるフィルム成形技術を利用することで、製品が製造できるため、通常の成形機での成形が可能である。

　ただし、LCPは配向しやすい樹脂の為、バランスの良いフィルム成形する目的で、高度なインフレーション成形技術が必要であり、フッ素系樹脂はTダイキャスト成形で成形されるが、

第15章 機能性フィルムの最近の技術動向と成形加工・評価技術

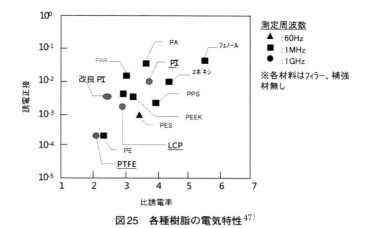

図25 各種樹脂の電気特性[47]

図26 LCPフィルム基材フレキシブル銅張積層板[48]

銅との線膨張係数を合わせる点で、GFや線膨張係数を調整する基材の貼り合わせ等による工夫が要求される。

　LCPは比誘電率や誘電正接が小さく、ハンダ耐熱があり、配向を調整することで、銅との線膨張率がほぼ同じに調整可能で、かつガスや水蒸気バリアー性が高いため、5G用のFPCとして最も期待されている。LCP樹脂によるFPCをクラレ、村田製作所、千代田インテグレなどが製造している。多くの企業はインフレーション成形やキャスティング法を用いた高度な成形技術により、5G用のFPCの生産の増設の実施あるいは計画中である。図26[48]や図27[48]はクラレがインフレーション成形で開発したLCPフィルム基材のフレキシブル銅張積層板（FCCL）やFCCLを用いたFPCのサンプル例である。

　電子デバイス産業新聞の調べ[49]では、表8のような企業が低伝送損失基板の取り組みを実施している模様である。

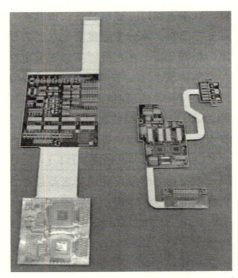

図27 ベクスタFCCLを用いたFPCサンプル[48]

表8 低伝送損失基板材料を巡る各社の取り組み[49]

企業名	製品名	主要材料	備考
クラレ	ベクスター	LCP	LCPの老舗、スマホ用に実績、新工場も視野
千代田インテグレ	ペリキュール	LCP	LCPフィルムで供給、回路基板用途にも展開
村田製作所	メトロサーク	LCP	基板材料からの一貫生産、市場開拓も大赤字
東レ	シベラス	LCP	スクリーン印刷用メッシュで参入
パナソニック	ハロゲンフリー超伝送損失基板材料	熱硬化性樹脂	フッ素樹脂代替へ、18年夏からサンプル出荷
住友化学	スミカスーパーLCP	LCP	LED用途や鉛フリーはんだに対応、可溶性のLCP樹脂を新規開発
ロジャース	CuClad	フッ素樹脂	基地局やミリ波レーダー向けで圧倒的実績
新日鉄住金化学	エスパネックスFシリーズ	Pl	低誘電ポリイミドの2層CCl、20GHzまで対応
AZOTEK		LCP	キャスティング法で量産ライン準備中

（電子デバイス産業新聞調べ）

3. 機能性包装用プラスチックボトル・容器・缶

3.1 ハイバリアPETボトル

PETボトルは利便性、軽量性、コスト面から飲料・食品容器として急速に普及し、現在総容器に占める割合が50％以上に達している。その反面、スチール缶・アルミ缶やガラス壜と比較するとガスバリア性が低く、酸素の侵入・炭酸ガスの損失による内容物の品質に影響を受けやすい欠点をもっている。

例えば、ボトル内部にアセチレンガスを供給し、高周波電源（6～13.56MHz）電力にて原料ガスをプラズマ化し、ボトル内面に10～30nmの薄膜を蒸着した非結晶炭素薄膜DLC（Diamond Like Carbon）によりコーティングされたボトルは、通常のPETボトルに比べ酸素、炭酸ガスに対するガスバリア性が10倍以上となり、品質の劣化を防ぎ、従来より長期間の保存が可能であると報告されている。また、DLC膜の安全性は既にFDA（米国連邦食品医薬品局）の認可を平成14年1月に取得、膜成分の製品への影響に問題ないことを確認し、ボトルのリサイクル性についても高い評価を得ている[50]。

このDLC膜コーティング装置の実用化により、炭酸飲料、茶系飲料等の清涼飲料、ビール、ワイン、焼酎等のアルコール飲料など、酸素・炭酸ガスの高バリア性を必要とする内容物のPETボトル詰め用途に広がっている。

また、PETボトルの内面にシリカ（SiOx）をプラズマCVD法で蒸着させることにより、高い酸素バリア性を実現させた無色透明のペットボトルが開発され、国内のワインボトルに初採用されている[51]。

内面にバリア性を持たせたお酒のPETボトルの例を**図28**に示す[51、52]。

現在、アルコール飲料・炭酸飲料を中心にPETボトルに置き換わる可能性のある製品は世界で年間5000億本以上と言われ、装置市場としても極めて大規模となる。さらに、飲料製品に限らず、各種調味料用容器、医療用容器、化粧品等、非飲料業界への応用も可能であり、用途の拡大が期待される。

SiOx蒸着のワイン用PETボトル[51]　　　日本酒用DLCのPETボトル[52]

図28　内面にバリア性を持たせたお酒のPETボトルの例

3.2　炭酸飲料用PETボトルの軽量化

飲料用PETボトルの中で軽量化が難しい耐圧ボトルに対して、ポリマークレイナノコンポジット（PoCla）を飲料用に改質し、PETをマトリックス層、中間層にPETとPoClaのブレンド層にすることで、透明性・ガスバリア性・層間接着性の両立、成形面から割れやすい底部を単層のPETにして改善し、強度向上による軽量化ボトルを開発している（**図29**）。透明性・衛生性・リサイクル適性に優れたボトルであり、20％以上の軽量化を実現している[53]。

3.3　高透明PPシートおよび電子レンジ容器

従来、結晶性樹脂は高透明性を有する分野には不得意とされてきたが、PPでも、シート成形で両面を急冷した後、熱処理を行うことにより、球晶サイズを小さくし、かつ球晶とマトリックスの屈折率をほぼ等しくすることにより、高透明化が可能である[54]。また、表面に低粘度の樹脂を流すことにより、剪断応力を下げ、配向結晶化を抑制[55]し、さらに屈折率の等しい第三成分を添加して球晶生成を抑えることにより、透明性が向上し、**図30**に示すようにPPでもガラスライクなシートが得られている[56]。また、この高透明PPシートは電子レンジでの耐熱性もあり、熱成形性も良いため、コンビニ弁当のような電子レンジ用食品容器や医薬品のPTP包装にも応用されている（**図31**）。最近ではコンビニ弁当の賞味期限を伸ばすために、ヒートシール層を追加し、本体容器とヒートシールし、内部にチッソガスを充填することで、食品の廃棄を減少させる用途が増えてきている。

また、電子レンジ容器として、冷凍保存したご飯を電子レンジで温める容器、電子レンジで

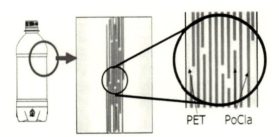

図29　炭酸飲料水用軽量化PETボトルの中間層の構造

図30　高透明PPシート

第15章　機能性フィルムの最近の技術動向と成形加工・評価技術

図31　食品容器・蓋・PTP包装

鮮度保持醬油容器　　　鮮度保持容器PID
　　　　　　　　　　（Pouch In Dispenser）

図32　鮮度保持容器

簡単にオムライスができる調理専用容器、即席ラーメン用電子レンジ調理器、パスタ容器、飲茶、お餅用など、多くの電子レンジ調理用容器が販売されている。

3.4　鮮度保持の醬油容器

ヤマサ醬油が2009年8月に発売した醬油容器（図32）[57,58]は、柔らかなフィルム製の二重袋構造の容器（PID／Pouch in dispenser）で、特殊な薄いフィルムの注ぎ口により、容器から醬油を注ぎ出すと袋はしぼむが、逆止弁のおかげで内部に空気が入りにくい。したがって醬油の酸化を防ぐことができ、開封後、何度注いでも中に空気が入りにくく、酸化を防いで常温でも長期間鮮度を保つことができる。この鮮度パックは、新潟県三条市の悠心と共同開発している。

折り返しストッパー付きで、ストッパーを使うことで不意に倒れても中身が出にくく、また、見た目もスマートかつコンパクトとなったことで卓上などでも扱いやすく、ごみの量も減少させる。現在の醬油容器は少しずつ進化している。

キッコーマンは2012年7月、新たな容器「やわらか密封ボトル」を採用した商品を発売した（図33）[59]。この醬油ボトルは二重構造になっていて、柔軟性と剛性を併せ持った外部容器の内側

図33 二重構造やわらか密封ボトル

図34 深絞り可能で高バリアな塩化ビニリデン－アクリル酸エステル共重合体成形品

にフィルム製の袋を収め、袋の中に醤油を充填している。外部容器を押すと、注ぎ口から醤油が出て、押す力を弱めると外部容器と内部袋の隙間に外気が流入し、外部容器は元の形状に戻る。吉野工業所と共同開発している。

この容器の内部袋の材質は、多層構造でバリア層と酸素捕捉層があると推定される。

3.5 PVDC系高バリア容器

旭化成ケミカルズ㈱からはPVDC-アクリル酸エステル共重合体フィルムをチューブラー延伸で成形し、製膜プロセスの改良により、高バリア性と深絞り比（容器の間口／容器の深さ：～0.9）の成形性を有するフィルムを開発し、アルミ箔やSiOx蒸着では難しかった食品包装分野、医薬品分野への展開が報告されている。**図34**には成形品の一例を示している[60]。

3.6 金属缶代替プラスチック容器

㈱明治屋は、ホリカフーズ㈱、東洋製罐㈱と共同開発しコンビーフ用スマートカップを開発

第15章　機能性フィルムの最近の技術動向と成形加工・評価技術

している。スマートカップは遮光性の高い4層の多層構造の容器で、中間層に酸素吸収層、その外層にバリア層（EVOH）、内側・外層にポリエチレンやポリプロピレンを積層している（図35）[61]。この構成により、外層側からの透過酸素はバリア層で遮断し、遮断し切れなかった酸素も酸素吸収層で吸収することが可能である。また、容器内の残存酸素は内面側から酸素吸収層で吸収することで、長期保存が可能になった。また、従来の金属缶と比較し、開封が容易、蓋を剥がすと電子レンジでの加熱が可能、廃棄が容易、軽量化などのメリットがある。

以上、バリア性を有する機能性フィルム・シートにより、内容物の食品・医薬品・IT部品の劣化が抑制され、Long life化が可能となり、我々が生活する上で必要不可欠になっている。次項では、これらの機能性フィルムの製造方法や製造機械、評価機について紹介する。

4．フィルム成形技術および評価技術

フィルムを製造するにはフィルム製造技術が不可欠である。フィルムには未延伸フィルムと延伸フィルムがある。未延伸フィルムはTダイキャスト法やインフレーション法があり、延伸フィルムにはテンター法二軸延伸（逐次二軸、同時二軸）やチューブラー延伸法がある[62,63]。ここでは、最近開発が進んでいるフィルム成形機や二軸延伸機、延伸評価試験機、CAE技術について紹介する。

4.1　Tダイキャスト成形

機能性を付与する為、バリア層をフィルム中に配置する共押出技術が進んでいる。Tダイではマルチマニホールドやフィードブロックダイ（図36）[63]が一般に使用されている。前者はダイス出口手前で樹脂が合流するため、各層の厚み分布に優れるが、構造上から層数は最大5層までが主流で、層数が多くなる場合には適さない。EVOHをバリア層として使用する場合、両表層にポリオレフィンを使用する場合、接着層が必要なため、5層以上になる。後者は多くの層でも多層化が可能であるが、合流してからダイス出口までの流路が長く、粘度差の大きな樹脂を

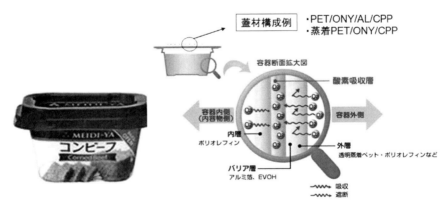

図35　スマートカップとオキシガードの原理

図36　フィードブロックを有するマルチマニホールドダイ[63]

流すと包み込み効果や界面不安定流動などにより、各層の厚み精度、外観が悪化する場合がある[2]。両者を組み合わせたマルチマニホールドとフィードブロックダイを組み合わせた共押出技術も使用されている[63]。

これらの技術を使用して、ハイバリアを有する食品包装用フィルムや金属代替プラスチック容器など、機能を持たせるために、多くの多層フィルムが開発されている[64]。

4.2　インフレーション成形

インフレーション成形はブロー比とドローダウン比を調整することで、バランスしたフィルムを成形するのに適している。ただし、一般的に空冷方式が使用されているため、冷却効率の観点から高生産性を得ることが難しく、スパイラルダイスを使用することから厚み精度も、Tダイ成形よりも劣る傾向にある。そのため、厚み精度を向上させるために、エアーリングの風量を局所的に制御したり、ヒートボルト方式で、最終フィルム厚みを計測しフィードバックする自動厚み制御方式が開発されている。

インフレーション成形でも、共押出多層化技術が高機能フィルム分野で多く使用されている[63,64]。インフレーション成形用の多層ダイは図37[64]に示されたような形状のダイスが一般的に使用されており、多層化が比較的容易にできる。ダイスを出てからMDおよびTDの両方向に応力がかかるために、バランスのとれたフィルム成形が可能である。接着層が必要な場合にはさらに接着層をバリア樹脂の両側に配置する必要があり、層数が増える。

多層フィルム成形（図38）[64]で製造したバリア性を有する機能性フィルム・シートにより、内容物の食品・医薬品・IT部品の劣化が抑制され、Long life化が可能となり、我々が生活する上で必要不可欠になっている[65]。

4.3　二軸延伸機

二軸延伸フィルムの製造能力は世界で2,000万ton／年に達し、非常に多く生産されている。

第15章 機能性フィルムの最近の技術動向と成形加工・評価技術

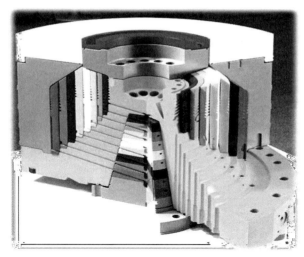

図37　9層のスパイラルダイスの構造（Gloucester Engineering Inc.）[64]

図38　9層構成のインフレーション成形[64]

食品、タバコ、繊維包装などに多く使用されているポリオレフィン樹脂の二軸延伸フィルムの研究開発が行われている。例えば、PPでは高速化が進行し、最近の二軸延伸機は有効幅10m幅、巻取速度約600m/minが開発され、1機で3万5千トン／年の生産量に達している（図39）[2]。包装用途として、更なる高速化による高生産性や工業用途として、コンデンサーフィルムに代表されるような薄膜・均一化・高次構造制御による表面凹凸制御技術[26,27]、セパレータなどの均一で微細な孔径制御されたフィルムの開発などが注目されている[66]。また、バリア性を有する樹脂を共押出したBOPPフィルムの開発も行なわれている。

最近ではPPだけでなく、直鎖状低密度ポリエチレン（LLDPE）の二軸延伸フィルムではチューブラー延伸法による高強度なシュリンクフィルムが製造されている。これは密度の異なる樹脂

461

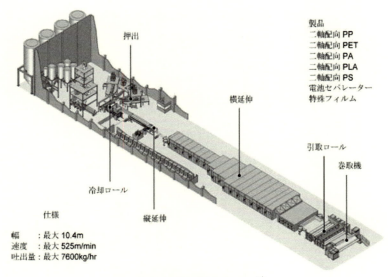

図39　逐次二軸延伸ライン[2]

のブレンドで組成分布を広げることにより、延伸可能な温度範囲が狭いLLDPEの延伸性を改良し、突刺強度や衝撃強度の高いシュリンクフィルムが開発されて、ポリオレフィンのシュリンクフィルムの需要も伸びている[3,4]。さらに、PBTを用いたチューブラー法高強度二軸延伸フィルムの開発も行われ、PA6の欠点である高温でのバリア性にも優れており、レトルト分野や電池パッケージ分野への応用も考えられている[5]。

　生産性の高い逐次二軸延伸テンター法[2]で、PPやPETだけでなく、PA6やLLDPEの延伸フィルムが生産されている。LLDPEの延伸フィルムは未延伸の溶融キャストフィルムと比較し、薄膜化30％でも、衝撃強度が高く、引張特性も高いため、PEフィルムとしてだけではなく、PEシーラントとして展開されている。

　また、PETボトル用シュリンクフィルムでも、低融点の共重合PETなどを利用し、逐次二軸延伸の製造方法を工夫することにより、MDとTDの物性バランスを保ちながら、MDにシュリンクし易いPETフィルムが開発されている[6]。

　二軸延伸機のトップメーカーであるBruckner社は、ボーイングなしでフィルムが製造できるリニアモーターによる同時二軸延伸機LISIMの販売を展開している[63]。光軸や幅方向の収縮ムラが発生しにくく、製品の歩留まりや高品質で均質なフィルム用に適している。LISIMは常電導を利用し、縦／横のレールパターンを任意に変更可能な同時二軸延伸機で、スベリやキズが発生しにくいため、光学用途＆電子材料用途をターゲットに、高付加価値分野の光学・電子材料フィルム用途に展開されている。光学用としてボーイングを抑えるため、自由に延伸時のレールパターンやチャック間隔を変更して、TDの延伸時のレール形状およびMDのチャック間隔変更により両方向の延伸で類似した延伸挙動が可能であり、延伸終了時のMDチャック間隔を狭める事で、ボーイングを低減している。また、熱処理ゾーンでMDおよびTDの弛緩率を同時に

第15章 機能性フィルムの最近の技術動向と成形加工・評価技術

変更可能である。

同時二軸延伸テンター法は、逐次二軸延伸では水素結合が強く、結晶化速度が速く延伸しにくいPA6やEVOHなどのフィルムの生産に利用されている。食品分野やIT分野でも、PA6系で熱収縮が少なく、ボーイングもほとんどない二軸フィルムが製造可能としている。また、EVOH層を含む共押出PP//EVOHによる多層バリア二軸延伸フィルム、難燃性フィルム、PLA延伸フィルムなどのテーマでの研究開発も行われている。

4.4 ラミネーション

プラスチック、紙、アルミニウム箔など、各種のフィルム状物質は相互に長所と短所がある。おのおのの欠点を補うために異種のフィルムを貼り合わせて用途に適応させるのがラミネートの目的である。このためには、複数のフィルム状基材に接着剤を用いて貼り合わせる方法と押出機、Tダイを用いて溶融樹脂をフィルム状に押し出しながら各種基材に圧着しラミネート製品を得る方法がある。

前者には、さらにいくつもの方法がある。その方法とは湿式状態で行うウェットラミネーション、一つの基材上の接着剤を乾燥後基材と圧着させるドライラミネーション、固形接着剤を溶融状態で塗布するホットメルトラミネーションがある。

後者には、押出ラミネート法と共押出法があるが、共押出法は4.1や4.2で述べたダイスを用いた多層フィルム成形法である。押出ラミネート法では、ポリプロピレンなどの樹脂を押出機、Tダイによりフラットなフィルム状に押出し、押出直後に加圧ニップロールで、基材に圧着、冷却して製品を得る（**表9**）。

押出用樹脂は低密度ポリエチレンがもっとも多く、エチレン-酢酸ビニル共重合体、アイオノマー、エチレン-アクリル酸エステル共重合体、ポリプロピレンなども使われ、基材は紙、セロハン、アルミニウム箔、ポリプロピレンフィルムなどが主なものである。バリア性を持たせるために、EVOHやALとラミネートすることにより、フィルムにバリア性を付与することが可能である。両者の接着性を高めるため、通常基材に前処理を行う。セロハン、アルミニウム箔などはアンカーコート処理、紙などにはコロナ処理が行われる。

ラミネーションの加工法と課題について、松本氏が分類した**表9**を参照されたい[67]。

4.5 延伸評価技術

従来、オプトレオメータによる一軸延伸評価（**図40**）を応力歪曲線と高次構造変化（**図41**）の観点から評価してきたが、最近、我々は迅速に二軸延伸性が評価可能で、同時に延伸中の高次構造変化の観察が可能な延伸機を開発した[68〜72]。この二軸延伸試験機は**図42**に示したように、延伸中のS-S曲線が採取できるだけでなく、3軸の屈折率が評価できるように2つの光弾性変調器（PEM）を有する光学系、球晶構造の変化を観察できる光散乱装置を取り付け（**図43**）、さらに延伸したフィルムの位相差分布を迅速に評価可能な設備を一体化し、かつ任意な多段延伸や延伸後の緩和を任意に制御できる仕様になっており、短時間に大量の情報がin-situで評価でき

表9 ラミネーション7つの加工法と課題[67]

ラミネーション加工方法	構成例	課題
1) サーマルラミネーション	A C B 紙/接着性フィルム/不織布	・耐熱材料に限られる ・加工速度に限度がある
2) ホットメルトラミネーション	A C B セロハンor紙/接着剤/AL AL：アルミニウム箔 C：ホットメルト接着剤	・接着剤の加温装置が必要である ・冷却装置が必要である ・接着力・耐熱性は劣る ・塗布量は10～30g/m^2
3) ノンソルベントラミネーション	A C B ONY/接着剤/PE ONY：二軸延伸ナイロンフィルム PE：ポリエチレンフィルム C：無溶剤型接着剤	・接着剤溶融温度管理 ・接着剤塗工量管理0.7～2.0g/m^2 ・初期接着力が小さい（トンネリングの発生） ・エージング管理 ・接着剤洗浄技術
4) ウエットラミネーション	A C B AL/接着剤/紙 C：ウエット型接着剤	・片側材料が多孔質であること ・高乾燥熱量を要す ・接着剤塗工量管理2～3g/m^2dry
5) ドライラミネーション	A C B ONY/接着剤/CPP CPP：無延伸ポリプロピレンフィルム C：溶剤型接着剤	・残留溶剤管理 ・エージング管理 ・接着剤塗工量管理 2.0～4.0g/m^2 ・溶剤排出処理 ・労働作業環境管理
6) 押出コーティング・ラミネーション	A C B OPP/AC/PE/CPP OPP：二軸延伸ポリプロピレンフィルム AC：アンカーコーティング剤（下塗剤） PE：ポリエチレン樹脂 A C B C セロハン/AC/PE/AL/PE	・高温加工技術と管理 ・樹脂交換洗浄技術 ・厚みコントロール技術 ・接着力工場技術 ・AC剤選択技術
7) 共押出成形ラミネーション	A C B C PET/AC/PE/AL/IO/PE PET：ポリエチレンテレフタレート IO：アイオノマー樹脂	・層間接着技術 ・厚みコントロール技術 ・加工温度技術と管理 ・樹脂交換洗浄技術 ・AC剤選択技術

第15章 機能性フィルムの最近の技術動向と成形加工・評価技術

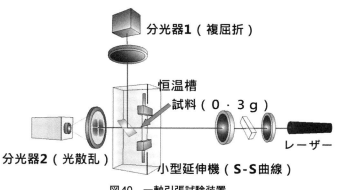

図40 一軸引張試験装置

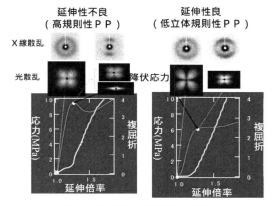

図41 延伸性と構造変化の関係

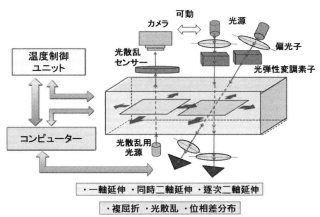

図42 二軸延伸フィルム試験機

る。

　結晶化速度を抑制できる超低立体規則性PP(LMPP)[72]を通常のPPにブレンドした系での二軸延伸の結果の一例を紹介する。標準サンプルに超低立体規則性PP、および超立体規則かつ超低分子量サンプルを少量添加してPPの結晶化速度を遅くした系などのサンプル(図44)を用いて、縦延伸後のTD延伸過程の高次構造変化を観察し、定量的な延伸性への影響を測定した。

　L1は標準的な低立体規則性PPで、L2はL1よりもさらに立体規則性の低い超低立体規則性LMPP、L3はL1と比較して立体規則性は同じで分子量が約2倍高いLMPPを用いた。ブレンドするLMPPの立体規則性や分子量の違いが延伸性や高次構造にどのように影響するのかを調査するためL2、L3をL1の比較として用いた。

　横軸に面倍率、縦軸にTDの公称応力をとった。赤線のAの挙動は降伏値が高く、Aと比較するとA/L1(L1ブレンドサンプル)、A/L2(L2ブレンドサンプル)は降伏応力値が約30％低減され、

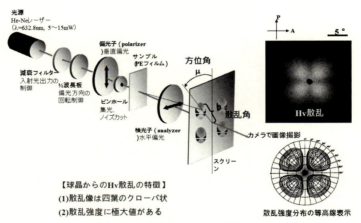

図43　In-situで取り付けた光散乱装置

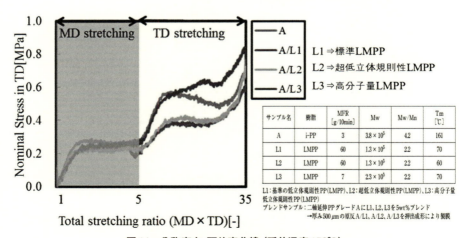

図44　公称応力-面倍率曲線(延伸温度159℃)

第15章 機能性フィルムの最近の技術動向と成形加工・評価技術

延伸後期の応力も大きい結果となっている（図44）。

A/L3（L3ブレンドサンプル）の降伏応力値はほぼ変わらないが、分子量が大きいLMPPのため、分子鎖同士の絡み合いで延伸後期の応力が大きくなることがわかる。L1、L2のブレンドは破断防止効果があり、偏肉精度の向上も期待できることが考えられる。また、高立体規則性の高融点PPは結晶化速度が速く延伸しにくいが、少量のLMPPを添加することで、高融点を維持しながら延伸性を向上させることが可能である。

PP延伸において、MD5倍、TD6倍の逐次二軸延伸では、MD延伸過程ではMDの屈折率Nxが大きく、TD延伸後期でTDの屈折率NyがNxより大きくなり、最終的にNyの配向が少し強くなっている（図45）。厚み方向の屈折率Nzは面延伸倍率が大きくなると小さくなる。

PPの二軸延伸の適用例を挙げると、超低立体規則性PP（LMPP）の微量ブレンドによりPPの結晶化速度を遅くすると、図45からもわかるようにMD延伸からTD延伸に移行時の屈折率の不安定領域が抑制され、変動幅が小さく、変動の領域も短くなる。LMPPのブレンドはネック延伸を弱め、不安定領域を狭くして、偏肉精度を向上させていることが評価できる。また、光散乱がin-situ測定できるため、球晶の変形や崩壊などの高次構造変化も同時にわかる。延伸終了時の位相差分布が観察できるため、光学均一性や偏肉精度も同時に測定結果として得られる。S-S曲線、三次元配向、球晶構造変化とも合わせて評価することで、樹脂性状、延伸中の構造変化や偏肉精度などの関係も評価できる[71]。

オートクレーブなどの少量サンプルでも二軸延伸性能が評価でき、かつ延伸条件の影響、延伸間の緩和時間の影響や多段延伸効果が評価できる。さらに、樹脂違いによる同時二軸や逐次二軸延伸の適用性の判断にも、構造面と延伸性の面から評価可能である。

この二軸延伸試験機を用いて、PP[68]、PE[69]、PA6[70]等の延伸性改良のための樹脂デザインや延伸条件などが報告されている。今後の二軸延伸フィルムの樹脂設計や延伸条件を探索する上で、有力な評価手段になると期待される。

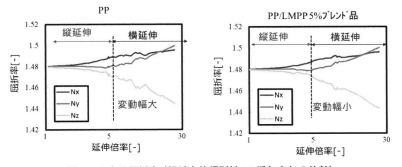

図45　3次元屈折率（超低立体規則性PP添加有無の比較）

4.6 CAE技術

Tダイキャスト成形で、多重緩和のPTTモデルを使用して、有限要素法解析により、ネックイン挙動やドローレゾナンス挙動が予測されている。分子量分布が狭く、長時間緩和成分の少なく、伸長粘度の立ち上がり度が小さい樹脂では、ネックイン量が大きいがドローレゾナンスが発生しにくいことを定量的に予測されている[73]。

二軸延伸過程中の応力-歪み曲線や変形パターン、応力パターンやボーイングの挙動を予測する解析も行われている。図46には同時二軸延伸での解析例を示しているが、チャックにかかる応力やフィルムの厚み分布、変形パターンが予測でき、実験ではなかなか得られることが難しい延伸過程の挙動を把握することが可能で、延伸機開発、延伸条件の最適化など重要な役割を果たすことが可能である[74]。

4.7 バリア性の評価技術

今まで述べてきたバリア性を要求される包装材料で、食品用包装フィルムでの酸素ガス透過度、水蒸気透過度（透湿度）はそれぞれ$10cc/(m^2 \cdot day \cdot MPa)$、$1g/(m^2 \cdot day)$程度であるが、ガラス基板のガスバリア性は、水蒸気透過度で10^{-3}〜$10^{-6}g/(m^2 \cdot day)$と言われている[75]。電子デバイス応用、特に有機EL用基板としてはガラス並みのガスバリア性が要求されている。各部材に要求されるバリア性要求特性について、図47に示した[76]。

超バリア性が要求される状況下、バリア性の評価も益々重要になってきている。MOCON社では、それに伴いいろいろなガス、水蒸気透過度の測定装置が開発されている。その詳細はプラスチックエージ社の記事を参考にされたい[77]。その記事の一部であるガスバリア試験法の分類を図48に示す[77]。

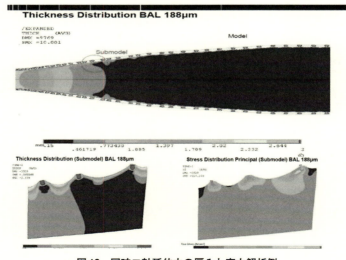

図46　同時二軸延伸中の厚みと応力解析例

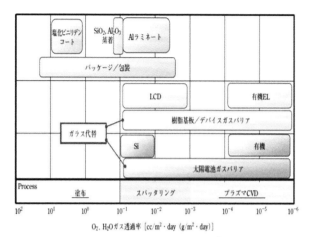

図47 バリア性要求特性[76]

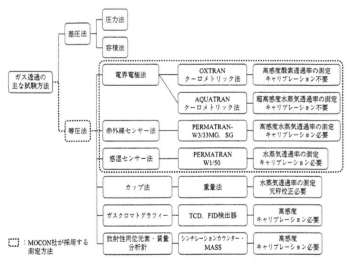

図48 ガスバリア試験法の分類[77]

4.7 フィルム用材料

　透明高分子材料は、軽量で、複雑な形状でも成形がしやすく、柔軟性があり壊れにくく、印刷が容易などの特徴があり、ガラスではできない分野にも広く応用展開されている。

　非晶性PETはクリア感があり、お菓子、IT部品や化粧品のケースに利用されている。PMMAは高分子の中で最も透明性に優れた樹脂であり、各種レンズ、液晶ディスプレイ、加飾フィルムなどさまざまな用途に利用され、今後も高透明材料として期待されている。ただし、耐熱性は比較的低く、電子レンジ対応の用途には使用できない。

　PCは高強度、耐熱性、COPやCOCなどは賦型性、耐熱性、バリア性、低複屈折、PETは低コストかつ二軸延伸性に優れている。PSは、耐熱性は低いが低コストで二次加工性に優れ、PPは

結晶化制御技術により高透明で、かつ電子レンジ耐熱があるなど、それぞれの特徴を活かし、今後の成長が期待される。

さらに、最近ではカーボンニュートラルの観点から、ポリ乳酸（PLA）、セルロースナノファイバー、や高導電性や高放熱の特徴を生かしたカーボンナノチューブなどの素材も注目されており、以下に簡単に述べてみたい。

1）ポリ乳酸（PLA）

PLAの結晶化速度や耐熱性はD体の濃度で大きく左右されるため、この値を4%以下に制御したPLAを溶融押出ししてシート化し、さらに延伸することでフィルムを作製することができる[78]。PLAは、比較的結晶サイズを小さく制御することができるため、透明で配向した延伸フィルムを作製することができるのである。通常、70〜80℃程度の耐熱性を有する。

PLAを使用して医療用プラスチックや生分解プラスチックの研究が推進されており、PLA（Tm160-170℃）はPET（Tm260℃）と比較し、耐熱性が低い欠点があった。それを解決するために、ポリ-L-乳酸とポリ-D-乳酸のステレオコンプレックスが新たな構造を形成することによる耐熱性向上（200-230℃）が見出され、製品開発されている。

マツダのカーシート、バスタオル、電子機器の筐体、TV外枠に使用開始されている[79]。

また、生分解性を利用した農業用マルチフィルムも開発されている。

2）ナノセルロースファイバー

植物由来材料であり、環境型資源であるセルロースナノファイバーも木質バイオマスの応用例として、最近注目を集めている。セルロースナノファイバーはセルロース分子鎖が規則的に配列した結晶性のミクロフィブリルで直径3〜4nm、長さサブミクロン〜数ミクロンのサイズからなっている。セルロースナノファイバーは植物由来であることから、紙と同様に環境負荷が小さくリサイクル性に優れた材料であり、かつ地球上にあるほとんどの木質バイオマス資源を原料にでき資源的にも非常に豊富な材料で、次世代の大型産業資材あるいはグリーンナノ材料として注目され、近年盛んに研究開発が行なわれています。セルロースナノファイバーは、鋼鉄の5分の1の軽さで、低線膨張係数、高強度・高弾性率、発泡成形性（高倍率・微細発泡化、吸音特性向上）、高透明性の改善効果を有し、自動車部材の補強、スピーカーコーン、微細発泡容器、包装材料のバリア付与、ディスプレイのガラス代替などの応用が期待されている[80]。図49にセルロースナノファイバーの一例を示す[81]。

3）カーボンナノチューブを利用したフィルム

ナノ材料としてのカーボンナノチューブも、微分散技術を活用した電子ペーパーや曲げて成形してもセンサー機能を発現できるCNT透明電極としてスマホや自動車のタッチパネルへの応用、また高熱伝導性の性質を利用した高集積回路用の高放熱フィルム、Liイオン電池・燃料電池や空気電池用の正極材の高性能化、ゴムの複合材料、キャパシタのエネルギー密度の向上、メモリーの記憶密度の向上への応用展開が今後期待される[82, 83]。そのためには、今後CNTの分散技術の向上や低コスト化が益々重要になってくる（図50）[83]。

第15章　機能性フィルムの最近の技術動向と成形加工・評価技術

"透明な紙"(樹脂なし)　　　透明材料(植物由来)　　　セルロースナノファイバー(木材由来)

図49　京都大学生存圏研究所セルロースナノファイバー フォトギャラリーから引用[82]

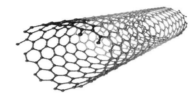

図50　CNTの応用分野とアプリケーション[83]（出典：産総研ナノチューブ応用研究センター）

4）液晶ポリマー（LCP）

　高耐熱エンプラフィルムである液晶ポリマーはダイス内で配向しやすく、バランスしたフィルムが成形しにくいディメリットがあるが、クラレ等はインフレーション成形技術により、縦横バランスしたフィルムの製造を可能にしている。液晶ポリマーの低線膨張係数、高周波特性、ハイバリア性、耐熱性などの特徴を生かして、フレキシブルプリント基板（FPC）、スピーカーコーンや航空・宇宙分野への適用が可能になり（図51）、新たな用途展開が注目されている[84]。また、2020年の実用化の第5世代の5G高速通信は高い周波数帯の電波を用いるため、高周波特性が求められ、優れた低誘電率（2.9 at 1GHz）や低誘電正接（0.002 at 1GHz）を有するLCPフィルム

471

図51　LCPフィルムの人工衛星用途例[84]

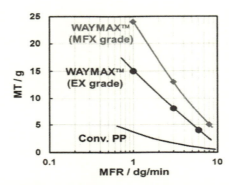

図52　高溶融張力PP(WAYMAX)と一般PPのMFR-MTの比較[85]

の需要が高まっている。

　さらに、高周波特性の優れたフッ素樹脂の設備投資をAGCやダイキンなどが積極的に行っており、フッ素系フィルムにも先を見据えた期待が高まっている。一方で、従来からFPCに広く使用されてきたポリイミドの欠点であった高温での熱収縮率を、400℃でも小さく抑えるグレードも開発されている。

5) 高溶融張力PP

　JPPはバブル安定性を向上させるため、メタロセン触媒を使用し、長鎖分岐を導入し、高溶融張力PP(図52)の開発により[85]、インフレーション成形でのバブル安定性の向上や発泡性能の優れたフィルム・シートや熱成形品が開発されている。また、Borealisは反応押出を利用して、深絞り可能な熱成形用の高溶融張力PPを製造し、成形技術と合わせて、8倍発泡の容器を開発している。

第15章 機能性フィルムの最近の技術動向と成形加工・評価技術

6）易成形性ハイバリアEVOH

エチレン量の少ないEVOHはハイバリア性に優れているが一般的には、延伸や熱成形性に劣るが、成形性の改良グレードとして、エチレン量33％のEVOHが開発されている。逐次二軸延伸（縦7倍x横7倍）でも均一延伸可能で、バリア性は通常のエチレン量32mole％品と同等で、融点は一般的な同じエチレン量のEVOHよりも10℃低く170℃で、PPとの深絞り熱成形品の側面部でも不良現象も発生しにくく、成形性が良く、外観が良好になる。一部を変性しているが、変性しているのはOH基ではないため、バリア性は同等であると報告されている[86]。

7）その他の材料

蒸着やコーティング技術により、透明性を維持しながら高バリア化、表面傷つき防止などの技術も高度化してきており、燃費向上の自動車の窓ガラス、家電、車やバイクなどに高級感を付与する綺麗な印刷を施した成形品の加飾フィルム、光のどの方向からの入射でも成形品内の屈折をなくすゼロ・ゼロ複屈折材料[87,88]、有機ELなどに適用できるフレキシブルなバリアフィルム、医療用の透明容器、金属缶代替として易開封で電子レンジにも利用可能で廃棄が簡単な高バリア食品容器、各種酒類のボトル化など[51,52]、高透明高分子材料[89]の用途は今後益々拡大すると期待される。

5．今後の包装フィルム・容器

食品の長期寿命化は、コンビニエンスストアやスーパーマーケットなどからの要望が高い。また、電子レンジ使用可能な透明フィルム・シートで、金属缶に近いレベルまでバリア性を達成できれば、賞味期限を長く伸ばせ、無駄を減少でき、食品、弁当、飲料分野など各種包装や容器への展開が期待できる。キーワードとして、ハイバリア、脱酸素、多層構造など、従来の技術を革新する必要がある。

例えば、低コストでバリア性が達成出来る共押出（PO//EVOH/PA6//PO：ハイバリアEVOH材、逐次二軸延伸、アクティブバリア層を含む）二軸延伸フィルムが製造されれば、金属缶やガラスボトル分野を含めた幅広い包装用フィルム・ボトルに展開できる。

PP、PETの二軸延伸フィルムはほとんどが逐次二軸延伸機で成形され、その生産能力はそれぞれ1,152万トン／年、660万トン／年に達している。PP、PETフィルムは食品包装を主体に幅広く使用されており、食品の長期寿命の観点からバリア性を要求する用途は多い。世界最大手の延伸機械メーカーであるブルックナー社では同時二軸延伸機LISIMで共押出ハイバリア二軸延伸フィルムの開発が行なわれている。同時二軸延伸あるいはチューブラー延伸では延伸性に問題がないが、コストの面ではPP用延伸機のほとんどが、MD延伸後、TD延伸を行なう逐次二軸延伸のため、ハイバリアである低エチレンEVOHの延伸は配向結晶化が進み易く、水素結合が強固になるため、偏肉精度の悪化やネック延伸が起こりやすく、均一延伸が難しいのが現状である。

将来的に、ハイバリアEVOH/AD/PPの共押出の後、逐次二軸延伸ができれば、低コスト、ハイバリア、高透明、電子レンジ可能などの観点から多くの応用展開ができる可能性があり、低

エチレンEVOHでも延伸し易い逐次二軸延伸性グレードの開発を望みたい。低温シーラントが必要な場合には逐次二軸延伸PEグレードの開発により、オレフィン層に酸素吸収剤を入れたPP/AD/EVOH/AD/PEで偏肉精度の優れた逐次二軸延伸フィルムが製造可能になれば、今後食品の長寿命、低コストの透明フィルムが製造できる。容器の観点からも深絞りの優れた熱成形グレードが可能であれば、さらなる用途展開が期待できる。

　このような開発は、まず小スケール、少量サンプルでの二軸延伸試験機での検討を行い、延伸性の評価、延伸メカニズムの研究、延伸性の動的な観察などを含めた研究により、効率的で短期間の開発研究で、早期の開発が必要と考えている。

　ハイバリア性能という観点では、IT分野で有機EL用の有機・無機積層構造を有した透明バリアフィルムをはじめとして、液晶ディスプレイ、太陽電池などの分野でバリア性の向上検討が積極的に行なわれており、分野は異なるがバリア技術としては共通技術である。

おわりに

　日本が先行している材料技術、多層、発泡、コーティング、蒸着等の高い技術レベルを向上させ、機能性フィルム開発に競争力のある更なる技術の発展が期待される。それを達成するための包装製品設計、材料・素材の開発、押出機、多層化技術、冷却、延伸機などの成形加工技術、評価・分析技術とCAE解析技術を磨き上げていく努力が必要と感じている。

参考文献

1) 日本包装技術協会ホームページ、平成29年日本の包装産業出荷統計（2017）
2) J. Breil, Chapter 7 in Polymer Processing Advances, T. Kanai, G. A. Campbell（EdS.）（2014）Hanser Publications
3) H. Uehara, K. Sakauchi, T. Kanai, T. Yamada, Int. Polym. Process., 19(2), 163-171(2004)
4) H. Uehara, K. Sakauchi, T. Kanai, T. Yamada, Int. Polym. Process., 19(2), 172-179 (2004)
5) 永江修一、日本食品包装協会、152号、10月、1(2016)、コンバーテック516、p108(2016)
6) 春田雅幸、向山幸伸、多保田規、伊藤勝也、野々村千里、成形加工、Vol.22.(3)160-167(2010)
7) 羽田泰彦、EVOHを用いたバリア包装材料、p161-168, 機能性包装フィルム・容器の開発と応用（監修：金井俊孝）シーエムシー出版2015年3月
8) 特開2011-213111、層状無機化合物のナノシートを含有するガスバリアシート、旭化成
9) M. Takashige, T. Kanai；Int. Polym. Process., 20(1), 100-105(2005)
10) 神谷達之、コンバーテック、546, (9)16-19(2018)
11) 特開2017-61148、日本ポリエチレン、青木晋、弁藤航太、北出真一（2017）
12) 特開2015-123642、ポリプラスチックス、小野寺章晃、根津茂（2015）

13) 特開2012-236382、DIC, 松原弘明、古根村陽之介（2012）
14) 特開2015-89619、DIC, 松原弘明、佐藤芳隆、川岸秀樹（2015）
15) 井坂勤、包装技術、32,（9）, 52（1994）
16) 南波芳典、再開封性包装袋、p106-114,機能性包装フィルム・容器の開発と応用（監修：金井俊孝）シーエムシー出版2015年3月
17) 葛良忠彦 第6章第2節 p164-175、フィルムの機能性向上と成形加工・分析・評価技術Ⅱ（監修：金井俊孝） ㈱AndTech出版2013年1月
18) 富士経済、二次電池の市場調査（2019）
19) 日本経済新聞、10月20日朝刊（2019）
20) 吉野彰氏、高分子学会第117回プラスチックフィルム研究会；2019年3月12日要旨集 p8-11
21) コンバーテック、531,（6）38（2017）
22) 山澤隆行、藤原幸雄、木村嘉隆、鎰谷敏夫、兼山政輝、井上茂樹、柿崎淳、福島武、日本製鋼所技報 No.66, 1-22（2015.10）
23) 石黒亮、中村論、吉岡まり子、境哲男、向孝志、日本製鋼所技報；24,（69）24-33（2018）
24) 奥下正隆、成形加工、22（6）, 279-286（2010）
25) 特許 4653852、2011.3.16、王子製紙、石渡忠和、松尾祥宜、荒木哲夫、宍戸雄一（2011）
26) S. Tamura, K.Takino, T. Yamada, T. Kanai, J. Appl. Polym. Sci., 126, 501（2012）
27) S. Tamura, T. Kanai, J. Appl. Polym. Sci., 136（5）, 3555（2013）
28) 佐々木靖、高分子学会第117回プラスチックフィルム研究会；7月11日要旨集、超複屈折フィルム「COSMOSHINE SRF」の開発と応用展開
29) 株式会社JOLEDのホームページ
30) Samsung ホームページ（2019）
31) 日本経済新聞社 朝刊 2018年2月12日
32) LG Newsroom 2015年11月ホームページ
33) LG社有機ELテレビのホームページ（2015）
34) 鈴木信也、成形加工、27（2）, 61（2015）
35) Sonyホームページ技術開発情報、ペンほどの太さに巻き取れる有機TFT駆動有機ELディプレイを開発、2010年5月26日
36) 電子デバイス産業新聞調べ、2349号、2019年6月6日
37) 瀬川正志、高分子学会フィルム研究会第45回講座（2009）
38) 小山松 敦、高分子学会第46回フィルム研究会講座（2010）
39) 有機薄膜太陽電池 三菱ケミカルホールディングス ホームページから引用
40) 米国「Science Advances」誌2016年4月15日（米国時間）オンライン速報版
41) 富士経済 加飾フィルム関連市場の展望とメーカー戦略 2013年
42) 枡井捷平、加飾技術概論、コンバーテック 43,（9）46-52（2015）

日本写真印刷ホームページ、http://www.nissha.co.jp/industrial m/index.hmtl
43) 加飾フィルム・材料・加工技術の最新開発と自動車用途展開　第2章3項　佐々木信、Andtech出版、2015.3
44) 湯澤幸代、田 耕、塗料の研究、156, 32 (2014)
45) JR東日本ホームページ、現美新幹線
46) 片寄照雄、高周波用高分子材料の開発と応用、馬場文明　監修、79-92 (1999)
47) 砂本辰也、LCP系高周波基板、フィルムの機能性向上と成形加工・評価Ⅲ、監修金井俊孝、AndTech社 (2019)
48) 砂本辰也、コンバーテック、559, 6-10 (2019)
49) 電子デバイス産業新聞、5G見据えて次世代基板材料の開発激化、2018年8月3日
50) 村田正義、PETボトルのバリア膜に関する業界動向（平成26年5月15日）
51) 凸版印刷㈱　2011年7月1日付ニュースリリース
52) 白鶴酒造㈱ホームページ　2011年07月08日付ニュースリリース
53) 平山由紀子、菊池淳、中谷豊彦、吉川雅之、勝田秀彦、成形加工、Vol.25. (10) 473-475 (2013)
54) A. Funaki, T. Kanai, Y. Saito, T. Yamada, Polym. Eng. Sci., 50 (12) 2356-2365 (2010)
55) 船木章、蔵谷祥太、山田敏郎、金井俊孝、成形加工、Vol.23. (5) 229-235 (2011)
56) A. Funaki, K. Kondo, T. Kanai, Polym. Eng. Sci., 51 (6) 1066-1077 (2011)
57) ヤマサ醬油㈱ホームページ　商品情報
58) ㈱悠心ホームページ　製品紹介
59) キッコーマン㈱ホームページ　商品情報
60) 平田領子、高木直樹、要旨集p423-424、成形加工シンポジア2013
61) 久保典昭、食品と開発、49 (7) 21-23 (2014)
62) フィルム成形のプロセス技術、監修 金井俊孝、(2016), Andtech社
63) Polymer Processing Advances, T. Kanai, G. A. Campbell (Eds.), Hanser Publications (2014)
64) K. Xiao, M. Zatloukal Chapter 3　P81 in Polymer Processing Advances, T.Kanai,G. A. Campbell (Eds.), Hanser Publications (2014)
65) 伊藤忠マシンテクノス、コンバーテック、519, 72 (2016)
66) 伊藤達也、フィルムの機能性向上と成形加工・分析・評価技術　第4章2項、Andtech出版　2013.3
67) 松本宏一、フィルム成形のプロセス技術、監修　金井俊孝　㈱AndTech 2016.3
68) T. Kanai, S. Ohno, T. Takebe, Advances in Polymer Technology, 37, 2253-2260 (2018)
69) 平松吉孝、山田敏郎、武部智明、金井俊孝、要旨集p221-222、成形加工シンポジア2012
70) 奥山佳宗、中山夏実、山田敏郎、高重真男、金井俊孝、要旨集p113-114、成形加工シンポジア2012
71) T. Kanai, Chapter 8 in Polymer Processing Advances, T. Kanai, G. A.Campbell (EdS.)

Hanser Publications(2014)
72) 武部智明、南　裕、金井俊孝、成形加工　21,(4)202-207(2009)
73) 大槻安彦、成形加工、28, 446(2016)
74) J. Breil, Chapter 8, Polymer Processing Advances, T. Kanai, G. A. Campbell (Eds.) Hanser Publications (2014)
75) 原大治、東ソー研究・技術報告　第57巻39-44(2013)
76) 森孝博、後藤良孝、竹村千代子、平林和彦、KONICA MINOLTA TECHNOLOGY REPORT Vol.11 (2014)
77) 神田孝重、プラスチックエージ、Vol.62(9)66-70(2016)
78) 角川仁人、上田一恵、フィルムの機能性向上と成形加工・分析・評価技術、第10章第2節、Andtech出版、2013.3
79) 遠藤浩平、フィルムの機能性向上と成形加工・分析・評価技術　第10章第4節　218-223 Andtech出版、2010.8
80) ナノセルロース、ナノセルロースフォーラム編、日刊工業新聞社、2015.8.28
81) 京都大学生存圏研究所セルロースナノファイバー フォトギャラリーから引用
82) ナノカーボンのすべて、新エネルギー・産業技術総合開発機構編、日刊工業新聞社、2016.12.26
83) 産業総合研究所ナノチューブ応用研究センターホームページ
84) 中島義明、吉田正樹、浜中裕司、コンバーテック、521, 88(2016)
85) 梅森昌樹、堀田幸生、飛鳥一雄、高橋邦宣、北浦慎一、成形加工2015　要旨集、26, p267（2015）
86) 小室綾平、古川和也、松井一高、小野裕之、成形加工シンポジア'17、249-250(2017)
87) 多加谷明広、小池康博、成形加工、20(3), 144(2008)
88) 旭化成ホームページ　プレスリリース2014年6月19日
89) 金井俊孝、高分子材料の高透明化技術、高分子64(7)421-423(2015)

参考図書

90) フィルム成形のプロセス技術、監修 金井俊孝、AndTech社 (2016)
91) Polymer Processing Advances, T. Kanai, G. A.Campbell(EdS.), Hanser Publications(2014)
92) フィルムの機能性向上と成形加工・分析・評価技術Ⅱ、監修金井俊孝、AndTech社 (2013)
93) 産業を支える機能性フィルム、機能性フィルム研究会編 (2013)
94) 機能性包装フィルム・容器の開発と応用、監修 金井俊孝、CMC出版 (2015)
95) 高機能フィルムの開発と応用、監修 金井俊孝、CMC出版 (2016)
96) フィルムの機能性向上と成形加工・分析・評価技術Ⅲ、監修金井俊孝、AndTech社 (2019)

索 引

あ

厚み計 …………………………… 269, 276, 284
厚み精度 …… 120, 124, 127, 132, 182, 260, 289, 304, 312, 317, 319, 330, 337, 344, 346, 400, 433, 460
圧力勾配流量 …………………………………… 149
圧力方程式 …………………………………… 150
アンチブロッキング剤 ………… 398, 409, 413

い

位相差フィルム …………………………… 356, 448
位相差分布 …………………… 346, 352, 463, 467
一軸延伸 …… 264, 272, 334, 336, 356, 360, 364, 463
医療用フィルム …………………………… 438
易裂性 ………………………… 297, 320, 433, 436
インフレーション成形の理論 ……………… 230
インフレーション成形の冷却 ……………… 227

う

ウェルド ……………………………… 002, 009, 168

え

液晶ポリマー ………………………… 245, 262, 471
エネルギーバランス ………………… 187, 227, 233
延伸応力 …… 135, 195, 240, 242, 244, 247, 296, 300, 303, 317, 320, 324, 330, 337, 339, 342, 346, 348
延伸切れ …………… 185, 189, 194, 222, 251, 253
延伸性評価 …………………………… 334, 338, 346
延伸フィルムの市場 …………………………… 290

お

押出 …… 002, 009, 012, 024, 034, 036, 044, 051, 054, 063, 065, 068, 080, 084, 095, 104, 112, 117, 122, 124, 129, 132, 134, 140, 146, 149, 153, 157, 159, 163, 167, 186, 198, 203, 206, 214, 216, 218, 222, 232, 240, 243, 247, 249, 254, 260, 265, 267, 276, 281, 284, 286, 289, 291, 293, 298, 325, 330, 349, 374, 376, 391, 393, 395, 398, 407, 427, 431, 433, 437, 441, 447, 452, 459, 463, 470, 472
押出コーティング・ラミネーション …… 376, 464
押出成形 …… 002, 007, 009, 014, 025, 029, 078, 080, 084, 089, 091, 093, 097, 119, 125, 146, 216, 349, 377, 447, 452, 464
重み付き残差方程式 ………………………… 153

か

カーボンナノチューブ …………… 107, 115, 470
開口性 ………………………………… 006, 209, 213
界面包み込み現象 ………………………………… 169
加工用展開モデル ……………………………… 166
可塑化溶融 ……………… 039, 051, 053, 065, 077

478

環境対応 ……………………………… 431, 433

き

ギアポンプ ………………… 036, 089, 092, 096
キャスティング ………… 004, 084, 096, 099, 197, 265, 270, 285, 453
キャピラリーレオメーター ……… 009, 014, 026
球晶 …… 203, 209, 214, 247, 249, 298, 335, 346, 349, 352, 415, 425, 456, 463, 467
吸着と拡散 …………………………………… 391
局所直交計算座標空間 …………………… 151

く

クレーター構造 …………………………… 442

け

形状関数 ……………………………………… 152
計量・昇圧 ………………………………… 036, 053
結晶化度 …… 005, 136, 203, 207, 227, 229, 248, 264, 297, 335, 342, 344, 350, 356, 365, 368, 420, 425, 437
ゲル …… 063, 075, 078, 091, 105, 286, 392, 426

こ

光学的異方性 ……………………………… 356, 369
高機能フィルム …………………… 080, 432, 460
高次構造 …… 006, 209, 266, 334, 336, 346, 349, 352, 356, 369, 425, 432, 461, 463, 466
高速成形 …… 139, 189, 196, 203, 208, 222, 235, 237, 253, 340, 426
高分子加工 ………………………………… 002, 006

高溶融張力 ………………………… 210, 472
コート ……… 132, 146, 148, 155, 167, 171, 176, 269, 378, 437, 463
コートハンガーダイ ……… 146, 148, 155, 167, 177, 269
コーン＆プレートレオメーター ……… 010, 014
固相樹脂 …… 036, 039, 041, 057, 060, 062, 070, 075, 077
固体輸送 …… 039, 047, 050, 054, 058, 069, 075, 077, 088, 095
コンデンサーフィルム …… 262, 344, 430, 432, 438, 441, 461
コンパウンド ………………… 105, 107, 110, 114
混練制御因子 ………………………………… 091
混練分散 ……………………… 075, 088, 439

さ

最適化解析 ……………………… 156, 164, 172, 174
材料設計 …………………………………… 006
酸化防止剤 ……… 108, 375, 398, 401, 404, 411, 416, 424, 447

し

指数則モデル ……………………………… 157
シャークスキン ……………………… 002, 014, 204
射出成形 …… 002, 007, 012, 022, 025, 116, 168, 171, 420, 436, 451
遮熱フィルム ……………………………… 430
樹脂性状 …… 021, 196, 215, 234, 336, 340, 344, 353, 467
出荷数量 …………………………………… 431

479

小角X線 ·· 336, 350
衝撃強度 ······ 006, 196, 207, 215, 237, 240, 243, 249, 296, 304, 320, 322, 326, 435, 462
蒸着 ······ 293, 375, 431, 437, 443, 448, 451, 455, 458, 473
伸長流れ ··· 086, 106
伸長粘度 ······ 002, 006, 009, 023, 026, 032, 128, 183, 187, 192, 197, 206, 215, 223, 235, 251, 468
伸長流動 ··············· 005, 026, 032, 183, 251

す

スクリュ摩耗 ············· 038, 063, 067, 075, 077
スクリュ ······ 036, 044, 073, 075, 084, 099, 104, 107, 112, 116, 128, 130, 149, 153, 168, 215, 258, 268, 398, 439
スケールアップ ········ 056, 091, 097, 099, 216, 222, 240, 242, 288, 296, 323, 330
スパイラルダイス ············· 230, 254, 258, 460
スパイラルフロー ······································ 009, 026
スパイラルマーク ······································ 010, 259
スパイラルマンドレルダイ ······ 146, 148, 155, 165, 179
滑り無し境界条件 ····································· 148
スリップ剤 ······················· 398, 411, 416, 420
スリップ性 ································ 209, 213, 417

せ

成形安定性 ·········· 005, 009, 182, 185, 189, 191, 194, 201, 215, 218, 222, 248, 251, 261, 309, 325
成形条件 ······ 005, 105, 112, 114, 134, 139, 163, 166, 172, 178, 185, 190, 192, 194, 196, 207, 211, 215, 218, 222, 227, 229, 235, 245, 247, 251, 258, 261, 304, 314, 368
成形性 ········· 005, 009, 025, 029, 182, 189, 192, 196, 209, 212, 214, 218, 222, 227, 229, 240, 245, 248, 251, 261, 296, 301, 312, 320, 326, 330, 334, 340, 343, 426, 433, 435, 441, 456, 458, 470, 473
生産能力 ······ 265, 268, 270, 282, 286, 290, 292, 432, 448, 473
赤外吸収分光法 ······························· 359, 363
赤外二色比 ··· 360
セグメント ······························ 022, 089, 361
設計変数 ·· 157
接着の基本的理論 ···································· 388
セパレータ ············ 129, 139, 293, 430, 432, 439, 461
セパレーター ························ 129, 293, 433, 441
セルフクリーニング ··· 084, 089, 092, 095, 118
セルロースナノファイバー ······· 430, 439, 470
せん断流れ ································· 086, 106, 116
剪断粘度 ······ 002, 006, 010, 012, 015, 028, 030, 033, 183, 189, 222, 232
剪断流動 ······ 002, 005, 010, 012, 014, 017, 020, 025, 031
全反射吸収スペクトル法 ·························· 362

そ

造核剤 ·· 398, 425
牽引流量 ·· 149

ソフトパッケージ ……………………… 433, 441
ソリッドベッド ……… 037, 041, 044, 051, 060,
　062, 070, 077

た

耐候剤 …………………………………… 398, 422
ダイスウェル ……………………… 024, 147, 170
帯電防止剤 ……………………………… 398, 418
太陽電池 …… 129, 291, 293, 344, 430, 433, 447,
　449, 474
滞留劣化 ………………………………… 054, 079
高さ関数法 …………………………………… 177
多層 …… 078, 113, 115, 119, 121, 129, 139, 146,
　169, 182, 218, 222, 260, 265, 267, 269, 285,
　289, 291, 320, 435, 437, 446, 449, 458, 463,
　473
多層押出物 ………………………… 169, 172, 176
多層ダイス …………………………………… 260
多層フィードブロックダイ ………………… 176
タッチパネル …………………………… 433, 470
縦延伸装置 …………………………………… 272

ち

力のバランス式 ………………………… 187, 300
逐次二軸延伸 …………………………… 347, 467
チャック袋 ……………………………… 004, 438
チューブラー延伸 …… 264, 292, 296, 300, 303,
　305, 308, 312, 315, 320, 323, 325, 329, 334,
　433, 458, 461, 473
中和剤 …………………………………… 398, 400
超臨界流体 ……………………………… 110, 115

チョーク …………………………… 164, 172, 174

て

テトラ要素 …………………………………… 159
テンター延伸 ………………… 265, 305, 326, 339
テンター試験機 ……………… 306, 310, 338

と

等価水力半径 ………………………………… 156
同時二軸延伸 …… 135, 264, 278, 281, 296, 303,
　322, 326, 435, 462, 468, 473
透明性 ……… 133, 201, 203, 208, 213, 222, 247,
　282, 291, 305, 410, 413, 425, 433, 437, 445,
　456, 469, 473
トレーサ ……………………………………… 168
ドローダウン比 ……… 191, 194, 197, 234, 238,
　241, 248, 251, 325
ドローレゾナンス …… 009, 125, 127, 191, 216,
　468

に

ニーディングディスク …………… 085, 089, 117
二軸延伸 …… 004, 133, 203, 262, 264, 276, 280,
　285, 287, 289, 296, 300, 303, 305, 315, 320,
　322, 326, 334, 338, 343, 346, 351, 353, 356,
　361, 377, 398, 431, 437, 441, 459, 473
二軸延伸フィルム …… 265, 278, 283, 285, 287,
　289, 296, 308, 326, 338, 340, 346, 353, 356,
　361, 431, 441, 460, 465, 467, 473
二軸押出機 ……… 036, 069, 075, 104, 107, 113,
　117, 129, 140, 268

ね

ネックイン ……… 029, 125, 127, 129, 182, 190, 194, 196, 215, 266, 272, 395, 468

熱収縮 ………… 265, 283, 298, 327, 463, 472

粘度式 …………… 007, 030, 132, 187, 233

は

配向 …… 002, 005, 022, 117, 125, 135, 140, 149, 151, 190, 196, 199, 207, 222, 249, 262, 264, 282, 286, 289, 304, 308, 315, 327, 336, 340, 346, 351, 356, 359, 363, 370, 420, 425, 433, 437, 452, 456, 470, 473

吐出変動 ……………… 040, 070, 074

バックシート ………… 291, 344, 431, 433, 447

バリアフィルム ……… 267, 293, 431, 435, 442, 444, 446, 473

ひ

ヒートシール温度 ……………… 207, 211

光安定剤 ………………………… 398, 422

光散乱 ……… 322, 334, 346, 349, 352, 463, 466

引取設備 ……………………………… 276

歪速度 ………………… 026, 304, 314, 316

ふ

フィルム物性 …… 182, 185, 207, 211, 215, 218, 222, 230, 236, 240, 245, 252, 270, 289, 297, 305, 320, 326, 330, 435

封止材 ……………………………… 433, 447

複屈折 ……… 199, 211, 286, 314, 317, 334, 356, 364, 370, 442, 448, 469, 473, 475

ブレークアップ ……… 036, 060, 062, 065, 067, 075, 077

ブロー比 …… 234, 238, 245, 248, 251, 325, 460

フロストライン高さ ……… 227, 229, 234, 236, 242, 247, 251

プロセス制御 ………………… 283, 286

ブロッキング性 ………… 210, 214, 249, 410

分散混合 …… 069, 084, 086, 089, 091, 095, 106

分配混合 …………… 084, 086, 089, 091, 106

へ

ベント部 ……………………………… 085, 096

偏肉精度 …… 005, 028, 203, 215, 230, 261, 317, 340, 349, 467, 473

ほ

包装用フィルム ……… 272, 293, 296, 344, 430, 460, 473

ポリアミド6 ……… 296, 312, 320, 326, 330, 369

ポリエチレン …… 007, 010, 020, 022, 029, 140, 142, 169, 183, 189, 198, 215, 218, 222, 224, 229, 233, 251, 265, 296, 310, 366, 369, 377, 389, 398, 402, 433, 437, 459, 461, 463, 474

ポリ乳酸 ……………………… 112, 430, 470

ポリプロピレン ……… 010, 095, 135, 183, 188, 198, 264, 281, 296, 312, 334, 369, 377, 390, 392, 398, 402, 412, 418, 425, 431, 459, 463

ま

巻芯シワ ……………………………… 379, 395

巻取機 ……… 003, 132, 138, 265, 277, 381, 386
巻取条件8要因 …………………………… 383
巻取張力とタッチロール圧 ………………… 385
マルチマニフォールドダイ …… 171, 175, 261

み

ミキシングスクリュ … 087, 091, 095, 096, 112
ミキシングスクリュー ……………………… 112
密度法 ………………………………………… 368

め

メルトフィルター …………………………… 269
メルトフラクチャー ………… 002, 009, 012, 120, 123, 204, 216

も

目的関数 ……………………… 157, 165, 173
モファット渦 ……………………… 092, 094
問題向きテンプレート …………………… 160

や

ヤコビアン行列 …………………………… 154

ゆ

溶融形態 ……………… 037, 058, 060, 063, 068
溶融張力 …… 002, 029, 030, 127, 183, 210, 215, 222, 248, 252, 309, 312, 472
溶解度パラメーター ………………… 388, 391
融解熱 ……………………………… 350, 369
有機EL ……… 291, 293, 430, 433, 435, 442, 468, 473

よ

横延伸 ……… 134, 140, 264, 273, 280, 285, 339, 346

ら

ラマン分光法 ……………… 356, 359, 363, 370
ラミネーティング ………………… 374, 388, 396
ラメラ ……………………… 140, 208, 336, 350

り

リターデーション ……………… 288, 356, 358, 370
流体の支配方程式 ………………………… 147

れ

冷却計算 …………………………………… 203
冷却装置 …… 003, 119, 125, 132, 222, 377, 464
レオロジー ……… 001, 005, 021, 023, 033, 169, 183, 185, 196, 206, 209, 218, 222, 230, 259, 261, 300, 334
レオロジー特性 ……… 005, 169, 196, 218, 222, 259, 261

ろ

漏洩流れ …………………………………… 167
ロールからロールへの連続生産工程 …… 396

A–Z

2.5D/3Dハイブリッド有限要素解析モデル
………………………………………… 172
2.5D解析法 ……… 146, 160, 168, 171, 173, 179

2.5D解析用中立面要素 ·················· 160, 162

3D解析例 ······························· 160

AC剤（アンカーコーティング剤、下塗り剤）
　·································· 376

ALE法 ······················· 171, 177

CAE ······ 004, 117, 120, 160, 168, 171, 196, 259,
　459, 468, 474

Gauss-Legendre数値積分公式 ················ 154

GUI ······························· 165

Hele-Shaw流れ ·········· 146, 150, 156, 159, 163

Liイオン電池 ············· 002, 430, 433, 438, 470

LLDPE ········ 020, 041, 188, 199, 208, 222, 250,
　296, 298, 304, 384, 407, 410, 413, 418, 420,
　424, 433, 435, 461

Material fit ······························· 163

Maxwell Model ······························· 017

Netgen ························· 159, 180

PLA ······ 081, 112, 130, 262, 292, 294, 428, 430,
　433, 446, 463, 470

TREF ······························· 309

Trial & Error Method ·························· 158

Tダイキャスト ··· 029, 182, 185, 187, 191, 194,
　196, 198, 201, 204, 207, 218, 230, 334, 452,
　459, 468

VOF法 ······························· 171

X線回折法 ······························· 365

【実用版】フィルム成形のプロセス技術

令和3年5月31日　第1版　第1刷

定価　5,500円（本体5,000円+税10％）

監　　　修	金井俊孝
発行人・企画	陶山正夫
企 画 編 集	青木良憲　金本恵子
制　　　作	倉敷印刷株式会社
発　行　所	株式会社 And Tech 〒214-0014 神奈川県川崎市多摩区登戸1936 ウッドソーレ弐番館104号室 TEL：044-455-5720 FAX：044-455-5721 URL：https://andtech.co.jp/

印刷・製本　倉敷印刷株式会社